中国国家标准汇编

2013年修订-11

中国标准出版社　编

中国标准出版社
北　京

图书在版编目(CIP)数据

中国国家标准汇编:2013年修订.11/中国标准出版社编.—北京:中国标准出版社,2014.9
ISBN 978-7-5066-7630-4

Ⅰ.①中… Ⅱ.①中… Ⅲ.①国家标准-汇编-中国-2013 Ⅳ.①T-652.1

中国版本图书馆CIP数据核字(2014)第186759号

中国标准出版社出版发行
北京市朝阳区和平里西街甲2号(100029)
北京市西城区三里河北街16号(100045)

网址 www.spc.net.cn
总编室:(010)64275323 发行中心:(010)51780235
读者服务部:(010)68523946

中国标准出版社秦皇岛印刷厂印刷
各地新华书店经销

*

开本 880×1230 1/16 印张 37.25 字数 1 146 千字
2014年9月第一版 2014年9月第一次印刷

*

定价 220.00 元

出 版 说 明

1.《中国国家标准汇编》是一部大型综合性国家标准全集。自1983年起，按国家标准顺序号以精装本、平装本两种装帧形式陆续分册汇编出版。它在一定程度上反映了我国建国以来标准化事业发展的基本情况和主要成就，是各级标准化管理机构，工矿企事业单位，农林牧副渔系统，科研、设计、教学等部门必不可少的工具书。

2.《中国国家标准汇编》收入我国每年正式发布的全部国家标准，分为"制定"卷和"修订"卷两种编辑版本。

"制定"卷收入上一年度我国发布的、新制定的国家标准，顺延前年度标准编号分成若干分册，封面和书脊上注明"20××年制定"字样及分册号，分册号一直连续。各分册中的标准是按照标准编号顺序连续排列的，如有标准顺序号缺号的，除特殊情况注明外，暂为空号。

"修订"卷收入上一年度我国发布的、被修订的国家标准，视篇幅分设若干分册，但与"制定"卷分册号无关联，仅在封面和书脊上注明"20××年修订-1，-2，-3，……"字样。"修订"卷各分册中的标准，仍按标准编号顺序排列(但不连续)；如有遗漏的，均在当年最后一分册中补齐。需提请读者注意的是，个别非顺延前年度标准编号的新制定的国家标准没有收入在"制定"卷中，而是收入在"修订"卷中。

读者配套购买《中国国家标准汇编》"制定"卷和"修订"卷则可收齐由我社出版的上一年度我国制定和修订的全部国家标准。

3. 由于读者需求的变化，自1996年起，《中国国家标准汇编》仅出版精装本。

4. 2013年我国制修订国家标准共1 979项。本分册为"2013年修订-11"，收入新制修订的国家标准29项。

中国标准出版社

2014年8月

目　　录

ICS 25.160.40
J 33

中华人民共和国国家标准

GB/T 11345—2013
代替 GB/T 11345—1989

焊缝无损检测 超声检测 技术、检测等级和评定

Non-destructive testing of welds—Ultrasonic testing—Techniques, testing levels, and assessment

(ISO 17640:2010, MOD)

2013-09-18 发布 2014-06-01 实施

中华人民共和国国家质量监督检验检疫总局
中国国家标准化管理委员会 发布

前　言

本标准按照 GB/T 1.1—2009 给出的规则起草。

本标准代替 GB/T 11345—1989《钢焊缝手工超声波探伤方法和探伤结果分级》，与 GB/T 11345—1989 相比，主要技术变化如下：

——修改了范围(见第 1 章，1989 年版的第 1 章)；
——修改了规范性引用文件(见第 2 章，1989 年版的第 2 章)；
——修改了术语定义和符号(见第 3 章，1989 年版的第 3 章)；
——增加了总则(见第 4 章)；
——增加了合同协议项目内容，检测前所需必要信息和书面检测工艺规程等信息(见第 5 章)；
——修改了人员和设备要求(见第 6 章，1989 年版的第 4 章、第 5 章和第 6 章)；
——修改了检测区域(见第 7 章，1989 年版的 8.1)；
——修改了探头移动区(见第 8 章，1989 年版的 8.1)；
——修改了母材检测(见第 9 章，1989 年版的 8.5)；
——修改了时基线扫描和灵敏度调节或校验，增加校验温度要求，校验偏离后纠正措施，和调节或校验基准线参考水平的检测技术，删除评定线设置方法，修改传输修正方法(见第 10 章，1989 年版的第 9 章)；
——修改了检测等级(见第 11 章，1989 年版的第 7 章)；
——修改了检测技术(见第 12 章，1989 年版的第 10、11 章)；
——删除了缺陷评定和评级(见 1989 年版的第 12 章和第 13 章)；
——修改了检测报告(见第 13 章，1989 年版的第 14 章)；
——增加了附录 A～附录 F，删除 1989 年版的附录 A～附录 F。

本标准使用重新起草法修改采用 ISO 17640:2010《焊缝无损检测　超声检测　技术、检测等级和评定》(英文版)。

本标准与 ISO 17640:2010 相比，主要技术性差异及其原因如下：

关于规范性引用文件，本标准做了具有技术性差异的调整，以适应我国的技术条件，调整的情况集中反映在第 2 章“规范性引用文件”中，具体调整如下：

——用修改采用国际标准的 GB/T 29712 代替了 ISO 11666(见第 4 章、6.3.1 和 10.3)；
——用修改采用国际标准的 GB/T 29711 代替了 ISO 23279(见第 4 章、6.3.1 和 12.5.5)；
——删除规范性引用文件 ISO 17635，将其与本标准有关的内容增加至 11 中(见第 11 章)；
——删除规范性引用文件 EN 583-1，将本标准所引用的 EN 583-1 中的条款直接编入本标准条款中(见 6.3.5)；
——删除规范性引用文件 EN 583-2，将其与本标准有关的内容增加至附录 D(见 6.3.2)、附录 E(见 10.1)和附录 F(见 10.4)；
——删除规范性引用文件 EN 583-4，将其与本标准有关的内容增加至附录 B(见 5.1)；
——增加引用了 GB/T 19799.1(见附录 E.2、E.3 和 E.4)；
——增加引用了 GB/T 19799.2(见附录 E.2、E.3 和 E.4)；
——增加引用了 GB/T 5616(见 6.2.1)；
——增加引用了 GB/T 23905(见 6.2.1)；
——用 JB/T 9214 和 JB/T 10061 代替了 EN 12668(所有部分)(见 6.2)；

——增加了探头接触面宽度示意图(见 6.3.4 中图 1)。

本标准还做了下列编辑性修改：

——用等同采用国际标准的 GB/T 19418 代替了 ISO 5817(见第 11 章)；

——用等同采用国际标准的 GB/T 9445 代替了 ISO 9712 和 EN 473(见 6.1)；

——用等同采用国际标准的 GB/T 12604.1 代替了 EN 1330-4(见 3.1)。

本标准由全国焊接标准化技术委员会(SAC/TC 55)提出并归口。

本标准起草单位：上海材料研究所、中国特种设备检测研究院、济宁瑞祥模具有限责任公司(山东济宁模具厂)、浙江省特种设备检验研究院、南车戚墅堰机车车辆工艺研究所。

本标准主要起草人：郑晖、庄志强、金宇飞、丁杰、姜炜、魏忠瑞、黄文大、万升云、王森、张文杰、奚力峰、马君。

本标准所代替标准的历次版本发布情况为：

——GB/T 11345—1989。

焊缝无损检测　超声检测　技术、检测等级和评定

1　范围

本标准规定了母材厚度不小于 8 mm 的低超声衰减(特别是散射衰减小)金属材料熔化焊焊接接头手工超声检测技术。检测时焊缝及其母材温度在 0～60 ℃之间。本标准主要应用于母材和焊缝均为铁素体类钢的全熔透焊缝。

本标准规定了依赖材料的超声波数值,是基于纵波声速为(5 920±50)m/s 和横波声速为(3 255±30)m/s 的钢材。

本标准规定了四个检测等级。不同的检测等级对应不同的缺欠检出率。附录 A 给出了检测等级 A、B 和 C 的选择指导。

本标准规定了仅在特殊应用中使用检测等级 D 的一般要求。检测等级 D 仅在规范中有规定时才能使用。特殊应用包括非铁素体类焊缝检测、部分熔透焊缝检测、应用自动化设备的焊缝检测,和温度在 0～60 ℃范围外的焊缝检测。

通过下列任一技术,本标准可用于显示评定或验收:

a)　基于显示长度和回波幅度的评定;

b)　基于显示特性和显示尺寸(采用探头移动技术)的评定。

应明确规定使用哪种技术。

2　规范性引用文件

下列文件对于本文件的应用是必不可少的。凡是注日期的引用文件,仅注日期的版本适用于本文件。凡是不注日期的引用文件,其最新版本(包括所有的修改单)适用于本文件。

GB/T 5616　无损检测　应用导则

GB/T 9445　无损检测　人员资格鉴定与认证(GB/T 9445—2008,ISO 9712:2005,IDT)

GB/T 12604.1　无损检测　术语　超声检测(GB/T 12604.1—2005,ISO 5577:2000,IDT)

GB/T 19418　钢的弧焊接头　缺陷质量分级指南(GB/T 19418—2003,ISO 5817:1992,IDT)

GB/T 19799.1　无损检测　超声检测　1 号校准试块(GB/T 19799.1—2005,ISO 2400:1972,IDT)

GB/T 19799.2　无损检测　超声检测　2 号校准试块(GB/T 19799.2—2012,ISO 7963:2006,IDT)

GB/T 23905　无损检测　超声检测用试块

GB/T 29711　焊缝无损检测　超声检测　焊缝中的显示特征(ISO 23279:2010,IDT)

GB/T 29712　焊缝无损检测　超声检测　验收等级(ISO 11666:2010,MOD)

JB/T 9214　无损检测　A 型脉冲反射式超声检测系统工作性能测试方法

JB/T 10061　A 型脉冲反射式超声波探伤仪　通用技术条件

3　术语、定义和符号

3.1　GB/T 12604.1 界定的术语和定义适用于本文件。

3.2　本标准中使用的符号、定义和单位见表 1 所示。

显示应分为纵向显示或横向显示。纵向和横向显示的划分与焊缝轴向尺寸 x 方向有关，如图 3 所示。

表 1 符号、定义和单位

符 号	定 义	单 位
D_{DSR}	平底孔直径	mm
h	显示自身高度	mm
l	显示长度	mm
lx	显示在 X 方向的投影长度	mm
ly	显示在 Y 方向的投影长度	mm
p	全跨距	mm
t	母材厚度(取最薄部位)	mm
x	显示的纵向位置	mm
y	显示的横向位置	mm
z	显示的深度位置	mm

4 总则

本标准的目的是，对于温度范围为 0～60 ℃的普通焊接接头，使用标准条款进行超声检测的通用技术。本标准规定了检测设备、检测准备、检测实施和报告等具体要求。具体参数(尤其探头)符合 GB/T 29712和 GB/T 29711 要求。

5 检测前需要的信息

5.1 必要的项目

合同或技术协议中至少包括下列项目：

a) 参考等级设定方法；

b) 显示评定方法；

c) 验收等级；

d) 检测等级；

e) 检测时被检对象所处的制造和加工状态；

f) 人员资格；

g) 横向显示的检测范围；

h) 附加串列检测的要求(见附录 B)；

i) 焊前和(或)焊后的母材检测；

j) 是否需要书面检测工艺规程；

k) 书面检测工艺规程的要求。

5.2 检测前所需的必要信息

焊接接头超声检测前，检测人员应获得下列必要信息：

a） 书面检测工艺规程，如需要（参见5.3）；
b） 母材类型和产品门类（例如：铸件、锻件、轧制件）；
c） 检测时被检对象所处的制造或加工状态，包括热处理状态或其他；
d） 任何焊后热处理的时机和程度；
e） 坡口型式和尺寸；
f） 表面状态要求；
g） 焊接工艺规程或相关焊接工艺参数；
h） 报告要求；
i） 验收等级；
j） 检测范围（包括横向显示的检测要求，如相关）；
k） 检测等级；
l） 人员资格等级；
m） 发现不可验收显示后的纠正规程。

5.3 书面检测工艺规程

本标准的规定和要求，通常满足了编制书面检测工艺规程的需要。

如不满足，或本标准描述的检测技术不适用于被检焊缝，如果技术协议有要求，应使用补充的书面检测工艺规程。

6 人员和设备要求

6.1 人员资格

按本标准实施检测的人员，应按GB/T 9445或合同各方同意的体系进行资格鉴定与认证，取得超声检测相关工业门类的资格等级证书，并由雇主或其代理对其进行职位专业培训和操作授权。

从事焊缝检测人员应掌握焊缝超声检测通用知识，具有足够的焊缝超声检测经验，并掌握一定的材料和焊接基础知识。

6.2 设备

6.2.1 采购和维修

宜采购按GB/T 5616或合同各方同意的体系取得认证或合格评定的超声检测仪、探头和试块。

超声检测仪应符合JB/T 10061或等效标准的要求。探头应符合相应标准的要求。试块应符合GB/T 23905的要求。

注：等效标准可以是经标准化技术委员会认可的企业产品标准。

制造商的质量体系应是经GB/T 19001（ISO 9001）认证的。制造商在交付产品时，随行文件应符合产品标准的规定，且至少包括：

a） 装箱单；
b） 产品合格证；
c） 产品使用说明书；
d） 出厂检验证书；
e） 型式检验报告（合同约定时）；
f） 技术参数（参见附录C）。

超声检测仪维修以后，维修方应按产品标准出厂检验的要求出具检验证书。

6.2.2 仪器性能测试(性能验证)

超声检测仪应定期进行性能测试。仪器性能测试应按 JB/T 9712 推荐的方法进行。

除另有约定外,超声检测仪宜符合下列要求:

a) 温度的稳定性:环境温度变化 5 ℃,信号的幅度变化不大于全屏高度的±2%,位置变化不大于全屏宽度的±1%;

b) 显示的稳定性:频率增加约 1 Hz,信号幅度变化不大于全屏高度的±2%,信号位置变化不大于全屏宽度的±1%;

c) 水平线性的偏差不大于全屏宽度的±2%;

d) 垂直线性的测试值与理论值的偏差不大于±3%。

出具仪器性能测试报告的机构应是具有资质的,报告的有效期不宜大于 12 个月。

6.2.3 系统性能测试

至少在每次检测前,应按 JB/T 9214 推荐的方法,对超声检测系统工作性能进行测试。

除另有约定外,系统性能宜符合下列要求:

a) 用于缺欠定位的斜探头入射点的测试值与标称值的偏差不大于±1 mm;

b) 用于缺欠定位的斜探头折射角的测试值与标称值的偏差不大于±2°;

c) 灵敏度余量、分辨力和盲区,视实际应用需要而定。

系统性能的测试项目、时机、周期及其性能要求,应在书面检测工艺规程中予以详细规定。

6.3 探头参数

6.3.1 检测频率

检测频率应在 2 MHz～5 MHz 范围内,同时应遵照验收等级要求选择合适的频率。

当按 GB/T 29712 标准评定显示时,初始检测应尽可能在上述范围内选择较低的检测频率。当按 GB/T 29711 标准评定显示时,如有需要,可选择较高的检测频率,以改善探头分辨力。

当被检对象的衰减系数高于材料的平均衰减系数时,可选择 1 MHz 左右的检测频率。

6.3.2 折射角

当检测采用横波且所用技术需要超声从底面反射时,应注意保证声束与底面反射面法线的夹角在 35°至 70°之间。当使用多个斜探头进行检测时,其中一个探头应符合上述要求,且应保证一个探头的声束尽可能与焊缝熔合面垂直。多个探头间的折射角度差应不小于 10°。

当探测面为曲面时,工件中横波实际折射角和底面反射角可由焊缝截面图确定,见附录 D。当折射角的选择不遵循本标准规定时,检测报告应给出声束扫查范围、声束未覆盖的检测区域及其原因等内容。

6.3.3 晶片尺寸

晶片尺寸选择应与频率和声程有关。

在给定频率下,探头晶片尺寸越小,近场长度和宽度就越小,远场中声束扩散角就越大。

晶片直径为 6 mm～12 mm(或等效面积的矩形晶片)的小探头,最适合短声程检测。对于长声程检测,比如单晶直探头检测大于 100 mm 或斜探头检测大于 200 mm 的声程,选择直径为 12 mm～24 mm(或等效面积的矩形晶片)的晶片更为合适。

6.3.4 曲面扫查时的探头匹配

检测面与探头靴底面之间的间隙 g，不应大于 0.5 mm。

对于圆柱面或球面，上述要求可由下式检查：

$$g=\frac{a^2}{D}$$

式中：

a ——探头接触面宽度，单位为毫米(mm)。环缝检测时为探头宽度，纵缝检测为探头长度，见图 1；

D ——工件直径，单位为毫米(mm)。

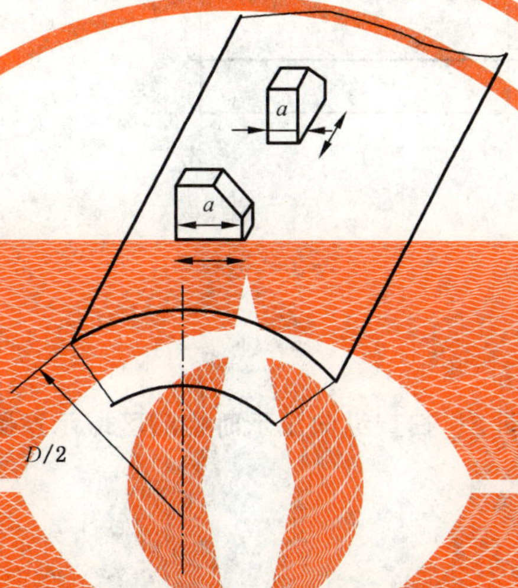

图 1　探头接触面宽度

如果间隙 g 值大于 0.5 mm，则探头靴底面应修磨至与曲面吻合，灵敏度和时基范围也应作相应调整。

6.3.5 耦合剂

耦合剂应选用适当的液体或糊状物，应具有良好透声性和适宜流动性，不应对检测对象和检测人员有损伤作用，同时应便于检验后清理。典型的耦合剂为水、机油、甘油和浆糊，耦合剂中可加入适当的"润湿剂"或活性剂以改善耦合性能。时基范围调节、灵敏度设定和工件检测时应采用相同耦合剂。

7 检测区域

检测区域(见图 2)是指焊缝和焊缝两侧至少 10 mm 宽母材或热影响区宽度(取二者较大值)的内部区域。

任何情况下，声束扫查应覆盖整个检测区域。如果声束不能覆盖整个检测区域，或者折射角不能满足 6.3.2 的要求时，检测双方应协商确定更换超声检测技术或者增加其他无损检测方法。如有可能，宜磨平焊缝余高。

可更换的超声检测技术，宜为双晶斜射波束检测，爬波检测或其他超声检测技术。可增加的无损检测方法，宜为渗透检测、磁粉检测和射线检测等方法。在选择附加的检测技术时，宜充分考虑焊缝类型和各种缺欠易出现的部位和走向。

单位为毫米

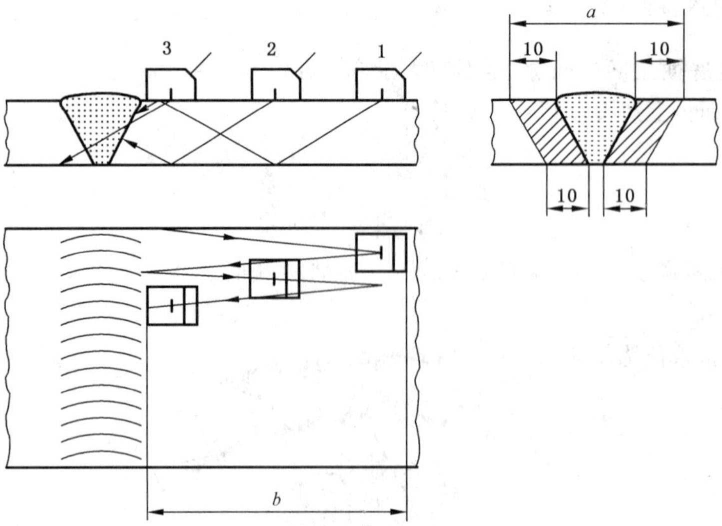

说明：

1 ——位置1；

2 ——位置2；

3 ——位置3；

a ——检测区域宽度；

b ——探头移动区宽度。

图2　扫查纵向显示时检测区域示意图

8　探头移动区

探头移动区应足够宽，以保证声束能覆盖整个检测区域（见图2）。增加探测面，比如在焊接接头双面进行扫查，可缩短探头移动区宽度。

探头移动区表面应平滑，无焊接飞溅、铁屑、油垢及其他外部杂质。探头移动区表面的不平整度，不应引起探头和工件的接触间隙超过0.5 mm。如果间隙超标，应修整探头移动区表面。当焊缝表面局部变形导致探头与焊缝的间隙大于1 mm，可在受影响位置用其他角度探头进行补充扫查。如果该扫查能弥补未扫查到的检测区域，此局部变形是允许的。

探头移动区和声束反射面应允许无干扰的耦合剂和反射物。

9　母材检测

除非能证实（比如制造过程的预检）母材金属高衰减或缺欠的存在不影响横波检测，否则探头移动区（见图2）的母材金属应在焊前或焊后进行纵波检测。

存在缺欠的母材部位，应对其是否影响横波检测效果进行评定。如有影响，调整焊缝超声检测技术，严重影响声束覆盖整个检测区域时则应考虑更换其他检测方法（比如射线检测）。

10　时基线和灵敏度设定

10.1　概述

依据本标准和附录E要求，每次检测前应设定时基线和灵敏度，并考虑温度的影响。时基线和灵敏度设定时的温度与焊缝检测时的温度之差不应超过15 ℃。

检测过程中至少每4小时或检测结束时，应对时基线和灵敏度设定进行校验。当系统参数发生变化或等同设定变化受到质疑时，也应重新校验。

如果在检测过程中发现偏离，应按表2要求进行修正。

表2 灵敏度和时基线修正

灵敏度		
1	偏离值≤4 dB	继续检测前，应修正设定
2	灵敏度降低值>4 dB	应修正设定，同时该设备前次校验后检查的全部焊缝应重新检测
3	灵敏度增加值>4 dB	应修正设定，同时该设备前次校验后检查的全部已记录的显示应重新检测
时基线		
1	时基线偏差值≤2%	继续检测前，应修正设定
2	时基线偏差值>2%	应修正设定，同时该设备前次校验后检查的全部焊缝应重新检测

10.2 设定参考灵敏度

应选用下列任一技术设定参考灵敏度：

a) 技术1：以直径为3 mm横孔作为基准反射体，制作距离-波幅曲线(DAC)。

b) 技术2：以规定尺寸的平底孔(见表3和表4)作为基准反射体，制作纵波/横波距离-增益-尺寸曲线(DGS)。

c) 技术3：应以宽度和深度均为1 mm的矩形槽作为基准反射体。该技术仅应用于斜探头(折射角≥70°)检测厚度8 mm≤t<15 mm的焊缝。

d) 技术4：串列技术。以直径为6 mm平底孔(所有厚度)作为基准反射体，垂直于探头移动区。该技术仅应用于斜探头(折射角为45°)检测厚度t≥15 mm的焊缝。

横孔和矩形槽的长度应大于用－20 dB法测得的声束宽度。

表3 技术2的验收等级2和验收等级3的参考等级(斜射波束横波检测)

标称探头频率/MHz	母材板厚，t					
	8 mm≤t<15 mm		15 mm≤t<40 mm		40 mm≤t<100 mm	
	验收等级2(AL2)	验收等级3(AL3)	验收等级2(AL2)	验收等级3(AL3)	验收等级2(AL2)	验收等级3(AL3)
1.5～2.5	—	—	D_{DSR}=2.5 mm	D_{DSR}=2.5 mm	D_{DSR}=3.0 mm	D_{DSR}=3.0 mm
3.0～5.0	D_{DSR}=1.5 mm	D_{DSR}=1.5 mm	D_{DSR}=2.0 mm	D_{DSR}=2.0 mm	D_{DSR}=3.0 mm	D_{DSR}=3.0 mm
D_{DSR}为平底孔直径。						

表4 技术2的验收等级2和验收等级3的参考等级(直射波束纵波检测)

标称探头频率/MHz	母材板厚，t					
	8 mm≤t<15 mm		15 mm≤t<40 mm		40 mm≤t<100 mm	
	AL2	AL3	AL2	AL3	AL2	AL3
1.5～2.5	—	—	D_{DSR}=2.5 mm	D_{DSR}=2.5 mm	D_{DSR}=3.0 mm	D_{DSR}=3.0 mm
3.0～5.0	D_{DSR}=2.0 mm	D_{DSR}=2.0 mm	D_{DSR}=2.0 mm	D_{DSR}=2.0 mm	D_{DSR}=3.0 mm	D_{DSR}=3.0 mm
D_{DSR}为平底孔直径。						

10.3 评定等级

应评定所有等于或超过评定等级的显示。

GB/T 29712 中表 A.1 给出了技术 1～4 的评定等级。

10.4 传输修正

当使用对比试块建立参考等级时，应在工件和试块有代表性的位置测量声能传输损失差值。适用技术见附录 F。

如差值小于等于 2 dB，无需修正。

如差值大于 2 dB 且小于 12 dB，应进行补偿。

如差值大于等于 12 dB，应考虑原因，如适用应进一步修整探头移动区。

当检测对象存在较大的声能传输损失差值，但未发现明显原因时，应测量检测对象不同位置的声能传输损失，并应采取修正措施。

10.5 信噪比

焊缝检测过程中，噪声电平，不包括表面伪显示，应至少保持在评定等级－12 dB 以下。可根据技术协议放宽信噪比要求。

11 检测等级

焊接接头的质量要求，主要与材料、焊接工艺和服役状况有关。依据质量要求，本标准规定了四个检测等级(A、B、C 和 D 级)。

从检测等级 A 到检测等级 C，增加检测覆盖范围(如增加扫查次数和探头移动区等)，提高缺欠检出率。检测等级 D 适用于特殊应用，在制定书面检测工艺规程时应考虑本标准的通用要求。通常，检测等级与焊缝质量等级有关(如 GB/T 19418)。相应检测等级可由焊缝检测标准、产品标准或其他文件规定。

当规定使用 ISO 17635 时，表 5 给出了推荐的检测等级和验收等级。

表 5 推荐的检测等级

按 GB/T 19418 标准的质量等级	按本标准的检测等级[a]	按 GB/T 29712 标准的验收等级
B	至少 B 级	2
C	至少 A 级	3
D	无适用的检测等级[b]	无应用[b]

[a] 当需要评定显示特征时，应按 GB/T 29711 评定。

[b] 不推荐做超声检测。但如果协议规定使用，参考 GB/T 19418 的 C 级执行。

针对各种接头类型，附录 A 给出了检测等级 A 到 C 的规定要求。附录 A 给出的各种接头类型仅是理想状态，实际的焊缝条件或可检性与附录 A 不完全一致时，应修改检测技术以满足本标准通用要求和检测等级规定要求。针对上述情况，应制定一份书面检测工艺规程。

12 检测技术

12.1 概述

应依据 12.2～12.5 要求进行超声检测。

12.2 手工扫查路径

在保持声束垂直焊缝作前后移动(见图2)的同时,探头还应作10°左右的转动。

12.3 与检测面垂直的缺欠检测

单一斜角检测技术很难检测与检测面垂直的近表面平面型缺欠。宜考虑采用特定的检测技术检测此类缺欠(尤其厚焊缝检测)。上述检测技术的使用应写入技术协议中。

12.4 显示位置

所有显示的位置,应参考一个坐标系定义,如图3所示。

应选择检测面的某一点作为测量原点。

当从多个面进行检测时,每个检测面都应确定参考点。在这种情况下,应当建立所有参考点之间的位置关系,以便所有显示的绝对位置可以从指定的参考点确定。

环形焊缝可在装配前确定内外圈的参考点。

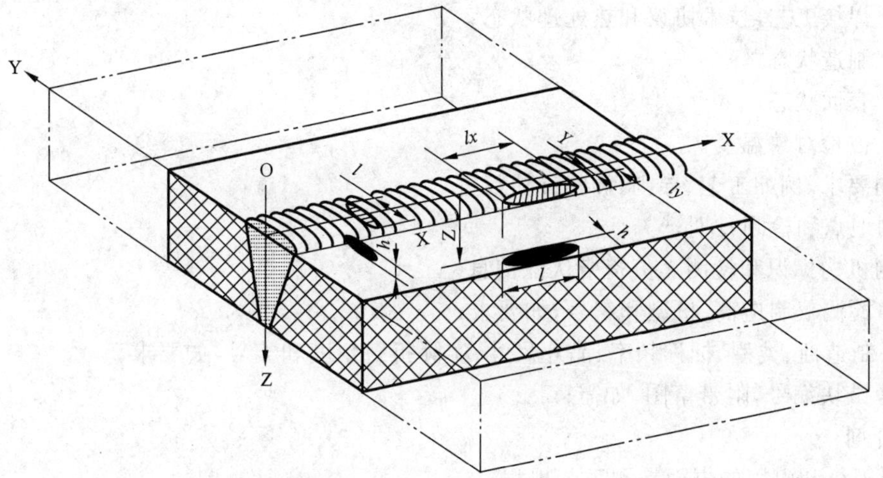

说明:

O——原点。

注:符号 h,l,lx,ly,x,y,z 含义见表1。

图3 显示位置的坐标

12.5 显示评定

12.5.1 概述

所有超过评定等级的相关显示应按12.5.2~12.5.4评定。

12.5.2 最大回波幅度

应移动探头找到最大回波幅度,并记录相对于参考等级的幅度差值。

12.5.3 显示长度

除非另有规定,纵向显示长度(l_x)或横向显示长度(l_y),应尽可能使用验收等级标准规定的技术测定。

12.5.4 显示自身高度

仅在技术协议要求时,应测定显示自身高度。

12.5.5 显示特征

如有规定,显示特征应符合 GB/T 29711 要求。

13 检测报告

检测报告应至少包含下列信息:

a) 被检对象特征:
  1) 材质和产品门类;
  2) 尺寸;
  3) 被检焊缝/焊接接头所处位置;
  4) 几何结构草图(如需);
  5) 焊接工艺,技术协议和热处理状态;
  6) 制造状态;
  7) 表面状态;
  8) 被检对象温度。

b) 合同要求,例如工艺、导则、和特殊协议等;
c) 检测地点和检测日期;
d) 检测机构标识和检测人员资格认证信息;
e) 超声检测仪制造商、机型和编号,如要求;
f) 探头制造商、类型、标称频率、晶片尺寸、实际折射角度和编号,如要求;
g) 参考试块编号,附带草图,如需;
h) 耦合剂;
i) 检测等级和引用的书面检测工艺规程;
j) 检测范围;
k) 探头移动区位置;
l) 参考点和所用坐标系详情,参见 12.4;
m) 探头放置部位,参考附录 A 或草图示意;
n) 时基线范围;
o) 灵敏度设定方法和所用值(参考等级的增益设定和传输修正值);
p) 参考等级;
q) 母材检测结果;
r) 验收等级标准;
s) 与本标准或合同要求的偏离;
t) 显示坐标(参见 12.4),给出相关检测探头及其位置;
u) 最大回波幅度(参见 12.5.2),如要求,给出显示的类型和尺寸;
v) 显示长度(参见 12.5.3);
w) 按规定的验收等级给出评价结果;
x) 引用本标准。

附　录　A
（规范性附录）
各种类型焊接接头的检测等级

各种类型焊接接头的检测等级，见图 A.1～图 A.7 和表 A.1～表 A.7。

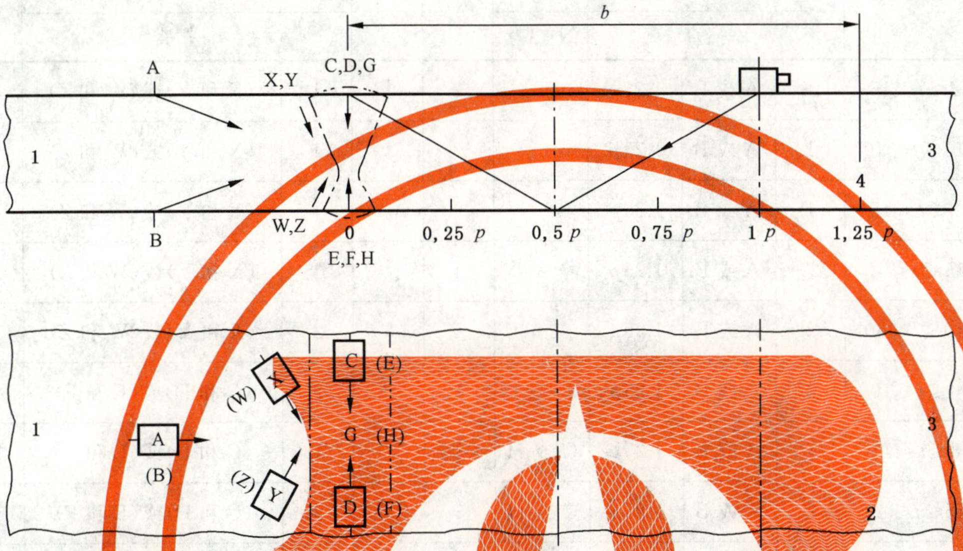

说明：

1——位置 1；

2——位置 2；

3——位置 3；

4——位置 4；

A,B,C,D,E,F,G,H,W,X,Y,Z——探头位置；

b——与跨距(*p*)相关的探头移动区宽度(SZW)；

p——全跨距。

图 A.1　板-板和管-管对接接头

表 A.1 板-板和管-管对接接头(典型结构,见图 A.1)

检测等级	母材厚度 mm	纵向显示						横向显示			
		数量要求				合计扫查次数	备注	数量要求		合计扫查次数	备注
		探头角度	探头位置	探头移动区宽度	探头位置			探头角度	探头位置		
		L-扫查			N-扫查			T-扫查			
A	8≤t<15	1	A 或 B	1.25p	—	2	[a]	1	(X 和 Y)或(W 和 Z)	4	[c]
	15≤t<40	1	A 或 B	1.25p	—	2	[a]	1	(X 和 Y)或(W 和 Z)	4	[c]
B	8≤t<15	1	A 或 B	1.25p	—	2	[e]	1	(X 和 Y)或(W 和 Z)	4	[c]
	15≤t<40	2[f]	A 或 B	1.25p	—	4	[b,e]	1	(X 和 Y)或(W 和 Z)	4	[c]
	40≤t<60	2	A 或 B	1.25p	—	4	[b]	2	(X 和 Y)或(W 和 Z)	8	[c]
	60≤t≤100	2	A 或 B	1.25p	—	4	[b]	2	(C 和 D)或(E 和 F)	4	[c,d]
C	8≤t<15	1	A 或 B	1.25p	G 或 H	3	[d]	1	(C 和 D)或(E 和 F)	2	[d]
	15≤t≤40	2	A 或 B	1.25p	G 或 H	5	[b,d]	2	(C 和 D)或(E 和 F)	4	[d]
	>40	2	A 或 B	1.25p	G 或 H	5	[b,d]	2	(C 和 D)或(E 和 F)	4	[d]

注:L-扫查:使用斜探头扫查纵向显示;
N-扫查:使用直探头扫查;
T-扫查:使用斜探头扫查横向显示;
p:全跨距。

[a] 可由检测合同限制为单面一次扫查。
[b] 附加串列检测技术由检测合同特别规定。
[c] 仅由检测合同特别规定。
[d] 焊缝表面应符合第 8 章要求。焊缝表面可要求磨平,单面环焊缝只磨外表面即可。
[e] 如果只进行单面扫查,应选用 2 个角度的探头。
[f] 在 15 mm<t≤25 mm 范围内,如果选用低于 3 MHz 的频率,1 个角度的探头扫查即可。

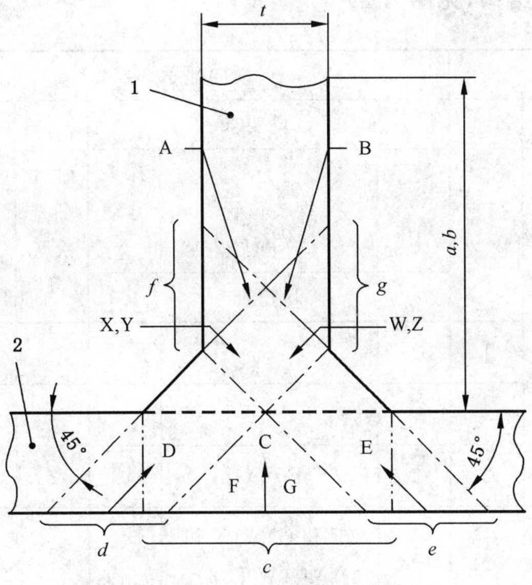

a） 端视

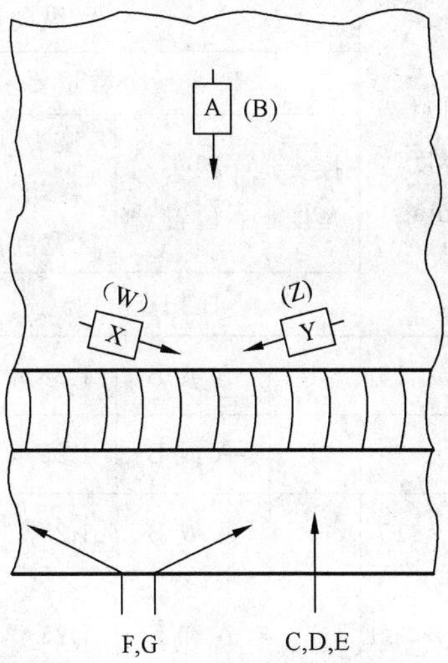

b） 侧视

说明：

1——部件 1；

2——部件 2；

A,B,C,D,E,F,G,W,X,Y,Z——探头位置；

a,*b*,*c*,*d*,*e*,*f*,*g*—— 探头移动区宽度；

t ——厚度。

图 A.2 T 型接头

表 A.2　T 型接头(典型结构,见图 A.2)

<table>
<tr><th rowspan="4">检测等级</th><th rowspan="4">母材厚度
mm</th><th colspan="6">纵向显示</th><th colspan="4">横向显示</th><th rowspan="4">备注</th></tr>
<tr><th colspan="5">数量要求</th><th rowspan="3">合计扫查次数</th><th colspan="3">数量要求</th><th rowspan="3">合计扫查次数</th></tr>
<tr><th>探头角度</th><th>探头位置</th><th>探头移动区宽度</th><th>探头位置</th><th>探头移动区宽度</th><th>探头角度</th><th>探头位置</th><th>探头移动区宽度</th></tr>
<tr><th colspan="3">L-扫查</th><th colspan="2">N-扫查</th><th colspan="3">T-扫查</th></tr>
<tr><td rowspan="2">A</td><td>8≤t<15</td><td>1</td><td>A 或 B</td><td>1.25p</td><td>C[c]</td><td>—</td><td>1</td><td>—</td><td>—</td><td>—</td><td>—</td><td>[a]</td></tr>
<tr><td>15≤t<40</td><td>1</td><td>A 或 B</td><td>1.25p</td><td>C[c]</td><td>c</td><td>2</td><td>—</td><td>—</td><td>—</td><td>—</td><td>[a]</td></tr>
<tr><td rowspan="3">B</td><td>8≤t<15</td><td>1</td><td>A 或 B</td><td>1.25p</td><td>C[c]</td><td>—</td><td>2</td><td>1</td><td>F 和 G</td><td>c</td><td>2</td><td>[b]</td></tr>
<tr><td>15≤t<40</td><td>1</td><td>A 和 B</td><td>1.25p</td><td>C[c]</td><td>c</td><td>3</td><td>1</td><td>(F 和 G)或(X 和 Y)或(W 和 Z)</td><td>c
f+g</td><td>2</td><td>[b]</td></tr>
<tr><td>40≤t≤100</td><td>2</td><td>A 和 B</td><td>0.75p</td><td>C[c]</td><td>c</td><td>5</td><td>1</td><td>(F 和 G)或(X 和 Y)或(W 和 Z)</td><td>c
f+g</td><td>2</td><td>[b]</td></tr>
<tr><td rowspan="4">C</td><td>8≤t<15</td><td>1</td><td>A 和 B</td><td>1.25p</td><td>C[c]</td><td>c</td><td>3</td><td>2</td><td>F 和 G</td><td>c
f+g</td><td>4</td><td>[b]</td></tr>
<tr><td>15≤t<40</td><td>2
1</td><td>(A 和 B)和
(D 和 E)</td><td>1.25p
d+e</td><td>C[c]</td><td>c</td><td>7</td><td>1</td><td>(F 和 G)和(X 和 Y)或(W 和 Z)</td><td>c
f+g</td><td>4</td><td>[b]</td></tr>
<tr><td>40≤t≤100</td><td>2
1</td><td>(A 和 B)和
(D 和 E)</td><td>0.75p
d+e</td><td>C[c]</td><td>c</td><td>7</td><td>2</td><td>(F 和 G)和(X 和 Y)或(W 和 Z)</td><td>c
f+g</td><td>8</td><td>[b]</td></tr>
<tr><td>>100</td><td>3
1</td><td>(A 和 B)和
(D 和 E)</td><td>0.75p
d+e</td><td>C[c]</td><td>c</td><td>9</td><td>2</td><td>(F 和 G)和(X 和 Y)或(W 和 Z)</td><td>c
f+g</td><td>8</td><td>[b]</td></tr>
<tr><td colspan="13">注：L-扫查:使用斜探头扫查纵向显示；
N-扫查:使用直探头扫查；
T-扫查:使用斜探头扫查横向显示；
p:全跨距。</td></tr>
<tr><td colspan="13">[a] 不适用。
[b] 执行仅在检测合同特别规定时。
[c] 如果位置 C 不能扫查,可从位置 A 或位置 B 用串列检测技术代替。</td></tr>
</table>

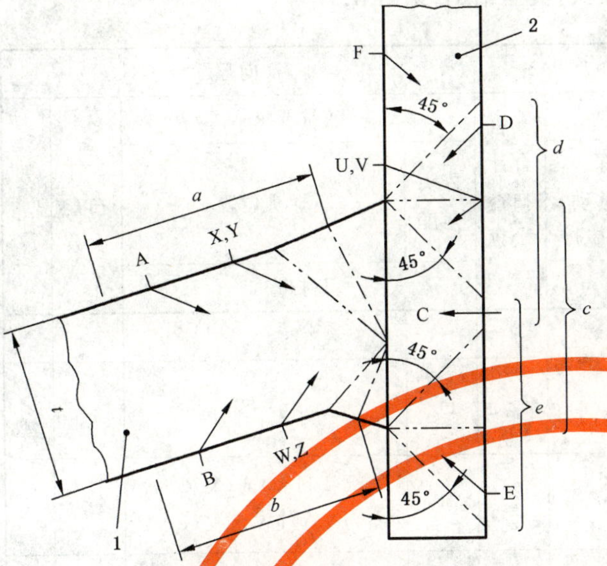

a） 横截面

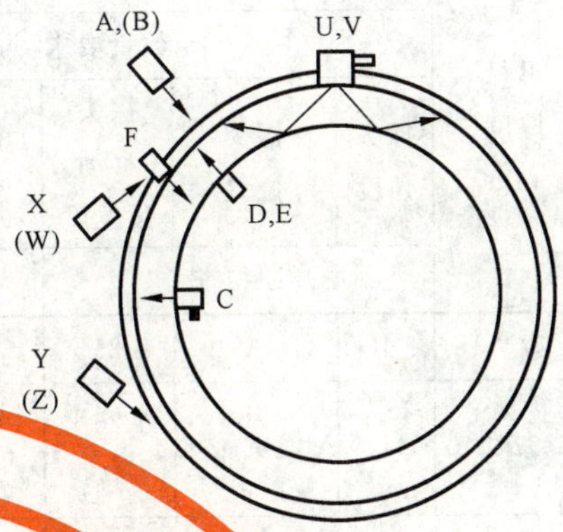

b） 俯视

说明：

1——部件1,筒体/平板；

2——部件2,接管；

A,B,C,D,E,F,U,V,W,X,Y,Z——探头位置；

a,b,c,d,e ——探头移动区宽度；

t ——厚度。

图 A.3 插入式管座角接头

表 A.3 插入式管座角接头(典型结构,见图 A.3)

检测等级	母材厚度 mm	纵向显示						横向显示			
		数量要求					合计扫查次数	数量要求		合计扫查次数	备注
		探头角度	探头位置	探头移动区宽度	探头位置	探头移动区宽度		探头角度	探头位置		
		L-扫查			N-扫查			T-扫查			
A	$8 \leqslant t < 15$	1	A	$1.25p$	C	c	1	—	—	—	[a]
	$15 \leqslant t \leqslant 40$	1	A 或 F 或 D	$1.25p$ d	C	c	2	—	—	—	[a]
B	$8 \leqslant t < 15$	1	A 或 D	$1.25p$ $d+e$	C	c	2	1	(U 和 V)或(X 和 Y)或(W 和 Z)	2	[b]
	$15 \leqslant t < 40$	1	A 或 (D 和 E)	$1.25p$ $d+e$	C	c	2 或 3	1	(U 和 V)或(X 和 Y)或(W 和 Z)	2	[b]
	$40 \leqslant t < 60$	1	(A 或 B)和 (D 和 E)	$1.25p$ $d+e$	C	c	4	1	(X 和 Y)和(W 和 Z)	4	[b]
	$60 \leqslant t \leqslant 100$	2 1	(A 和 B)和 (D 和 E)	$0.5p$ $d+e$	C	c	7	2	(X 和 Y)和(W 和 Z)	8	[b]
C	$8 \leqslant t < 15$	1	(A 或 B)和 (D 或 E)	$1.25p$ d 或 e	C	c	3	1	(U 和 V)或(X 和 Y)和(W 和 Z)	2 或 4	[b]
	$15 \leqslant t \leqslant 40$	2	(A 或 B)和 (D 或 E)	$0.5p$ d 或 e	C	c	5	2	(X 和 Y)和(W 和 Z)	8	[b]
	>40	2	(A 或 B)和 (D 或 E)	$0.5p$ $d+e$	C	c	9	2	(X 和 Y)和(W 和 Z)	8	[b]

注:L-扫查:使用斜探头扫查纵向显示;
N-扫查:使用直探头扫查;
T-扫查:使用斜探头扫查横向显示;
p:全跨距。

[a] 不适用。

[b] 仅在检测合同特别规定时执行。

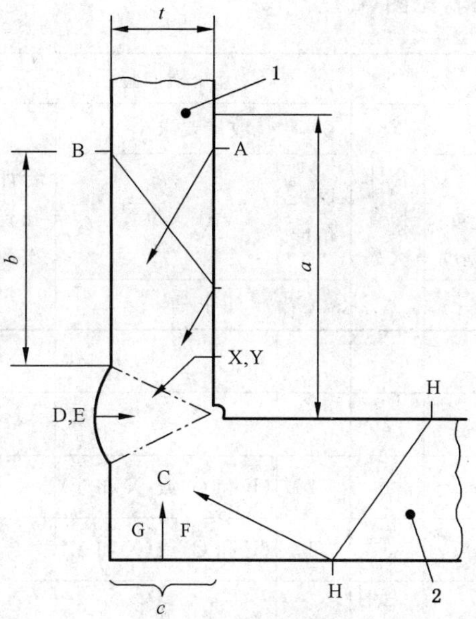

a） 横截面

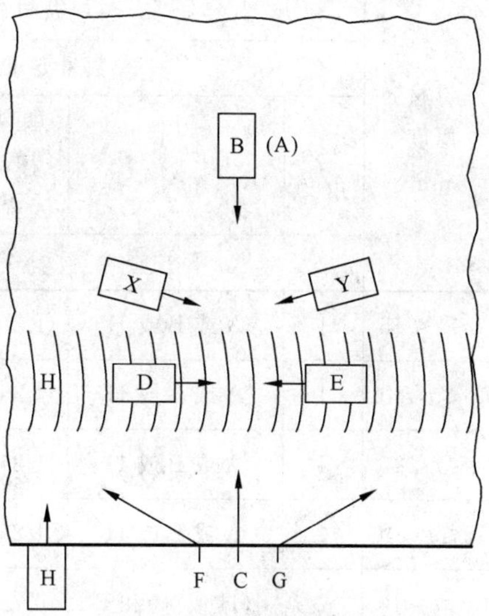

b） 端视

说明：

1——部件 1，接件；

2——部件 2，主件；

A，B，C，D，E，F，G，H，X，Y——探头位置；

a，*b*，*c*——探头移动区宽度；

t——厚度。

图 A.4 L 型接头

表 A.4 L型接头(典型结构,见图 A.4)

检测等级	母材厚度 mm	纵向显示						横向显示			
		数量要求					合计扫查次数	数量要求		合计扫查次数	备注
		探头角度	探头位置	探头移动区宽度	探头位置	探头移动区宽度		探头角度	探头位置		
		L-扫查			N-扫查			T-扫查			
A	8≤t<15	1	A 或 B 或 H	1.25p	C	c	1	—	—	—	a
	15≤t≤40	1	A 或 B 或 H	1.25p	C	c	2	—	—	—	a
B	8≤t<15	1	A 或 B 或 H	1.25p	C	c	1	1	(F 和 G)或(X 和 Y)	2	b
	15≤t<40	2	A 或 B 或 H	1.25p	C	c	3	2	(F 和 G)或(X 和 Y)	4	b
	40≤t≤100	2	(H 或 A)和 B	0.75p	C	c	5	2	D 和 E	4	b,c
C	8≤t<15	1	(H 或 A)和 B	1.25p	C	c	3	1	D 和 E	2	b,c
	15≤t<40	2	(H 或 A)和 B	1.25p	C	c	5	1	D 和 E	2	b,c
	40≤t≤100	3	(H 或 A)和 B	1.25p	C	c	7	2	D 和 E	4	b,c
	>100	3	(H 或 A)和 B	0.5p	C	c	7	2	D 和 E	4	b,c

注:L-扫查:使用斜探头扫查纵向显示;
N-扫查:使用直探头扫查;
T-扫查:使用斜探头扫查横向显示;
p:全跨距。

[a] 不适用。
[b] 仅在检测合同特别规定时执行。
[c] 焊缝表面应符合第 8 章要求。焊缝表面可要求磨平。

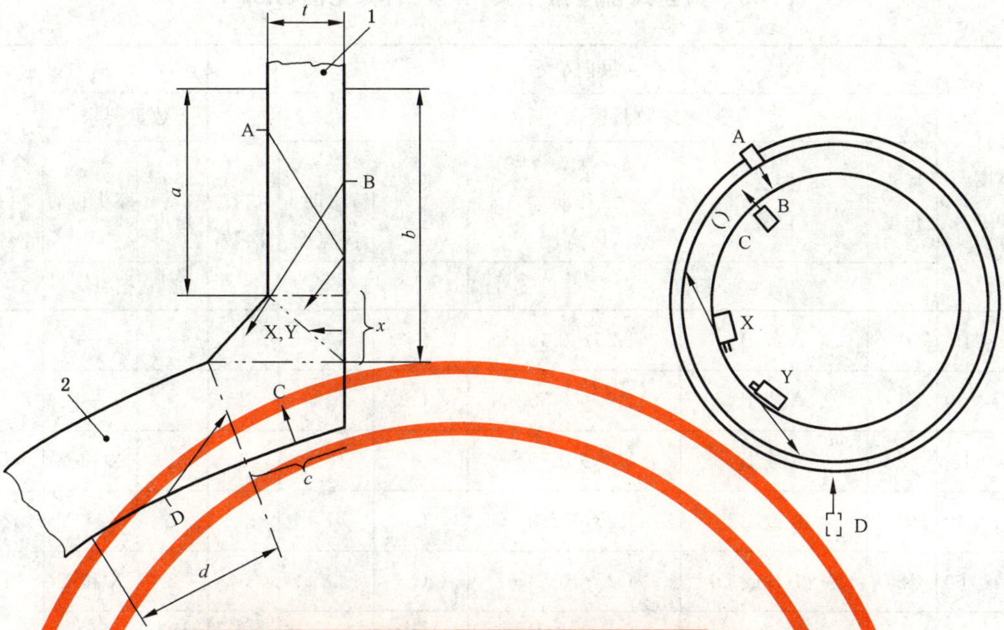

a) 横截面　　　　b) 俯视

说明：

1——部件 1,支管；

2——部件 2,主管；

A,B,C,D,X,Y——探头位置；

a,b,c,d,x ——探头移动区宽度；

t ——厚度。

图 A.5　骑坐式管座角接头

表 A.5　骑坐式管座角接头(典型结构,见图 A.5)

检测等级	母材厚度 mm	纵向显示						横向显示			
		数量要求					合计扫查次数	数量要求		合计扫查次数	备注
		探头角度	探头位置	探头移动区宽度	探头位置	探头移动区宽度		探头角度	探头位置		
		L-扫查			N-扫查			T-扫查			
A	8≤t<15	1	A 或 B	1.25p 0.50p	—	—	1	—	—	—	[a]
	15≤t≤40	1	A 或 B	1.25p 0.50p	C	c	2	—	—	—	[a]
B	8≤t<15	2	A 或 B	1.25p 0.50p	—	—	2	1	X 和 Y	2	[b,c]
	15≤t<40	2	A 或 B	1.25p 0.50p	C	c	3	1	X 和 Y	2	[b,c]
	40≤t<60	2	A 和(B 或 D)	1.25p 0.50p	C	c	5	2	X 和 Y	4	[b,c]
	60≤t≤100	2	A 和(B 或 D)	1.25p 0.50p	C	c	5	2	X 和 Y	4	[b,c]
C	8≤t<15	3	A 或 B	1.25p 0.50p	C	c	4	1	X 和 Y	2	[b,c]
	15≤t<40	3	A 或 B	1.25p 0.50p	C	c	4	1	X 和 Y	2	[b,c]
	40≤t<60	3	A 和 B	1.25p 0.50p	C	c	7	2	X 和 Y	4	[b,c]
	60≤t≤100	3	A 和 B	1.25p 0.50p	C	c	7	2	X 和 Y	4	[b,c]

注:L-扫查:使用斜探头扫查纵向显示;
N-扫查:使用直探头扫查;
T-扫查:使用斜探头扫查横向显示;
p:全跨距。

[a] 不适用。
[b] 仅由检测合同特别规定时执行。
[c] 焊缝表面应符合第 8 章要求。焊缝表面可要求磨平。

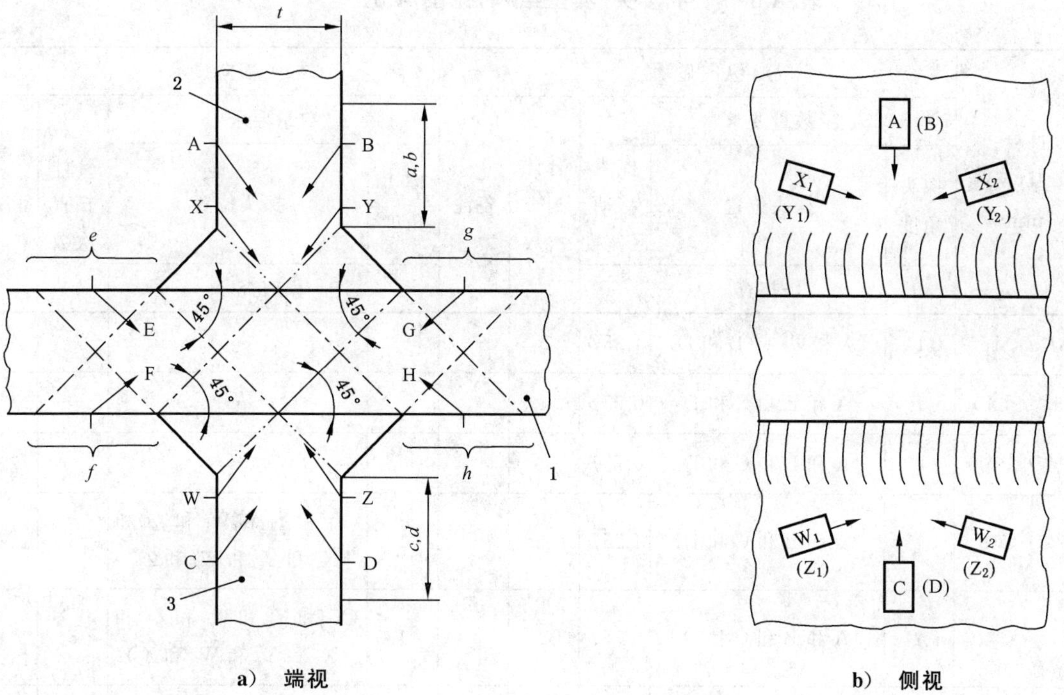

a） 端视　　　　b） 侧视

说明：

1——部件 1；

2——部件 2；

3——部件 3；

A,B,C,D,E,F,G,H,W,W_1,W_2,X,X_1,X_2,Y,Y_1,Y_2,Z,Z_1,Z_2——探头位置；

a,b,c,d,e,f,g,h ——探头移动区宽度；

t ——厚度。

图 A.6　十字接头

表 A.6 十字接头(典型结构,见图 A.6)

检测等级	母材厚度 mm	纵向显示					横向显示			
		数量要求 L-扫查			合计扫查次数	备注	数量要求 T-扫查		合计扫查次数	备注
		探头角度	探头位置	探头移动区宽度			探头角度	探头位置		
A	$8 \leqslant t < 15$	1	(A 和 C)或(B 和 D)	$1.25p$	2	—	—	—	—	[a]
	$15 \leqslant t < 40$	1	A 和 B 和 C 和 D	$0.75p$	4	[c]	—	—	—	[a]
	$40 \leqslant t \leqslant 100$	2	A 和 B 和 C 和 D	$0.75p$	8	[c]	—	—	—	///
B	$8 \leqslant t < 15$	1	A 和 B 和 C 和 D	$1.25p$	4	—	1	(X_1 和 Y_1 和 W_1 和 Z_1)和 (X_2 和 Y_2 和 W_2 和 Z_2)	8	[b]
	$15 \leqslant t < 40$	2	A 和 B 和 C 和 D	$0.75p$	8	[c]	1	(X_1 和 Y_1 和 W_1 和 Z_1)和 (X_2 和 Y_2 和 W_2 和 Z_2)	8	[b]
	$40 \leqslant t \leqslant 100$	2 1	(A 和 B 和 C 和 D)和 (E 和 F 和 G 和 H)	$0.75p$ e-h	12	[d] [d]	2	(X_1 和 Y_1 和 W_1 和 Z_1)和 (X_2 和 Y_2 和 W_2 和 Z_2)	16	[b]
C	$40 \leqslant t \leqslant 100$	2 1	(A 和 B) 和(C 和 D) 和(E 和 F) 和(G 和 H) 和串列扫查 (A 或 B) 和(C 或 D)	$0.75p$ e-h	14	—	2	(X_1 和 Y_1 和 W_1 和 Z_1)和 (X_2 和 Y_2 和 W_2 和 Z_2)	16	[b]

注:L-扫查:使用斜探头扫查纵向显示;
N-扫查:使用直探头扫查;
T-扫查:使用斜探头扫查横向显示;
p:全跨距。

[a] 不适用。
[b] 仅由检测合同特别规定时执行。
[c] 若要求更高的灵敏度等级,应使用串列检测技术。
[d] 若要求更高的灵敏度等级,应使用串列检测技术。在此情况下,应略去位置 E,F,G,H 的扫查。

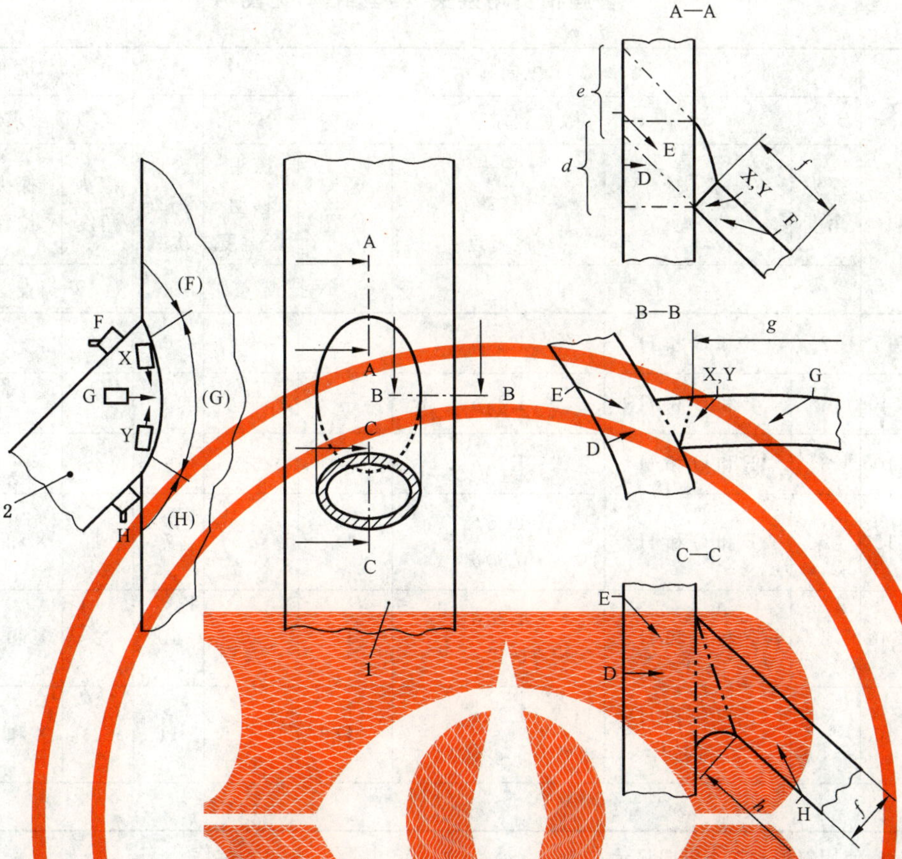

说明：

1——部件 1，主管；

2——部件 2，支管；

A，B，C，D，E，F，G，H，X，Y ——探头位置；

d，e，f，g，h——探头移动区宽度。

图 A.7 管座相贯角接头

表 A.7　管座相贯角接头(典型结构,见图 A.7)

检测等级	母材厚度 mm	纵向显示						横向显示			
		数量要求					合计扫查次数	数量要求		合计扫查次数	备注
		探头角度	探头位置	探头移动区宽度	探头位置	探头移动区宽度		探头角度	探头位置		
		L-扫查			N-扫查			T-扫查			
A	8≤t<15	2	F 和 G 和 H	1.25p	—	—	6	—	—	—	a,b
	15≤t<40	3	F 和 G 和 H	1.25p	—	—	9	—	—	—	a,b
	40≤t≤100	3	F 和 G 和 H	1.25p	—	—	9	—	—	—	a,b
B	8≤t<15	2	F 和 G 和 H	1.25p 0.50p	D	d	7	1	X 和 Y	2	a,c
	15≤t<40	3	F 和 G 和 H	1.25p 0.50p	D	d	10	2	X 和 Y	4	a,c
	40≤t≤100	3 1	(F 和 G 和 H) 和 E	1.25p e	D	d	11	2	X 和 Y	4	a,c
C	—										

注:L-扫查:使用斜探头扫查纵向显示;
N-扫查:使用直探头扫查;
T-扫查:使用斜探头扫查横向显示;
p:全跨距。

[a] 相贯接头检测通常应使用检测等级 D,由检测合同特别规定。
[b] 不适用。
[c] 如果部件 1 内孔不可达(位置 D 和 E),则检测等级 B 不适用。

附 录 B
(规范性附录)
串列检测

B.1 概述

串列检测使用两个折射角为45°的斜探头，一个探头用于发射超声波，一个探头用于接收超声波。当焊缝厚度大于160 mm时，可选用不同晶片尺寸的探头，以确保在检验区域内得到相同截面尺寸的声束。

受检测对象几何条件的限制，可使用折射角不为45°的斜探头，但要避免产生波形转换。

两个斜探头应置于同一直线上，以保证前一探头发射的声束经底面反射后能斜入射检测区域的某一显示，该显示的反射声束能被后一探头接收。

斜探头间距(y)、声束轴线交叉点检测深度(t_m)和检测区域高度(t_z)之间的关系见图B.1。

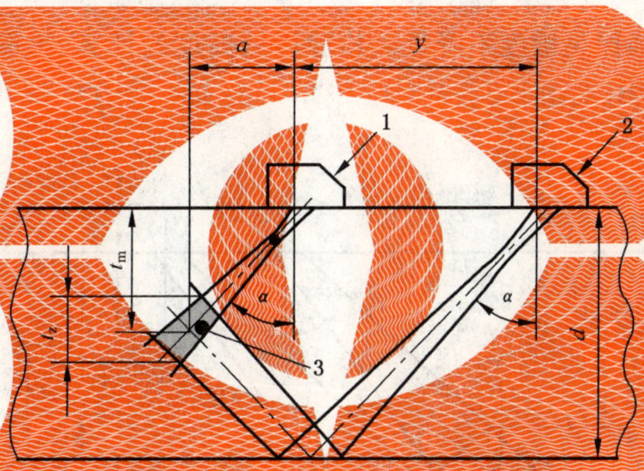

说明：

1 ——探头1；

2 ——探头2；

3 ——检验区域；

a ——水平距离；

d ——材料厚度；

t_m——检测深度；

y ——探头间距；

t_z——检测区域高度。

图B.1 串列检测基本原理

当检测两平行端面的工件时，探头间距由下式决定：

$$y=2\tan\alpha(d-t_m)$$

如 $\alpha=45°$：

$$y=2(d-t_m)$$

可选用下列任一方法进行扫查：

——两探头沿工件表面以固定探头间距(y)移动。

此方法一次只能检测一定深度的检测区域。需要调整探头间距，以覆盖整个深度截面的检测区域。

——两探头同时移动，保持它们声轴平面交叉距离之和不变(声轴要垂直焊缝轴)，从而在一个连续运动中扫查整个厚度范围。

B.2 时基线调节

基本上所有相关回波都显示相同声程距离，且都符合 V 声程路径。建议把 V 声程路径回波调在一固定位置，如时基线 8 格上。

B.3 灵敏度设定

用以下反射体设定灵敏度：

平行面：底面反射波形成 V 路径反射波；

平底孔：垂直扫查面，在声轴交叉处；

横孔：在声轴交叉处且在检测区域边缘。

B.4 检测区域计算

划分相等的检验区域以确保灵敏度不降低。检验区域高度的计算：检验区边缘的灵敏度与声轴交叉处的灵敏度相比不低于 6 dB，见图 B.2。

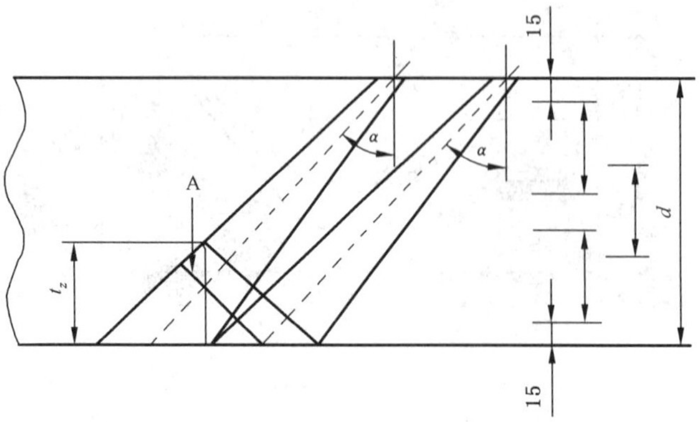

说明：

A ——声束有效直径；

d ——材料厚度；

t_z ——检测区域高度。

图 B.2 检测区域

检测区域高度（t_z）可用参考试块上不同深度反射体来测定，或用接近对面最大声程结合声束有效直径来计算：

$$t_z \approx \frac{\lambda(d-15\ \text{mm})}{\sin\alpha \cdot \cos\alpha \cdot D_{\text{eff}}}$$

如 $\alpha=45°$：

$$t_z \approx \frac{2 \cdot \lambda(d-15\ \text{mm})}{D_{\text{eff}}}$$

式中：

D_{eff}——晶片有效直径。

检测区域数量按下式计算：

$$n_{tz}=\left|\frac{d-30\ \text{mm}}{t_z}+1\right|, n_{tz}=1,2,3$$

调整探头间距离 y(见图 B.1),使声轴交叉点在每一个检测区域中心。检测区域的宽度和数量用比例图或 6 dB 声束有效直径计算。

B.5 灵敏度修正

设定灵敏度时需对传输和衰减损耗进行修正。除此之外,由于侧壁干扰引起的灵敏度降低也要作补偿。可用 6 dB 法或测量检测区域边缘平底孔值的方法来设定灵敏度修正。

附　录　C
（资料性附录）
设备技术参数

本附录给出了超声检测仪器和探头的常用技术参数，这些技术参数由制造商提供。如果制造商与客户同意，可删减和/或增加本附录给出的技术参数内容。

C.1　超声仪器

C.1.1　一般特性参数包括：

a)　尺寸；

b)　重量；

c)　使用电源类型；

d)　探头插头型号；

e)　电池工作时间(新电池在最大功耗情况下)；

f)　温度和电压(电源和/或电池的)范围(在给定的技术指标范围内进行工作)，如需预热则说明预热时间；

g)　低电压(超声仪器不能正常工作时)的显示方式；

h)　电池正常放电和充电过程中、在电池电压范围内，标准恒定信号的幅度和水平基线位置的变化的百分数；

i)　脉冲重复频率(PRF)(开关位置和/或可变范围)；

j)　可(通过插座)输出不检波(RF)和/或检波信号；

k)　提供闸门信号输出(即：go/no go 和/或比例输出以及输出响应时间、线性，比例输出的最大电流驱动能力和稳定性。go/no go 闸门的阈值迟滞和精度以及开关输出的保持时间)。

C.1.2　显示器的特性参数包括：

a)　显示刻度区域的尺寸；

b)　垂直和水平方向的主、子刻度线的数量；

c)　仪器内置的、操作人员无法控制的抑制；

d)　时基的速度、延迟范围，时基线性。

C.1.3　发射器的特性参数包括：

a)　发射脉冲波形(即方波，单向或双向)，必要时还包括极性；

b)　在 50 Ω 无感电阻输出负载条件下脉冲强度设置及脉冲重复频率：

　1)　发射脉冲电压(峰-峰电压)；

　2)　脉冲上升时间；

　3)　脉冲宽度(对方波，脉冲宽度可调范围)；

　4)　脉冲下降时间(仅方波)；

　5)　有效输出阻抗(有误差)；

　6)　脉冲回响幅度；

　7)　频谱图。

C.1.4　放大器与衰减器的特性参数包括：

a)　校准衰减器的特性(又称为“增益控制”)，如 dB 范围、步进、精度；

b)　未校准可变增益(例 dB 范围)的特性；

c) 与屏幕刻度相关的垂直线性；

d) 每个频带设置(给出误差值)的中心频率及带宽(在－3 dB 点之间)，衰减器设置的影响；

e) 发射脉冲后的盲区，包括脉冲强度、阻尼、衰减器/增益控制和频带设置的影响；

f) 所有频率设置时的输入等效噪声(微伏)；

g) 在所有规定频率范围内屏幕高度 10％的最小输入电压；

h) 在所有规定频率范围内超声仪器的动态范围；

i) 在规定频率范围内超声仪器的等效输入阻抗；

j) 距离幅度校准功能包括：动态范围、最大校准斜率(分贝/微秒)、校准形式、DAC 控制的影响。

C.1.5 数字超声仪器除上述以外还包括：

a) 数模转换；

b) A 型显示的像素数量；

c) 数据输出及存贮设备；

d) 打印输出；

e) 校准存贮设备；

f) 显示与存取设备；

g) 自动校准；

h) 显示器的类型及其响应时间。

必要时，还包括使用的采样率、采样率和响应时间对脉冲重复频率显示范围的影响、显示数据处理的数学原理、安装软件的版本。

C.2 超声探头

超声探头的特性参数包括：

a) 制造商名称；

b) 探头类型；

c) 探头重量、尺寸；

d) 接头类型；

e) TR 连接线(发-收)，可更换的；

f) 换能器材料；

g) 换能器形状、尺寸；

h) 楔块材料、延迟；

i) 耐磨片材料；

j) 耐磨允许公差；

k) 串扰衰减；

l) 脉冲波形(时间和频率)；

m) 中心频率、带宽；

n) 脉冲回波灵敏度；

o) 距离幅度曲线；

p) 阻抗静电容；

q) 探头入射点；

r) 声束角；

s) 扩散角；

t) 声束轴线偏移；

u） 偏向角；

v） 焦距、近场；

w） 焦点宽度；

x） 焦点长度；

y） 外观。

附　录　D
（规范性附录）
曲面工件实际折射角计算

D.1　纵向曲面磨弧探头

探头的入射角度(α_d)可从已测量的声束折射角(α)与一条线之间来计算，一条线可从探头入射点与平行于入射声束来得到，并将线在探头一侧做记号，如图 D.1 所示。

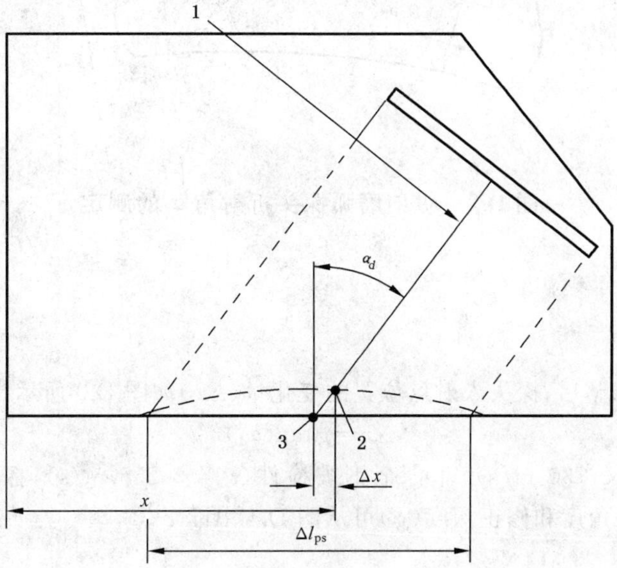

说明：
1——探头主声束轴线；
2——修整后的探头入射点；
3——修整前的探头入射点。

图 D.1　纵向曲面磨弧探头入射点变化的测定

入射角度可从下式来得出：

$$\alpha_d = \arcsin\left(\frac{c_d}{c_t}\sin\alpha\right)$$

式中：

c_d ——探头斜楔纵波声速(通常有机玻璃纵波声速为 2 730 m/s)；

c_t ——被检工件横波声速(一般钢横波声速为 3 255 m/s±15 m/s)。

修整后的探头入射点将会沿着标记线移动，并且它的新位置可以用手工方法直接在探头外壳上测定，如图 D.1 所示。

探头折射角可通过满足要求的横孔最大回波来测定，也可在工件、参考试块或者是在比例图纸上直接测定，如图 D.2 所示。

或者折射角可以用手工方法在参考试块上测量的声程长度来计算出来，使用下式来计算：

$$\alpha=\arccos\left\{\frac{\left[(D_{SDH}/2)^2+s^2-t^2+sD_{SDH}+tD_{obj}\right]}{D_{obj}\left[s+(D_{SDH}/2)\right]}\right\}$$

图 D.2 中示意了方程式中各符号的含义。

校准所用表面的曲率半径与被检工件相比，误差应控制在±10%之内。

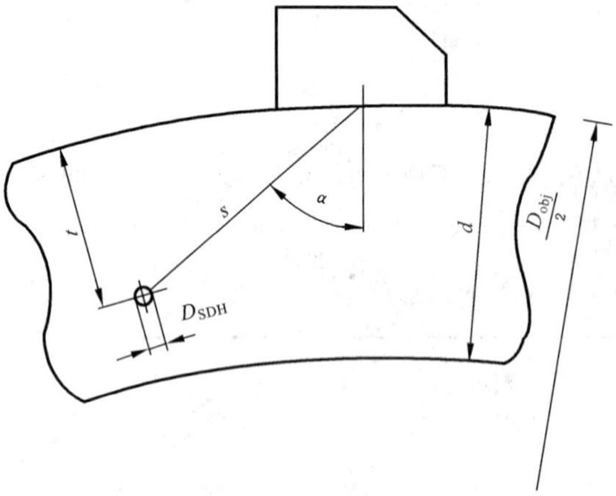

图 D.2 纵向磨弧探头折射角 α 的测定

D.2 横向曲面磨弧探头

横向曲面磨弧探头修整后，探头入射点位置的变化量(Δx)如图 D.3 所示。

$$\Delta x=g\tan(\alpha_d)$$

有机玻璃斜楔($c_d=2\ 730$ m/s)，非合金钢被检件($c_t=3\ 255$ m/s)，探头入射点位置的变化量(Δx)，三个最常用的声束角度和修正深度(g)可从图 D.4 中读出。

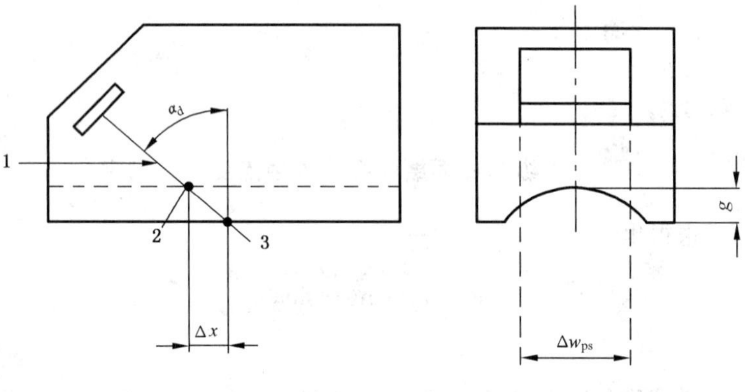

说明：

1——探头主声束轴线；

2——修整后的探头入射点；

3——修整前的探头入射点。

图 D.3 横向曲面磨弧探头入射点变化的测定

修整时不能改变声束角度。如果声束角度变化是未知的，或者修正深度沿着探头长度的有任何变化时，应在一块合适的修整后的参考试块上利用横孔来测定。声束角度由以下决定：

a) 在比例图纸上，在横孔与探头入射点之间画一条直线；或者

b) 按图 D.5 所建立的方程式来进行计算。

$$\alpha = \arctan(\frac{A' + x - q}{t})$$

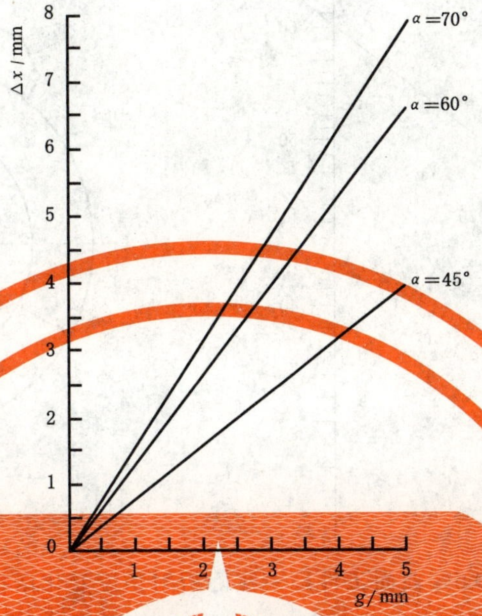

图 D.4　探头入射点的变化量 Δx，有机玻璃中的延迟路径

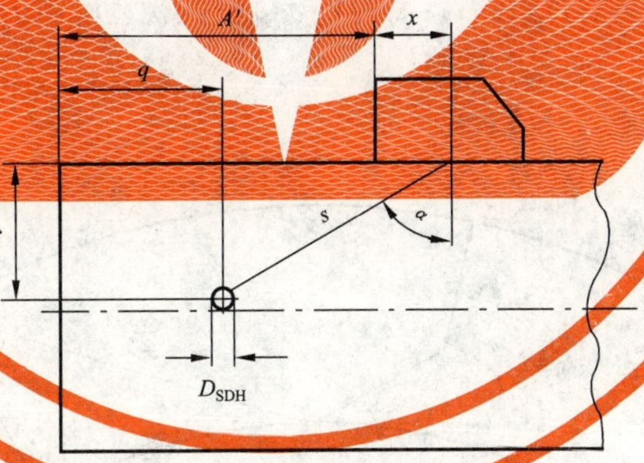

图 D.5　横孔测定声束折射角度

D.3　折射角变化规律

见图 D.6。

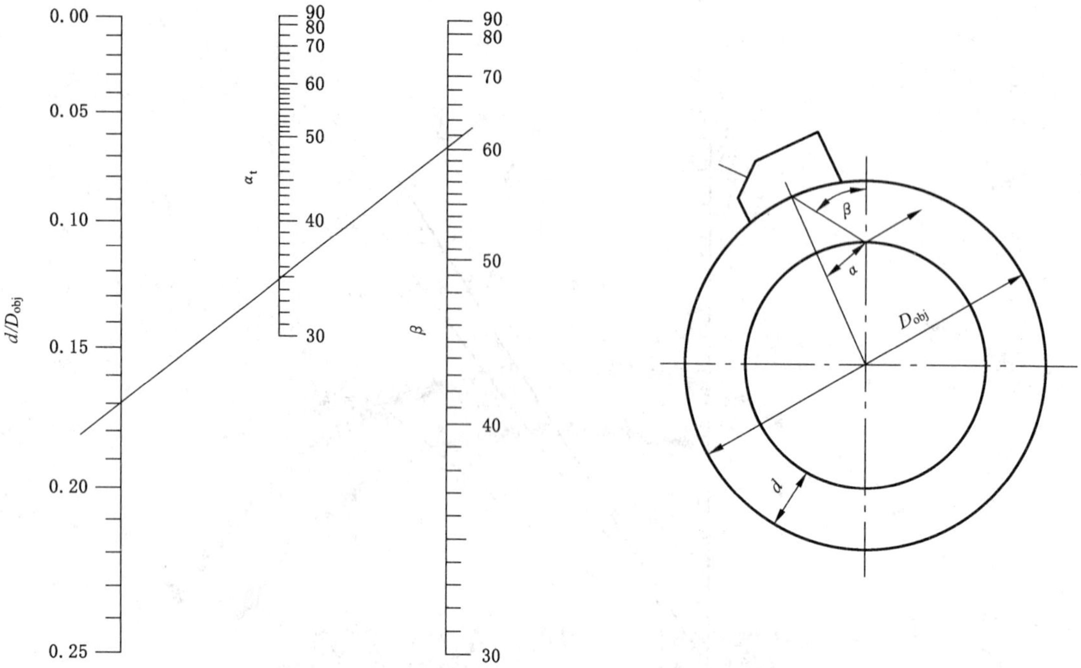

图 D.6 曲面工件声束实际折射角度变化诺模图

D.4 当从外圆面扫查时的声程

$$s=(D_{obj}\cos\alpha)-\sqrt{(D_{obj}\cos\alpha)^2-4d(D_{obj}-d)}$$

D.4.1 全跨距

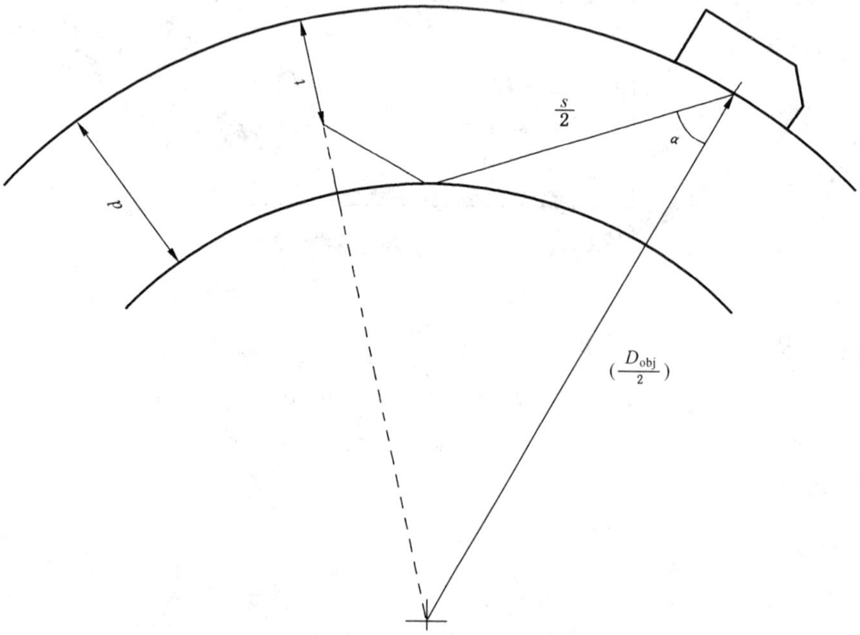

图 D.7 从外圆面扫查时的全跨距声程距离

$$s_t=[1-(\frac{t}{2d})][(D_{obj}\cos\alpha)-\sqrt{(D_{obj}\cos\alpha)^2-4d(D_{obj}-d)}]$$

D.4.2 半跨距

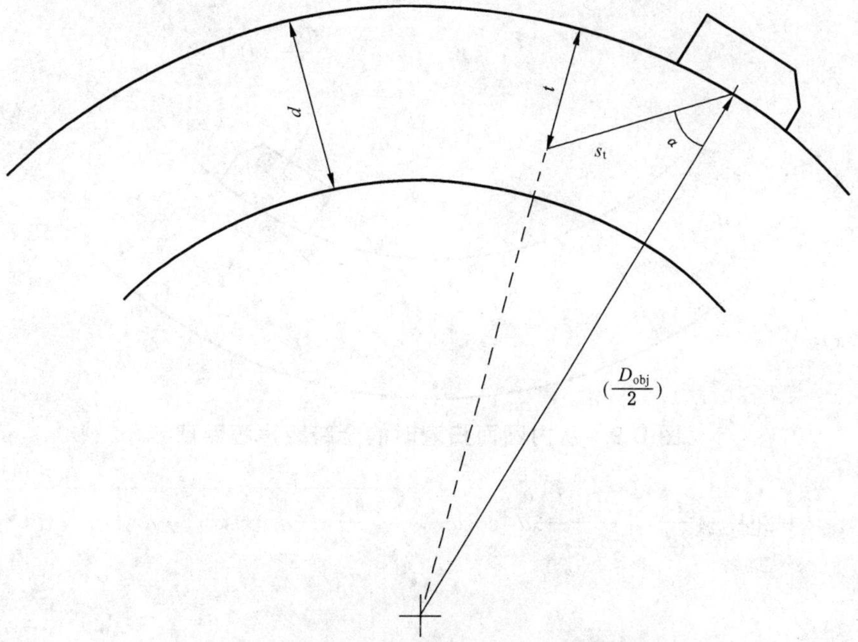

图 D.8 从外圆面扫查时的半跨距声程距离

$$s_t=(\frac{t}{2d})[(D_{obj}\cos\alpha)-\sqrt{(D_{obj}\cos\alpha)^2-4d(D_{obj}-d)}]$$

D.5 当从内圆面扫查时的声束路径

$$s=-2[(\frac{D_{obj}}{2}-d)\cos\alpha-\sqrt{([\frac{D_{obj}}{2}-d]\cos\alpha)^2+d(D_{obj}-d)}]$$

D.5.1　全跨距

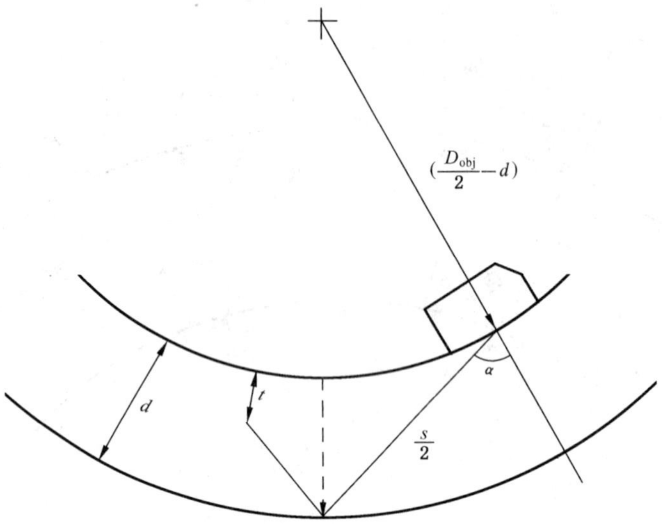

图 D.9　从内圆面扫查时的全跨距声程距离

$$s_t=-2[1-(\frac{t}{2d})][(\frac{D_{obj}}{2}-d)\cos\alpha-\sqrt{([\frac{D_{obj}}{2}-d]\cos\alpha)^2+d(D_{obj}-d)}]$$

D.5.2　半跨距

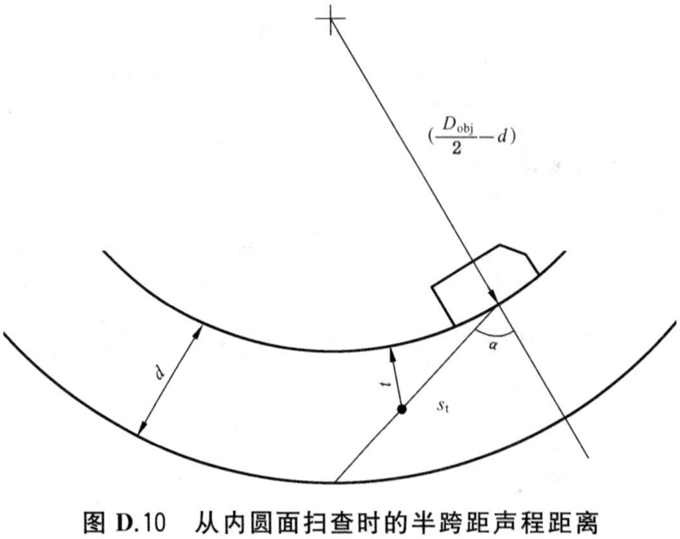

图 D.10　从内圆面扫查时的半跨距声程距离

$$s_t=-(\frac{t}{d})[(\frac{D_{obj}}{2}-d)\cos\alpha-\sqrt{([\frac{D_{obj}}{2}-d]\cos\alpha)^2+d(D_{obj}-d)}]$$

图中：

s_t ——总声程；

s ——声程；

D_{obj}——被检件的外径或扫查面的曲率；

t ——反射体的深度；

d ——厚度。

附 录 E
（规范性附录）
时基线和灵敏度设定

E.1 概述

使用脉冲波技术，应在示波屏上设置超声时基线。一束透射声束的声程距离、深度、水平距离、或者扣除前沿的水平距离的坐标，见图E.1。除非另有注明，下述所提及设定时基线工艺是指声束传播的声程距离（一个回波等于两次的传播路径）。

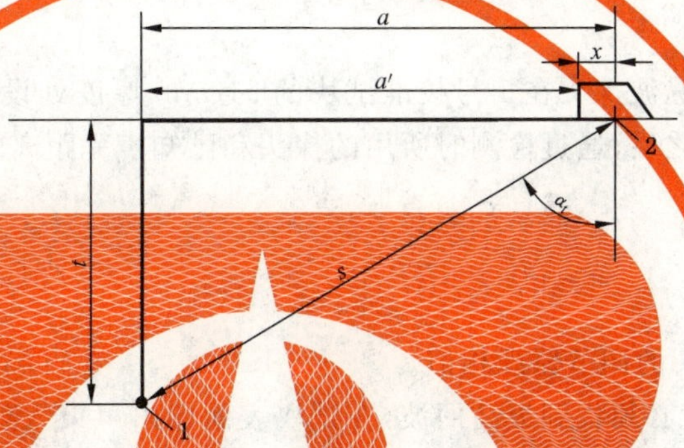

说明：

1——反射体；

2——入射点。

图E.1 声束坐标示意图

时基线的设定应使用两个已知时间或距离的参考回波进行。根据预定的校准值，能得知各自的声程，深度，水平距离，或者扣除前沿的水平距离。该技术能够确保通过延时块（如探头楔块）的声束传播自动校准。假设参考试块声速可知，在该情况下设备的电子时基线通过一个回波就可以校准。在时基线范围内的两参考回波之间距离可等同于实际距离。运用时基线扫描控制旋钮将最高回波的波的前沿对应于屏幕上预定的水平刻度值。准确的校准可用一个检查信号来验证，检查信号不一定与之前校准设置的信号显示在示波屏的同一位置，但能显示在示波屏适当的位置。

E.2 参考试块和参考反射体

对于铁素体钢的检测建议使用GB/T 19799.1中规定的1号校准试块或GB/T 19799.2中规定的2号校准试块。只要已知参考试块或被检工件本身的探测面至反射体的声程距离就可以用其来校准时基线。参考试块与被检工件的声速误差应在±5%之内，否则应进行修正。

E.3 直探头调节技术

E.3.1 单反射体调节

参考试块的厚度不得超过时基线设定范围。可从1号校准试块厚度为25 mm或100 mm处得到合适的底面回波，或从2号校准试块的12.5 mm处得到。也可选择已知厚度的被检工件，试块与工件应有相同的平表面或曲面，且试块与工件的声速应相同。

E.3.2 多反射体调节

要求参考试块(或组合试块)应有不同声程的两个反射体(如横孔)。重复地不断移动探头位置找到每个反射体各自的最高回波；再通过调节时基线扫描控制旋钮将相邻两个反射体的回波设置到准确的位置来进行时基线校准。

E.4 斜探头调节技术

E.4.1 试块圆弧面调节

用1号校准试块或2号校准试块的圆弧面来设定时基线。

E.4.2 纵波探头调节转换

横波探头时基线可通过纵波探头在1号校准试块的91 mm厚度处设置，相对于在钢中50 mm的横波声程。完成时基线设定之后，通过检测时所用的探头和已知声程距离的反射体，仅用零点校准旋钮就可以来进行时基线的设置。

E.4.3 参考试块调节

这与E.3.2中针对直探头的调节原理相似。

然而要达到足够精确，就必须找到最高回波，在试块表面标出声束入射点，然后用手工方法测量反射体与相应的标记之间的距离。对所有后面的时基线校准，探头应在这些标记重新定位。

E.5 斜探头时基线的设置

E.5.1 平面

平面工件检测时，深度和水平距离主要取决于给定的声束角度，可参照比例图或以下公式：

深度(t)： $t = s \cdot \cos\alpha_t$

水平距离(a)： $a = s \cdot \sin\alpha_t$

扣除前沿的水平距离(a')： $a' = (s \cdot \sin\alpha_t) - x$

E.5.2 曲面

E5.1中阐述的时基线设置的原理在这里仍适用，但深度和水平距离不再是线性的。非线性标度比例的建立，可在声程距离比例图上通过一系列的位置来绘出，或由适当的公式计算出，或可从曲面试块上得到一系列反射体的最高回波来确定标度，中间值可通过插值法获得，见图E.2。

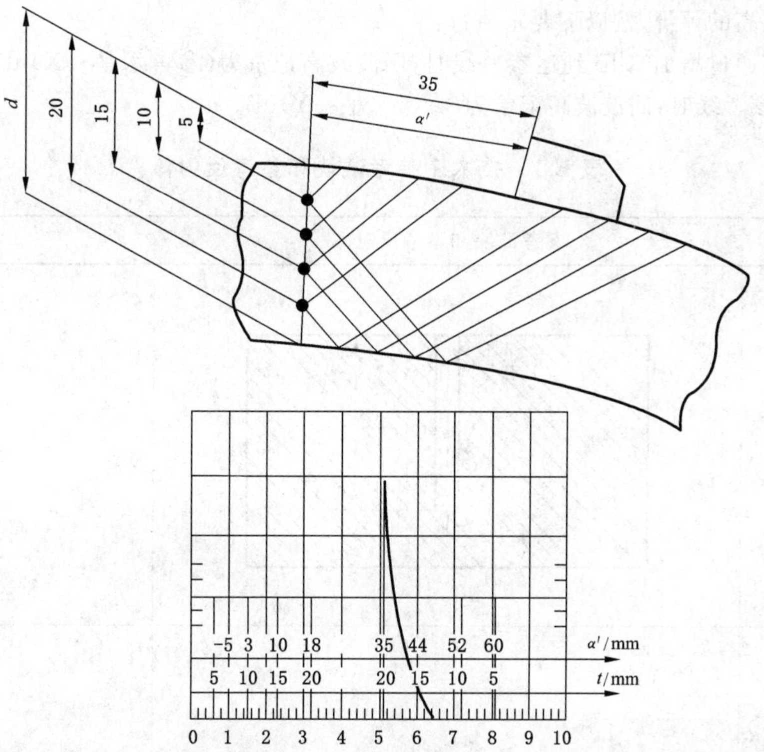

图 E.2 反射体回波位置的水平距离(去除前沿长度)和深度的时基线

($\alpha_t = 51°, S_{max} = 100$ mm)

E.6 灵敏度设定和回波高度评定

E.6.1 概述

在校准完时基线之后，超声设备的灵敏度(增益调节)应按以下任一技术进行设定：

a) 单反射体技术

当评定的回波与参考反射体回波的声程距离相同，即可利用单个参考反射体作参考。

b) 距离波幅曲线(DAC)技术

DAC 曲线是通过得到参考试块上一系列不同声程的相同反射体(例如：横孔或平底孔)回波来绘制的。

c) DGS 技术

该技术是使用一系列理论上与声程、增益、与声束轴线垂直的平底孔尺寸相关的导出曲线。

E.6.2 角度影响

当利用斜探头二次波(例如：在半跨距之后)探测曲面工件时，由底面引起的入射角度的变化(例如角度影响)应予以考虑。当探头在外圆面对筒体型工件进行扫查时，由于内表面是曲面，经内表面反射之后将使声束角度变大。反之，当探头在内圆面进行扫查时，由于外表面是曲面的原因，经外表面反射之后将使声束角度变小。

E.6.3 距离波幅曲线(DAC)技术

制作 DAC 曲线所使用的参考试块，应具有一系列不同声程距离的反射体，且试块上反射体的深度应大于被检工件的高度。表 E.1 详细给出间距、试块最小尺寸和反射体的具体要求。

对不同回波波高的评价，按以下要求执行：

如果回波波高通过增加 XdB 到达参考线时，回波波高记录为(参考水平－X)dB。如果回波波高通过降低 YdB 到达参考线时，回波波高记录为(参考水平＋Y)dB。

表 E.1　技术 1 参考试块和参考反射体

板厚 d/mm	参考试块和参考反射体	条件
	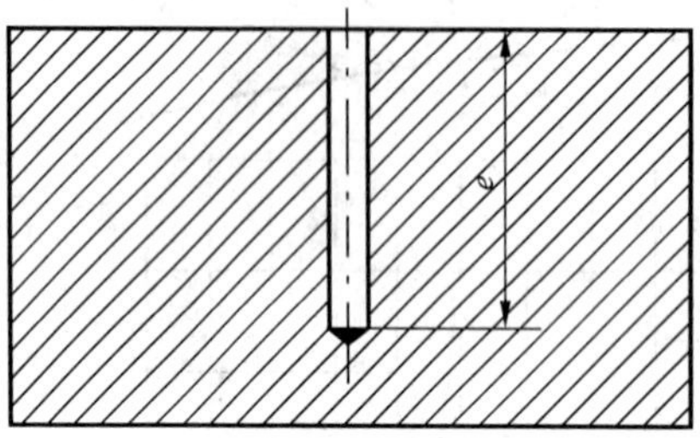	—
$10 \leqslant d \leqslant 15$	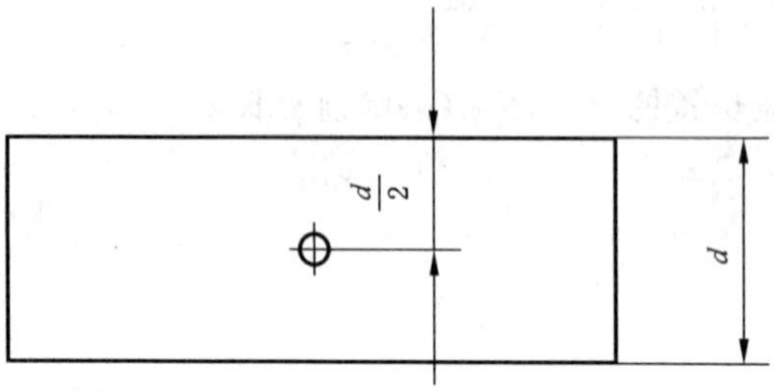	—
$15 < d \leqslant 20$	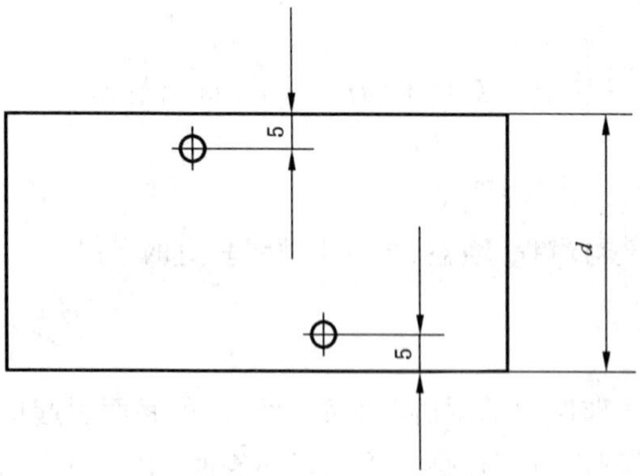	$e > \frac{2\lambda s}{D_{\text{eff}}}$

表 E.1（续）

<table>
<tr><th>板厚 d/mm</th><th>参考试块和参考反射体</th><th>条件</th></tr>
<tr><td>$20 < d \leqslant 40$</td><td>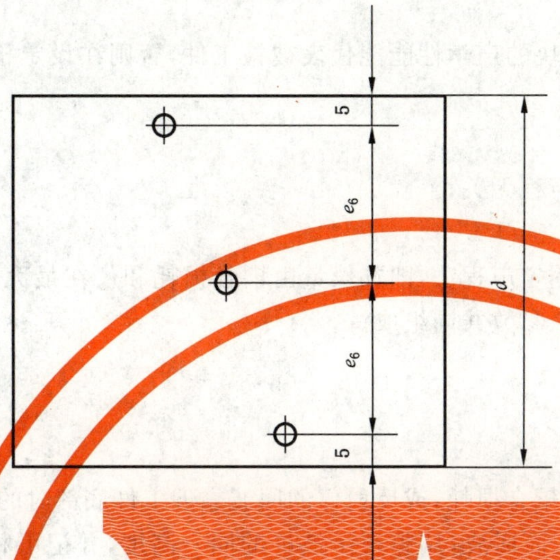
</td><td>$D_{SDH} \geqslant 1.5\lambda$
$e_6 = \frac{d-10}{2}$</td></tr>
<tr><td>$d > 40$</td><td>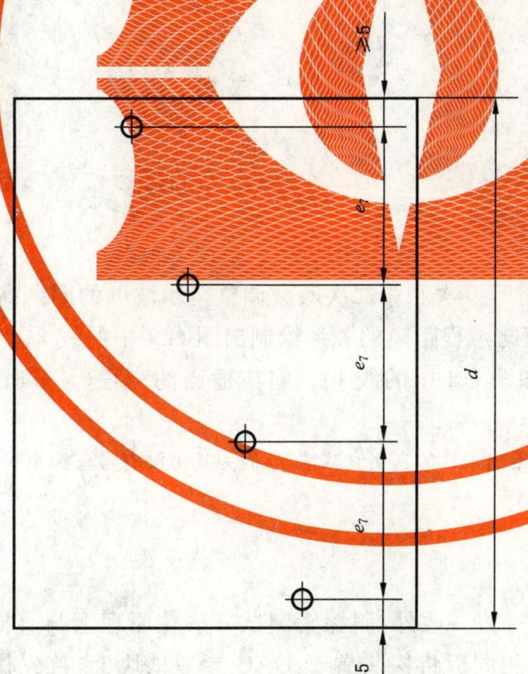
</td><td>$e_7 \leqslant \frac{d-10}{2}$</td></tr>
<tr><td colspan="3">D_{SDH}——横孔直径；
λ ——波长；
s ——声程；
D_{eff} ——晶片有效直径。</td></tr>
</table>

附 录 F
（规范性附录）
传输修正

除非设定检测灵敏度时所用试块的声学性能能代表被检工件，否则在设定检测灵敏度或评定不连续性回波波高时，都应考虑传输修正。

传输修正 ΔV_t 由 2 个参数组成：

1） 检测表面的耦合损耗，与声程无关；

2） 材质衰减，与声程有关；

两种方法的名称描述：一种叫固定声程法，即补偿量由耦合损耗和仅在最大声程处材质衰减组成。另一种叫比较法，即补偿量由这 2 个参数共同组成。

F.1 固定声程法

这种方法仅用于声能衰减小于耦合损耗，或反射体的回波靠近工件底部时的情况。使用直探头时，分别将参考试块和工件的第一次底面回波，调整至示波屏的同一高度，并记下相应的 dB 值（用 $V_{t,t}$ 和 $V_{t,r}$ 表示）。使用斜探头时，用 2 个相同的探头，一发一收，同时作 V 型放置来得到相应的回波。若两个底面回波的声程不同，2 回波之间的声程差（ΔV_s）可通过 DGS 曲线来得到，传输修正（ΔV_t）可根据下式计算：

$$\Delta V_t = V_{t,t} - V_{t,r} - \Delta V_s$$

F.2 比较法

F.2.1 直探头

将探头置于参考试块上，分别将第一次和第二次底波调整至示波屏的同一高度，并记下相应的增益值（V_{A1}，V_{A2} 见图 F.1）。依据增益值与声程距离的关系绘制出图 G.1 中的线 2。然后将探头重新置于工件上，重复上述步骤得到（V_{B1}，V_{B2} 和图 F.1 中的线 1）。对应适当的声程（s_u），通过两线得出增益差值，即传输修正（ΔV_t），见图 F.1。

注：通过 V_{B1} 和 V_{B2} 所画的斜线不能给出工件的真实衰减情况，因为其中没有考虑声束扩散和检测面上多次反射对探头声能的影响。

F.2.2 斜探头

除了要用 2 个相同斜探头且为一发一收外，斜探头测试方法在原理上与直探头相似。测试所用探头频率应与检测工件所用探头频率相同。将探头置于 DAC 参考试块上，首先作 V 型放置，接着作 W 型放置，调节增益使所得的回波显示在示波屏的同一高度，并记下相应的增益值（用 V_{A1} 和 V_{A2} 表示）。然后将探头置于工件上，重复上述步骤得到（V_{B1} 和 V_{B2}）。依据增益值与声程距离的关系绘制出线。对应适当的声程，通过两线得出增益差值，即传输修正（ΔV_t）。

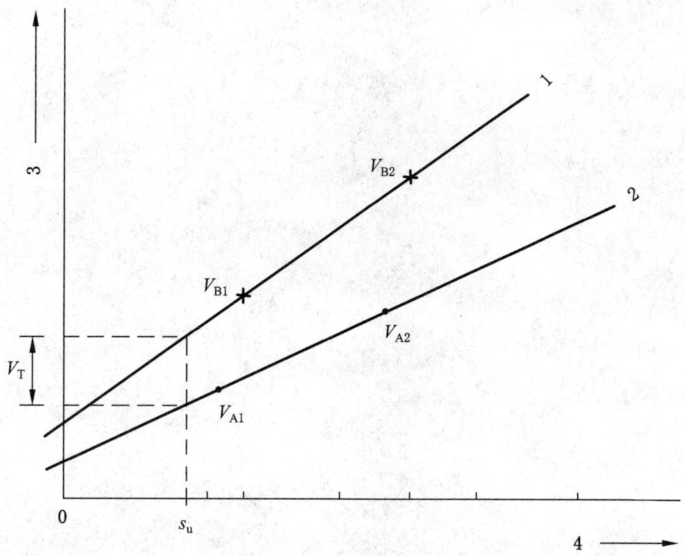

说明：

1——被检工件的曲线；

2——参考试块的曲线；

3——增益设定为满幅 80%；

4——声程距离。

图 F.1 通过比较法得到的传输修正

F.3 传输修正对局部变化进行补偿

如果有理由怀疑在被检区域上存在局部变化需进行传输修正时，传输修正应选在一些具有代表性的位置进行测定。如果传输修正的变化量值在±6 dB 之内，应将所有测试所得的值进行平均，均值为 ΔV_t。如果变化量值超过 6 dB 时，应使用下面(a)或(b)的方法：

a) 所有超过 ΔV_t 以上的测试值与 ΔV_t 的差值相加，得出均值 $\Delta V\sim$。修正后的传输修正($\Delta V_t+\Delta V\sim$)将被用于整个区域的检查。

b) 检测部位分区，使得每个区域的传输修正的变化量值就不超过 6 dB。将 ΔV_t 值分开应用于各自区域。

对于斜探头测试时，应将串列式所得的信号来代替底面回波。

ICS 71.100.40
G 71

中华人民共和国国家标准

GB/T 11407—2013
代替 GB/T 11407—2003

硫化促进剂 2-巯基苯骈噻唑(MBT)

Vulcanizing accelerator—2-Mercaptobenzothiazole (MBT)

2013-07-19 发布 2013-12-01 实施

中华人民共和国国家质量监督检验检疫总局
中国国家标准化管理委员会 发布

前　言

本标准按照 GB/T 1.1—2009 给出的规则起草。

本标准代替 GB/T 11407－2003《硫化促进剂 M》，与 GB/T 11407—2003 相比主要技术变化如下：

——将标准名称“硫化促进剂 M”改为“硫化促进剂 2-巯基苯骈噻唑(MBT)”；

——增加了 CAS RN(见第 1 章)；

——增加了纯度的质量分数的技术要求和试验方法(见第 3 章和 4.7)；

——删除了指标的分等分级(见第 3 章)。

本标准由中国石油和化学工业联合会提出。

本标准由全国橡胶与橡胶制品标准化技术委员会化学助剂分技术委员会归口(SAC/TC 35/SC 12)。

本标准负责起草单位：科迈化工股份有限公司。

本标准参加起草单位：河南省开仑化工有限责任公司、山东尚舜化工有限公司、东北助剂化工有限公司、河南恒瑞橡塑科技股份有限公司、天津市有机化工一厂、濮阳蔚林化工股份有限公司、荣成市化工总厂有限公司。

本标准主要起草人：王树华、白春梅、孙桂英。

本标准于 1989 年首次发布，2003 年第一次修订，本次为第二次修订。

硫化促进剂　2-巯基苯骈噻唑(MBT)

1　范围

本标准规定了硫化促进剂 2-巯基苯骈噻唑(简称硫化促进剂 MBT)的要求、试验方法、检验规则、标志、包装、运输和贮存。

本标准适用于以硫磺、二硫化碳与苯胺或硝基苯为原料经高压反应生成的硫化促进剂 MBT;以邻硝基氯苯、硫化钠、硫磺、二硫化碳为原料在常压下合成的硫化促进剂 MBT。

分子式:$C_7H_5NS_2$

结构式:

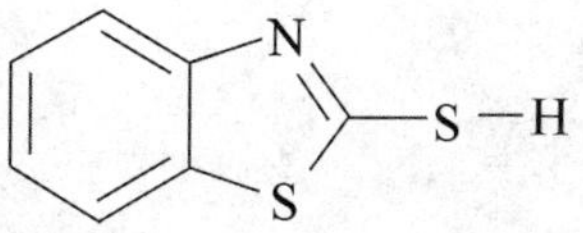

相对分子质量:167.23(按 2011 年国际相对原子质量)

CAS RN:149-30-4

2　规范性引用文件

下列文件对于本文件的应用是必不可少的。凡是注日期的引用文件,仅注日期的版本适用于本文件。凡是不注日期的引用文件,其最新版本(包括所有的修改单)适用于本文件。

GB/T 191　包装储运图示标志

GB/T 601　化学试剂　标准滴定溶液的制备

GB/T 603　化学试剂　试验方法中所用制剂及制品的制备

GB/T 6678—2003　化工产品采样总则

GB/T 6682—2003　分析实验室用水规格和试验方法

GB/T 8170—2008　数值修约规则与极限数值的表示和判定

GB/T 11409—2008　橡胶防老剂、硫化促进剂试验方法

3　要求

硫化促进剂 MBT 的技术要求和相应的试验方法应符合表 1 的规定。

表 1　硫化促进剂 MBT 的技术要求和试验方法

项　目	指　标	试验方法
(1)外观	灰白色至淡黄色粉末或粒状	目测
(2)初熔点/℃	≥170.0	GB/T 11409—2008 中 3.1
(3)加热减量的质量分数/%	≤0.30	GB/T 11409—2008 中 3.4
(4)灰分的质量分数/%	≤0.30	GB/T 11409—2008 中 3.7
(5)筛余物[a](150 μm)的质量分数/%	≤0.10	GB/T 11409—2008 中 3.5
(6) 纯度[b] 的质量分数/% (滴定法、HPLC 法)	≥97.0	本标准 4.7

[a] 筛余物不适用于粒状产品。
[b] 为根据用户要求检验项目。

4 试验方法

警告:使用本标准的人员应有正规实验室工作的实践经验。本标准并未指出所有可能的安全问题。使用者有责任采取适当的安全和健康措施,并保证符合国家有关法规规定的条件。

4.1 一般规定

除非另有说明,分析中所用标准溶液、制剂及制品,均按 GB/T 601、GB/T 603 规定制备,分析中仅使用确认为分析纯的试剂和符合 GB/T 6682—2008 中规定的三级水。

本标准中试验数据的表示和修约规则应符合 GB/T 8170—2008 中 4.3.3 修约值比较法的有关规定。

4.2 外观

在自然光下目测。

4.3 初熔点的测定

按 GB/T 11409—2008 中 3.1 的规定进行测定。

4.4 加热减量的测定

按 GB/T 11409—2008 中 3.4 的规定进行,电热恒温干燥箱的温度为(100±2)℃。

4.5 灰分的测定

按 GB/T 11409—2008 中 3.7 的规定进行,称样量约 3 g(精确至 0.1 mg),高温炉温度为(750±25)℃。

4.6 筛余物的测定

按 GB/T 11409—2008 中 3.5.2 的规定进行测定。

4.7 纯度的测定

4.7.1 滴定法

4.7.1.1 试剂

4.7.1.1.1 95%乙醇[64-17-5]。
4.7.1.1.2 氢氧化钠[1310-73-2]标准滴定溶液:$c(NaOH)=0.1$ mol/L。
4.7.1.1.3 酚酞指示液:10 g/L。

4.7.1.2 仪器

4.7.1.2.1 滴定管:50 mL,分度值 0.1 mL。
4.7.1.2.2 三角瓶:250 mL。

4.7.1.3 分析步骤

称取试样约 0.5 g,精确至 0.1 mg,置于 250 mL 三角瓶中,加入 50 mL 乙醇(4.7.1.1.1),使试样完全溶解,必要时在水浴中加热,加热水浴温度不高于 40 ℃,加入 5～6 滴酚酞指示液,用氢氧化钠(0.1 mol/L)标准滴定溶液滴定至溶液成浅粉色为终点,同时做空白试验。

4.7.1.4 **结果计算**

硫化促进剂 MBT 纯度的质量分数以 w_1 计，数值以%表示，按式(1)计算：

$$w_1=\frac{(V_2-V_1)cM}{1\ 000\ m_1}\times 100\% \qquad \cdots\cdots(1)$$

式中：

V_2——试样消耗 0.1 mol/L 氢氧化钠标准滴定溶液体积的数值，单位为毫升(mL)；

V_1——空白试验消耗 0.1 mol/L 氢氧化钠标准滴定溶液体积的数值，单位为毫升(mL)；

c ——0.1 mol/L 氢氧化钠浓度的数值，单位为摩尔每升(mol/L)；

m_1——试样质量的数值，单位为克(g)；

M——硫化促进剂 MBT 的摩尔质量的数值，单位为克每摩尔(g/mol)(M=167.23)。

4.7.1.5 **允许差**

两次平行测定结果的差值不大于 0.5%，取其算术平均值作为测定结果。

4.7.2 **HPLC 法(仲裁法)**

4.7.2.1 **方法提要**

试样用乙腈溶解，以乙酸溶液(0.001 mol/L)：乙腈(含乙酸 0.001 mol/L)=65：35 为流动相。使用以 SB-C18 为填料的不锈钢柱和紫外检测器(325 nm)，对试样中的 MBT 进行反相高效液相色谱分离和测定，计算方法采用外标法。

4.7.2.2 **仪器**

4.7.2.2.1 高效液相色谱仪。

4.7.2.2.2 检测器：多波长紫外分光检测器或具有同等性能的分光检测器。

4.7.2.2.3 色谱柱：内径为 4.6 mm，长为 250 mm 的不锈钢柱，内装 SB-C18 5 μm 填充物(或具等同效果的填充柱)。

4.7.2.2.4 微量注射器：50 μL 平头。

4.7.2.2.5 色谱工作站或数据处理机。

4.7.2.3 **试剂**

4.7.2.3.1 乙腈[75-05-8]：色谱纯。

4.7.2.3.2 冰乙酸[64-19-7]：色谱纯。

4.7.2.3.3 水：经 0.45 μm 滤膜过滤。

4.7.2.3.4 硫化促进剂 MBT 标样：已知 MBT 的质量分数≥99.5%。标准样品可通过对硫化促进剂 MBT 用适当溶剂进行反复重结晶、提纯制得。标准物纯度的评估由杂质 HPLC 梯度分析及差热分析(DTA)来确定。标准物于 5 ℃以下贮存，每三个月对杂质 HPLC 分析一次。

4.7.2.4 **色谱分析条件**

高效液相色谱操作条件如表 2 所示。

表 2　高效液相色谱操作条件

操作参数	操作条件
柱温	(25±2)℃
检测波长	325 nm
进样量	10 μL
流速	2 mL/min
流动相	冰乙酸溶液 (0.001 mol/L)：乙腈(含冰乙酸 0.001 mol/L)=65：35
注：上述操作参数是典型的，可根据不同仪器特点，对给定的操作参数做适当调整，以期获得最佳效果。	

4.7.2.5　测定步骤

4.7.2.5.1　标样溶液的制备

称取研细的硫化促进剂 MBT 标样约 0.03 g(精确至 0.1 mg)，置于洁净干燥的 100 mL 容量瓶中，加入乙腈超声溶解，并用乙腈稀释至刻度。摇匀，过滤。

4.7.2.5.2　试样溶液的制备

称取研细的硫化促进剂 MBT 试样约 0.03 g(精确至 0.1 mg)，按 4.7.2.5.1 的规定进行操作。

4.7.2.5.3　测定

在上述操作条件下，待仪器稳定后，按照标样溶液、试样溶液顺序进行测定。

4.7.2.6　结果计算

硫化促进剂 MBT 的纯度以质量分数 w_2 计，数值以%表示，按式(2)计算：

$$w_2=\frac{A_2 m_2 p}{A_1 m_3}\times 100\% \qquad \cdots\cdots(2)$$

式中：

A_2——试样溶液中，硫化促进剂 MBT 峰面积的数值；

m_2——标样质量的数值，单位为克(g)；

p ——标样中 MBT 质量分数的数值，%；

A_1——标样溶液中，硫化促进剂 MBT 峰面积的数值；

m_3——试样质量的数值，单位为克(g)。

注：如应用色谱工作站，用外标法由工作站曲线直接得出试样中硫化促进剂 MBT 纯度的质量分数。

4.7.2.7　允许差

两次平行测定结果之差不大于 1.2%，取其算术平均值作为测定结果。

4.7.2.8　色谱图

硫化促进剂 MBT 样品分析典型色谱图见图 1。

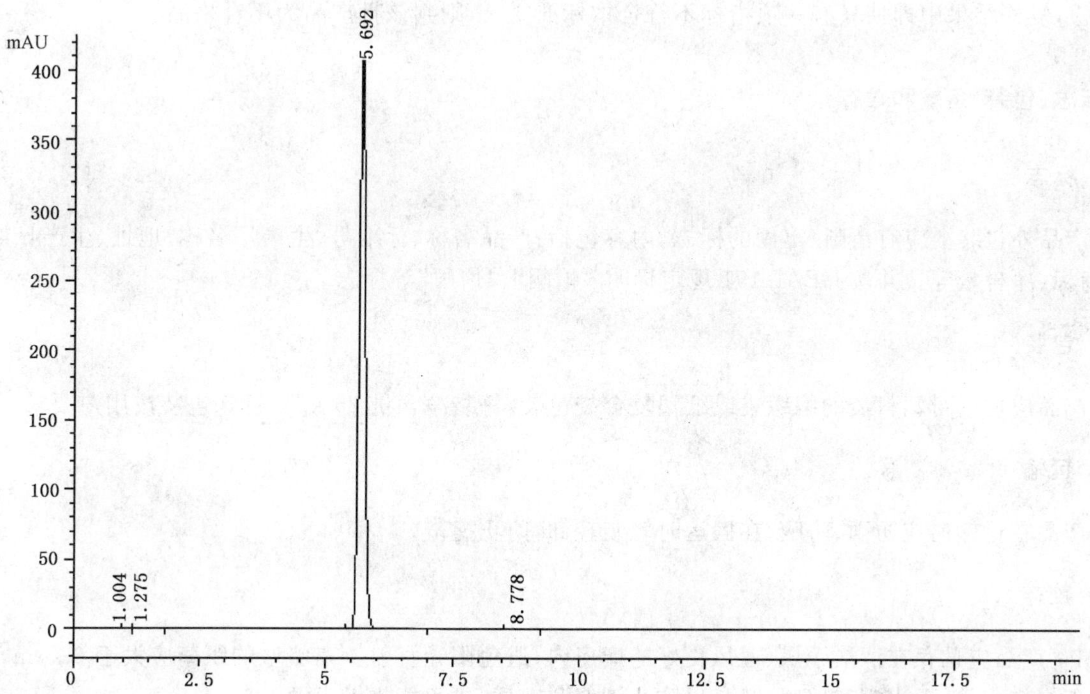

注：5.692 min——硫化促进剂 MBT。

图 1 硫化促进剂 MBT 样品分析典型色谱图

5 检验规则

5.1 检验分类

表 1 中规定的(1)～(5)项为出厂检验项目，第(6)项为根据用户要求检验项目。

5.2 生产厂检验

硫化促进剂 MBT 应由生产厂的质量检验部门进行检验，生产厂应保证所有出厂产品符合本标准的要求。每批出厂产品都应附有一定格式的质量证明书，其内容包括：产品名称、标准号、生产厂名、注册商标、批号、生产日期等。

5.3 组批规则

以同等质量的均匀产品为一批。

5.4 采样

以批为单位采样。每批采样数应符合 GB/T 6678—2003 中 7.6 的规定。采样时用不锈钢取样器自袋中产品的上、中、下层取样，将所采的样品混合均匀。从中取出约 500 g 试样，分装于两个清洁、干燥的磨口瓶或塑料袋中，密封。瓶(袋)上粘贴标签，注明：产品名称、批号、取样日期等，一瓶(袋)用于检验，另一瓶(袋)保存备查。

5.5 复检

出厂检验结果中如有一项指标不符合本标准要求时，应重新从同批产品两倍量的包装件中采样进行复检,复检结果中即使只有一项指标不符合本标准要求,则判该批产品为不合格品。

6 标志、包装、运输和贮存

6.1 标志

产品外包装上应有清晰、牢固的标志,内容包括:产品名称、标准号、生产厂名称、地址、生产日期、批号、商标、净含量等。并按GB/T 191规定标明"怕晒"、"怕雨"等标志。

6.2 包装

产品应用内衬塑料袋的编织袋或纸塑复合袋包装,每袋净含量25 kg。特殊包装按用户要求。

6.3 运输

产品在运输时应防雨、防晒,在搬运时轻装轻卸,防止撞击。

6.4 贮存

6.4.1 产品应贮存在清洁干燥、通风良好的库房内,避免阳光直射。离墙壁的距离应大于0.5 m,并不得靠近自来水管、下水道和取暖装置,以防止潮湿和变质,更不能靠近火源。

6.4.2 产品在符合本标准规定的运输、贮存条件下,自生产之日起贮存期为24个月。

ICS 71.100.40
G 71

中华人民共和国国家标准

GB/T 11408—2013
代替 GB/T 11408—2003

硫化促进剂　二硫化二苯骈噻唑(MBTS)

Vulcanizing accelerator—Dibenzothiazole disulfide(MBTS)

2013-07-19 发布　　　　2013-12-01 实施

中华人民共和国国家质量监督检验检疫总局
中国国家标准化管理委员会　发布

前　言

本标准按照 GB/T 1.1—2009 给出的规则起草。

本标准代替 GB/T 11408—2003《硫化促进剂　DM》，与 GB/T 11408—2003 相比主要技术变化如下：

——将标准名称“硫化促进剂　DM”改为“硫化促进剂　二硫化二苯骈噻唑(MBTS)”；

——增加了 CAS RN(见第 1 章)；

——增加了游离 MBT 的质量分数的技术要求和试验方法(见第 3 章和 4.7)；

——增加了纯度的质量分数的技术要求和试验方法(见第 3 章和 4.8)；

——删除了指标的分等分级。

本标准由中国石油和化学工业联合会提出。

本标准由全国橡胶与橡胶制品标准化技术委员会化学助剂分技术委员会归口(SAC/TC 35/SC 12)。

本标准负责起草单位：科迈化工股份有限公司。

本标准参加起草单位：河南省开仑化工有限责任公司、山东尚舜化工有限公司、东北助剂化工有限公司、天津市有机化工一厂、濮阳蔚林化工股份有限公司、荣成市化工总厂有限公司。

本标准主要起草人：王树华、白春梅、孙桂英。

本标准于 1989 年首次发布，2003 年第一次修订，本次为第二次修订。

硫化促进剂　二硫化二苯骈噻唑(MBTS)

1　范围

本标准规定了二硫化二苯骈噻唑(简称硫化促进剂 MBTS)的要求、试验方法、检验规则、标志、包装、运输和贮存。

本标准适用于由硫化促进剂 MBT 以氧气、亚硝酸钠、双氧水、氯气等为氧化剂制得的硫化促进剂 MBTS。

分子式：$C_{14}H_8N_2S_4$。

结构式：

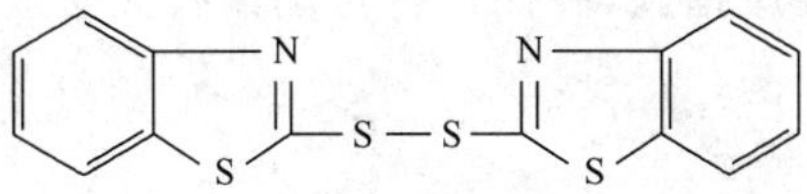

相对分子质量：332.44(按 2011 年国际相对原子质量)。

CAS RN：120-78-5。

2　规范性引用文件

下列文件对于本文件的应用是必不可少的。凡是注日期的引用文件，仅注日期的版本适用于本文件。凡是不注日期的引用文件，其最新版本(包括所有的修改单)适用于本文件。

GB/T 191　包装储运图示标志

GB/T 601　化学试剂　标准滴定溶液的制备

GB/T 603　化学试剂　试验方法中所用制剂及制品的制备

GB/T 6678—2003　化工产品采样总则

GB/T 6682—2008　分析实验室用水规格和试验方法

GB/T 8170—2008　数值修约规则与极限数值的表示和判定

GB/T 11409—2008　橡胶防老剂、硫化促进剂试验方法

3　要求

硫化促进剂 MBTS 的技术要求和相应的试验方法应符合表 1 的规定。

表 1　硫化促进剂 MBTS 的技术要求和试验方法

项目		指标	试验方法
(1) 外观		灰白色至淡黄色粉末或粒状	目测
(2) 初熔点/℃	≥	164.0	GB/T 11409—2008 中 3.1
(3) 加热减量的质量分数/%	≤	0.40	GB/T 11409—2008 中 3.4
(4) 灰分的质量分数/%	≤	0.50	GB/T 11409—2008 中 3.7
(5) 筛余物[a](150 μm)的质量分数/%	≤	0.10	GB/T 11409—2008 中 3.5

表 1（续）

项目	指标	试验方法
(6) 游离 MBT[b] 的质量分数/% ≤	1.0	本标准 4.7
(7) 纯度[b] 的质量分数/%(滴定法、HPLC 法) ≥	95.0	本标准 4.8
[a] 筛余物不适用于粒状产品。 [b] 为根据用户要求检验项目。		

4 试验方法

警告：使用本标准的人员应有正规实验室工作的实践经验。本标准并未指出所有可能的安全问题。使用者有责任采取适当的安全和健康措施，并保证符合国家有关法规规定的条件。

4.1 一般规定

除非另有说明，分析中所用标准溶液、制剂及制品，均按 GB/T 601、GB/T 603 的规定制备，分析中仅使用确认为分析纯的试剂和符合 GB/T 6682—2008 中规定的三级水。

本标准中试验数据的表示和修约规则应符合 GB/T 8170—2008 中 4.3.3 修约值比较法的有关规定。

4.2 外观

在自然光下目测。

4.3 初熔点的测定

按 GB/T 11409—2008 中 3.1 的规定进行测定。

4.4 加热减量的测定

按 GB/T 11409—2008 中 3.4 的规定进行，电热恒温干燥箱的温度为 100 ℃±2 ℃。

4.5 灰分的测定

按 GB/T 11409—2008 中 3.7 的规定进行，称样量约 3 g(精确至 0.1 mg)，高温炉温度为 750 ℃±25 ℃。

4.6 筛余物的测定

按 GB/T 11409—2008 中 3.5 的规定进行测定。

4.7 游离 MBT 的测定

4.7.1 试剂

4.7.1.1 甲苯[108-88-3]。

4.7.1.2 异丙醇[67-63-0]。

4.7.1.3 醋酸[64-19-7]。

4.7.1.4 醋酸钠[127-09-3]。

4.7.1.5 醋酸钠[127-09-3]溶液：将 60 g 醋酸钠溶于水，用水稀释至 600 mL。

4.7.1.6 醋酸盐缓冲溶液：在 600 mL 醋酸钠溶液(4.7.1.5)中加入 100 mL 醋酸(4.7.1.3)。

4.7.1.7 异丙醇[67-63-0]-甲苯[108-88-3]：5+3。

4.7.1.8 碘[7553-56-2]标准滴定溶液：$c(1/2I_2)=0.1$ mol/L。

4.7.1.9 淀粉指示液：10 g/L。

4.7.2 仪器

4.7.2.1 碘量瓶：500 mL。

4.7.2.2 吸量管：5 mL。

4.7.2.3 滴定管：10 mL。

4.7.2.4 磁力搅拌器。

4.7.3 分析步骤

称取试样约 1 g，精确至 0.1 mg，置于 500 mL 碘量瓶中。加入 50 mL 异丙醇-甲苯溶液(4.7.1.7)。搅拌下，按下列顺序加入试剂：150 mL 蒸馏水、10 mL 醋酸盐缓冲溶液(4.7.1.6)、5 mL 淀粉指示液(4.7.1.9)。立即用 0.1 mol/L 的碘标准滴定溶液(4.7.1.8)滴定，至颜色从无色变成亮紫色，并保持 1 min为终点，同时做空白试验。

4.7.4 结果计算

游离 MBT 的质量分数以 ω_1 计，数值以%表示，按式(1)计算：

$$\omega_1=\frac{(V_2-V_1)c_1M_1}{1\,000\,m_1}\times 100 \quad\cdots\cdots(1)$$

式中：

ω_1——游离 MBT 的质量分数，%；

V_2——试样消耗 0.1 mol/L 碘标准滴定溶液的体积，单位为毫升(mL)；

V_1——空白试验消耗 0.1 mol/L 碘标准滴定溶液的体积，单位为毫升(mL)；

c_1——0.1 mol/L 碘标准滴定溶液的浓度，单位为摩尔每升(mol/L)；

M_1——游离 MBT 的摩尔质量，单位为克每摩尔(g/mol)($M_1=167.23$)；

m_1——试样的质量，单位为克(g)。

4.7.5 允许差

2 次平行测定结果的差值不大于 0.05%，取其算术平均值作为测定结果。

4.8 纯度的测定

4.8.1 滴定法

4.8.1.1 方法提要

在酸性介质中，硫化促进剂 MBTS 被碘化钾还原生成硫化促进剂 MBT 和碘，用硫代硫酸钠标准滴定溶液滴定生成的碘。

4.8.1.2 试剂

4.8.1.2.1 甲苯[108-88-3]。

4.8.1.2.2 异丙醇[67-63-0]。

4.8.1.2.3 碘化钾[7681-11-0]。

4.8.1.2.4 醋酸[64-19-7]。

4.8.1.2.5 异丙醇[67-63-0]-甲苯[108-88-3]:5+3。

4.8.1.2.6 盐酸溶液:$c(HCl)=2$ mol/L。

4.8.1.2.7 硫代硫酸钠[10102-17-7]标准滴定溶液:$c(Na_2S_2O_3)=0.1$ mol/L。

4.8.1.2.8 淀粉指示液:10 g/L。

4.8.1.3 仪器

4.8.1.3.1 滴定管:50 mL,分度值 0.1 mL。

4.8.1.3.2 碘量瓶:500 mL。

4.8.1.3.3 磁力搅拌器。

4.8.1.4 分析步骤

称取试样约 0.5 g,精确至 0.1 mg,置于 500 mL 碘量瓶中。加入 50 mL 异丙醇-甲苯溶液(4.8.1.2.5),搅拌下,按顺序加入 50 mL 蒸馏水、6 g 碘化钾(4.8.1.2.3)、25 mL 盐酸溶液(4.8.1.2.6)、25 mL 醋酸(4.8.1.2.4)。立即用 0.1 mol/L 的硫代硫酸钠标准滴定溶液滴定,临近终点时加入 5 mL 淀粉指示液,颜色由蓝紫色经黄色直至奶白色为终点。同时做空白试验。

4.8.1.5 结果计算

硫化促进剂 MBTS 纯度的质量分数以 ω_2 计,数值以%表示,按式(2)计算:

$$\omega_2=\frac{(V_3-V_4)c_2M_2}{2\,000\,m_2}\times 100 \qquad\cdots\cdots(2)$$

式中:

ω_2——硫化促进剂 MBTS 纯度的质量分数,%;

V_3——试样消耗 0.1 mol/L 硫代硫酸钠标准滴定溶液的体积,单位为毫升(mL);

V_4——空白试验消耗 0.1 mol/L 硫代硫酸钠标准滴定溶液的体积,单位为毫升(mL);

c_2——0.1 mol/L 硫代硫酸钠标准滴定溶液的浓度,单位为摩尔每升(mol/L);

M_2——促进剂 MBTS 的摩尔质量,单位为克每摩尔(g/mol)($M_2=332.44$);

m_2——试样的质量,单位为克(g)。

4.8.1.6 允许差

2 次平行测定结果的差值不大于 0.5%,取其算术平均值作为测定结果。

4.8.2 HPLC 法(仲裁法)

4.8.2.1 方法提要

试样用三氯甲烷溶解,以甲醇-水为流动相。使用以 SB-C18 为填料的不锈钢柱和紫外检测器(275 nm),对试样中的 MBTS 进行反相高效液相色谱分离和测定,计算方法采用外标法。

4.8.2.2 仪器

4.8.2.2.1 高效液相色谱仪。

4.8.2.2.2 检测器:多波长紫外分光检测器或具有同等性能的分光检测器。

4.8.2.2.3 色谱柱:内径为 4.6 mm,长为 250 mm 的不锈钢柱,内装 SB-C18 5 μm 填充物(或具等同效果的填充柱)。

4.8.2.2.4 微量注射器:50 μL 平头。

4.8.2.2.5 色谱工作站或数据处理机。

4.8.2.3 试剂

4.8.2.3.1 甲醇[67-56-1]:色谱纯。

4.8.2.3.2 三氯甲烷[67-66-3]:色谱纯。

4.8.2.3.3 水:经 0.45 μm 滤膜过滤。

4.8.2.3.4 硫化促进剂 MBTS 标样:已知 MBTS 的质量分数≥99.5%。标准样品可通过对硫化促进剂 MBTS 用适当溶剂进行反复重结晶、提纯制得。标准物纯度的评估由杂质 HPLC 梯度分析及差热分析(DTA)来确定。标准物于 5 ℃以下贮存,每 3 个月对杂质 HPLC 分析 1 次。

4.8.2.4 色谱分析条件

高效液相色谱操作条件如表 2 所示。

表 2 高效液相色谱操作条件

操作参数	操作条件
柱温	25 ℃±2 ℃
检测波长	275 nm
进样量	10 μL
流速	2 mL/min
流动相	甲醇-水:80+20
注:上述操作参数是典型的,可根据不同仪器特点,对给定的操作参数做适当调整,以期获得最佳效果。	

4.8.2.5 测定步骤

4.8.2.5.1 标样溶液的制备

称取研细的硫化促进剂 MBTS 标样约 0.04 g(精确至 0.1 mg),置于洁净干燥的 100 mL 容量瓶中,加入三氯甲烷超声溶解,并用三氯甲烷稀释至刻度。摇匀,过滤。

4.8.2.5.2 试样溶液的制备

称取研细的促进剂 MBTS 试样约 0.04g(精确至 0.1 mg),按 4.8.2.5.1 的规定进行操作。

4.8.2.5.3 测定

在上述操作条件下,待仪器稳定后,按照标样溶液、试样溶液顺序进行测定。

4.8.2.6 结果计算

硫化促进剂 MBTS 的纯度的质量分数以 ω_3 计,数值以%表示,按式(3)计算:

$$\omega_3 = \frac{A_2 m_3 p}{A_1 m_4} \qquad \cdots\cdots(3)$$

式中:

ω_3——硫化促进剂 MBTS 纯度的质量分数,%;

A_2——试样溶液中,硫化促进剂 MBTS 的峰面积;

m_3——标样的质量，单位为克(g)；

p ——标样中 MBTS 的质量分数，%；

A_1——标样溶液中，硫化促进剂 MBTS 的峰面积；

m_4——试样的质量，单位为克(g)。

注：如应用色谱工作站，用外标法由工作站曲线直接得出试样中硫化促进剂 MBTS 纯度的质量分数。

4.8.2.7 允许差

2 次平行测定结果之差不大于 1.2%，取其算术平均值作为测定结果。

4.8.2.8 色谱图

硫化促进剂 MBTS 样品分析典型色谱图见图 1。

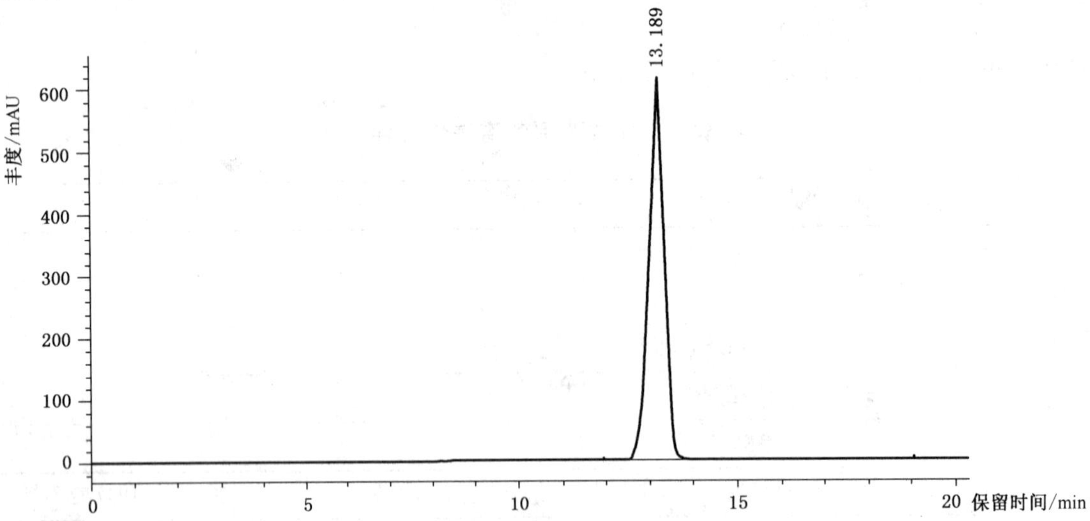

注：硫化促进剂 MBTS 的出峰时间为 13.189 min。

图 1 硫化促进剂 MBTS 分析典型色谱图

5 检验规则

5.1 检验分类

表 1 中规定的第(1)～(5)项为出厂检验项目，第(6)～(7)项为根据用户要求的检验项目。

5.2 生产厂检验

硫化促进剂 MBTS 应由生产厂的质量检验部门进行检验，生产厂应保证所有出厂产品符合本标准的要求。每批出厂产品都应附有一定格式的质量证明书，其内容包括：产品名称、标准号、生产厂名、注册商标、批号、生产日期等。

5.3 组批规则

以同等质量的均匀产品为一批。

5.4 采样

以批为单位采样。每批采样数应符合 GB/T 6678—2003 中 7.6 的规定。采样时用不锈钢取样器自袋中产品的上、中、下层取样，将所采的样品混合均匀。从中取出约 500 g 试样，分装于 2 个清洁、干燥的磨口瓶或塑料袋中，密封。瓶(袋)上粘贴标签，注明：产品名称、批号、取样日期等，一瓶(袋)用于检验，另一瓶(袋)保存备查。

5.5　复检

出厂检验结果中如有一项指标不符合本标准要求时，应重新从同批产品 2 倍量的包装件中采样进行复检，复检结果中即使只有一项指标不符合本标准要求，则判该批产品为不合格品。

6　标志、包装、运输和贮存

6.1　标志

产品外包装上应有清晰、牢固的标志，内容包括：产品名称、标准号、生产厂名称、地址、生产日期、批号、商标、净含量等。并按 GB/T 191 规定标明“怕晒”、“怕雨”等标志。

6.2　包装

产品用内衬塑料袋的编织袋或纸塑复合袋包装，每袋净含量 25 kg。特殊包装按用户要求。

6.3　运输

产品在运输时应防雨、防晒，在搬运时轻装轻卸，防止撞击。

6.4　贮存

6.4.1　产品应贮存在清洁干燥、通风良好的库房内，避免阳光直射。离墙壁的距离应大于 0.5 m，并不得靠近自来水管、下水道和取暖装置，以防止潮湿和变质，更不能靠近火源。

6.4.2　产品在符合本标准规定的运输、贮存条件下，自生产之日起贮存期为 24 个月。

ICS 31-030
L 90

中华人民共和国国家标准

GB/T 11446.1—2013
代替 GB/T 11446.1—1997

电 子 级 水

Electronic grade water

2013-12-31 发布　　　　2014-08-15 实施

中华人民共和国国家质量监督检验检疫总局
中国国家标准化管理委员会　发布

前言

GB/T 11446 预计结构如下：

——GB/T 11446.1 电子级水；

——GB/T 11446.2 （待定）；

——GB/T 11446.3 电子级水测试方法通则；

——GB/T 11446.4 电子级水电阻率的测试方法；

——GB/T 11446.5 电子级水中痕量金属的原子吸收分光光度测试方法；

——GB/T 11446.6 电子级水中二氧化硅的分光光度测试方法；

——GB/T 11446.7 电子级水中痕量阴离子的离子色谱测试方法；

——GB/T 11446.8 电子级水中总有机碳的测试方法；

——GB/T 11446.9 电子级水中微粒的仪器测试方法；

——GB/T 11446.10 电子级水中细菌总数的滤膜培养测试方法。

本部分为 GB/T 11446 的第 1 部分。

本部分按照 GB/T 1.1—2009 给出的规则起草。

本部分代替 GB/T 11446.1—1997《电子级水》。

本部分与 GB/T 11446.1—1997 相比，主要有下列变化：

——“3 术语和定义”中增加了“离子交换树脂”、“无菌” 和“pH”的定义（见第 3 章）；

——修改了“5 要求”中“EW-Ⅱ”、“EW-Ⅲ”和“EW-Ⅳ”级水的电阻率指标（见第 5 章）；

——修订了“5 要求”中“EW-Ⅰ”、“EW-Ⅱ”、“EW-Ⅲ”和“EW-Ⅳ”级水的微粒数指标（见第 5 章）；

——“5 要求”中增加了“铁”和“铅”金属离子及“氟”、“亚硝酸根”和“溴”阴离子的要求和指标（见第 5 章）；

——“6 试验方法”中增加了“铁”、“铅”、“氟离子”、“亚硝酸根离子”和“溴离子”的检测方法（见第 6 章）。

本部分由中华人民共和国工业和信息化部提出。

本部分由中国电子技术标准化研究院归口。

本部分起草单位：信息产业部专用材料质量监督检验中心、中国科学院半导体研究所、中国电子技术标准化研究院、中国电子科技集团公司第四十六研究所。

本部分主要起草人：褚连青、王奕、何秀坤、段曙光、提刘旺、刘筠。

本部分所代替标准的历次版本发布情况为：

——GB/T 11446.1—1989、GB/T 11446.1—1997。

电 子 级 水

1 范围

GB/T 11446 的本部分规定了电子级水的级别、技术指标要求、试验方法和检验规则。

本部分适用于电子和半导体工业用高纯清洗用水。

2 规范性引用文件

下列文件对于本文件的应用是必不可少的。凡是注日期的引用文件，仅注日期的版本适用于本文件。凡是不注日期的引用文件，其最新版本(包括所有的修改单)适用于本文件。

GB/T 11446.3—2013 电子级水测试方法通则

GB/T 11446.4—2013 电子级水电阻率的测试方法

GB/T 11446.5—2013 电子级水中痕量金属的原子吸收分光光度测试方法

GB/T 11446.6—2013 电子级水中二氧化硅的分光光度测试方法

GB/T 11446.7—2013 电子级水中痕量阴离子的离子色谱测试方法

GB/T 11446.8—2013 电子级水中总有机碳的测试方法

GB/T 11446.9—2013 电子级水中微粒的仪器测试方法

GB/T 11446.10—2013 电子级水细菌总数的滤膜培养测试方法

3 术语和定义

下列术语和定义适用于本文件。

3.1

电子级水 electronic grade water

电子和半导体工艺过程中所用的高纯水。

3.2

电阻率 resistivity

在规定温度下，1 cm^3(正立方体)水溶液两相对面之间测得的电阻值。通常用符号 ρ 表示，单位为欧姆厘米(Ω · cm)，纯水的理论电阻率为 18.3 MΩ · cm (25 ℃)。

3.3

全硅 total silicon

水中可溶性硅和以二氧化硅胶体状态存在的硅的总量。

3.4

可溶性硅 soluble silicon

以单一分子状态存在于水中的溶解性硅酸盐。

3.5

微粒性物质 granular matter

除气体以外，以非液态分散在水中，并形成非均相混合物的物质。

3.6

总有机碳　total organic carbon;TOC

水中以各种有机物形式存在的碳的总量。包括易被一般强氧化剂氧化的有机物和需用特殊方法氧化的有机物。

3.7

吸附　absorption

某些多孔性粒状物质由于表面活性作用而具有吸着某些物质的现象。

3.8

凝聚　coagulation

在源水中加入某种电解质后，水中带有电荷的胶体微粒被电解质中的异种电荷中和，从而使其聚集成较大颗粒而沉降的现象。

3.9

絮凝　flocculation

水中的微粒在一定条件下相互碰撞而集结为絮状沉淀的现象。絮凝一般是在凝聚作用后缓慢进行，可除去水中更细的微粒。

3.10

砂滤器　sand filter

用于盛放不同直径的砂粒，以除去源水中悬浮固体和混浊物的装置。

3.11

活性碳过滤器　activated carbon filter

装有粒状活性碳的过滤器，用于除去水中的可溶性有机物和过量的残余氯。

3.12

离子交换　ion exchange

一种不溶性物质与一种液体之间相互交换离子的可逆过程，该过程中物质并无实质性结构变化。

3.13

离子交换树脂　ion-exchange resin

一种合成的有机离子交换材料。

3.14

去离子水　deionized water

经过离子交换处理，除去了呈离子形式的杂质的高纯水。

3.15

再生　regeneration

离子交换过程操作循环中的一部分。在该部分中，用一定量的化学试剂通过离子交换树脂使其恢复交换能力。

3.16

复合床　complex bed

将阳离子交换树脂和阴离子交换树脂分别装入两个离子交换柱中，将两柱串联，使水依次通过两个柱而被纯化。

3.17

混合床　mixed bed

将阳离子交换树脂和阴离子交换树脂混合均匀，填充于同一离子交换柱中，其纯化效果相当于许多复合床串联使用。

3.18

电渗析 electrodialysis

一种分离水中离子的方法。在电渗析器中,阴阳两极之间用交替排列的阴、阳离子交换膜分隔成一系列小室。水流通过小室时,在直流电场作用下,水中阳离子向阴极方向移动,但不能通过阳膜;阴离子则相反。这样就形成相间存在的浓、淡水室而达到提纯水的目的。

3.19

逆向渗透 reverse osmosis

用半透膜将浓水和淡水隔开,并在浓水上施加比渗透压更强的机械压力,则浓水中大部分水透过半透膜而杂质仍留在其中,达到分离提纯的目的。

3.20

反渗透膜 reverse osmosis membrane

用于反渗透法制备纯水的一种合成薄膜,其孔径一般为 0.02 μm 或更小,可用于除去无机离子、有机物、细菌等,使水纯化。

3.21

微孔膜滤器 membrane filter

一种平均孔径(直径)大于 0.01 μm 的薄膜,能把大于平均孔径的微粒截留在其表面或附近。

3.22

超过滤 ultrafiltration

一种过滤方法,在一定压力下使水流通过超滤膜以除去水中的极细微粒、胶体和细菌等。

3.23

终端 terminal

高纯水生产流程中经过各道净化工艺后,水的出口或使用地点。

3.24

无菌 sterile

不含任何活有机体(不论是活跃的或休眠的)。

3.25

pH

水溶液中氢离子活度的负对数或氢氧根离子活度倒数的负对数。

4 分类和标记

4.1 分类

电子级水分为四个级别:Ⅰ级、Ⅱ级、Ⅲ级和Ⅳ级。

4.2 标记

Ⅰ级电子级水标记为:EW-Ⅰ。

Ⅱ级电子级水标记为:EW-Ⅱ。

Ⅲ级电子级水标记为:EW-Ⅲ。

Ⅳ级电子级水标记为:EW-Ⅳ。

5 要求

电子级水的技术指标应符合表1规定。

表 1 电子级水的技术指标

项 目		技术指标			
		EW-Ⅰ	EW-Ⅱ	EW-Ⅲ	EW-Ⅳ
电阻率(25 ℃)/MΩ·cm		≥18 (5%时间不低于 17)	≥15 (5%时间不低于 13)	≥12.0	≥0.5
全硅/(μg/L)		≤2	≤10	≤50	≤1 000
微粒数/(个/L)	0.05 μm～0.1 μm	500	—	—	—
	0.1 μm～0.2 μm	300	—	—	—
	0.2 μm～0.3 μm	50	—	—	—
	0.3 μm～0.5 μm	20	—	—	—
	> 0.5 μm	4	—	—	—
细菌个数/(个/mL)		≤0.01	≤0.1	≤10	≤100
铜/(μg/L)		≤0.2	≤1	≤2	≤500
锌/(μg/L)		≤0.2	≤1	≤5	≤500
镍/(μg/L)		≤0.1	≤1	≤2	≤500
钠/(μg/L)		≤0.5	≤2	≤5	≤1 000
钾/(μg/L)		≤0.5	≤2	≤5	≤500
铁/(μg/L)		≤0.1	—	—	—
铅/(μg/L)		≤0.1	—	—	—
氟/(μg/L)		≤1	—	—	—
氯/(μg/L)		≤1	≤1	≤10	≤1 000
亚硝酸根/(μg/L)		≤1	—	—	—
溴/(μg/L)		≤1	—	—	—
硝酸根/(μg/L)		≤1	≤1	≤5	≤500
磷酸根/(μg/L)		≤1	≤1	≤5	≤500
硫酸根/(μg/L)		≤1	≤1	≤5	≤500
总有机碳/(μg/L)		≤20	≤100	≤200	≤1 000

6 试验方法

6.1 电阻率

电子级水的电阻率按 GB/T 11446.4—2013 进行测定。

6.2 全硅含量(以二氧化硅计)

电子级水全硅(以二氧化硅计)含量按 GB/T 11446.6—2013 进行测定。

6.3 微粒数

电子级水中微粒数按 GB/T 11446.9—2013 进行测定。

6.4 细菌总数

电子级水中细菌总数按 GB/T 11446.10—2013 进行测定。

6.5 痕量金属含量

电子级水中痕量金属的含量按 GB/T 11446.5—2013 进行测定。

6.6 氟离子、氯离子、亚硝酸根离子、溴离子、硝酸根离子、磷酸根离子、硫酸根离子的含量

电子级水中氟离子、氯离子、亚硝酸根离子、溴离子、硝酸根离子、磷酸根离子、硫酸根离子的含量按 GB/T 11446.7—2013 进行测定。

6.7 总有机碳含量

电子级水中总有机碳含量按 GB/T 11446.8—2013 进行测定。

7 检验规则

7.1 检验部门

电子级水的检验均应在有资质的检验部门进行。

7.2 检验分类

电子级水的检验分为交收检验和例行检验。

7.3 交收检验

7.3.1 抽验项目

电子级水中电阻率、钠离子、全硅(以二氧化硅计)为交收检验项目。

7.3.2 合格判据

在用水终端采样,检验后检验结果如有一项或一项以上不合格时,应再次采样进行检验,如仍不合格,则该批不合格,应提出改进措施直到水质合格。

7.4 例行检验(全检项目)

7.4.1 检验项目

检验项目为表 1 规定的全部项目。检验顺序应以不影响后序试验结果的原则进行检验。

7.4.2 不合格判定

在用水终端采样后进行例行检验,检验结果如有不合格项时,应再次采样进行检验,如仍有不合格项时,应提出改进措施直到水质合格。

7.4.3 检验频次

例行检验至少每年进行一次，当制水条件发生变更时也应进行例行检验。

8 采样、贮存、运输及标志

8.1 采样、贮存、运输

电子级水的采样、贮存、运输应符合 GB/T 11446.3—2013 的规定。

8.2 标志

在用水终端采样进行检验时，水质合格后应附有检验合格证，合格证应包含如下内容：

a) 名称及级别；

b) 各项技术指标；

c) 制水单位；

d) 供水日期；

e) 检验员签章及检验日期。

ICS 31-030
L 90

中华人民共和国国家标准

GB/T 11446.3—2013
代替 GB/T 11446.3—1997

电子级水测试方法通则

Generic rules for test methods of electronic grade water

2013-12-31 发布　　　　2014-08-15 实施

中华人民共和国国家质量监督检验检疫总局
中国国家标准化管理委员会 发布

前　言

GB/T 11446 预计结构如下：

——GB/T 11446.1　电子级水；

——GB/T 11446.2　(待定)；

——GB/T 11446.3　电子级水测试方法通则；

——GB/T 11446.4　电子级水电阻率的测试方法；

——GB/T 11446.5　电子级水中痕量金属的原子吸收分光光度测试方法；

——GB/T 11446.6　电子级水中二氧化硅的分光光度测试方法；

——GB/T 11446.7　电子级水中痕量阴离子的离子色谱测试方法；

——GB/T 11446.8　电子级水中总有机碳的测试方法；

——GB/T 11446.9　电子级水中微粒的仪器测试方法；

——GB/T 11446.10　电子级水中细菌总数的滤膜培养测试方法。

本部分为 GB/T 11446 的第 3 部分。

本部分按照 GB/T 1.1—2009 给出的规则起草。

本部分代替 GB/T 11446.3—1997《电子级水测试方法通则》。

本部分与 GB/T 11446.3—1997 相比，主要有如下变化：

——"3 术语和定义"中增加了"准确度"、"精密度"和"检出限"的定义(见第 3 章)；

——在"4 采样"中，增加了对采集用于非碱性痕量金属及微粒分析的样品的要求，并修订了采样瓶的准备要求(见第 4 章)；

——增加了条款"4.9 将瓶子放入塑料袋中，密封，并采集平行样品。"(见 4.9)；

——修改了"5 贮存与运输"中的贮存温度条件，并对需要检测 PO_4^{3-}、NO_3^-、SO_4^{2-} 的样品的贮存条件提出了要求(见第 5 章)。

本部分由中华人民共和国工业和信息化部提出。

本部分由中国电子技术标准化研究院归口。

本部分起草单位：信息产业部专用材料质量监督检验中心、中国科学院半导体研究所、中国电子技术标准化研究院、中国电子科技集团公司第四十六研究所。

本部分主要起草人：褚连青、王奕、何秀坤、段曙光、提刘旺、刘筠。

本部分所代替标准的历次版本发布情况为：

——GB/T 11446.3—1989、GB/T 11446.3—1997。

电子级水测试方法通则

1 范围

GB/T 11446 的本部分规定了电子级水的采样、贮存与运输及报告的格式。

本部分适用于 EW-Ⅰ～EW-Ⅳ级电子级水。

2 规范性引用文件

下列文件对于本文件的应用是必不可少的。凡是注日期的引用文件，仅注日期的版本适用于本文件。凡是不注日期的引用文件，其最新版本(包括所有的修改单)适用于本文件。

GB/T 11446.1—2013 电子级水

3 术语和定义

GB/T 11446.1—2013 界定的以及下列术语和定义适用于本文件。

3.1

取样 sampling

获得被试验物质的有代表性的部分。

3.2

在线监测 on-line monitoring

在高纯水生产过程中，选择合适的取样点用仪器直接对水质指标进行测量。

3.3

浓度 concentration

单位量试样中所包含的某种物质的量。

3.4

灵敏度 sensitivity

试样中被测元素的含量变化与测得的相应信号的变化之比值。

3.5

空白值 blank value

由水、试剂、器皿、仪器、环境及操作人员本身引入的测量结果的额外增加值。

3.6

空白试验 blank test

在不加入试样或被测元素的情况下，按与分析试样完全相同的条件和步骤所进行的试验。

3.7

标准样品 standard sample

成分和性质为公认的标准化机构或其他权威机构所确认的一种参比物质。

3.8

回收试验 recover test

对加入到试样中的已知量杂质进行分离操作，然后测定分离得到的该杂质的量，将两者进行比较以检查分离效果。

3.9

精密度　precision

在规定条件下，独立测试结果间的一致程度。

3.10

准确度　accuracy

测试结果与接受参照值间的一致程度。

3.11

检出限　limit of detection

能够检测出被测物质的最小浓度或最小量。

4　采样

4.1　电子级水水样的采集应选择有代表性的采样点。

4.2　盛水的容器(采样瓶)应使用硬质玻璃瓶或塑料容器。用于测定硅微粒及金属、阴离子时，应使用聚乙烯等塑料容器。用于分析总有机碳和细菌的采样瓶，应使用带磨口塞的玻璃瓶。

4.3　采样前，盛水样的容器应预先用洗净剂清洗干净，再用盐酸(MOS 级)(1＋1)或 10％硝酸(MOS 级)浸泡 48 h(分析阴离子用的容器除外)，然后用 EW-Ⅰ级电子级水冲洗干净后，贮满电子级水，将其放入聚乙烯袋中，并在储存过程中密封袋子。取样前倾出水，以待测水反复冲洗后再采样。采样体积约为容器体积的 3/5～4/5。取样完毕后，应迅速盖上瓶塞。用于细菌测量的采样瓶应经高温灭菌。

4.4　采集水样前应使制水系统运行一段时间(30 min 以上)，使各装置及系统中的水达到平衡后方可采样。采样前应开启所有阀门，使各个死角的积水放尽，并经过新鲜水充分冲洗后再采样。采集用于微粒分析的水样时，应保证水样不与空气接触，无颗粒引入。

4.5　所采集水样的数量应满足试验和复验的需要。供全分析用的水样不得少于 3 L；供单项分析用的水样不得少于 0.3 L 。

4.6　采样人员采样时应戴医用手套、口罩和帽子，操作时不得用手触及水样及瓶塞与水样接触部分。

4.7　采集用于非碱性痕量金属分析的样品时，应通过向每 500 mL 样品中加入 1 mL HNO_3(MOS 级)将样品酸化至 pH 小于 2。

4.8　采集水样后应贴标签，并注明：水样名称、采样人姓名、采样地点、时间、温度以及其他条件(如气候条件)等。

4.9　将瓶子放入塑料袋中，密封，并采集平行样品。

5　贮存与运输

5.1　水样采集后应及时进行测定，应尽量缩短运输与存放时间。

为了保证水样不挥发、不被污染，应密封保存，不允许空气进入。

5.2　为了降低由于水样的不稳定性所造成贮存过程中其性质的改变，贮存 24 h 以上的水样应保持在 4 ℃冷藏；如果需要检测磷酸根、硝酸根、硫酸根，样品采样后应马上在 4 ℃冷藏，不得让阳光直接照射。

5.3　运输水样过程中应防晒、防冻，不得倒置贮样容器。

5.4　经过存放或运输的水样在测试时，应在报告中注明存放的时间和温度条件。

6　报告

电子级水水样技术指标的测试报告应包括以下内容：

a） 受检单位名称；

b） 采样日期；

c） 采样者；

d） 测试样品编号；

e） 样品存放及运输情况；

f） 使用的仪器、操作者、测试日期；

g） 检测项目及检测结果。

ICS 31-030
L 90

中华人民共和国国家标准

GB/T 11446.4—2013
代替 GB/T 11446.4—1997

电子级水电阻率的测试方法

Test method for resistivity of electronic grade water

2013-12-31 发布　　2014-08-15 实施

中华人民共和国国家质量监督检验检疫总局
中国国家标准化管理委员会　发布

前　言

GB/T 11446 预计结构如下：

——GB/T 11446.1　电子级水；

——GB/T 11446.2　(待定)；

——GB/T 11446.3　电子级水测试方法通则；

——GB/T 11446.4　电子级水电阻率的测试方法；

——GB/T 11446.5　电子级水中痕量金属的原子吸收分光光度测试方法；

——GB/T 11446.6　电子级水中二氧化硅的分光光度测试方法；

——GB/T 11446.7　电子级水中痕量阴离子的离子色谱测试方法；

——GB/T 11446.8　电子级水中总有机碳的测试方法；

——GB/T 11446.9　电子级水中微粒的仪器测试方法；

——GB/T 11446.10　电子级水中细菌总数的滤膜培养测试方法。

本部分为 GB/T 11446 的第 4 部分。

本部分按照 GB/T 1.1—2009 给出的规则起草。

本部分代替 GB/T 11446.4—1997《电子级水电阻率的测试方法》。

本部分与 GB/T 11446.4—1997 相比，主要有下列变化：

——“3 术语和定义”中增加了“电导池常数”的定义(见第 3 章)；

——增加了“5 干扰因素”(见 5 章)；

——删除了“9　注意事项”(1997 年版的第 9 章)。

本部分由中华人民共和国工业和信息化部提出。

本部分由中国电子技术标准化研究院归口。

本部分起草单位：信息产业部专用材料质量监督检验中心、中国科学院半导体研究所、中国电子技术标准化研究院、中国电子科技集团公司第四十六研究所。

本部分主要起草人：褚连青、王奕、何秀坤、段曙光、提刘旺、刘筠。

本部分所代替标准的历次版本发布情况为：

——GB/T 11446.4—1989、GB/T 11446.4—1997。

电子级水电阻率的测试方法

1 范围

GB/T 11446 的本部分规定了电子级水的电阻率的测试方法。

本部分适用于电子级水电阻率测试。

2 规范性引用文件

下列文件对于本文件的应用是必不可少的。凡是注日期的引用文件，仅注日期的版本适用于本文件。凡是不注日期的引用文件，其最新版本（包括所有的修改单）适用于本文件。

GB/T 11446.1—2013 电子级水

GB/T 11446.3—2013 电子级水测试方法通则

3 术语和定义

GB/T 11446.3—2013 界定的以及下列术语和定义适用于本文件。

3.1

电导率 electrical conductivity

电导率为电阻率的倒数，用符号 δ 表示，单位为西门子每厘米（S/cm）；纯水的理论电导率为 0.054 82 μS/cm（25 ℃）。

3.2

电导池常数 cell constant

两电极板间有效距离（L）与空间截面积（A）之比，单位为每厘米（cm^{-1}）。

4 测量原理

测量水的电阻率需使用电导池，当平行板电导池两电极板间充满水，两电极板间有效距离为 L（cm），空间截面积为 A（cm^2），则电导池常数 J（cm^{-1}）按式（1）计算：

$$J=\frac{L}{A} \qquad \cdots\cdots(1)$$

如果在某一温度下测得两电极间水的电阻为 R（Ω），则该温度下水的电阻率 ρ（Ω·cm）及电导率 δ（S/cm）按式（2）和式（3）分别为：

$$\rho=\frac{R}{J} \qquad \cdots\cdots(2)$$

$$\delta=\frac{J}{R} \qquad \cdots\cdots(3)$$

水的电阻率受其纯度、温度及测量中各种因素（如测量方法、电容效应、极化效应等）的影响。纯水电阻率的测量是选择动态测量，并采用温度校正的方法将测得的测量值换算成 25 ℃的电阻率，以便于进行比较。电阻率的温度修正曲线见附录 A。

5 干扰因素

5.1 测量用的电阻率仪或电导率仪的电导池常数、温度补偿等的变化对测定结果有影响，使用时应按国家规定的检定周期对电导池常数，温度补偿等进行检定。使用新电导池前应用丙酮去油，并用1%左右的稀硝酸或盐酸处理。

5.2 水样吸收或失去溶解的气体会使电导率发生变化，严格避免水样暴露在空气中。

6 试剂

6.1 水

GB/T 11446.1—2013 规定的 EW-Ⅰ级电子级水。用于配制氯化钾电导率标准溶液的水，应暴露在实验室气氛中，使之达到平衡。

6.2 氯化钾标准溶液

固体电导率标准物质氯化钾(标准物质 BW 0401)，使用前在 110 ℃下烘 2 h，然后置于干燥器中冷至室温后使用。配制溶液时，环境温度应为 20 ℃±2 ℃。氯化钾标准溶液与电导率关系见附录 B。

7 测量仪器

7.1 电导仪

本方法所使用的仪器，测量时通过电导池的应是交流信号，其频率可在 25 Hz～100 Hz 范围。

7.2 电导池

电导池的电导池常数一般为 0.01 cm^{-1}～0.1 cm^{-1}。应根据试样电导率范围，选用合适的电导池常数的电导池进行测量。电导池常数的选择见附录 B。

7.3 温度计

温度计的测量范围应为 0 ℃～35 ℃，精度为 0.1 ℃。

7.4 恒温水浴槽

25 ℃±0.1 ℃恒温的水浴槽。

8 测量步骤

8.1 电导池常数的测定

用暴露于实验室空气中与空气中二氧化碳达到平衡的电子级水彻底清洗电导池，再用相应的氯化钾标准溶液冲洗 3 次，然后将标准溶液(所用标准溶液应尽量接近实测水的电导率值)充满电导池，放入恒温槽内，温度控制在(25±0.1)℃，稳定后，测量其电导 G_x。

按同样步骤测量配制标准溶液所用的水(已平衡过)电导率 δ_2。按式(4)计算电导池常数：

$$J = \frac{\delta_1 + \delta_2}{G_x} \quad \cdots\cdots(4)$$

式中：

δ_1——25 ℃时，标准氯化钾溶液的电导率(由附录B查出)，单位为微西门子每厘米(μS/cm)；

δ_2——25 ℃时，配制标准溶液所用水的电导率，单位为微西门子每厘米(μS/cm)；

G_x——测出标准氯化钾溶液的电导，单位为微西门子(μS)。

注：电导池常数的测定结果精确至0.5%。

8.2 电阻率动态测量

8.2.1 将测量装置与制水系统相连接，通水并赶尽管道、电导池中的气泡，调节水流速(一般不低于0.3m/s)，并在电导池出水口安装好温度计。

8.2.2 按仪器说明书操作电导仪(预热、调零、校正及测量等)，待仪器读数稳定后，记录水温和电阻率值。

8.2.3 在线测量应该使用带温度补偿的电导仪，可以直接读出25 ℃的电阻(导)率值，对于没有温度补偿的仪器，可按式(5)将测试温度 t(10 ℃～35 ℃)时的测得的电阻率 ρ_t 换算为25 ℃时的电阻率 ρ_{25}：

$$\rho_{25}=\frac{1}{\kappa_t\left(\frac{1}{\rho_t}-\delta_t\right)+\delta_{水}} \qquad \cdots\cdots(5)$$

式中：

ρ_{25}——换算成25 ℃时的水的电阻率，单位为兆欧姆厘米(MΩ·cm)；

ρ_t——t 度时测得的水的电阻率，单位为兆欧姆厘米(MΩ·cm)；

δ_t——t 度时理论纯水的电导率，单位为微西门子每厘米(μS/cm)；

κ_t——t 度时水的修正系数；

$\delta_{水}$——0.054 82，25 ℃时理论纯水的电导率，单位为微西门子每厘米(μS/cm)。

9 报告

测试报告应按GB/T 11446.3—2013给定格式进行编制。

附 录 A
（规范性附录）
电阻率的温度修正曲线

电阻率的温度修正曲线见图 A.1。

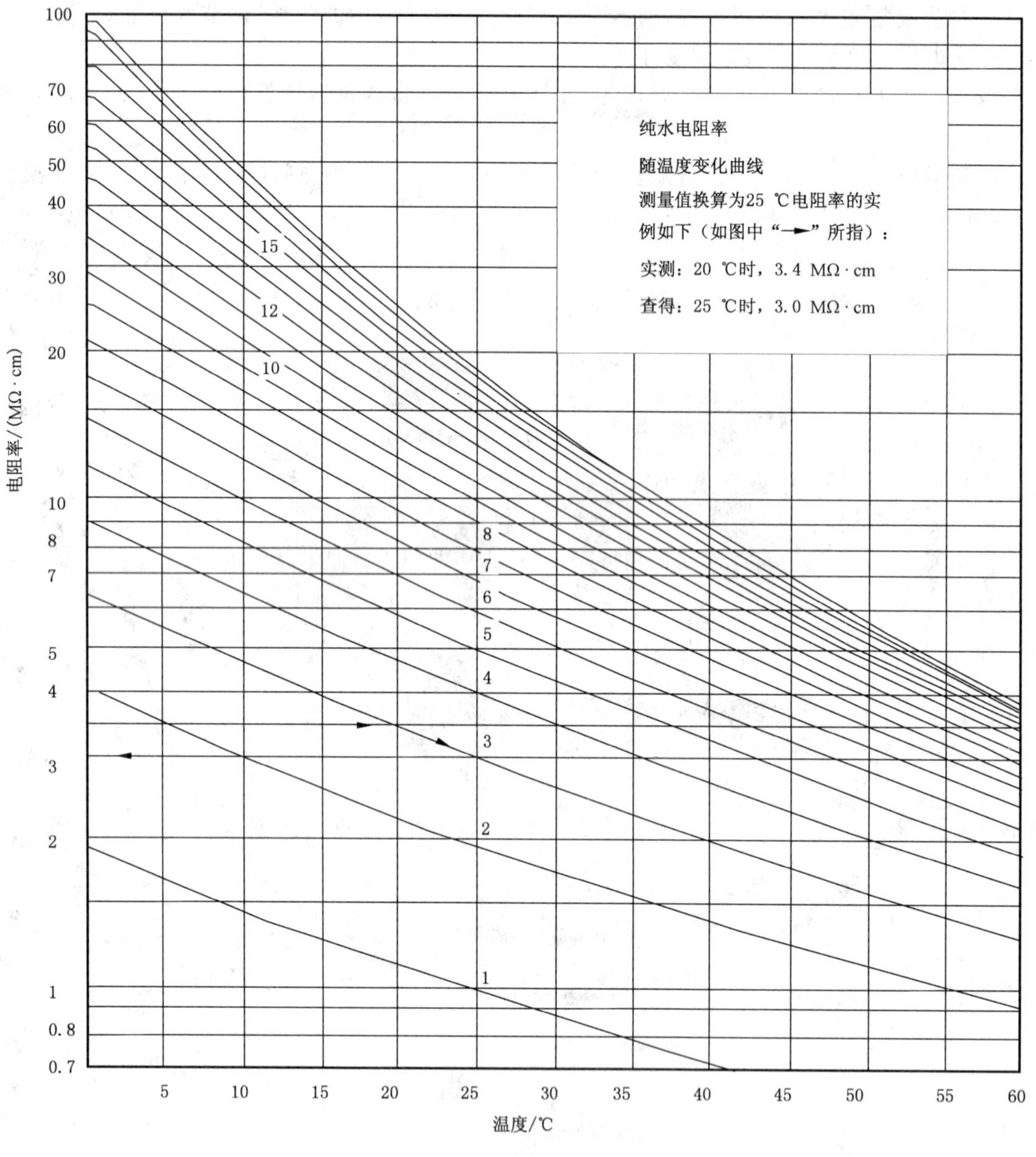

图 A.1 电阻率的温度修正曲线

附 录 B
（规范性附录）
氯化钾电导率标准溶液的浓度和电导率值

B.1 氯化钾电导率标准溶液的浓度和电导率值

氯化钾电导率标准溶液的浓度和电导率值见表B.1。应用下述标准溶液时应确保：

a) 电导率标准物质氯化钾需在110 ℃下烘2 h。

b) 配制标准溶液时使用分度值为0.1 mg的天平。

c) 配制标准溶液时，环境温度为(20±2) ℃，校准时标准溶液的温度变化范围为(20±0.1) ℃。

表 B.1 氯化钾电导率标准溶液的浓度和电导率值

氯化钾标准溶液浓度 mol/L	电导率 S/cm				
	15 ℃	18 ℃	20 ℃	25 ℃	35 ℃
1	0.092 12	0.097 80	0.101 70	0.111 31	0.131 10
0.1	0.010 455	0.011 163	0.011 644	0.012 352	0.015 353
0.01	0.001 141 4	0.001 220 0	0.001 273 7	0.001 408 3	0.001 687 6
0.001	0.000 113 5	0.000 126 7	0.000 146 5	0.000 146 5	0.000 176 5

B.2 不同电阻率范围内采用的电导池常数及标准溶液浓度

不同电阻率范围内采用的电导池常数及标准溶液浓度见表B.2。

表 B.2 不同电阻率范围内采用的电导池常数及标准溶液浓度

电导率范围 MΩ·cm	电导池常数 cm^{-1}	标准溶液浓度 mg/L
10～20	0.01	0.01 或 0.001
0.3～10.0	0.01 或 0.10	0.01 或 0.001
0.03～1.00	0.1 或 1.0	0.01
0.003～0.100	1.0(铂黑)	0.01 或 0.1

ICS 31-030
L 90

中华人民共和国国家标准

GB/T 11446.5—2013
代替 GB/T 11446.5—1997

电子级水中痕量金属的原子吸收分光光度测试方法

Test method for measuring trace metals in electronic grade water by atomic absorption spectrophotometry

2013-12-31 发布　　2014-08-15 实施

中华人民共和国国家质量监督检验检疫总局
中国国家标准化管理委员会　发布

前　言

GB/T 11446 预计结构如下：

——GB/T 11446.1　电子级水；

——GB/T 11446.2　(待定)；

——GB/T 11446.3　电子级水测试方法通则；

——GB/T 11446.4　电子级水电阻率的测试方法；

——GB/T 11446.5　电子级水中痕量金属的原子吸收分光光度测试方法；

——GB/T 11446.6　电子级水中二氧化硅的分光光度测试方法；

——GB/T 11446.7　电子级水中痕量阴离子的离子色谱测试方法；

——GB/T 11446.8　电子级水中总有机碳的测试方法；

——GB/T 11446.9　电子级水中微粒的仪器测试方法；

——GB/T 11446.10　电子级水中细菌总数的滤膜培养测试方法。

本部分为 GB/T 11446 的第 5 部分。

本部分按照 GB/T 1.1—2009 给出的规则起草。

本部分代替 GB/T 11446.5—1997《电子级水中痕量金属的原子吸收分光光度测试方法》。

本部分与 GB/T 11446.5—1997 相比，主要有下列变化：

——“1 范围”中增加了用无火焰(或火焰)原子吸收分光光度计测定电子级水中痕量金属铁、铅的测试方法的规定；规定了“也可使用灵敏度相当的其他仪器如电感耦合等离子体/质谱仪(或电感耦合等离子体发射光谱仪)”(见第 1 章)；

——标准中增加了用无火焰(或火焰)原子吸收分光光度计测定电子级水中痕量金属铁、铅的测试方法；

——增加了“3 术语和定义”(见第 3 章)；

——增加了“5 干扰因素”(见第 5 章)；

——删除了“9 注意事项”(1997 年版的第 9 章)。

本部分由中华人民共和国工业和信息化部提出。

本部分由中国电子技术标准化研究院归口。

本部分起草单位：信息产业部专用材料质量监督检验中心、中国科学院半导体研究所、中国电子技术标准化研究院、中国电子科技集团公司第四十六研究所。

本部分主要起草人：褚连青、王奕、何秀坤、段曙光、提刘旺、刘筠。

本部分所代替标准的历次版本发布情况为：

——GB/T 11446.5—1989、GB/T 11446.5—1997。

电子级水中痕量金属的原子吸收分光光度测试方法

1 范围

GB/T 11446 的本部分规定了无火焰(或火焰)原子吸收分光光度计测定电子级水中痕量金属铜、锌、镍、铁、铅、钠和钾的测试方法。也可使用灵敏度相当的其他仪器如电感耦合等离子体/质谱仪(或电感耦合等离子体发射光谱仪)测量。

无火焰原子吸收分光光度适用于 EW-Ⅰ～EW-Ⅲ级电子级水中痕量金属的测定。方法的检出限(质量分数)应在 1×10^{-9} 以下。

火焰原子吸收分光光度法适用于 EW-Ⅳ电子级水中痕量金属的测定。

2 规范性引用文件

下列文件对于本文件的应用是必不可少的。凡是注日期的引用文件,仅注日期的版本适用于本文件。凡是不注日期的引用文件,其最新版本(包括所有的修改单)适用于本文件。

GB/T 11446.1—2013 电子级水

GB/T 11446.3—2013 电子级水测试方法通则

3 术语和定义

GB/T 11446.3—2013 界定的以及下列术语和定义适用于本文件。

3.1

原子吸收分光光度法 atomic absorption spectrophotometry

根据基态原子对特征波长光的吸收测定试样中待测元素含量的分析方法。

4 方法原理

用原子吸收分光光度法测定痕量金属是基于从光源辐射出具有待测元素特征谱线的光经试样蒸气中处于基态的待测元素的原子所吸收,根据辐射特征谱线光被减弱的程度来测定试样中待测元素的含量。

用无火焰(或火焰)原子吸收分光光度计在 324.7 nm、213.9 nm、232.0 nm、248.3 nm、217.0 nm、589.0 nm、766.5 nm 等波长处,分别测量待测水样中铜、锌、镍、铁、铅、钠和钾等金属元素的吸光度,再从标准曲线上查得与各吸光度相对应的待测元素的含量。

5 干扰因素

5.1 来自取样及操作过程中试剂纯度、设备的清洁度、室内的清洁度和操作技术造成的沾污的影响应严格考虑。应在 100 级净化室内进行测量,每次加样前一定要将石墨炉燃至读数为零,并进行空白试验,每测定一定数的样品后,应分析一个标准样品,以监控这些干扰。

5.2 水样应尽快分析，放置时间越长，污染的可能性越大。若不能即时分析，将试样瓶封装在塑料袋中，放在冰箱里贮存。

6 试剂

6.1 空白用水

GB/T 11446.1—2013 规定的 EW-Ⅰ级电子级水。

6.2 硝酸（ρ＝1.42 g/mL）

MOS 级及以上级别。

6.3 盐酸

1＋1（体积分数），用 MOS 级及以上级别盐酸配制。

6.4 标准溶液

采用国家质量监督检验检疫总局批准的二级标准物质。水中成分分析标准物质 GBW(E)分别为铜（080122）、锌（080130）、镍（080141）、钠（080127）、钾（080125）和 GBW 铁（08616）、铅（08619）。或国家标准物质研究中心提供的 BW 系列水质标准溶液。

7 测量仪器

7.1 原子吸收分光光度计

包括空心阴极灯、原子化系统——石墨炉（或火焰原子化器）、分光系统和检测记录系统等四部分。

7.2 进样器

自动进样器或微量取样器，火焰原子化用喷雾器。

7.3 聚乙烯瓶

25 mL、50 mL、100 mL。

7.4 移液管

0.2 mL ～5.0 mL。

7.5 聚乙烯容量瓶

25.0 mL ～ 100 mL。

8 操作步骤

8.1 仪器条件的选择

根据不同型号的仪器选择最佳仪器参数（灯电流，下缝宽度等）参见附录 A。石墨炉原子化器的工作条件的选择参见附录 A。

8.2 进样量

根据被测元素的灵敏度和水样中的金属元素的含量决定进样量，石墨炉进样一般选取 20 μL～100 μL，当含量极低时，可采用多次进样，以降低测定下限；在进行火焰分析时，样品喷入火焰直至得到稳定的最大吸收值为止。

8.3 工作曲线的绘制

8.3.1 标准系列工作溶液的配制

将标准溶液按逐级稀释配制成相应的系列见表1。标准溶液的酸度与试样酸度保持一致。

表1 标准系列溶液

元素	浓度 μg/L					
铜	0	1.0	3.0	5.0	7.0	10.0
锌	0	1.0	2.0	3.0	4.0	5.0
镍	0	1.0	3.0	5.0	7.0	10.0
铁	0	1.0	2.0	3.0	4.0	5.0
铅	0	1.0	2.0	3.0	4.0	5.0
钠	0	1.0	2.0	3.0	4.0	5.0
钾	0	1.0	2.0	3.0	4.0	5.0

8.3.2 工作曲线绘制

将标准系列工作溶液分别在上述仪器最佳条件下进行测量，以测得的吸光度（一般为峰高）为纵坐标，对应的浓度为横坐标作图，求出工作曲线的斜率。

8.4 水样的测定

吸取一定量的水样于石墨管内（或喷水样于火焰中），测得吸光度后，再从工作曲线上查出与吸光度相对应的元素含量。

9 精密度

本方法的精密度见表2。

表2 精密度

元素	浓度 μg/mL	相对标准偏差 %
铜	5.0	3.2
锌	2.0	2.6
镍	5.0	5.0

表 2（续）

元素	浓度 μg/mL	相对标准偏差 %
铁	3.0	3.5
铅	3.0	4.3
钠	3.0	2.1
钾	3.0	3.7

10 报告

测试报告应按 GB/T 11446.3—2013 给定格式进行编制。

附 录 A
(资料性附录)
仪器工作条件

A.1 PE3030B原子吸收光谱仪参考工作条件

PE3030B原子吸收光谱仪参考工作条件见表A.1。

表 A.1 PE3030B原子吸收光谱仪参考工作条件

元素	波长 nm	灯电流 mA	光谱通带宽度 nm
铜	324.8	15	0.7
锌	213.9	15	0.7
镍	232.0	25	0.2
铁	248.3	20	0.2
铅	217.0	15	0.7
钠	589.0	8	0.7
钾	766.5	12	0.7

A.2 HGA-500型电热原子化器工作条件

HGA-500型电热原子化器工作条件见表A.2。

表 A.2 HGA-500型电热原子化器工作条件

元素	干燥阶段		灰化阶段		原子化阶段	
	温度 ℃	升温时间/保持时间 s	温度 ℃	升温时间/保持时间 s	温度 ℃	升温时间/保持时间 s
铜	100	5/50	700	1/20	2 500	1/5
锌	100	5/50	400	1/20	2 000	1/5
镍	100	5/50	600	1/20	2 600	1/5
铁	100	5/50	600	1/20	2 500	1/5
铅	100	5/50	600	1/20	2 400	1/5
钠	100	5/50	600	1/20	2 300	1/5
钾	100	5/50	700	1/20	2 300	1/5

注：进样体积为2 μL时，干燥保持时间为30 s；氩气流量在原子化阶段为5 mL/min，其他阶段为300 mL/min。

ICS 31-030
L 90

中华人民共和国国家标准

GB/T 11446.6—2013
代替 GB/T 11446.6—1997

电子级水中二氧化硅的分光光度测试方法

Test method for SiO_2 in electronic grade water by spectrophotometer

2013-12-31 发布　　　　2014-08-15 实施

中华人民共和国国家质量监督检验检疫总局
中国国家标准化管理委员会　发布

前　言

GB/T 11446 预计结构如下：

——GB/T 11446.1　电子级水；

——GB/T 11446.2　（待定）；

——GB/T 11446.3　电子级水测试方法通则；

——GB/T 11446.4　电子级水电阻率的测试方法；

——GB/T 11446.5　电子级水中痕量金属的原子吸收分光光度测试方法；

——GB/T 11446.6　电子级水中二氧化硅的分光光度测试方法；

——GB/T 11446.7　电子级水中痕量阴离子的离子色谱测试方法；

——GB/T 11446.8　电子级水中总有机碳的测试方法；

——GB/T 11446.9　电子级水中微粒的仪器测试方法；

——GB/T 11446.10　电子级水中细菌总数的滤膜培养测试方法。

本部分为 GB/T 11446 的第 6 部分。

本部分按照 GB/T 1.1—2009 给出的规则起草。

本部分代替 GB/T 11446.6—1997《电子级水中二氧化硅的分光光度测试方法》。

本部分与 GB/T 11446.6—1997 相比，主要有下列变化：

——将“9 干扰因素”修改为“5 干扰因素”（见第 5 章）；

——“工作曲线的绘制”中，根据待测水样中二氧化硅含量，明确将工作曲线分为两组（见 9.1.1 和 9.1.2）；

——增加了“对水样独立进行两次测定，取其平均值”（见 9.3.3）。

本部分由中华人民共和国工业和信息化部提出。

本部分由中国电子技术标准化研究所归口。

本部分起草单位：信息产业部专用材料质量监督检验中心、中国科学院半导体研究所、中国电子技术标准化研究院、中国电子科技集团公司第四十六研究所。

本部分主要起草人：王奕、褚连青、何秀坤、段曙光、提刘旺、刘筠。

本部分所代替标准的历次版本发布情况为：

——GB/T 11446.6—1989、GB/T 11446.6—1997。

电子级水中二氧化硅的分光光度测试方法

1 范围

GB/T 11446 的本部分规定了电子级水中二氧化硅的分光光度测试方法。

本部分适用于电子级水中二氧化硅的测定，其中检出限为 1 μg/L。

2 规范性引用文件

下列文件对于本文件的应用是必不可少的。凡是注日期的引用文件，仅注日期的版本适用于本文件。凡是不注日期的引用文件，其最新版本(包括所有的修改单)适用于本文件。

GB/T 11446.1—2013 电子级水

GB/T 11446.3—2013 电子级水测试方法通则

3 术语和定义

GB/T 11446.3—2013 界定的术语和定义适用于本文件。

4 方法原理

水中可溶性硅在酸性介质中(pH＝1～2)与钼酸铵反应生成黄色硅钼杂多酸 $(NH_4)_2H_6[Si(MO_2O_7)_6]\cdot H_2O$，用还原剂 1-氨基-2-萘酚-4-磺酸还原黄色的硅钼杂多酸为硅钼蓝，然后用分光光度计测定硅钼蓝的吸光度，计算出水中可溶性硅量。水中非溶性硅可用氢氟酸溶解，进行全硅的测定。

5 干扰因素

5.1 磷酸盐与砷酸盐等在测定条件下生成相应的蓝色杂多酸，可用草酸、酒石酸等羟基酸消除砷、磷的干扰。

5.2 测定水中全硅时，用氢氟酸将非可溶性硅转化为可溶性硅，但氢氟酸有负干扰，加饱和硼酸予以消除。

5.3 实验室空气的净化与否对分析结果影响较大，应在 100 级净化室内进行测量。

5.4 水样应尽快分析，放置时间越长，污染的可能性越大。

6 试剂

6.1 空白用水

GB/T 11446.1—2013 规定的 EW-Ⅰ级电子级水。

6.2 硅标准溶液

6.2.1 1 mg/mL 的二氧化硅标准储备溶液

准确称取1.000 0 g 经800 ℃灼烧至恒重的二氧化硅(基准)与3.0 g 无水碳酸钠(优级纯)于铂坩埚中,混匀,于1 000 ℃加热后完全熔融。冷却后,将熔融物溶于水,稀释至1 L,储于塑料瓶中。该溶液应透明,如有混浊应重新配制。

6.2.2 10 μg/mL 的二氧化硅标准工作溶液

将二氧化硅标准储备溶液(见6.2.1)逐级稀释配制。

6.2.3 1 μg/mL 的二氧化硅标准工作溶液

移取10.00 mL 二氧化硅标准工作溶液(见6.2.2)置100 mL 容量瓶中定容。

6.3 钼酸铵溶液(100 g/L)

分析纯的钼酸铵经两次重结晶纯化。

6.4 草酸溶液或酒石酸或柠檬酸溶液(100 g/L)

称量100 g 草酸或酒石酸或柠檬酸,溶于500 mL 水中,用水稀释至1 L(该溶液如有混浊则应过滤),贮存于聚乙烯瓶中。

6.5 1-氨基-2-萘酚-4-磺酸还原剂溶液

称取1.5 g 1-氨基-2-萘酚-4-磺酸和7 g 无水亚硫酸钠,溶于200 mL 水中,将此溶液加入600 mL 碳酸氢钠溶液(150 g/L)中,用空白用水稀至1 L(该溶液如有混浊则应过滤),储于聚乙烯瓶中。

6.6 盐酸(1+1)

经蒸馏器或吸收提纯的盐酸。

6.7 氢氟酸(1+99)

经铂蒸馏器提纯的氢氟酸。

6.8 硼酸溶液

以重结晶提纯的硼酸配制的饱和溶液。

7 仪器和器皿

7.1 分光光度计:工作波长200 nm～1 000 nm,波长准确度±1.5 nm;透过率范围0～100%,透过率重复性±0.5%,吸光度测量范围0.04～2,比色皿1 cm、2 cm、5 cm、10 cm。

7.2 分析天平:分度值0.1 mg。

7.3 恒温水浴锅。

7.4 铂坩埚。

7.5 聚乙烯瓶(杯):100 mL、1 000 mL。

7.6 规格齐全的玻璃器皿。

7.7 聚乙烯容量瓶:50 mL、100 mL。

8 采样

用于分析硅的盛水容器，应使用聚乙烯等塑料容器，按 GB/T 11446.1—2013 中第 4 章进行。

9 操作步骤

9.1 工作曲线的绘制

9.1.1 待测水样中二氧化硅含量为 1 μg/L～200 μg/L

过程如下：

a) 依次取 0.0mL、0.10 mL、0.20 mL、0.50 mL、0.80 mL、1.00 mL、2.00 mL、5.00 mL、10.00 mL 二氧化硅标准溶液(见 6.2.3)于 50 mL 容量瓶中，以空白用水稀释至刻度，摇匀。

b) 将上述溶液各倒入一只聚乙烯杯中，分别加入 1 mL 盐酸(1+1)，3 mL 钼酸铵溶液(10%)，摇匀；静置 10 min 后，再加入 2 mL 草酸溶液(10%)，摇匀；静置 2 min，最后加入 2 mL 1-氨基-2-萘酚-4-磺酸还原剂溶液，摇匀；再静置 10 min。

c) 以空白溶液为参比，用 5 cm 或 10 cm 液槽，在 815 nm 波长处，用分光光度计进行测定。

d) 以吸光度为纵坐标，二氧化硅浓度为横坐标绘制工作曲线。

9.1.2 待测水样中二氧化硅含量为 100 μg/L～2 000 μg/L

过程如下：

a) 依次取 0.0 mL、0.50 mL、1.00 mL、2.00 mL、3.00 mL、4.00 mL、5.00 mL、7.50 mL、10.00 mL 二氧化硅标准溶液(见 6.2.2)于 50 mL 容量瓶中，以空白用水稀释至刻度，摇匀。

b) 将上述溶液各倒入一只聚乙烯杯中，分别加入 1 mL 盐酸(1+1)，3 mL 钼酸铵溶液(10%)，摇匀；静置 10 min 后，加入 2 mL 10%草酸溶液，摇匀；静置 2 min，最后加入 2 mL 1-氨基-2-萘酚-4-磺酸还原剂溶液，摇匀；再静置 10 min。

c) 以空白溶液为参比，用 1 cm 液槽，在 815 nm 波长处，用分光光度计进行测定。

d) 以吸光度为纵坐标，二氧化硅浓度为横坐标绘制工作曲线。

9.2 试剂空白的扣除

9.2.1 试剂空白的测定

分别将 50 mL 与 43 mL 空白用水注入两只聚乙烯烧杯中，根据待测水样中二氧化硅含量的范围，分别按 9.1.1 或 9.1.2 的步骤 b)～ d)加入单倍试剂及双倍试剂，以空白用水为参比进行测定，所测出的两种溶液的吸光度之差即为试剂空白吸光度。

单倍试剂：向盛有 50 mL 空白用水的烧杯中依次加 1.0 mL 盐酸(1+1)、3.0 mL 钼酸铵(10%)、2.0 mL草酸(10%)、2.0 mL 还原剂。溶液吸光度 A_1。

双倍试剂：向盛有 43.0 mL 空白用水的烧杯中依次加 1.0 mL 盐酸(1+1)、6.0 mL 钼酸铵(10%)、4.0 mL 草酸(10%)、4.0 mL 还原剂。溶液吸光度值 A_2。

9.2.2 全硅测定

在一只聚乙烯杯中，加入 2.5 mL 饱和硼酸及 1.0 mL 氢氟酸(1+1)，摇匀后，加入 39.5 mL 空白水，根据待测水样中二氧化硅含量的范围，分别按 9.1.1 或 9.1.2 的步骤 b)～ d)加入试剂，并以空白用水为参比进行测定，测出该溶液吸光度值 A_3。氢氟酸加硼酸所产生的吸光度值为 A_3-A_1。

9.2.3 可溶性硅测定

试剂空白为 A_2-A_1,测定全硅时,试剂空白为 $A_2+A_3-2A_1$。

9.3 水样测定

9.3.1 溶解性硅的测定

取 50 mL 水样于聚乙烯瓶中,按 9.1 的步骤进行,以空白用水作参比进行光度测定,由工作曲线上查出试剂吸光度与试剂空白吸光度之差所对应的二氧化硅含量,即为水样中溶解性硅的含量。

9.3.2 水中全硅的测定

取 50 mL 水样于带盖的聚乙烯瓶中,加入 1.0 mL 氢氟酸,盖上瓶盖并摇匀,于沸水浴上加热 15 min后,冷至室温,再加入 2.5 mL 饱和硼酸溶液,摇匀。按 9.1 的步骤进行,以空白用水作参比进行光度测定。从工作曲线上查出试样吸光度与试剂空白吸光度之差所对应的二氧化硅含量,即为水样中二氧化硅的总含量。

9.3.3 计算和结果

对水样独立进行两次测定,取其平均值。

10 检出限和相对偏差

本方法分析电子级水中二氧化硅含量,检出限为 1 μg/L,对于 10 μg/L(二氧化硅)的水的分析,相对偏差为 8%。

11 报告

测试报告应按 GB/T 11446.3—2013 给定格式进行编制。

ICS 31-030
L 90

中华人民共和国国家标准

GB/T 11446.7—2013
代替 GB/T 11446.7—1997

电子级水中痕量阴离子的离子色谱测试方法

Test method for trace anion in electronic grade water by ion chromatography

2013-12-31 发布 2014-08-15 实施

中华人民共和国国家质量监督检验检疫总局
中国国家标准化管理委员会 发布

前　言

GB/T 11446 预计结构如下：

——GB/T 11446.1　电子级水；

——GB/T 11446.2　(待定)；

——GB/T 11446.3　电子级水测试方法通则；

——GB/T 11446.4　电子级水电阻率的测试方法；

——GB/T 11446.5　电子级水中痕量金属的原子吸收分光光度测试方法；

——GB/T 11446.6　电子级水中二氧化硅的分光光度测试方法；

——GB/T 11446.7　电子级水中痕量阴离子的离子色谱测试方法；

——GB/T 11446.8　电子级水中总有机碳的测试方法；

——GB/T 11446.9　电子级水中微粒的仪器测试方法；

——GB/T 11446.10　电子级水中细菌总数的滤膜培养测试方法。

本部分为 GB/T 11446 的第 7 部分。

本部分按照 GB/T 1.1—2009 给出的规则起草。

本部分代替 GB/T 11446.7—1997《电子级水中痕量氯离子、硝酸根离子、磷酸根离子、硫酸根离子的离子色谱测试方法》。

本部分与 GB/T 11446.7—1997 相比，主要有下列变化：

——增加了痕量“氟离子”、“亚硝酸根离子”和“溴离子”的测定方法；

——将离子色谱工作原理反应式归纳到附录 A 中；

——增加“干扰因素”(见第 5 章)；

——删除“注意事项”(见 1997 年版的第 10 章)。

本部分由中华人民共和国工业和信息化部提出。

本部分由中国电子技术标准化研究院归口。

本部分起草单位：信息产业部专用材料质量监督检验中心、中国科学院半导体研究所、中国电子技术标准化研究院、中国电子科技集团公司第四十六研究所。

本部分主要起草人：王奕、褚连青、何秀坤、段曙光、提刘旺、刘筠。

本部分所代替标准的历次版本发布情况为：

——GB/T 11446.7—1989、GB/T 11446.7—1997。

电子级水中痕量阴离子的离子色谱测试方法

1 范围

GB/T 11446 的本部分规定了电子级水中痕量氟离子(F^-)、氯离子(Cl^-)、亚硝酸根离子(NO_2^-)、溴离子(Br^-)、硝酸根离子(NO_3^-)、磷酸根离子(PO_4^{3-})、硫酸根离子(SO_4^{2-})的离子色谱测试方法。

本部分适用于电子级水中痕量氟离子、氯离子、亚硝酸根离子、溴离子、硝酸根离子、磷酸根离子、硫酸根离子的测定，其中检出限依次为 0.7 μg/L、0.8μg/ L、1 μg/L、1 μg/L、1 μg/L、1 μg/L 和 1 μg/L。

2 规范性引用文件

下列文件对于本文件的应用是必不可少的。凡是注日期的引用文件，仅注日期的版本适用于本文件。凡是不注日期的引用文件，其最新版本(包括所有的修改单)适用于本文件。

GB/T 11446.1—2013 电子级水

GB/T 11446.3—2013 电子级水测试方法通则

3 术语和定义

GB/T 11446.3—2013 界定的以及下列术语和定义适用于本文件。

3.1

离子色谱法 ion chromatography

用高效离子交换色谱原理和抑制本底电导的电导鉴定法来分离和测定离子的一种特殊的液相色谱技术，可用于测量高纯水中的痕量阴离子。

4 方法原理

离子色谱仪由淋洗液贮器、泵、进样阀、分离柱、抑制柱(或抑制器)、电导检测器和数据处理等部分组成。在分析水中阴离子时，分离柱充填低交换容量的阳离子交换树脂，淋洗液为稀的碱溶液。当淋洗液与试样流经分离柱时，此时试样及淋洗液中的阳离子顺利通过，试样中的待测阴离子 A (A:F^-、Cl^-、NO_2^-、Br^-、NO_3^-、PO_4^{3-}、SO_4^{2-} 等离子)与淋洗液中的阴离子竞争取代分离柱内树脂(RN^+-OH^-)上氢氧根(OH^-)的位置，其反应式参见附录 A。

阴离子与柱内填充树脂的亲合力的不同，使各阴离子分离，并依次从分离柱底部流出。分离后的被测离子与淋洗液一同进入抑制柱(或抑制器)。淋洗液中电导率大的氢氧化钠或碳酸氢钠，在抑制柱(或抑制器)中转变成电离度很小的碳酸或水。经分离的被测阴离子顺利地通过抑制柱(或抑制器)，并以电导率大的酸的形式流出。其反应式参见附录 A。

通过电导检测器十几分钟内便可记录氟离子、氯离子、亚硝酸根离子、溴离子、硝酸根离子、磷酸根离子、硫酸根离子的色谱图，从而定量地测出各阴离子在试样中的含量。

5 干扰因素

5.1 应严格控制环境条件,仪器应放置在可调温的超净环境中。

5.2 分析试样时,每当分析一次试样后,应立即注入空白用水。

5.3 阴离子的色谱图随着仪器参数与工作条件而变化,每次测定应先进行标准溶液的校正,来确定各阴离子色谱图的位置。

5.4 水样应尽快分析,放置时间越长,污染的可能性越大。样品采集后应放在4 ℃冰箱里贮存。

5.5 操作过程中应戴手套、口罩。

6 试剂

6.1 空白用水

GB/T 11446.1—2013 规定的EW-Ⅰ级电子级水。

6.2 标准储备液

6.2.1 氟化物标准储备液(1 mL 溶液含有 0.1 mgF^-)

准确称0.221 1g 氟化钠(优级纯),溶于空白用水,定容于1 L容量瓶中,稀释至刻度。贮存于聚乙烯瓶中。

6.2.2 氯化物标准储备液(1 mL 溶液含有 0.1 mgCl^-)

准确称取0.165 0 g 经500 ℃~600 ℃灼烧至恒重的氯化钠基准物质,溶于空白用水,定容于1 L容量瓶中,稀释至刻度。

6.2.3 亚硝酸盐标准溶液(1 mL 溶液含有 0.1 mgNO_2^-)

准确称取0.150 0 g 亚硝酸钠(优级纯)溶于空白用水,定容于1 L容量瓶中,稀释至刻度。此溶液使用前配制。

6.2.4 溴化物标准储备液(1 mL 溶液含有 0.1 mgBr^-)

准确称取0.148 8 g 溴化钾(优级纯),溶于空白用水,定容于1 L容量瓶中,稀释至刻度。贮存于棕色瓶中。

6.2.5 硝酸盐标准储备液(1 mL 溶液含有 0.1 mgNO_3^-)

准确称取在120 ℃~130 ℃烘至恒重的硝酸钾(优级纯)0.163 0 g,溶于空白用水,定容于1 L容量瓶中,稀释至刻度。

6.2.6 硫酸盐标准储备液(1 mL 溶液含有 0.1 mgSO_4^{2-})

准确称取在105 ℃~110 ℃烘至恒重的无水硫酸钠(优级纯)0.148 0 g,溶于空白用水,定容于1 L容量瓶中,稀释至刻度。

6.2.7 磷酸标准储备液(1 mL 溶液含有 0.1 mgPO_4^{3-})

准确称取0.172 7 g 磷酸钠(优级纯),溶于空白用水,定容于1 L容量瓶中,稀释至刻度。

6.3 淋洗液

称取 6.30 g 碳酸氢钠(优级纯),溶于空白用水中,再加入 21.20 g 碳酸钠(优级纯),混匀,以空白用水稀释到 1 L,制得含 0.075 mol/L 碳酸氢钠和 0.200 mol/L 碳酸钠的淋洗用储备溶液。用时以空白用水稀释 100 倍。

6.4 再生液(仅供抑制柱使用)

将 280 mL 浓硫酸(MOS 级纯)溶于适量空白用水中,定容至 4 L;制得 1.25 mol/L 的硫酸储备溶液。用时以空白用水稀释 100 倍。

7 测量仪器

7.1 高效离子色谱仪及附件如高效阴离子分离柱、痕量分析柱、抑制柱(或抑制器)、保护柱,电导检测器及记录系统等。

7.2 分析天平,分度值 0.1 mg。

7.3 可调节的聚丙烯进样器。

7.4 规格齐全的玻璃器皿。

8 操作步骤

8.1 标准系列溶液的配制

准确量取适量的标准储备溶液,依次逐级稀释,制备成相应系列含氟离子、氯离子、亚硝酸根离子、溴离子、硝酸根离子、磷酸根离子、硫酸根离子的混合标准溶液。

8.2 仪器工作条件的选择

按仪器使用说明书的要求接通电源及气源,调试仪器使之处于最佳工作状态。仪器预热足够的时间,确保仪器基线稳定。

8.3 测量条件的选择

选择合适的阴离子分离柱,淋洗液及再生液的浓度与流速,进样的体积大小以及适宜的电子检测器灵敏度。

8.4 工作曲线的绘制

在仪器最佳工作条件下,测定标准系列溶液,记录各色谱图的电导率的峰值,以浓度为横坐标,电导率值为纵坐标绘制工作曲线。

8.5 水样的分析

在与绘制工作曲线相同条件下,对水样进行分析测定,由测得的电导率值从标准工作曲线上求得水样中氟离子、氯离子、亚硝酸根离子、溴离子、硝酸根离子、磷酸根离子、硫酸根离子的含量。

9 精密度

本方法的精密度见表 1。

表 1 阴离子的相对标准偏差和回收率

阴离子	浓度 μg/L	相对标准偏差 %	回收率 %
氟离子	1.0	<10	80～120
氯离子	1.0	<10	80～120
亚硝酸根离子	1.0	<10	80～120
溴离子	10.0	<10	80～120
硝酸根	10.0	<10	80～120
磷酸根	10.0	<10	80～120
硫酸根	10.0	<10	80～120

10 报告

测试报告应按 GB/T 11446.3—2013 给定格式进行编制。

附 录 A

（资料性附录）

离子色谱工作原理反应式

试样中的待测阴离子A（A：F^-、Cl^-、NO_2^-、Br^-、NO_3^-、PO_4^{3-}、SO_4^{2-}等离子）与淋洗液中的阴离子竞争取代分离柱内树脂（$RN^+—OH^-$）上氢氧根（OH^-）的位置，其反应式如下：

$$RN^+—OH^- + A^- \longrightarrow RN^+—A^- + OH^-$$

$$R—SO_3^-H^+ + Na^+HCO_3^- \text{或}(Na^+OH^-) \longrightarrow R—SO_3^-Na^+ + H_2CO_3(\text{或} H_2O)$$

经分离的被测阴离子顺利地通过抑制柱，并以电导率大的酸的形式流出。其反应式如下：

$$R—SO_3^-H^+ + Na^+A^- \longrightarrow R—SO_3^-Na^+ + HA$$

ICS 31-030
L 90

中华人民共和国国家标准

GB/T 11446.8—2013
代替 GB/T 11446.8—1997

电子级水中总有机碳的测试方法

Test method for total organic carbon in electronic grade water

2013-12-31 发布　　2014-08-15 实施

中华人民共和国国家质量监督检验检疫总局
中国国家标准化管理委员会　发布

前　言

GB/T 11446 预计结构如下：

——GB/T 11446.1　电子级水；

——GB/T 11446.2　(待定)；

——GB/T 11446.3　电子级水测试方法通则；

——GB/T 11446.4　电子级水电阻率的测试方法；

——GB/T 11446.5　电子级水中痕量金属的原子吸收分光光度测试方法；

——GB/T 11446.6　电子级水中二氧化硅的分光光度测试方法；

——GB/T 11446.7　电子级水中痕量阴离子的离子色谱测试方法；

——GB/T 11446.8　电子级水中总有机碳的测试方法；

——GB/T 11446.9　电子级水中微粒的仪器测试方法；

——GB/T 11446.10　电子级水中细菌总数的滤膜培养测试方法。

本部分为 GB/T 11446 的第 8 部分。

本部分按照 GB/T 1.1—2009 给出的规则起草。

本部分代替 GB/T 11446.8—1997《电子级水中总有机碳的测试方法》。

本部分与 GB/T 11446.8—1997 相比，主要有下列变化：

——增加了"3 术语和定义"(见第 3 章)；

——增加了"5 干扰因素"(见第 5 章)；

——删除了"9 注意事项"(见 1997 年版的第 9 章)。

本部分由中华人民共和国工业和信息化部提出。

本部分由中国电子技术标准化研究院归口。

本部分起草单位：信息产业部专用材料质量监督检验中心、中国科学院半导体研究所、中国电子技术标准化研究院、中国电子科技集团公司第四十六研究所。

本部分主要起草人：王奕、褚连青、何秀坤、段曙光、提刘旺、刘筠。

本部分所代替标准的历次版本发布情况为：

——GB/T 11446.8—1989、GB/T 11446.8—1997。

电子级水中总有机碳的测试方法

1 范围

GB/T 11446 的本部分规定了电子级水中总有机碳的测试方法。

本部分适用于电子级水中总有机碳的测定。

2 规范性引用文件

下列文件对于本文件的应用是必不可少的。凡是注日期的引用文件，仅注日期的版本适用于本文件。凡是不注日期的引用文件，其最新版本(包括所有的修改单)适用于本文件。

GB/T 603—2002 化学试剂 试验方法中所用制剂及制品的制备

GB/T 11446.1—2013 电子级水

GB/T 11446.3—2013 电子级水测试方法通则

3 术语和定义

GB/T 11446.3—2013 界定的以及下列术语和定义适用于本文件。

3.1

总有机碳 total organic carbon; TOC

水中以各种有机物形式存在的碳的总量。包括易被一般强氧化剂氧化的有机物和需用特殊方法氧化的有机物。

3.2

总无机碳 total inorganic carbon

以二氧化碳、碳酸根离子及碳酸氢根离子形式存在的碳的总量。

3.3

总碳 total carbon

总有机碳量和总无机碳量之和。

4 方法原理

水样中加入磷酸，控制 pH 不大于 2，则无机碳酸盐分解为二氧化碳：

$$HCO_3^- + H^+ \longrightarrow CO_2 \uparrow + H_2O$$

$$CO_3^{-2} + H^+ \longrightarrow CO_2 \uparrow + H_2O$$

用红外线分析方法可以检测出二氧化碳的浓度，计算出总无机碳的含量(IC)。同样体积的水样用过硫酸盐氧化，用红外线分析仪检测出总碳(TC)的含量，则有机碳(TOC)含量等于总碳与总无机碳含量之差 (TOC＝TC－IC)，总有机碳检测流程如图 1 所示。

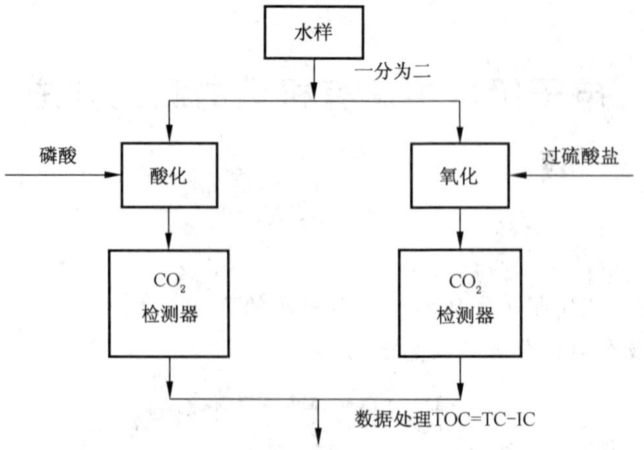

图 1　总有机碳检测流程

5　干扰因素

5.1　溶液储存过程中容易引起沾污，标准溶液应现配现用，在使用过程中，以氮气覆盖为宜。

5.2　器皿的洁净度影响分析结果，所用器皿，使用前应先用洗涤液浸泡 4 h，再用盐酸(1+1)浸泡 4 h 以上，以防止有机污染。

5.3　实验室空气的净化与否对分析结果影响较大，应在 100 级净化室内进行测量。

6　试剂

6.1　空白用水：GB/T 11446.1—2013 规定的 EW-Ⅰ级电子级水。

6.2　过硫酸钠(或过硫酸钾)：高纯。

6.3　磷酸(85%)：优级纯。

6.4　无机碳标准溶液：称取 1.400 0 g 碳酸氢钠($NaHCO_3$)和 1.770 0 g 碳酸钠(Na_2CO_3)溶于不含二氧化碳的水中，定容至 1 L。此溶液含碳 400 mg/L。

6.5　有机碳标准溶液：称取 1.000 0 g 乙酸或 0.850 0 g 苯二甲酸氢钾溶于不含二氧化碳去除了有机物的水中，定容至 1 L。此溶液含碳 400 mg/L。

7　测量仪器

7.1　总有机碳测试仪，包括二氧化碳气体检测器及记录仪等。

7.2　按 GB/T 603—2002 规定构建制备不含二氧化碳水的装置。

7.3　进样器：5 μL，10 μL，50 μL 等。

7.4　规格齐全的玻璃器皿包括容量瓶、烧杯、移液管等。

7.5　分析天平：分度值为 0.1 mg。

8　操作步骤

8.1　测试条件的选择

仪器接通，预热 30 min 后，选择工作参数，使仪器处于稳定工作状态。

8.2 工作曲线的绘制

分取无机碳和有机碳标准溶液，配制成 0.05 mg/L～1.00 mg/L 的无机碳和有机碳的混合标准溶液，待仪器基线平稳后，用注射器将不含碳的空白用水及标准溶液依次注入反应器中，记录 CO_2 峰高，分别以无机碳浓度对峰高及总碳浓度对峰高作图，绘制工作曲线。

8.3 水样分析

按 8.2 规定的步骤对水样进行分析，根据测得的峰高，分别由相应工作曲线上查出水样中无机碳和总碳的含量，两者之差即为水样中总有机碳含量。

9 精密度及准确度

对 10 个以上浓度为 100 μg/L 碳标准溶液分别进行测定，其相对标准偏差小于 10%；回收率在 80%～120%之间。

对一个浓度为 100 μg/L 碳标准溶液进行 10 次以上测定，其相对标准偏差小于 10%；回收率在 80%～120%之间。

10 报告

测试报告应按 GB/T 11446.3—2013 给定格式进行编制。

ICS 31-030
L 90

中华人民共和国国家标准

GB/T 11446.9—2013
代替 GB/T 11446.9—1997

电子级水中微粒的仪器测试方法

Test method for particles in electronic grade water by instrument

2013-12-31 发布　　2014-08-15 实施

中华人民共和国国家质量监督检验检疫总局
中国国家标准化管理委员会　发布

前 言

GB/T 11446 预计结构如下：
——GB/T 11446.1 电子级水；
——GB/T 11446.2 （待定）；
——GB/T 11446.3 电子级水测试方法通则；
——GB/T 11446.4 电子级水电阻率的测试方法；
——GB/T 11446.5 电子级水中痕量金属的原子吸收分光光度测试方法；
——GB/T 11446.6 电子级水中二氧化硅的分光光度测试方法；
——GB/T 11446.7 电子级水中痕量阴离子的离子色谱测试方法；
——GB/T 11446.8 电子级水中总有机碳的测试方法；
——GB/T 11446.9 电子级水中微粒的仪器测试方法；
——GB/T 11446.10 电子级水中细菌总数的滤膜培养测试方法。

本部分为 GB/T 11446 的第 9 部分。

本部分按照 GB/T 1.1—2009 给出的规则起草。

本部分代替 GB/T 11446.9—1997《电子级水中微粒的仪器测试方法》。

本部分与 GB/T 11446.9—1997 相比，主要有下列变化：
——重新对“3.1 微粒”进行了定义（见第 3 章）；
——增加了“5 干扰因素”（见第 5 章）；
——删除了“11 注意事项”（见 1997 年版的第 11 章）；
——修订了 P_i 的定义。

本部分由中华人民共和国工业和信息化部提出。

本部分由中国电子技术标准化研究院归口。

本部分起草单位：信息产业部专用材料质量监督检验中心、中国科学院半导体研究所、中国电子技术标准化研究院、中国电子科技集团公司第四十六研究所。

本部分主要起草人：王奕、褚连青、何秀坤、段曙光、提刘旺、刘筠。

本部分所代替标准的历次版本发布情况为：
——GB/T 11446.9—1989、GB/T 11446.9—1997。

电子级水中微粒的仪器测试方法

1 范围

GB/T 11446 的本部分规定了电子级水中微粒的仪器测定方法。

本部分适用于电子级水中微粒的连续式或单次检测计数，测定的微粒粒径不小于 0.05 μm，微粒的浓度范围为 0～10 000 个/mL。

2 规范性引用文件

下列文件对于本文件的应用是必不可少的。凡是注日期的引用文件，仅注日期的版本适用于本文件。凡是不注日期的引用文件，其最新版本(包括所有的修改单)适用于本文件。

GB/T 11446.1—2013 电子级水

GB/T 11446.3—2013 电子级水测试方法通则

3 术语和定义

GB/T 11446.3—2013 界定的以及下列术语和定义适用于本文件。

3.1

微粒 particle

粒状物，除去气体，非均匀地分散在水中的非液态物质。

4 方法原理

一束经聚焦的激光垂直于水样流向方向入射，水中的微粒将产生光散射效应，散射光的强度与微粒的大小具有一定的关系，散射光经聚光镜会聚到光电倍增管，将光信号变成电脉冲，电脉冲的数目和幅度分别与水中微粒的数目和直径成正比。电脉冲信号经放大输入计算机处理后，可直接获得微粒浓度的测量结果。测量原理方框图如图 1 所示。

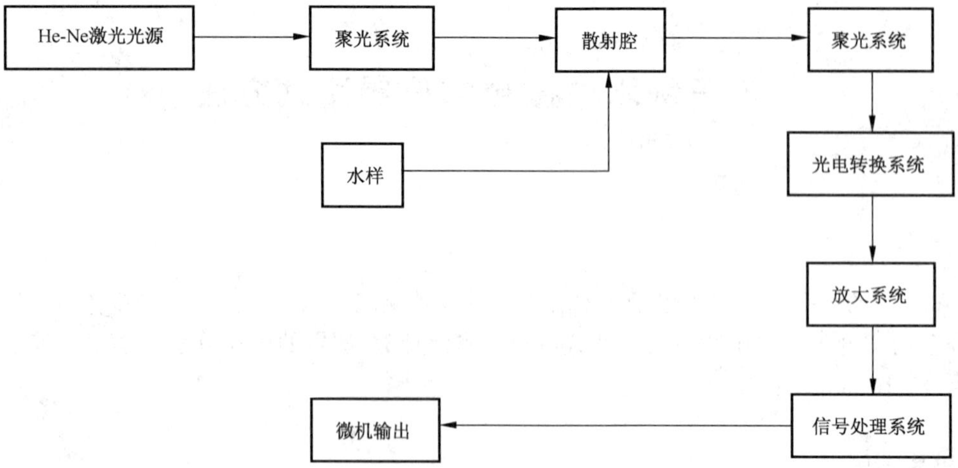

图 1 微粒测量原理方框图

5 干扰因素

5.1 采样过程，容器、环境及检测腔的污染，水中的气泡和测量过程的振动，水流速度的变化等因素都会影响测量结果，因此，测量应在 100 级或 100 级以上的洁净室内进行。水流速度应稳定。水样不能搅动，取样后应静置 30 min 后再测定。
5.2 环境温度影响分析结果的稳定性，实验室和环境的温度应在 10 ℃～30 ℃之间。
5.3 仪器正常与否直接影响测定结果，使用时应按国家规定的检定周期进行检定。

6 试剂

6.1 空白用水：GB/T 11446.1—2013 规定的 EW-Ⅰ级电子级水。

7 测量仪器

带有微机的激光散射式亚微米级液体中粒子计数和检测仪器。

8 操作步骤

8.1 仪器测试前的准备

按仪器说明书开启电源，使仪器进入准备工作状态。

8.2 测试方式

8.2.1 连续采样

先用去油洗涤剂清洗管道，再通 EW-Ⅰ级电子级水冲洗 30 min，按仪器连续测试的操作规程进行测试。

8.2.2 单次采样

先用去油洗涤剂清洗采样瓶，再用 EW-Ⅰ级电子级水清洗，然后取采样瓶 4/5 体积的水样并加盖置于洁净室中备用。采样瓶在取样前，用孔径 0.02 μm 微孔滤膜过滤过的水冲洗数次。取样时应防止外界的污染。然后按仪器单次测试的操作规程进行测量。

9 测量结果计算

按式(1)计算微粒数浓度：

$$P=\sum_{i=1}^{n}P_i/n \qquad \cdots\cdots(1)$$

式中：

P ——每升水样中的微粒数，单位为个每升(个/L)；

P_i ——第 i 次测量每升水样中的微粒数，单位为个每升(个/L)；

n ——测量的次数，$n \geqslant 5$。

10 误差分析

本方法的相对偏差小于 20%。

11 报告

测试报告应按 GB/T 11446.3—2013 给定格式进行编制。

ICS 31-030
L 90

中华人民共和国国家标准

GB/T 11446.10—2013
代替 GB/T 11446.10—1997

电子级水中细菌总数的滤膜培养测试方法

Test method for total bacterial count in electronic grade water by membrane filters

2013-12-31 发布　　　　2014-08-15 实施

中华人民共和国国家质量监督检验检疫总局
中国国家标准化管理委员会　发布

前　言

GB/T 11446 预计结构如下：

——GB/T 11446.1　电子级水；

——GB/T 11446.2　(待定)；

——GB/T 11446.3　电子级水测试方法通则；

——GB/T 11446.4　电子级水电阻率的测试方法；

——GB/T 11446.5　电子级水中痕量金属的原子吸收分光光度测试方法；

——GB/T 11446.6　电子级水中二氧化硅的分光光度测试方法；

——GB/T 11446.7　电子级水中痕量阴离子的离子色谱测试方法；

——GB/T 11446.8　电子级水中总有机碳的测试方法；

——GB/T 11446.9　电子级水中微粒的仪器测试方法；

——GB/T 11446.10　电子级水中细菌总数的滤膜培养测试方法。

本部分为 GB/T 11446 的第 10 部分。

本部分按照 GB/T 1.1—2009 给出的规则起草。

本部分代替 GB/T 11446.10—1997《电子级水中细菌总数的滤膜培养测试方法》。

本部分与 GB/T 11446.10—1997 相比，主要有下列变化：

——“3 术语和定义”中去掉了“无菌操作”定义，增加了“细菌总数”和“培养基”定义(见第 3 章)；

——增加了“5 干扰因素”(见第 5 章)；

——删除了“10 注意事项”(见 1997 年版的第 10 章)。

本部分由中华人民共和国工业和信息化部提出。

本部分由中国电子技术标准化研究院归口。

本部分起草单位：信息产业部专用材料质量监督检验中心、中国科学院半导体研究所、中国电子技术标准化研究院、中国电子科技集团公司第四十六研究所。

本部分主要起草人：王奕、褚连青、何秀坤、段曙光、提刘旺、刘筠。

本部分所代替标准的历次版本发布情况为：

——GB/T 11446.10—1989、GB/T 11446.10—1997。

电子级水中细菌总数的滤膜培养测试方法

1 范围

GB/T 11446 的本部分规定了电子级水中细菌总数(活菌)的滤膜培养测试方法。

本部分适用于 EW-Ⅰ～EW-Ⅳ级电子级水中细菌总数的测定。

2 规范性引用文件

下列文件对于本文件的应用是必不可少的。凡是注日期的引用文件,仅注日期的版本适用于本文件。凡是不注日期的引用文件,其最新版本(包括所有的修改单)适用于本文件。

GB/T 11446.1—2013 电子级水

GB/T 11446.3—2013 电子级水测试方法通则

3 术语和定义

GB/T 11446.3—2013 界定的以及下列术语和定义适用于本文件。

3.1

菌落 bacterium colony

将单个菌体或孢子在固体培养基上培养一定时间后,使其生长繁殖形成肉眼可见的微生物团,即为菌落。

3.2

细菌培养法 bacterium culture method

将一定量水样经超滤膜过滤,再用适当的培养基将留在超滤膜表面的细菌培养以形成菌落,然后计数以测量水中活细菌的数量。

3.3

细菌总数 total bacterial count

单位体积样品中存在的有生存能力的微生物总数,不包括厌氧有机体。

3.4

培养基 medium

是提供食用菌等生物生长发育所需的营养与特定环境条件的基质,一般都含有碳水化合物、含氮物质、无机盐(包括微量元素)以及维生素和水等。

4 方法原理

水中的细菌经过 0.45 μm 微孔膜过滤截留于滤膜上,将滤膜贴在衬底(吸透了 TGY 培养基的滤纸)上,在适宜的条件下进行培养,细菌繁殖成肉眼可见的菌落。细菌体内存在的脱氢酶,与 2,3,5-三苯基氯化四氮唑(简称 T.T.C)在胞内反应使菌体呈红色,反差增大,借此观测及计数。

5 干扰因素

5.1 外来微生物的污染影响分析结果，细菌分析时应特别注意。

5.2 将载菌膜置于培养基上时，中间如有间隙或气泡影响分析结果的现象应严格避免。

6 试剂

6.1 空白用水：GB/T 11446.1—2013 规定的 EW-Ⅰ级电子级水于高压灭菌器内在 1.4×10^5 Pa 压力下，灭菌 15 min。

6.2 TGY 培养基：1L 空白用水中加入 10.0 g 胰蛋白胨（B.R）、6.0 g 牛肉膏（B.R）和 2.0 g 葡萄糖（A.R），加热溶解，冷却至室温，以 1 mol/L 氢氧化钠调节 pH 至 7.4～7.6，再加 15.0 g 琼脂，加热溶解并趁热过滤（以四层纱布、一层脱脂棉为介质），装于 300 mL 三角瓶中，灭菌后备用。

注：在制备培养基的加热过程中，需补充所损失的水分。

6.3 1 mol/L 氢氧化钠溶液：20g 氢氧化钠（A.R）溶于 500 mL 空白用水并储于聚乙烯瓶中。

6.4 T.T.C 溶液 1.0 g/L 灭菌备用。

7 测量仪器和设备

7.1 无菌室（或无菌工作台）：备有功率大于或等于 2 W/m² 的紫外灯，置于工作台上距离工作台面1.5 m处。

7.2 电热恒温培养箱：(20 ℃～60 ℃)±1 ℃。

7.3 高压蒸汽灭菌器。

7.4 恒温箱：0 ℃～300 ℃。

7.5 体视显微镜。

7.6 微孔有机滤膜：ϕ50 mm，孔径 0.45 μm 格栅膜。

7.7 过滤器：ϕ50 mm 杯式不锈钢过滤器。

7.8 各种玻璃器皿：广口瓶、三角瓶、培养皿、量筒等。

7.9 酒精灯、平头镊子、纱布、棉花、定性滤纸等。

7.10 抽滤系统：如图 1 所示。

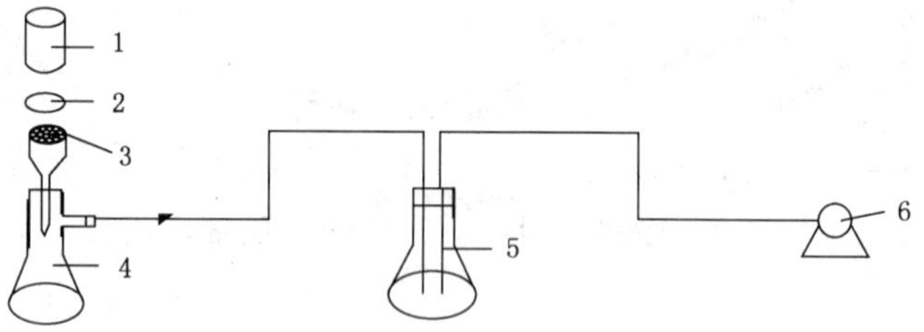

说明：

1——滤杯；

2——滤膜；

3——载膜网；

4——抽滤瓶；

5——缓冲瓶；

6——真空泵。

图 1 抽滤系统示意图

8 操作步骤

8.1 检测前的准备

8.1.1 开启无菌室或无菌工作台 1 h～2 h 后，使之进入稳定工作状态。

8.1.2 器皿的灭菌：将培养皿、取样瓶等玻璃器皿，先用电子级水 EW-Ⅰ级水洗净、烘干，用纸包严后置于铝制专用容器中放入恒温箱(160 ℃～165 ℃)内，干热灭菌 2 h。

8.1.3 有机滤膜的灭菌：于电子级水中煮沸 15 min，弃去沸水后，再加新的水煮沸，反复进行 3 次即可。或在紫外灯下照 1 h～2 h 灭菌。

注：灭菌时注意安全。

8.2 水样测定

取 2.0 mL T.T.C 溶液滴于 100 mL 温度为 46 ℃±1 ℃的培养基中，在培养皿中混匀(约 3 mm～4 mm厚)，冷却备用。取摇匀后的适量水样：EW-Ⅰ～EW-Ⅲ级水取 20 mL～100 mL，EW-Ⅳ级水取 1 mL，经过过滤装置过滤，用 50 mL 空白用水冲洗，抽干。用镊子将滤膜置于备好的培养基上，膜面朝上，盖好皿盖；待凝固后，将平皿翻转置于培养箱中，于 37 ℃±1 ℃下恒温培养 48 h 后取出，在体视显微镜下观察菌落并计数。按同样步骤进行空白试验。每个样品平行进行 3 次测定，取其平均值。

9 测量结果计算

水中的细菌总数按式(1)计算：

$$A=\frac{n-n_0}{V} \qquad \cdots\cdots(1)$$

式中：

A ——每毫升水样中细菌总数，单位为个每毫升(个/mL)；

n ——滤膜上的菌落数，单位为个；

n_0 ——空白试验的菌落数，单位为个；

V ——被测水样的体积，单位为毫升(mL)。

10 报告

测试报告应按 GB/T 11446.3—2013 给定格式进行编制。

ICS 17.220
L 85

中华人民共和国国家标准

GB/T 11461—2013
代替 GB/T 11461—1989,GB/T 11462—1989

频谱分析仪通用规范

General specification for spectrum analyzer

2013-12-17 发布　　2014-05-15 实施

中华人民共和国国家质量监督检验检疫总局
中国国家标准化管理委员会　发布

前　言

本标准按照 GB/T 1.1—2009 给出的规则起草。

本标准代替 GB/T 11461—1989《频谱分析仪通用技术条件》、GB/T 11462—1989《频谱分析仪测试方法》。

本标准与 GB/T 11461—1989 和 GB/T 11462—1989 相比，主要变化如下：

——将原两项标准整合为一项标准；

——删除了本标准中已不再使用的和引用标准中已存在的术语和定义，并对部分术语内容进行了修改；

——删除了“频谱宽度”“频率线性误差”“频率漂移”“热分布”“设计余量”“模拟误用”等要求和试验方法(见 GB/T 11461—1989)；

——增加了“频率读出准确度”“频率计数准确度和计数分辨率”“频宽准确度”“扫描时间”“分辨率带宽转换不确定度”“显示平均噪声电平”“谐波失真”“三阶交调失真”“镜像、多重和带外响应”“参考电平不确定度”“输入衰减器”“输入电压驻波比”的要求和试验方法(见 4.4、5.6)；

——更新了“安全性”、“环境适应性”、“包装运输”、“电磁兼容性”、“电源适应性”、“可靠性”的要求和试验方法(见第 4、5 章)；

——更新了“质量检验规则”中的部分内容(见第 6 章)。

请注意本文件的某些内容可能涉及专利。本文件的发布机构不承担识别这些专利的责任。

本标准由中华人民共和国工业和信息化部提出。

本标准由全国电子测量仪器标准化技术委员会(SAC/TC 153)归口。

本标准起草单位：中国电子科技集团公司第四十一研究所、工业和信息化部电子工业标准化研究院。

本标准主要起草人：许建华、杜会文、王峰、黄英华、张超、夏雁冰、曹玲、杜以涛、张志。

本标准所代替标准的历次版本发布情况为：

——GB/T 11461—1989；

——GB/T 11462—1989。

频谱分析仪通用规范

1 范围

本标准规定了频谱分析仪的术语和定义、通用技术要求、试验方法、质量检验规定和包装运输等内容。

本标准适用于各种通用类型的频谱分析仪，包括模块化频谱分析仪和具有频谱分析的功能单元。

2 规范性引用文件

下列文件对于本文件的应用是必不可少的，凡是注日期的引用文件，仅注日期的版本适用于本文件。凡是不注日期的引用文件，其最新版本(包括所有的修改单)适用于本文件。

GB/T 191—2008 包装储运图示标志

GB/T 6587—2012 电子测量仪器通用规范

3 术语和定义

下列术语和定义适用于本文件。

3.1

频谱分析仪 spectrum analyzer

能在频域上有效地显示出构成时域信号的各个单独频谱分量(正弦波)的仪器。

3.2

频率稳定度 frequency stability

在一定的时间间隔内，由于电源电压、温度、湿度等因素引起的频率漂移。

3.3

频率读出准确度 frequency readout accuracy

频率测量指示值与相应真实值之间接近的程度。

3.4

分辨率带宽 resolution bandwidth

中频滤波器级联后在末级中频等效的 3 dB 带宽。

3.5

包络检波器 envelope detector

随同输入信号的包络(而不是瞬时变量)输出的检波回路。

3.6

视频滤波 video filtering

在包络检波器之后的低通滤波。

3.7

视频平均 video average

在多次扫描期间逐点进行平均。在每个点上的显示值为若干次测量的平均值。

3.8

噪声带宽　noise bandwidth

将非均匀的功率谱的宽度等效在一定频带内均匀的功率谱。

3.9

频标　marker

可以放在屏幕迹线上任何一处的光标，可指示迹线上的频率值和幅度值。

3.10

差值频标　delta marker

活动频标与固定的参考频标之间的相对幅度差和频率差(或时间差)。

3.11

噪声频标　noise marker

归一化到 1 Hz 等效噪声带宽内的噪声电平值。

3.12

频宽　span

频谱分析仪显示器水平轴表示的频率范围，即频谱分析仪起始频率与终止频率之差。

3.13

零频宽　zero span

频宽等于零。

3.14

扫描时间　sweep time

扫频本振按照选择的频宽扫描所需要的时间。

3.15

噪声边带　noise sidebands

在有用响应周围出现的不应有的响应，它是由频谱分析仪内部噪声引起的。

3.16

剩余调频　residual FM

由于频谱分析仪本振的不稳定性引起显示频率的短期不稳定性或晃动，其大小根据峰-峰频率偏移来定，以赫兹或显示频率的百分数表示。

3.17

增益压缩　gain compression

输出信号分量不再随输入信号呈线性变化的现象。

3.18

最大安全输入电平　maximum safe input level

不损坏产品的最大允许输入电平。

3.19

显示平均噪声电平　displayed average noise level

在最小分辨率带宽和最小输入衰减的情况下，在频谱分析仪显示器上观察到的电平平均值。

3.20

输入幅度范围　input amplitude range

频谱分析仪输入端可测量的最大信号(通常为最大安全输入电平)和最小信号(通常为显示平均噪声电平)的幅度比值。

3.21

参考电平 reference level

显示器上已校准的被用做幅度测量参考的垂直刻度位置。

3.22

显示幅度范围 display amplitude range

在显示器上能够同时观察到最大信号和最小信号之间的幅度比值。

3.23

幅度准确度 amplitude accuracy

幅度测量指示值与真实值之间的接近程度。

3.24

本振馈通 lo feedthrough

当频谱分析仪本振频率与中频频率相同或很接近时，本振信号将通过中频滤波器而在测量中出现的现象。因本振频率对应于 0 Hz(直流)输入频率，可用做 0 Hz 频率标记。

3.25

假响应 spurious responses

测量出现的虚假信号。

注：噪声和本振馈通不作为假响应。

3.26

交调 intermodulation

两个或多个输入频谱分量相互作用形成的无用频率分量。

3.27

谐波失真 harmonic distortion

由非线性元件引起的附加到信号上的谐波分量。

3.28

动态范围 dynamic range

以规定的精度测量同时存在的两个信号之间的最大功率比。

3.29

线性刻度显示 linear scale display

显示器上的垂直刻度与输入信号电压成正比的显示方式。

3.30

对数刻度显示 logarithmic scale display

显示器上的垂直刻度按对数方式随输入信号电压变化的显示方式。

3.31

预选器 preselector

位于频谱分析仪输入混频器之前的滤波器，一般为中心频率可调的带通滤波器。

3.32

检波方式 detection mode

模拟信号被数字化并送显示之前进行处理的方式。

4 要求

4.1 外观和结构

频谱分析仪表面应光洁、无毛刺、无明显机械损伤和涂覆破坏现象，结构应完整，控制件应安装正确、可靠、操作灵活。仪器与使用关联的结构外观及操作使用件的灵敏度和可靠度，由产品标准规定。

4.2 尺寸和重量

频谱分析仪尺寸和重量应符合 GB/T 6587—2012 中 4.2 的要求。宽、高、深的尺寸既可以规定最大尺寸，也可以规定局部尺寸。

4.3 功能

由产品标准规定频谱分析仪的功能，包括显示方式、显示器的有效面积（或尺寸）、显示分辨率、水平和垂直刻度数（显示网格）、显示刻度类型（如对数刻度、线性刻度）、按键的类型、操作界面、输入输出方式、自检功能等。

4.4 性能特性

4.4.1 频率范围

由产品标准规定。

4.4.2 频率参考

频率参考特性一般包括标称频率、老化率、温度稳定性、频率准确度等。由产品标准规定频率参考特性。

4.4.3 频率读出准确度

由产品标准规定。

4.4.4 频率计数准确度和计数分辨率

如果频谱分析仪有频率计数功能，频率计数准确度和计数分辨率应在产品标准中规定。

4.4.5 频宽准确度

由产品标准规定。

4.4.6 扫描时间

由产品标准规定扫描时间的范围及准确度。

4.4.7 分辨率带宽

由产品标准规定分辨率带宽的范围、准确度及选择性。

4.4.8 分辨率带宽转换不确定度

由产品标准规定。

4.4.9 相位噪声

由产品标准规定。

4.4.10 剩余调频

由产品标准规定。

4.4.11 增益压缩

由产品标准规定。

4.4.12 显示平均噪声电平

由产品标准规定。

4.4.13 谐波失真

由产品标准规定谐波失真(需指明混频器工作电平)或二阶失真截获点(SHI)。

4.4.14 三阶交调失真

由产品标准规定三阶交调失真(需指明混频器工作电平)或三阶截获点(TOI)。

4.4.15 镜像、多重和带外响应

有要求时,引起镜像、多重和带外响应的频率值和对应的响应值由产品标准规定。

4.4.16 剩余响应

由产品标准规定。

4.4.17 参考电平范围

由产品标准规定参考电平的范围及步进量。

4.4.18 参考电平不确定度

由产品标准规定。

4.4.19 显示刻度保真度

由产品标准规定。

4.4.20 频率响应

由产品标准规定。

4.4.21 校准信号

如果频谱分析仪提供输出的校准信号,校准信号的频率、幅度及幅度不确定度由产品标准规定。

4.4.22 输入衰减器

由产品标准规定输入衰减器的范围、步进量和转换不确定度。

4.4.23 输入电压驻波比

由产品标准规定。

4.4.24 视频带宽

由产品标准规定。

4.4.25 最大输入电平

由产品标准规定。

4.5 接口

4.5.1 输入输出接口

由产品标准规定信号输入接口的结构类型、标称阻抗、最大承受功率(或直流电压)等信息以及输出接口的结构类型、标称阻抗、输出信号参数等信息。

4.5.2 通信接口

除非另有规定,频谱分析仪应提供一个或多个通用标准通信接口,通用标准通信接口的类型、功能及符合的标准名称等信息需在产品标准中标示。

4.5.3 触发接口

当频谱分析仪提供触发接口时,触发接口的结构类型、标称阻抗、负载能力及信号特征等信息应在产品标准中规定。

4.5.4 时基接口

当频谱分析仪提供时基接口时,时基接口的结构类型、标称输入或输出阻抗、负载能力、有效频率范围、信号特征以及损害电平等信息应在产品标准中规定。

4.6 选件

当频谱分析仪提供选件功能时,选件的名称、功能或性能以及适用范围等信息应在产品标准中规定。

4.7 安全性

除非另有规定,频谱分析仪的安全性应符合 GB/T 6587—2012 中 4.6 的规定。对于安全地,设备的所有可接近表面都应是地电位。

4.8 环境适应性

频谱分析仪的环境适应性应符合 GB/T 6587—2012 中 4.7 的规定。应在产品标准中规定适用的环境组别,环境分组原则应符合 GB/T 6587—2012 中 4.7.1 的规定。

4.9 电磁兼容性

频谱分析仪电磁兼容性应符合 GB/T 6587—2012 中 4.9 的要求,并在产品标准中规定试验时频谱分析仪的工作状态。当有特殊要求时,应在产品标准中规定具体测试限值、等级。

4.10 电源适应性

频谱分析仪电源适应性应符合 GB/T 6587—2012 中 4.10 的要求,并在产品标准中规定电源频率与电压的工作范围。当有特殊要求时,应在产品标准中规定具体的电源频率及电源电压。

4.11 可靠性

频谱分析仪可靠性应符合 GB/T 6587—2012 中 4.11 的要求。除非另有规定,应给出频谱分析仪的平均故障间隔时间(MTBF)的检验下限值。

4.12 维修性

由产品标准规定。

4.13 包装运输

在规定的流通条件下，频谱分析仪及其附件不应有变形松脱、涂覆层剥落等机械损伤，其性能特性应符合 GB/T 6587—2012 中 4.8 的要求。

5 试验方法

5.1 基准工作条件

除非另有规定，频谱分析仪的基准工作条件应符合 GB/T 6587—2012 中 5.1 的要求。

5.2 检验条件

除非在产品标准中另有规定，频谱分析仪的检验条件应符合 GB/T 6587—2012 中 5.2 的要求。本标准提供了基本的测试方法，也可采用其他等效的测试方法。被测频谱分析仪在测试前应按产品标准规定时间进行预热和校准。试验用仪器设备应经过计量部门检定合格，并处在有效期内。

5.3 外观和结构检查

目测检查频谱分析仪结构是否完整，有无明显机械损伤和镀涂损坏现象，各控制件是否安装正确，牢固可靠，操作灵活。

5.4 尺寸和重量检查

用量具测量频谱分析仪的宽、高、深。

用衡器称量频谱分析仪的重量。

5.5 功能检查

按 4.3 和产品标准中规定的功能进行逐项检查。被测频谱分析仪显示方式、显示器的有效面积(或尺寸)、显示分辨率、水平和垂直刻度数(显示网格)、显示刻度类型(如对数刻度、线性刻度)、按键的类型、操作界面、输入输出方式、自检功能等均应符合产品规定要求，各按键、开关、旋钮、连接器应定位正确、通断分明、旋转灵活、安装牢固，无影响正常工作的机械损伤。被测频谱分析仪通电后自检功能正常，有清晰的显示，在指标范围内无错误信息提示，功能状态正常。

5.6 性能特性测试

5.6.1 频率范围的测试

a) 测试设备

信号发生器、功分器、高精度频率计。

b) 测试步骤

1） 根据被测频谱分析仪的频率范围选择合适的信号发生器，按图1连接测试设备，信号发生器输出端接到被测频谱分析仪的输入端；
2） 选择必须包含测量频率最低端和最高端的适当频率测试点，调节信号发生器的输出功率，使功率在被测频谱分析仪的测量范围之内，根据频率测试点分别改变信号发生器的输出频率和频谱分析仪的中心频率、频宽，频谱分析仪应能够进行正常的测量；
3） 记录频谱分析仪的工作频率范围。

注：如果对频率范围测试精度要求高，测试设备中可增加功分器和高精度频率计。信号发生器的输出信号经过功分器后分别送入被测频谱分析仪和高精度频率计。调节信号发生器的输出频率，使得高精度频率计的频率读数与选定的频率测试点相同后，再测试被测频谱分析仪的频率范围。增加的布置见图1中虚线部分。

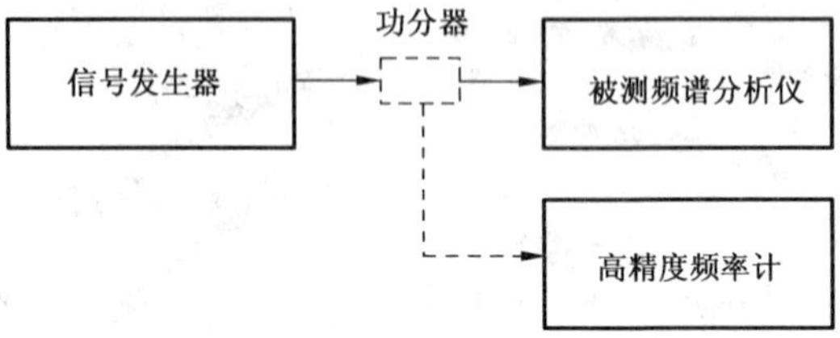

图1 频率范围测试

5.6.2 频率参考的测试

5.6.2.1 普通频率参考

a） 测试设备
频率计。
b） 测试步骤
1） 按图2连接测试设备，将被测频谱分析仪参考频率输出接到频率计输入；
2） 频率计设置为较高的分辨率（能满足测试要求）；
3） 频谱分析仪按规定时间预热，然后关机1 h，再开机15 min后开始用频率计测试，每0.5 h测量一次，共测4 h，测得9个数据，记录每次的测量结果，统计数据中最大值为f_{max}，最小值为f_{min}；
4） 按式(1)计算频率波动S。

$$S=\frac{f_{max}-f_{min}}{f_0} \qquad \cdots\cdots(1)$$

式中：
f_{max}——为4 h内测得频率的最大值，单位为兆赫兹(MHz)；
f_{min}——为4 h内测得频率的最小值，单位为兆赫兹(MHz)；
f_0 ——标称频率值。

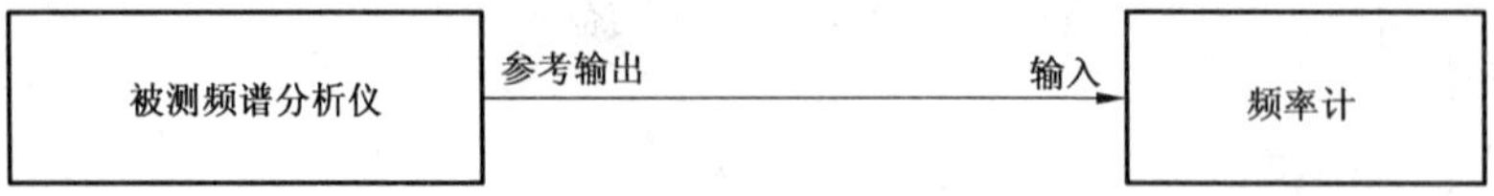

图2 普通频率参考测试

5.6.2.2 高稳频率参考

a） 测试设备

频率比较器、高稳定频率标准。

b） 测试步骤

1） 按图3连接测试设备，将高稳定频率标准输出和被测频谱分析仪参考频率输出接到频率比较器的输入；

2） 频率比较器及高稳定频率标准开机预热，频率比较器自校准通过后置入相应参数；

3） 频谱分析仪按规定时间预热，然后关机1 h，再开机15 min后开始用频率计数器测试，每0.5 h测量一次，共测4 h，测得9个数据，记录每次的测量结果；

4） 按式(2)计算频率波动。

$$S=\left(\frac{\Delta f}{f_0}\right)_{max}-\left(\frac{\Delta f}{f_0}\right)_{min} \qquad \cdots\cdots(2)$$

式中：

Δf ——为测量值与标称值 f_0 的差值；

$\left(\frac{\Delta f}{f_0}\right)_{max}$ ——为4 h内测得的相对频率误差的最大值；

$\left(\frac{\Delta f}{f_0}\right)_{min}$ ——为4 h内测得的相对频率误差的最小值；

f_0 ——标称频率值。

注：如对频率参考有其他参数测试要求，可参见JJG 180—2002或其他等效测试方法。

图3 高稳频率参考测试

5.6.3 频率读出准确度的测试

a） 测试设备

信号发生器、功分器、高精度频率计。

b） 测试步骤

1） 根据被测频谱分析仪的频率范围选择合适的信号发生器，按图1连接测试设备。信号发生器输出端接到被测频谱分析仪的输入端；

2） 设置信号发生器的输出频率和频谱分析仪的中心频率为 f_0，并选择合适的信号发生器输出功率和频谱分析仪的参考电平。频谱分析仪的分辨率带宽、视频带宽、扫描时间为自动状态，根据要求设置不同的频宽，用峰值频标读出信号的频率 f_s；

3） 按式(3)计算频率读数误差 Δf；

$$\Delta f = f_s - f_0 \qquad \cdots\cdots(3)$$

4） 选择其他频率点，重复2)～3)步骤的操作，记录测量结果。

注1：如果对频率读出准确度的测试精度要求高，测试设备中可增加功分器和高精度频率计。信号发生器的输出信号经过功分器后分别送入被测频谱分析仪和高精度频率计。调节信号发生器的输出频率，使得高精度频率计的频率读数与选定的频率测试点相同后，再测试被测频谱分析仪的频率读出准确度。需增加的布置见图1中虚线部分。

注2：如果被测频谱分析仪的频率参考已检验合格，可以通过采用信号发生器和被测频谱分析仪共用参考频率方法简化数据处理工作。

5.6.4 频率计数准确度和计数分辨率的测试

a） 测试设备

信号发生器。

b） 测试步骤

1） 按图4连接测试设备，信号发生器输出端接到被测频谱分析仪的输入端；

2） 设置信号发生器的频率和频谱分析仪的中心频率为 f_0，并选择合适的信号发生器功率和频谱分析仪的参考电平；

3） 根据要求检查并设置频谱分析仪的计数分辨率，同时激活频率计数功能，用峰值频标读出被测频率值 f_s；

4） 按式(3)计算频率计数准确度；

5） 选择其他频率点，重复2)～4)步骤的操作，测试计数分辨率和频率计数准确度，记录测量结果。

注： 如果被测频谱分析仪的频率参考已检验合格，可以通过采用信号发生器和被测频谱分析仪共用参考频率方法简化数据处理工作。

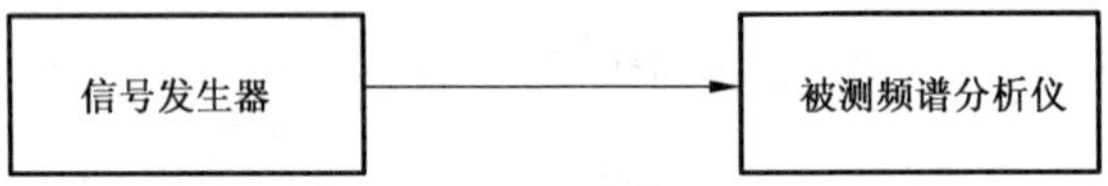

图4　频率计数准确度和计数分辨率测试

5.6.5　频宽准确度的测试

a） 测试设备

两台信号发生器、功分器。

b） 测试步骤

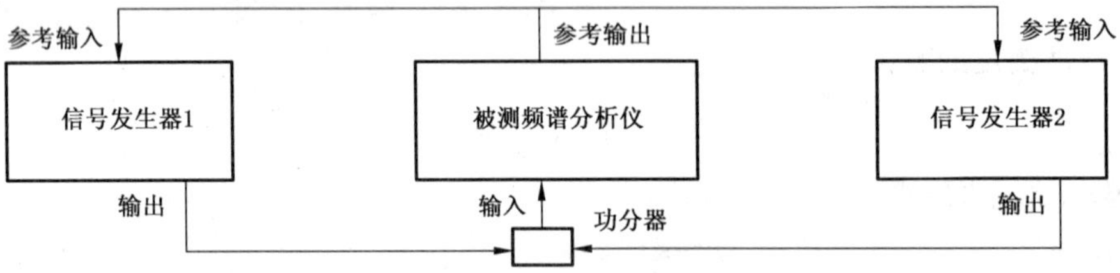

图5　频宽准确度测试

1） 按图5连接测试设备，被测频谱分析仪与两台信号发生器共用参考频率；

2） 根据测试要求设置频谱分析仪的中心频率 f_0 和频宽，分辨率带宽、视频带宽、扫描时间为自动；

3） 设置信号发生器1的输出频率为 f_1（$f_1=f_0-0.4\times\text{SPAN}$，SPAN为频谱分析仪设置的频宽），设置信号发生器2的输出频率为 f_2（$f_2=f_0+0.4\times\text{SPAN}$），在频谱分析仪上读出这两个信号的频率差值 Δf；

4） 按式(4)计算频宽准确度 δ；

$$\delta=\left(\frac{\Delta f-0.8\text{SPAN}}{0.8\text{SPAN}}\right)\times 100\% \qquad \cdots\cdots(4)$$

5） 改变频谱分析仪的频宽，重复3)～4)步骤的操作，测量并计算频宽准确度，记录测量结果。

5.6.6　扫描时间的测试

a） 测试设备

函数发生器、信号发生器。

b) 测试步骤

1) 按图6连接测试设备，将函数发生器的输出接到信号发生器AM输入端，信号发生器输出接到被测频谱分析仪的输入，频谱分析仪与信号发生器共用参考频率；

2) 设置频谱分析仪中心频率为 f_0、扫频宽度为0 Hz、扫描时间为 T_0，选择线性刻度及较大的分辨率带宽和视频带宽(应大于2倍的 $10/T_0$)；

3) 设置信号发生器输出频率为 f_0，并调节其输出功率电平，使显示波形位于频谱分析仪显示屏的中间，然后设置信号发生器为“外AM”方式；

4) 设置函数发生器的频率为 $10/T_0$、三角波输出，并调节信号输出功率电平，使频谱分析仪上显示的信号幅度占显示屏的4到8格左右；

5) 在频谱分析仪上使用单次扫描功能。用差值频标读出左边第二个峰值与第十个峰值之间的时间差 ΔT；

6) 按式(5)计算实际的扫描时间 T，按式(6)计算扫描时间准确度 δ；

$$T = \Delta T \times \frac{10}{8} \quad \cdots\cdots(5)$$

$$\delta = \left(\frac{T}{T_0} - 1\right) \times 100\% \quad \cdots\cdots(6)$$

7) 根据要求，设置不同的扫描时间，重复2)～6)的操作，测量并计算扫描时间准确度。

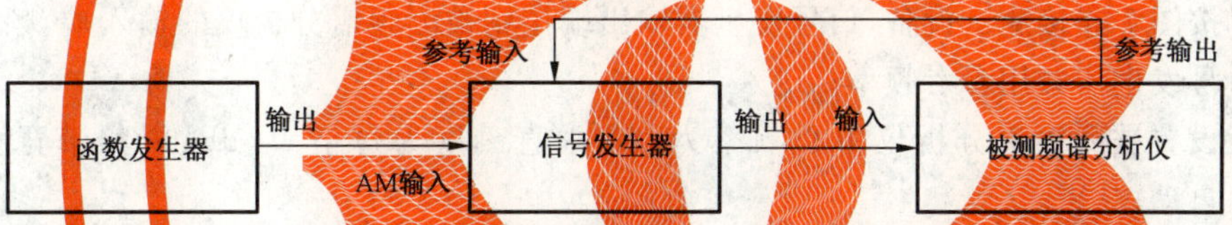

图6 扫描时间测试

5.6.7 分辨率带宽的测试

5.6.7.1 分辨率带宽准确度

a) 测试设备

信号发生器。

b) 测试步骤

1) 按图7连接测试设备，信号发生器输出端接到被测频谱分析仪的输入端，频谱分析仪与信号发生器共用参考频率；

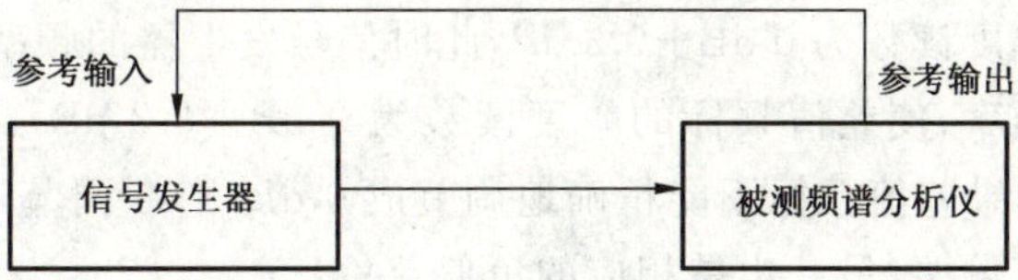

图7 分辨率带宽测试

2) 设置频谱分析仪中心频率为 f_0、垂直刻度为每格1 dB、视频带宽和扫描时间为自动，分辨率带宽设置为被测的带宽，根据分辨率带宽调节频宽到适当值；

3) 设置信号发生器的频率为 f_0，调节其输出功率电平，使信号峰值在频谱分析仪的参考电平以下3到4格，记录此时信号发生器的输出功率电平为 L；

4) 调节频谱分析仪的频标，使频标位于信号的峰值，然后激活差值频标功能；

5) 设置信号发生器的功率电平为 $L+3$ dB。微调信号发生器频率，先减小信号频率，直到频谱分析仪的差值频标幅度读数为 0 dB±0.02 dB，此时信号发生器的频率记为 $f_{左(-3\ \mathrm{dB})}$；然后增大信号发生器的频率，使差值频标的幅度读数为 0 dB±0.02 dB，此时信号发生器的频率记为 $f_{右(-3\ \mathrm{dB})}$。如果差值频标不能精确地调节成 0 dB，则在调节过程中应使差值频标的幅度读数一边是正偏差，另一边是相应的负偏差；

6) 按式(7)计算实际的分辨率带宽 RBW_{-3}，按式(8)计算分辨率带宽误差 δ；

$$\mathrm{RBW}_{-3}=f_{右(-3\ \mathrm{dB})}-f_{左(-3\ \mathrm{dB})} \qquad \cdots\cdots(7)$$

$$\delta=\left(\frac{\mathrm{RBW}_{-3}-\mathrm{RBW}}{\mathrm{RBW}}\right)\times 100\% \qquad \cdots\cdots(8)$$

式中：

RBW——被测频谱分析仪分辨率带宽标称值。

7) 重复 2)～6)步骤的操作，测试其他的分辨率带宽。

5.6.7.2 分辨率带宽选择性

a) 测试设备

信号发生器。

b) 测试步骤

1) 按图 7 连接测试设备，信号发生器输出端接到被测频谱分析仪的输入端，频谱分析仪与信号发生器共用参考频率；

2) 设置被测频谱分析仪中心频率为 f_0、垂直刻度为每格 10 dB、视频带宽和扫描时间为自动；

3) 设置分辨率带宽为被测的带宽，根据分辨率带宽调节频宽为适当值；

4) 设置信号发生器的频率为 f_0，调节其输出功率电平，使信号峰值接近频谱分析仪的参考电平，记录信号发生器的输出功率电平为 L；

5) 减小信号发生器的功率电平为 $L-3$ dB，激活频谱分析仪峰值频标和差值频标；重新设置信号发生器的功率电平为 L；微调信号发生器频率，先减小信号频率，直到频谱分析仪的差值频标幅度读数为 0 dB±0.2 dB，此时信号发生器的频率记为 $f_{左(-3\ \mathrm{dB})}$；然后增大信号发生器的频率，使差值频标的幅度读数为 0 dB±0.2 dB，此时信号发生器的频率记为 $f_{右(-3\ \mathrm{dB})}$。如果差值频标不能精确地调节成 0 dB，则在调节过程中应使差值频标的幅度读数一边是正偏差，另一边是相应的负偏差；

6) 减小信号发生器的功率电平为 $L-60$ dB，激活频谱分析仪峰值频标和差值频标。重新设置信号发生器的功率电平为 L；微调信号发生器频率，先减小信号频率，直到频谱分析仪差值频标的幅度读数为 0 dB±0.2 dB，此时信号发生器的频率记为 $f_{左(-60\ \mathrm{dB})}$；然后增大信号发生器的频率，使差值频标的幅度读数为 0 dB±0.2 dB，此时信号发生器的频率记为 $f_{右(-60\ \mathrm{dB})}$。如果差值频标不能精确地调节成 0 dB，则在调节过程中应使差值频标的幅度读数一边是正偏差，另一边是相应的负偏差；

7) 按式(9)计算 3 dB 带宽 BW_{-3}，按式(10)计算 60 dB 带宽 BW_{-60}，按式(11)计算带宽选择性 S；

$$\mathrm{BW}_{-3}=f_{右(-3\ \mathrm{dB})}-f_{左(-3\ \mathrm{dB})} \qquad \cdots\cdots(9)$$

$$\mathrm{BW}_{-60}=f_{右(-60\ \mathrm{dB})}-f_{左(-60\ \mathrm{dB})} \qquad \cdots\cdots(10)$$

$$S=\frac{\mathrm{BW}_{-60}}{\mathrm{BW}_{-3}} \qquad \cdots\cdots(11)$$

8） 重复 3)～7)步骤的操作，测量并计算其他分辨率带宽的选择性。

注 1：对于大分辨率带宽选择性的测试可能会受显示平均噪声电平影响，可适当提高信号发生器的输出功率，增大频谱分析仪的幅度测量范围，并适当减小视频带宽，减小噪声的影响或测量－40 dB 带宽，具体由产品标准确定。

注 2：对于小分辨率带宽选择性的测试可能会受相位噪声指标影响，可测量－40 dB 带宽并使用单次扫描功能，具体由产品标准确定。

5.6.8 分辨率带宽转换不确定度的测试

a） 测试设备

信号发生器、精密可调衰减器。

b） 测试步骤

1） 按图 8 连接测试设备，信号发生器的输出信号经过精密可调衰减器后进入被测频谱分析仪，频谱分析仪与信号发生器共用参考频率；

2） 设置频谱分析仪的中心频率为 f_0、参考电平为 0 dBm、垂直刻度为每格 1 dB、扫描时间自动，分辨率带宽为产品标准中规定的参考分辨率带宽，视频带宽与分辨率带宽之比为 0.1，频宽为适当值；

3） 设置精密可调衰减器衰减 10 dB；

4） 设置信号发生器的频率为 f_0，调节其输出功率电平，使信号峰值显示在频谱分析仪参考电平下 2 到 3 格；

5） 调节频谱分析仪的频标，使频标位于信号的峰值，然后激活差值频标功能；

6） 根据测试要求改变分辨率带宽，并选择合适的频宽。微调精密可调衰减器的衰减量，使得峰值频标与固定频标的差值为零，此时，精密可调衰减器的衰减量与 10 dB 的差值即为对应的分辨率带宽转换不确定值，记录测量结果；

7） 重复 6)步骤的操作，测量其他分辨率带宽的转换不确定度。

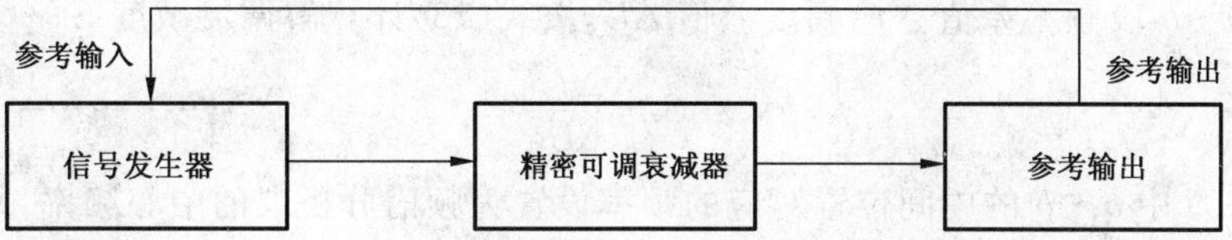

图 8 分辨率带宽转换不确定度测试

5.6.9 相位噪声的测试

a） 测试设备

信号发生器。

b） 测试步骤

1） 按图 4 连接测试设备，选择的信号发生器相位噪声指标应至少优于被测频谱分析仪标称的相位噪声指标 6 dB；

2） 设置频谱分析仪的中心频率为 f_0、有效值检波方式、参考电平、衰减器、垂直刻度参照产品标准设置；

3） 设置信号发生器的输出频率为 f_0，调节信号发生器输出功率，使得信号显示在频率分析仪的参考电平位置；

4） 根据测试要求调整频谱分析仪的频宽、分辨率带宽、视频带宽。调节频谱分析仪的中心频率使信号在显示屏幕的中心；

5） 调节频谱分析仪的频标，使频标位于信号的峰值，然后激活差值频标功能，调节活动频标到 $+\Delta f$（Δf 为所要测量的偏离载波的频偏）处，激活频谱分析仪的噪声频标和视频平均功能（视频平均次数由产品标准给出），读出差值频标的幅度读数，作为 $+\Delta f$ 频偏处相位噪声的测量值；然后调节活动频标到 $-\Delta f$ 处，读出差值频标的幅度读数，作为 $-\Delta f$ 频偏处相位噪声的测量值；

6） 改变 Δf 的值，重复 4）～5）步骤的操作，测量其他频偏处的相位噪声值，记录测试结果；

7） 如果被测频谱分析仪没有噪声频标功能，可用差值频标读出 Δf 频偏处的幅度读数，记为 ΔA，用式（12）计算 Δf 频偏处的相位噪声值 PN。

$$\mathrm{PN}=\Delta A-10\lg(\mathrm{RBW}/1\ \mathrm{Hz}) \qquad \cdots\cdots(12)$$

式中：

RBW——分辨率带宽，单位为赫兹（Hz）。

注：如果被测频谱分析仪的本底噪声影响到相位噪声的测试，可在载波信号定标时提高载波信号的功率，具体见产品标准。

5.6.10 剩余调频的测试

a） 测试设备

信号发生器。

b） 测试步骤

1） 按图 4 连接测试设备，选择的信号发生器剩余调频指标应优于被测频谱分析仪标称的剩余调频指标 1 个数量级；

2） 设置频谱分析仪中心频率为 f_0 并按产品标准要求设置参考电平、分辨率带宽、频宽、扫描时间、垂直刻度等参数；

3） 设置信号发生器频率为 f_0，调节其输出功率电平，使信号峰值显示在频谱分析仪的参考电平处，如图 9 所示。取显示曲线上线性较好的一段 $a \sim b$，激活频标和差值频标功能，测量 $a \sim b$ 段频率差值 Δf，幅度差值 ΔL，按式（13）计算解调灵敏度 S；

$$S=\frac{\Delta f}{\Delta L} \qquad \cdots\cdots(13)$$

4） 将图 9 中 $a \sim b$ 的中间位置对应的频率设置为频谱分析仪的中心频率，并将频谱分析仪的频宽设置为 0，按产品标准要求设置扫描时间，用差值频标功能读取时域中信号的峰-峰值 ΔA，如图 10 所示；

5） 按式（14）计算剩余调频 R_{FM}，记录测量结果。

$$R_{FM}=\Delta A\times S \qquad \cdots\cdots(14)$$

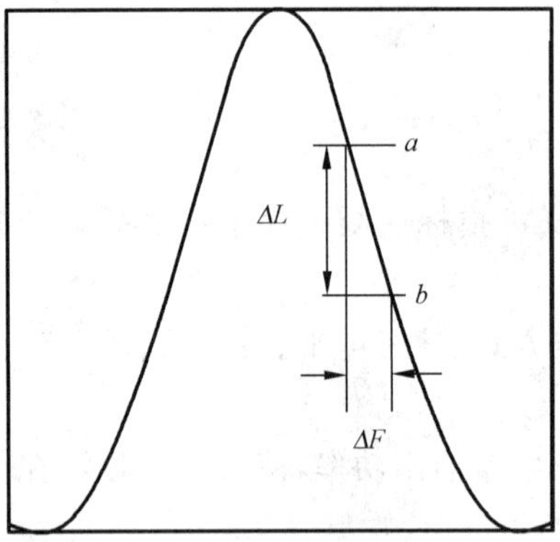

图 9 解调灵敏度

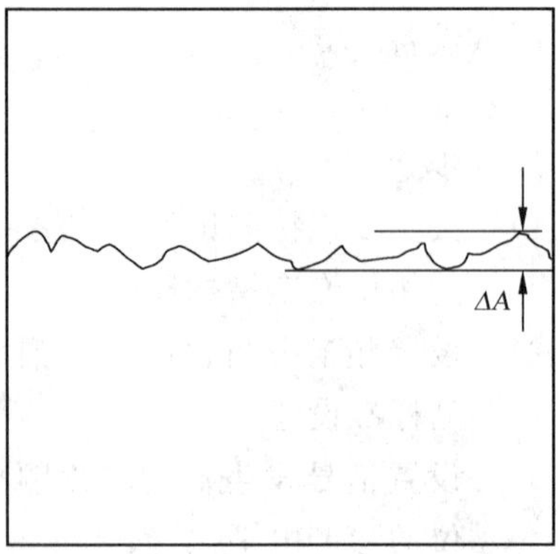

图 10 剩余调频时域显示

5.6.11 增益压缩的测试

a) 测试设备

两台信号发生器、功率放大器、定向耦合器、测量接收机(或功率计)。

b) 测试步骤

1) 按图 11 连接测试设备,信号发生器 1 的输出接定向耦合器的耦合端,信号发生器 2 的输出经功率放大器接定向耦合器的输出端,定向耦合器的输入端先连接测量接收机(或功率计)。如果信号发生器 2 能提供大功率输出,并满足测试要求,可以不使用功率放大器;

2) 先关断信号发生器 1 的功率输出。设置信号发生器 2 的频率为 f_1,在测量接收机(或功率计)上输入对应频率的功率探头校准因子,调节信号发生器 2 的功率电平使测量接收机(或功率计)测得的电平为 L_1(L_1 是对应于被测频谱分析仪输入端口的增益压缩电平,有些产品给出混频器端口的电平,测试时应注意被测频谱分析仪输入衰减器的设置),然后关断信号发生器 2 的功率输出;

3) 定向耦合器的输出端从测量接收机(或功率计)转接到频谱分析仪;

4) 设置信号发生器 1 频率为 f_2(一般设置 $f_2=f_1+3$ MHz),功率电平 −30 dBm;

5) 设置频谱分析仪的中心频率为 f_2,频宽、分辨率带宽、参考电平、垂直刻度、扫描时间和视频带宽参照产品标准设置;

6) 调节信号发生器 1 的功率电平,使信号显示在频谱分析仪参考电平下 2 dB~3 dB;

7) 选择信号的峰值并激活差值频标功能;

8) 打开信号发生器 2 的功率输出,使频谱分析仪的活动频标在 f_2 信号峰值上,用差值频标读出幅度值作为该频点的增益压缩值;

9) 重复 2)~8)步骤的操作,测量其他频点的增益压缩值,记录测量结果。

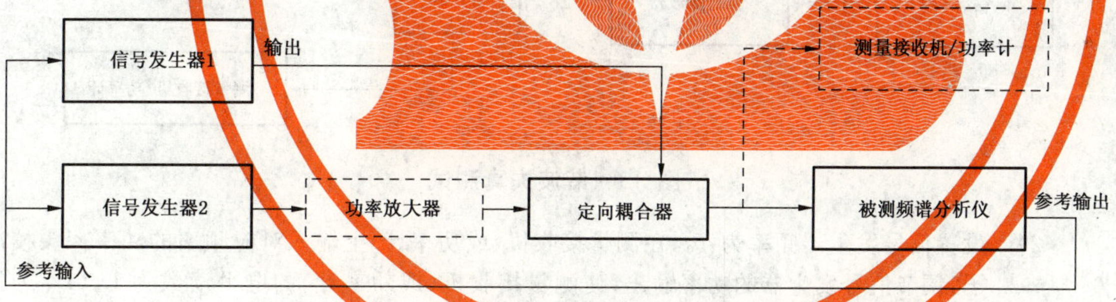

图 11 增益压缩测试

5.6.12 显示平均噪声电平的测试

a) 测试设备

匹配负载。

b) 测试步骤

1) 按图 12 所示,在被测频谱分析仪信号输入端连接匹配负载;

2) 按产品标准设置频谱分析仪的输入衰减器、参考电平、分辨率带宽、视频带宽等参数;

3) 利用峰值频标找出每个频段(产品标准中规定的显示平均噪声电平频段)中噪声迹线的峰值点频率,并设置频谱分析仪的中心频率为峰值点频率,减小频宽、分辨率带宽和视频带宽等,激活视频平均功能。使用峰值频标读出峰值点的电平值作为显示平均噪声电平并记录测量结果;

4) 检查测量结果是否为被测频谱分析仪的假响应点,如是剔除假响应点,并重复步骤 3)重新测试。

图 12　显示平均噪声电平测试

5.6.13　谐波失真的测试

a）测试设备

信号发生器、低通滤波器、功分器、测量接收机(或功率计)。

b）测试步骤

1）按图 13 连接测试设备，频谱分析仪与信号发生器共用参考频率。图 13 中低通滤波器用于滤除信号发生器输出信号的谐波，对于不同的测量频率点，应选用截止频率不同的低通滤波器。滤波器要有较大的带外抑制能力，使得信号发生器输出信号的谐波不影响本指标的测试；

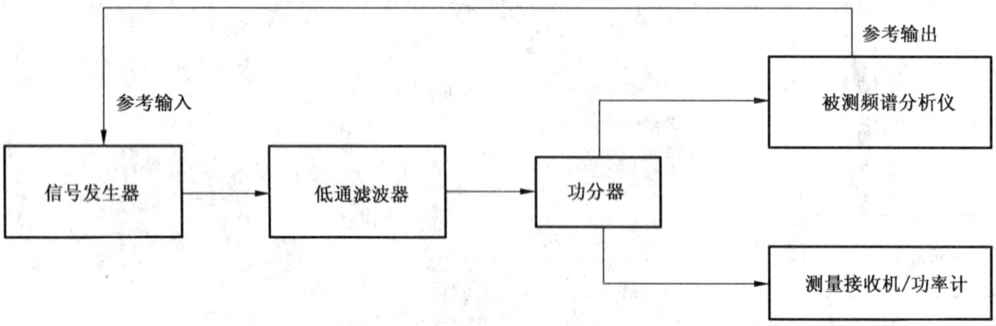

图 13　谐波失真测试

2）设置信号发生器频率为 f_0，在测量接收机(或功率计)上输入对应频率的功率探头校准因子，调节信号发生器的功率输出，使测量接收机(或功率计)的电平读数为 L_0(L_0 为被测频谱分析仪在进行谐波失真测量时规定的输入端口功率电平，有些产品给出混频器端口的电平，测试时应注意被测频谱分析仪输入衰减器的设置)；

3）设置频谱分析仪的中心频率为 f_0，频宽、分辨率带宽、视频带宽和扫描时间按产品标准设置；

4）调节频谱分析仪的参考电平，使被测信号接近参考电平，用峰值频标读出信号峰值电平 L_1；

5）设置频谱分析仪的中心频率为 $2f_0$，调节参考电平，使被测信号接近参考电平，用峰值频标读出二次谐波失真信号 $2f_0$ 的峰值电平 L_2；

6）断开图 13 中的低通滤波器，将信号发生器直接和功分器相连；

7）设置信号发生器的频率和频谱分析仪的中心频率为 $2f_0$，激活频谱分析仪的峰值频标功能，使频标位于信号的峰值。调节信号发生器的功率电平，使频谱分析仪峰值频标幅度读数为 L_1。在测量接收机(或功率计)上输入对应频率的功率探头校准因子，测量接收机(或功率计)的电平读数记为 L_3；

8）按式(15)计算二次谐波失真 ΔA，式中(L_3-L_0)项是对频谱分析仪频响的修正值；

$$\Delta A = L_2 - L_1 + (L_3 - L_0) \qquad (15)$$

9) 按式(16)计算二次谐波失真截获点 SHI；

$$\mathrm{SHI} = L_0 - \Delta A \qquad (16)$$

10) 重复 2)～9)的操作，测量其他频率的谐波失真，记录测量结果；

11) 如有测量三次谐波失真的需求，可重复 2)～8)步骤的操作，并按式(17)计算三次谐波失真截获点 THI。

$$\mathrm{THI} = L_0 - \frac{\Delta A}{2} \qquad (17)$$

5.6.14 三阶交调失真的测试

a) 测试设备

两台信号发生器、两个低通滤波器、定向耦合器、测量接收机(或功率计)。

b) 测试步骤

1) 按图 14 连接测试设备，信号发生器 1 的输出经低通滤波器 1 接定向耦合器的耦合端，信号发生器 2 的输出经低通滤波器 2 接定向耦合器的输出端。被测频谱分析仪与信号发生器共用参考频率。低通滤波器用于滤除信号发生器产生的信号谐波；

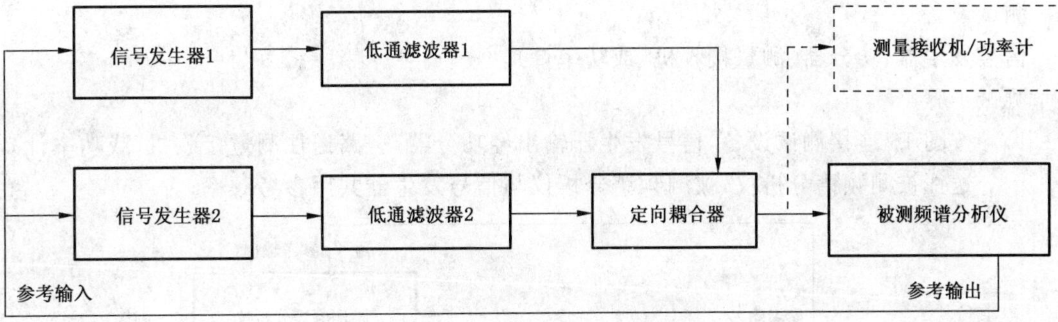

图 14 三阶交调失真测试

2) 定向耦合器的输入端接到测量接收机(或功率计)。先关断信号发生器 2 的功率输出。设置信号发生器 1 的频率为 f_1，在测量接收机(或功率计)上输入对应频率的功率探头校准因子，调节信号发生器 1 的功率电平，使测量接收机(或功率计)的电平读数为 L_0(L_0 为被测频谱分析仪在进行三阶交调失真测量时规定的输入端口功率电平，有些产品给出混频器端口的电平，测试时应注意被测频谱分析仪输入衰减器的设置)；

3) 定向耦合器的输入端从测量接收机(或功率计)转接到频谱分析仪。设置频谱分析仪的中心频率为 f_0(一般设置 $f_0 = f_1 + 25$ kHz)、频宽为 200 kHz，分辨率带宽、参考电平、垂直刻度、扫描时间和视频带宽参照产品标准设置。调节频谱分析仪的参考电平，使信号峰值显示在参考电平处，搜索信号的峰值，然后激活差值频标功能；

4) 设置信号发生器 2 的频率为 f_2(一般设置 $f_2 = f_1 + 50$ kHz)，打开信号发生器 2 的功率输出；

5) 将频谱分析仪的活动频标放在 f_2 信号的峰值上，调节信号发生器 2 的输出功率电平，使差值频标的幅度值读数为零，关闭差值频标；

6) 搜索信号的峰值，激活差值频标功能，将活动频标调谐到 $2f_1 - f_2$、$2f_2 - f_1$ 两个交调失真信号中较高电平的信号峰值上，如图 15 所示，记录三阶交调失真的幅度差 ΔA；

7) 使用式(18)计算三阶交调失真截获点 TOI；

$$\mathrm{TOI}=L_0-\frac{\Delta A}{2} \qquad \cdots\cdots(18)$$

8） 重复2）～7）步骤的操作，测量其他频率点的三阶交调失真，记录并计算测量结果。

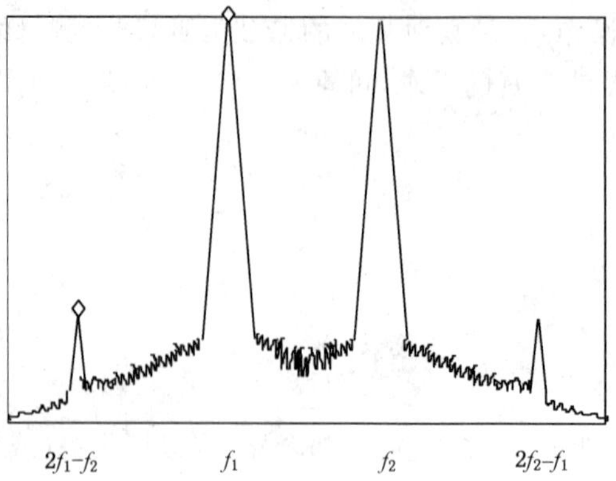

图 15 三阶交调失真示意图

5.6.15 镜像、多重和带外响应的测试

a） 测试设备

信号发生器、功分器、测量接收机（或功率计）。

b） 测试步骤

1） 按图16连接测试设备，信号发生器输出经功分器，一路送往测量接收机（或功率计），一路送往被测频谱分析仪，被测频谱分析仪与信号发生器共用参考频率；

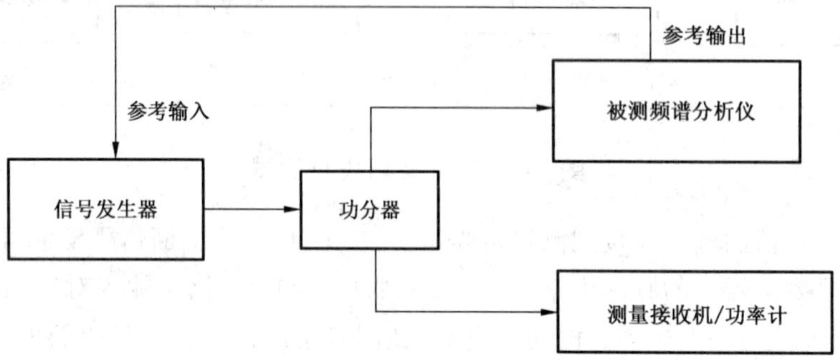

图 16 镜像、多重和带外响应测试

2） 设置信号发生器的频率 f_0（由产品标准规定的测试频率），在测量接收机（或功率计）上输入对应频率的功率探头校准因子，调节信号发生器功率电平使其在测量接收机（或功率计）上的电平读数为 L_0（L_0 为被测频谱分析仪在进行镜像、多重和带外响应测试时规定的输入端口功率电平，有些产品给出混频器端口的电平，测试时应注意被测频谱分析仪输入衰减器的设置）；

3） 设置频谱分析仪的中心频率为 f_0，频宽、分辨率带宽、视频带宽和扫描时间参照产品标准设置。调节参考电平使信号峰值显示在参考电平处，搜索信号的峰值，然后激活差值频标功能；

4） 设置信号发生器和测量接收机（或功率计）的频率为 f_a、f_b、f_c……（f_a、f_b、f_c……是对应于频谱分析仪的中心频率为 f_0 时，所有能引起镜像、多重和带外响应的输入频率点），并在测量接收机（或功率计）上输入对应频率的功率探头校准因子，对应每一频率点，调整信号发生器的功率，使测量接收机（或功率计）的电平读数为 L_0；

5）调节频谱分析仪的活动频标，使频标位于信号的峰值，读出差值频标的幅度值，作为 f_0 点的镜像、多重和带外响应值；

6）重复2）～5）步骤的操作，测量其他频率点的镜像、多重和带外响应值，记录测量结果。

5.6.16 剩余响应的测试

a）测试设备

50 Ω 匹配负载。

b）测试步骤

1）按图12所示，在被测频谱分析仪信号输入端连接匹配负载；

2）设置频谱分析仪的起始频率为 f_0（f_0 是产品标准规定剩余响应测试的起始频率），终止频率、输入衰减器、参考电平、分辨率带宽、视频带宽和扫描时间参照产品标准设置；

3）观察频谱分析仪噪声基底上是否有剩余响应信号，如果存在剩余响应信号，用峰值频标测量每一个剩余响应，并记录测量的频率值和幅度值。测试时应保证剩余响应信号的幅度大于噪声基底10 dB以上（可通过减小分辨率带宽来保证此条件）；

4）改变频谱分析仪的中心频率（中心频率的步进量应等于或小于频宽的95%），按步骤3）的操作测量剩余响应，直至频谱分析仪的终止频率达到产品标准规定的最高频率。

5.6.17 参考电平范围的测试

应在对数和线性方式下，分别设置频谱分析仪标称的上限参考电平和下限参考电平并按标称的步进量改变参考电平，记录测试结果。

5.6.18 参考电平不确定度的测试

5.6.18.1 对数增益不确定度

a）测试设备

信号发生器、精密可调衰减器。

b）测试步骤

1）按图17连接测试设备，被测频谱分析仪与信号发生器共用参考频率；

2）设置被测频谱分析仪中心频率 f_0（由产品标准规定测试频率），对数显示方式，参考电平、频宽、分辨率带宽、视频带宽、垂直刻度、扫描时间等参照产品标准设置；

3）设置信号发生器的频率为 f_0，调整输出功率电平，使信号峰值显示在频谱分析仪参考电平下2至3格；

4）在频谱分析仪上搜索信号峰值，激活差值频标功能；

5）按被测频谱分析仪参考电平的标称步进量增大（或减小）精密可调衰减器的衰减量，同时减小（或增大）频谱分析仪的参考电平，读出每次差值频标的幅度值，记录测量结果；

6）重复步骤5），完成规定检验范围内的参考电平不确定度测试。

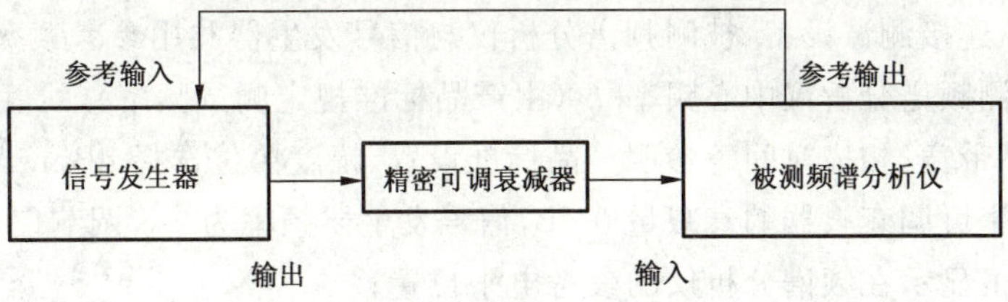

图17 参考电平不确定度测试

5.6.18.2　**线性增益不确定度**

a）测试设备

信号发生器、精密可调衰减器。

b）测试步骤

1）按图17连接测试设备，被测频谱分析仪与信号发生器共用参考频率；

2）设置被测频谱分析仪中心频率 f_0（由产品标准规定测试频率），线性显示方式，参考电平、频宽、分辨率带宽、视频带宽、垂直刻度、扫描时间等参照产品标准设置；

3）设置信号发生器的频率为 f_0，调整输出功率电平，使信号峰值显示在频谱分析仪参考电平下2至3格；

4）在频谱分析仪上搜索信号峰值，激活差值频标功能；

5）按被测频谱分析仪参考电平的标称步进量增大（或减小）精密可调衰减器的衰减量，同时减小（或增大）频谱分析仪的参考电平，读出每次差值频标的幅度值，记录测量结果；

6）重复步骤5），完成规定检验范围内的参考电平不确定度测试。

5.6.19　**显示刻度保真度的测试**

5.6.19.1　**对数刻度**

a）测试设备

信号发生器、精密可调衰减器。

b）测试步骤

1）按图17连接测试设备，被测频谱分析仪与信号发生器共用参考频率；

2）设置被测频谱分析仪中心频率 f_0（由产品标准规定测试频率），参考电平为0 dBm，对数刻度，频宽、分辨率带宽、视频带宽、扫描时间等参照产品标准设置；

3）设置精密衰减器为0 dB衰减。设置信号发生器的输出频率为 f_0，调节信号发生器输出功率，使信号峰值显示在频谱分析仪的参考电平位置；

4）在频谱分析仪上搜索信号峰值，激活差值频标功能；

5）按被测频谱分析仪对数刻度指标要求的步进量增大精密可调衰减器的衰减量，记录频谱分析仪差值频标的幅度读数 ΔA；

6）ΔA 绝对值减去精密可调衰减器的衰减量即为该显示位置的刻度误差，记录计算结果；

7）重复5）～6）步骤的操作，完成规定检验范围内的显示刻度保真度测试。

5.6.19.2　**线性刻度**

a）测试设备

信号发生器、精密可调衰减器。

b）测试步骤（测量方法1）

1）按图17连接测试设备，被测频谱分析仪与信号发生器共用参考频率；

2）设置被测频谱分析仪中心频率 f_0（由产品标准规定测试频率），线性刻度，频宽、分辨率带宽、视频带宽、扫描时间等参照产品标准设置，幅度单位选择dBm，设置参考电平0 dBm；

3）设置精密可调衰减器的衰减量0 dB，信号发生器频率为 f_0，调节信号发生器输出功率，使信号峰值显示在频谱分析仪的参考电平位置；

4）在频谱分析仪上搜索信号峰值，激活差值频标功能；

5）按产品标准规定的步进量增大精密可调衰减器的衰减量，记录频谱分析仪差值频标的幅

度读数 ΔA；

6） ΔA 绝对值减去精密可调衰减器的衰减量即为该显示位置的刻度误差，记录计算结果；

7） 重复 5)～6)步骤的操作，完成规定检验范围内的显示刻度保真度测试。

c） 测试步骤(测量方法 2)

1） 按图 17 连接测试设备，被测频谱分析仪与信号发生器共用参考频率；

2） 设置被测频谱分析仪中心频率 f_0(由产品标准规定测试频率)，线性刻度，频宽、分辨率带宽、视频带宽、扫描时间等参照产品标准设置，参考电平推荐设置为 70.71 mV；

3） 设置精密可调衰减器的衰减量 0 dB，信号发生器频率为 f_0，调节信号发生器输出功率，使信号峰值显示在频谱分析仪的参考电平位置。搜索信号峰值，记录峰值频标的幅度读数；

4） 按产品标准规定的步进量增大精密可调衰减器的衰减量，记录频谱分析仪峰值频标的幅度读数；

5） 计算步骤 3)峰值频标幅度读数与步骤 4)峰值频标幅度读数的差值 ΔL，ΔL 减去精密可调衰减器衰减量的线性值可得绝对线性刻度误差 ΔA(mV)。按式(19)计算相对参考电平的线性刻度误差 δ，记录计算结果。

$$\delta = \frac{\Delta A}{70.71} \times 100\% \qquad \cdots\cdots(19)$$

6） 重复 4)～5)的操作，完成规定检验范围内的显示刻度保真度测试。

5.6.20 频率响应的测试

a） 测试设备

信号发生器、功分器、测量接收机(或功率计)。

b） 测试步骤

1） 按图 18 连接测试设备，被测频谱分析仪与信号发生器共用参考频率；

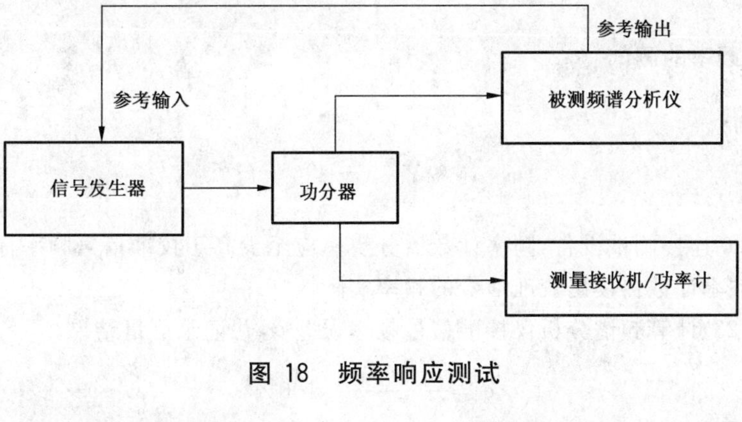

图 18 频率响应测试

2） 设置频谱分析仪中心频率为 f_0，参考电平、垂直刻度、频宽、分辨率带宽、视频带宽、扫描时间等参照产品标准设置；

3） 设置信号发生器频率为 f_0；

4） 在测量接收机(或功率计)上输入对应频率的功率探头校准因子，并测量信号发生器的功率电平，读出值记为 L_1。在频谱分析仪上搜索信号峰值，读出信号峰值频标的功率电平值，记为 L_2；

5） 按式(20)计算频率点 f_0 的绝对幅度误差 ΔA；

$$\Delta A = L_2 - L_1 \qquad \cdots\cdots(20)$$

6） 重复 2)～5)步骤的操作，测量其他频率点的幅度误差，记录测量结果；

7） 在每一个波段中找出正的最大幅度误差数值 ΔA_{max} 和负的最小幅度误差数值 ΔA_{min}，

ΔA_{max}和ΔA_{min}即分别为对应波段内的绝对频响误差。按式(21)计算对应波段的峰-峰值频率响应ΔA_{pp}：

$$\Delta A_{pp}=\Delta A_{max}-\Delta A_{min} \quad \cdots\cdots(21)$$

8) 按式(22)计算各波段的相对频率响应(即频响平坦度)ΔA_p。

$$\Delta A_p=\pm\frac{\Delta A_{max}-\Delta A_{min}}{2} \quad \cdots\cdots(22)$$

5.6.21 校准信号的测试

5.6.21.1 校准信号幅度的测试

a) 测试设备

测量接收机。

b) 测试步骤

1) 按图19连接测试设备；
2) 校准测量接收机及其功率探头，设置测量接收机的频率为校准信号的频率，并把功率探头上对应于频谱分析仪校准信号频率的校准因子键入测量接收机中；
3) 功率探头连接频谱分析仪的校准输出端口，测量接收机的功率测量读数，记为校准信号的幅度值；
4) 校准信号幅度值与标称值的差值记为校准信号幅度不确定度。

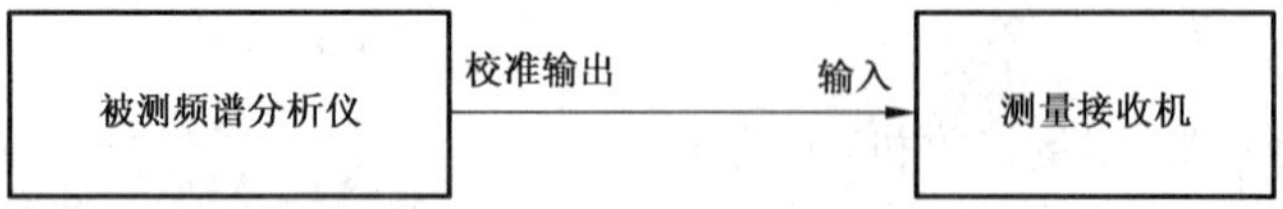

图19 校准信号幅度测试

5.6.21.2 校准信号频率的测试

a) 测试设备

频率计数器。

b) 测试步骤

1) 按图20连接测试设备，频率计数器分辨率应至少高于校准信号频率标称值1个数量级；
2) 使用频率计数器读出校准信号的频率实际值f_s；
3) 按式(23)计算频谱分析仪校准信号频率误差δ，并记录测量结果。

$$\delta=\frac{f_s-f_0}{f_0}\times 100\% \quad \cdots\cdots(23)$$

式中：

f_0——被测频谱分析仪校准信号频率标称值。

图20 校准信号频率测试

5.6.22 输入衰减器的测试

a) 测试设备

精密可调衰减器、信号发生器。

b) 测试步骤

1) 按图21连接测试设备，被测频谱分析仪与信号发生器共用参考频率。精密可调衰减器的衰减不确定度应至少优于被测频谱分析仪输入衰减器不确定度指标1个数量级；
2) 设置频谱分析仪中心频率为 f_0，输入衰减器衰减量10 dB，参考电平 −70 dBm，垂直刻度、频宽、分辨率带宽、视频带宽、扫描时间等参照产品标准设置；
3) 设置精密可调衰减器的衰减量为70 dB，设置信号发生器的频率为 f_0，调整信号发生器的输出功率，使信号峰值显示在频谱分析仪参考电平下2到3格；
4) 调节频谱分析仪的频标，使频标位于信号峰值，激活差值频标功能。设置频谱分析仪参考电平 −80 dBm，输入衰减器衰减量0 dB；
5) 设置精密可调衰减器衰减量为80 dB，记录频谱分析仪的差值频标幅度读数；
6) 设置频谱分析仪的衰减器衰减量20 dB、参考电平 −60 dBm；
7) 设置精密可调衰减器的衰减量为60 dB，记录频谱分析仪上差值频标的幅度读数；
8) 按照6)～7)步骤的方式，以10 dB步进增大频谱分析仪衰减器衰减量和参考电平，同时以10 dB步进减小精密可调衰减器衰减量，记录频谱分析仪衰减器各档的差值频标幅度读数；
9) 除频谱分析仪衰减器10 dB档外，其余各档的差值频标幅度读数即为衰减器转换不确定度。

注：本测试方法是以测试输入衰减器衰减范围0 dB～70 dB，衰减步进量10 dB的频谱分析仪为例。其他衰减范围和衰减步进量的衰减器可参考上述方法。

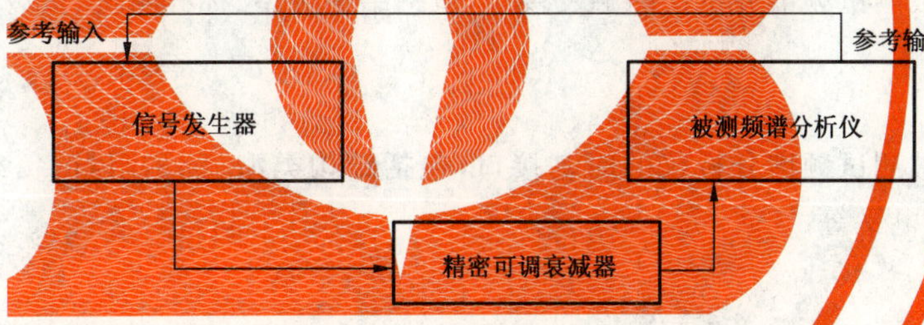

图21 输入衰减器测试

5.6.23 输入电压驻波比的测试

a) 测试设备

矢量网络分析仪。

b) 测试步骤

1) 根据产品标准要求，设置被测频谱分析仪的工作状态；
2) 设置矢量网络分析仪的频率范围等参数，对矢量网络分析仪进行反射测量校准；
3) 将测试端口连接被测频谱分析仪输入端口，如图22所示。设置矢量网络分析仪为电压驻波比读出方式，读取测试频段的电压驻波比，记录测试结果。

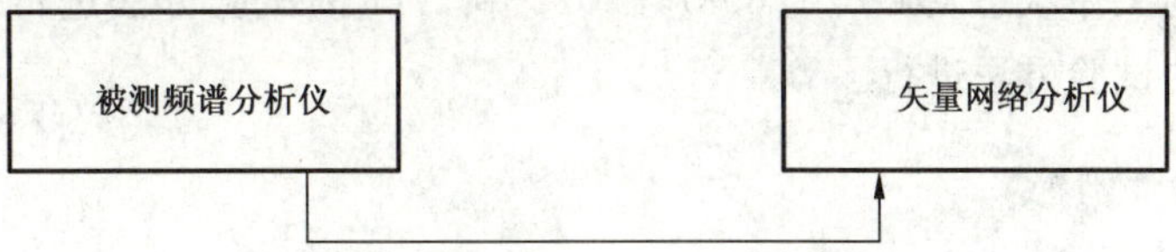

图22 输入电压驻波比测试

5.6.24 视频带宽的测试

一般的,视频带宽仅作为功能进行检查(通过设置各档的视频带宽)。如有特殊需要对视频带宽进行测试,测试方法由产品标准规定。

5.6.25 最大输入电平的测试

一般的,最大输入电平是由频谱分析仪生产厂家在设计制造时保证的,用户可通过设置频谱分析仪的最大参考电平进行功能检查。如有特殊需要对最大输入电平进行测试,测试方法由产品标准规定。在测试时应注意测试信号的功率或电平,不能超过频谱分析仪规定的最大值,避免损坏频谱分析仪。

5.7 接口检查

5.7.1 输入输出接口

按产品标准检查被测试频谱分析仪的信号输入输出接口,包括结构类型、标称阻抗、能够承受的最大功率(或直流电压)、输出信号参数等。

5.7.2 通信接口

连接外控计算机运行适当程序,检查通信接口功能。

5.7.3 触发接口

按产品标准检查被测试频谱分析仪的触发接口,包括结构类型、标称阻抗、负载能力、信号特征等。

5.7.4 时基接口

按产品标准检查被测试频谱分析仪的时基接口,包括结构类型、标称阻抗、负载能力、有效频率范围、信号特征以及损害电平等。

5.8 选件检查

按产品标准检查被测频谱分析仪选件的功能或性能。

5.9 安全性试验

按 GB/T 6587—2012 中 5.8 的试验方法进行。

5.10 环境适应性试验

按产品标准规定的环境组别及 GB/T 6587—2012 中 5.9 的试验方法进行。如用户有特殊要求,应按产品标准中规定的试验方法进行。

5.11 电磁兼容性试验

按产品标准规定的工作状态及 GB/T 6587—2012 中 5.11 的试验方法进行。如用户有特殊要求,应按产品标准中规定的试验方法进行。

5.12 电源适应性试验

按产品标准规定的频率、电压工作范围及 GB/T 6587—2012 中 5.12 的试验方法进行。如用户有特殊要求,应按产品标准中规定的试验方法进行。

5.13 可靠性试验

按 GB/T 6587—2012 中 5.13 的试验方法进行。

5.14 维修性试验

按产品标准中规定的试验方法进行。

5.15 包装运输试验

按产品标准规定的流通条件及 GB/T 6587—2012 中 5.10 的试验方法进行。

6 质量检验规则

6.1 检验分类

本标准规定的检验分类如下：

a） 鉴定检验；

b） 质量一致性检验。

6.2 检验项目

6.2.1 鉴定检验

鉴定检验的检验项目应按表 1 进行。

6.2.2 质量一致性检验

质量一致性检验的检验项目应按表 2 进行。

6.3 检验抽样和合格判据

鉴定检验抽样和合格判据应按照 GB/T 6587—2012 中的 6.3 有关规定。

质量一致性检验抽样和合格判据应按照 GB/T 6587—2012 中的 6.4 有关规定。

6.4 检验方法

按本标准规定的试验方法及产品标准中另行增加的特性项目测试方法进行检验。

表 1 鉴定检验项目表

序号	检验项目	鉴定检验分组											要求章条号	试验方法章条号
		A组		B组	C组					D组	E组	F组		
		工作前检验	主要性能特性测试	非主要性能特性测试	低温高温湿度	振动	机械冲击	电源	运输包装	电磁兼容		可靠性		
1	外观和结构	●	—	—	—	●	●	—	●	—	—	—	4.1	5.3
2	尺寸和重量	—	—	—	—	—	—	—	—	—	●	—	4.2	5.4
3	功能	—	●	—	●	●	●	●	—	●	—	●	4.3	5.5

表 1（续）

序号	检验项目	鉴定检验分组											要求章条号	试验方法章条号
		A 组		B 组	C 组					D 组	E 组	F 组		
		工作前检验	主要性能特性测试	非主要性能特性测试	低温高温湿度	振动	机械冲击	电源	运输包装	电磁兼容		可靠性		
4	频率范围	—	●	—	●	—	—	●	—	—	—	●	4.4.1	5.6.1
5	频率参考	—	●	—	○	—	—	—	—	—	—	—	4.4.2	5.6.2
6	频率读出准确度	—	●	—	○	○	○	—	—	—	—	○	4.4.3	5.6.3
7	频率计数准确度和计数分辨率	—	●	—	○	—	—	—	—	—	—	—	4.4.4	5.6.4
8	频宽准确度	—	●	—	—	—	—	—	—	—	—	—	4.4.5	5.6.5
9	扫描时间	—	●	—	—	—	—	—	—	—	—	—	4.4.6	5.6.6
10	分辨率带宽	—	●	—	—	—	—	—	—	—	—	—	4.4.7	5.6.7
11	分辨率带宽转换不确定度	—	●	—	○	—	—	—	—	—	—	○	4.4.8	5.6.8
12	相位噪声	—	●	—	○	○	○	—	—	—	—	○	4.4.9	5.6.9
13	剩余调频	—	●	—	○	—	—	—	—	—	—	—	4.4.10	5.6.10
14	增益压缩	—	●	—	○	—	—	—	—	—	—	—	4.4.11	5.6.11
15	显示平均噪声电平	—	●	—	○	—	—	○	—	—	—	○	4.4.12	5.6.12
16	谐波失真	—	●	—	○	—	—	—	—	—	—	—	4.4.13	5.6.13
17	三阶交调失真	—	●	—	○	—	—	—	—	—	—	—	4.4.14	5.6.14
18	镜像、多重和带外响应	—	●	—	○	—	—	—	—	—	—	—	4.4.15	5.6.15
19	剩余响应	—	●	—	○	—	—	—	—	—	—	○	4.4.16	5.6.16
20	参考电平范围	—	●	—	—	—	—	—	—	—	—	—	4.4.17	5.6.17
21	参考电平不确定度	—	●	—	○	—	—	—	—	—	—	—	4.4.18	5.6.18
22	显示刻度保真度	—	●	—	○	—	—	—	—	—	—	—	4.4.19	5.6.19
23	频率响应	—	●	—	○	—	—	—	—	—	—	○	4.4.20	5.6.20
24	校准信号	—	●	—	—	—	—	—	—	—	—	—	4.4.21	5.6.21
25	输入衰减器	—	●	—	○	—	—	—	—	—	—	—	4.4.22	5.6.22
26	输入电压驻波比	—	●	—	—	—	—	—	—	—	—	—	4.4.23	5.6.23
27	视频带宽	—	●	—	—	—	—	—	—	—	—	—	4.4.24	5.6.24
28	最大输入电平	—	●	—	—	—	—	—	—	—	—	—	4.4.25	5.6.25
29	输入输出接口	—	●	—	—	—	—	—	—	—	—	—	4.5.1	5.7.1
30	通信接口	—	●	—	—	—	—	—	—	—	—	—	4.5.2	5.7.2

表 1（续）

序号	检验项目	鉴定检验分组											要求章条号	试验方法章条号
		A组		B组	C组					D组	E组	F组		
		工作前检验	主要性能特性测试	非主要性能特性测试	低温高温湿度	振动	机械冲击	电源	运输包装	电磁兼容		可靠性		
31	触发接口	—	●	—	—	—	—	—	—	—	—	—	4.5.3	5.7.3
32	时基接口	—	●	—	—	—	—	—	—	—	—	—	4.5.4	5.7.4
33	选件	—	●	—	○	○	○	○	—	—	—	○	4.6	5.8
34	安全性	●	—	—	—	—	—	—	—	—	—	—	4.7	5.9
35	环境适应性	—	—	—	●	●	●	●	—	—	—	—	4.8	5.10
36	电磁兼容性	—	—	—	—	—	—	—	—	●	—	—	4.9	5.11
37	电源适应性	—	—	—	—	—	—	●	—	—	—	—	4.10	5.12
38	可靠性	—	—	—	—	—	—	—	—	—	—	●	4.11	5.13
39	维修性	—	—	—	—	—	—	—	—	—	●	—	4.12	5.14
40	包装运输	—	—	—	—	—	—	—	●	—	—	—	4.13	5.15

注：● ——表示必须做的项目；
○ ——表示产品标准中有规定时应进行的项目；
— ——表示不做的项目。

表 2 质量一致性检验项目表

序号	检验项目	质量一致性检验分组											要求章条号	试验方法章条号
		A组		B组	C组					D组	E组	F组		
		工作前检验	主要性能特性测试	非主要性能特性测试	低温高温湿度	振动	机械冲击	电源	运输包装	电磁兼容		可靠性		
1	外观和结构	●	—	—	—	○	○	—	○	—	—	—	4.1	5.3
2	尺寸和重量	—	—	—	—	—	—	—	—	—	●	—	4.2	5.4
3	功能	—	●	—	●	●	●	●	—	●	—	●	4.3	5.5
4	频率范围	—	●	—	●	—	—	○	—	—	—	●	4.4.1	5.6.1
5	频率参考	—	—	○	—	—	—	—	—	—	—	—	4.4.2	5.6.2
6	频率读出准确度	—	●	—	○	○	○	—	—	—	—	○	4.4.3	5.6.3
7	频率计数准确度和计数分辨率	—	●	—	○	—	—	—	—	—	—	—	4.4.4	5.6.4

表 2（续）

序号	检验项目	质量一致性检验分组											要求章条号	试验方法章条号
		A组		B组	C组					D组	E组	F组		
		工作前检验	主要性能特性测试	非主要性能特性测试	低温高温湿度	振动	机械冲击	电源	运输包装	电磁兼容		可靠性		
8	频宽准确度	—	●	—	—	—	—	—	—	—	—	—	4.4.5	5.6.5
9	扫描时间	—	●	—	—	—	—	—	—	—	—	—	4.4.6	5.6.6
10	分辨率带宽	—	●	—	—	—	—	—	—	—	—	—	4.4.7	5.6.7
11	分辨率带宽转换不确定度	—	●	—	○	—	—	—	—	—	—	○	4.4.8	5.6.8
12	相位噪声	—	●	—	○	○	○	—	—	—	—	○	4.4.9	5.6.9
13	剩余调频	—	●	—	○	—	—	—	—	—	—	—	4.4.10	5.6.10
14	增益压缩	—	●	—	—	—	—	—	—	—	—	—	4.4.11	5.6.11
15	显示平均噪声电平	—	●	—	○	—	—	○	—	—	—	○	4.4.12	5.6.12
16	谐波失真	—	●	—	—	—	—	—	—	—	—	—	4.4.13	5.6.13
17	三阶交调失真	—	●	—	—	—	—	—	—	—	—	—	4.4.14	5.6.14
18	镜像、多重和带外响应	—	●	—	○	—	—	—	—	—	—	—	4.4.15	5.6.15
19	剩余响应	—	●	—	○	—	—	—	—	—	—	○	4.4.16	5.6.16
20	参考电平范围	—	—	●	—	—	—	—	—	—	—	—	4.4.17	5.6.17
21	参考电平不确定度	—	●	—	○	—	—	—	—	—	—	—	4.4.18	5.6.18
22	显示刻度保真度	—	●	—	○	—	—	—	—	—	—	—	4.4.19	5.6.19
23	频率响应	—	●	—	○	—	—	—	—	—	—	○	4.4.20	5.6.20
24	校准信号	—	●	—	—	—	—	—	—	—	—	—	4.4.21	5.6.21
25	输入衰减器	—	●	—	○	—	—	—	—	—	—	—	4.4.22	5.6.22
26	输入电压驻波比	—	●	—	—	—	—	—	—	—	—	—	4.4.23	5.6.23
27	视频带宽	—	—	●	—	—	—	—	—	—	—	—	4.4.24	5.6.24
28	最大输入电平	—	—	●	—	—	—	—	—	—	—	—	4.4.25	5.6.25
29	输入输出接口	—	—	●	—	—	—	—	—	—	—	—	4.5.1	5.7.1
30	通信接口	—	—	●	—	—	—	—	—	—	—	—	4.5.2	5.7.2
31	触发接口	—	—	●	—	—	—	—	—	—	—	—	4.5.3	5.7.3
32	时基接口	—	—	●	—	—	—	—	—	—	—	—	4.5.4	5.7.4
33	选件	—	●	—	○	○	○	○	—	—	—	○	4.6	5.8

表 2（续）

序号	检验项目	质量一致性检验分组											要求章条号	试验方法章条号
		A 组		B 组	C 组					D 组	E 组	F 组		
		工作前检验	主要性能特性测试	非主要性能特性测试	低温高温湿度	振动	机械冲击	电源	运输包装	电磁兼容		可靠性		
34	安全性	●	—	—	—	—	—	—	—	—	—	—	4.7	5.9
35	环境适应性	—	—	—	●	●	●	●	—	—	—	—	4.8	5.10
36	电磁兼容性	—	—	—	—	—	—	—	—	●	—	—	4.9	5.11
37	电源适应性	—	—	—	—	—	—	●	—	—	—	—	4.10	5.12
38	可靠性	—	—	—	—	—	—	—	—	—	—	●	4.11	5.13
39	维修性	—	—	—	—	—	—	—	—	—	●	—	4.12	5.14
40	包装运输	—	—	—	—	—	—	—	●	—	—	—	4.13	5.15

注：● —— 表示必须做的项目；
○ ——表示产品标准中有规定时应进行的项目；
— ——表示不做的项目。

7 随机文件

7.1 使用说明书

频谱分析仪应提供使用说明书，使用说明书应符合 GB/T 6587—2012 中 7.2 的规定要求。

7.2 装箱单

装箱单应指明所有的单独包装件，并列出随仪器一起运输的附件和元件的详细清单。如果使用说明书是装入包装件内，则装箱单还包含使用说明书。产品包装时应保证其完好和成套性，每个包装箱内应有装箱清单，装箱清单上应标明：

a） 产品型号和名称；

b） 使用说明书等随机文件的名称和数量；

c） 附件、备件的名称、型号和数量；

d） 包装、检验人员的姓名或代号，以及生产厂质检部门的印章。

7.3 可选文件

7.3.1 维修说明书

维修信息可以包括在使用说明书中亦可以维修说明书单独成册。

7.3.2 编程说明书

编程说明书可以包括在使用说明书中亦可以单独成册。

8 标志、包装和贮存

8.1 仪器标志内容

a) 名称和型号；

b) 序号；

c) 生产日期；

d) 制造厂的名称。

8.2 包装箱标志内容

a) 制造厂的名称、商标(代号)；

b) 产品的名称,型号；

c) 装箱年、月；

d) 毛质量；

e) 包装箱的外形尺寸；

f) 其他包装储运图示标志应符合 GB/T 191—2008 的规定。

8.3 包装

包装应根据产品的形状、质量、防护等级以及规定的存放和运输条件,采取合适的包装,以保证仪器在运输过程中免受损坏。包装容器应在产品标准中规定。

8.4 贮存

8.4.1 存贮条件

应保持干燥、室内无酸、碱及腐蚀性气体、无强烈的机械振动冲击、无强的电磁场作用和日光照射,不应紧靠地面、四壁和屋顶。

温湿度要求：

a) 温度:0 ℃～40 ℃；

b) 相对湿度:50%～80%。

8.4.2 存放期限

仪器存放期超过 6 个月,应从包装箱内取出,经通电复查仪器正常后再放在库房中。

参 考 文 献

[1] JJG 180—2002 电子测量仪器内石英晶体振荡器

ICS 17.220
L 85

中华人民共和国国家标准

GB/T 11464—2013
代替 GB/T 11464—1989

电子测量仪器术语

Terminology for electronic measuring instruments

2013-12-31 发布 2014-07-15 实施

中华人民共和国国家质量监督检验检疫总局
中国国家标准化管理委员会 发布

前　言

本标准按照 GB/T 1.1—2009 给出的规则起草。

本标准代替 GB/T 11464—1989《电子测量仪器术语》。

本标准与 GB/T 11464—1989 相比，主要变化如下：

——增加了前言；

——关于性能指标的术语，改为测量的通用术语；

——对有关电磁兼容的术语进行了更新和修改；

——对频谱分析仪的相关术语进行了修改；

——增加了示波器的相关术语；

——取消了可程控仪器接口系统和数字测量仪器的部分术语。

本标准在修订时参照了 IEV 第 311 章、第 312 章、第 313 章、第 314 章的部分内容。

请注意本文件的某些内容可能涉及专利。本文件的发布机构不承担识别这些专利的责任。

本标准由中华人民共和国工业和信息化部提出。

本标准由全国电子测量仪器标准化技术委员会(SAC/TC 153)归口。

本标准起草单位：中国电子技术标准化研究院。

本标准主要起草人：黄英华、曹玲。

本标准所代替标准的历次版本发布情况为：

——GB/T 11464—1989。

电子测量仪器术语

1 范围

本标准界定了电子测量仪器领域范围内的基本术语及电子测量仪器部分门类中的通用术语。

本标准适用于在电子学范围内制定电子测量仪器(以下简称“仪器”)的各种标准、编制各类技术文件,也适用于科研、教学等方面。

2 测量的通用术语

2.1

测量(结果)　(result of a) measurement

对应某一被测量的一系列值。

注 1:该术语适用于“不确定度”方式。

注 2:将整个值的中心值当作被测量的值,并用不确定度来描述其分散特性。

注 3:测量结果与仪器的示值有关,也和校准及使用的模型所获得的校准值有关。

注 4:如果系列值兼容于该被测量的所有其他测量,则认为系列值可以表示被测量值。

注 5:系列值,即不确定度,只能以一定的置信度给出。

2.2

(测量的)不确定度　uncertainty (of measurement)

测量结果的相关参数,表示合理给定的被测量值的离散特性。

注 1:该术语适用于“不确定度”方式。

注 2:这个参数可以是一个标准偏离(或数倍)或置信区间的半宽。

注 3:测量不确定度常由很多分量组成,有些分量可由一系列测量结果的统计分布来估计,即用试验标准偏差表述。其他也可由标准偏差表述的组成部分可以从基于经验或其他信息的概率分布来估计。

注 4:用测量结果和不确定度的所有分量来评定被测量值,可认为是最佳估计,这些不确定度分量是由有规律的影响量引起的,例如,与校准、参考标准器及离散度的影响等相关分量。

2.3

(量的)真值　true value (of a quantity)

与特别给定的量定义相符的值。

注 1:该术语适用于“真值”方式。

注 2:这是一个通过理想测量才能获得的值。

注 3:真值本身是无法确定的。

2.4

绝对误差　absolute error

示值和比对值的代数差。

注 1:该术语适用于“真值”方式。

注 2:比对值应是该量的真值,但由于真值无法确定,所以一般使用约定真值。

2.5

(量的)约定真值　conventional true value (of a quantity)

依据约定赋予特定量的值,如同不确定度可用于给定的目的。

注 1:该术语适用于“不确定度”方式。

注 2：“约定真值”有时叫做“指定值”“最佳估计值”“约定值”或“参考值”。

注 3：经常用一个量的多次测量结果来确定其约定真值。

注 4：基于真值的传统定义，如果一个值与真值的差别相对该值的使用目的可以忽略不计，可以将该值看作约定真值。

2.6

示值 indication

由仪器给出的值。

注 1：示值不一定是被测量的值。

注 2：对于实物量具，示值是它的标称值或规定的值。

2.7

基准值 fiducial value

一个明确规定的值，作为确定基准误差时的参照。

注 1：该术语适用于“真值”方式。

注 2：该值可以是测量范围的上限、刻度值或其他明确规定的值。

2.8

相对误差 relative error

绝对误差与约定真值的比值。

注：该术语适用于“真值”方式。

2.9

基准误差 fiducial error

绝对误差与基准值的比值。

2.10

相对不确定度 relative uncertainty

不确定度与测量值的比值。

注：该术语适用于“不确定度”方式。

2.11

基准不确定度 fiducial uncertainty

不确定度与基准值的比值。

注：该术语适用于“不确定度”方式。

2.12

固有误差 intrinsic error

仪器在参考条件下使用时的误差。

注：该术语用于“真值”方式。

2.13

基本不确定度 intrinsic uncertainty

仪器在参考条件下使用时的不确定度。

注：该术语用于“不确定度”方式。

2.14

影响量 influence quantity

与被测量无关但其改变会影响示值与测量结果之间关系的量。

注 1：该术语适用于“不确定度”方式。

注 2：影响量源于测量系统、测量设备或测量环境。

注 3：由于校准曲线依赖于影响量，为了给测量结果赋值，就必须知道影响量是否只在特定范围内作用。

2.15

参考条件　reference conditions

影响量的规定值和/或规定范围的适当集合，在满足该条件下，仪器的允许不确定度或误差限最小。

2.16

阶跃响应时间　step response time

从被测量(或施加量)受特定突变影响到示值达到并保持在特定稳态值的时间。

注：该定义是仪器使用的惯常定义，也有其他定义。

2.17

(仪器的)线性度　linearity (of a measuring instrument)

仪器给出的指示值仅与规定量而非影响量有线性关系的能力。

注：因缺乏不同种类的仪器对线性度的不同表示方式，每种都以一定的实例给出。

2.18

(测量结果的)重复性　repeatability (of results of measurements)

在同样的测量条件下，同一被测量量值的连续测量结果的重合的程度。同样的测量条件有：

——同一测量程序；

——同一观测者；

——在同样的条件下使用同一仪器；

——在同一实验室；

——时间间隔比较短。

2.19

(测量的)再现性　reproducibility (of measurements)

单个测量在下述不同测量条件进行时，相同量值测量结果的严格一致的程度：

——测量原理；

——测量方法；

——观测者；

——仪器；

——参考标准；

——实验室；

——在仪器的操作条件下，与通常所用的有所不同；

——在经过比单一测量持续时间长的时间间隔之后。

注：如果有规定，术语“再现性”也适用于只考虑上述某一个条件的情形。

2.20

(仪器的)准确度　accuracy (of a measuring instrument)

描述仪器的指示值与被测量真值之间的接近程度。

注1：该术语适用于“真值”方式。

注2：示值越接近对应真值，准确度越高。

2.21

准确度等级　accuracy class

仪器的分级，分级级别依据一组规定的不确定度规范。

2.22

性能　performance

仪器实现预期功能能力的特性。

2.23

稳定性　stability

在所有其他条件相同时，仪器在一定的时间间隔内保持其性能特征不变的能力。

2.24

漂移　drift

与被测量变化无关的仪器示值的改变，这种改变通常是比较慢、连续的且不一定是同方向的。

2.25

参考值　reference value

参考条件下某一影响量的规定值。

2.26

参考范围　reference range

参考条件下影响量值的规定范围。

2.27

(由影响量引起的)变化量　variation (due to an influence quantity)

当某一影响量相继取两个不同的值时，仪器对同一被测量值的示值差或实体量具的值差。

2.28

影响系数　influence coefficient

由影响量引起的变化与影响量变化的比值。

注：当在整个规定使用范围内，变化与影响量的改变存在非线性的关系时，才使用影响系数。

2.29

标称使用范围　nominal range of use

对影响量规定的取值范围，在该范围内引起的变化量不超出规定范围。

2.30

工作极限值　limiting values for operation

工作时不损坏仪器的影响量极限值，如超出该值，即使回到参考条件下，仪器也不再能满足其性能要求。

注：极限值取决于它们的应用持续时间。

2.31

贮存极限值　limiting values for storage

仪器贮存时不损坏仪器的影响量的极限值，如超出该值，即使回到参考条件下，仪器也不再能满足其性能要求。

注：极限值取决于它们的应用持续时间。

2.32

运输极限值　limiting values for transport

仪器运输时不损坏仪器的影响量的极限值，如超出该值，即使回到参考条件下仪器也不再能满足其性能要求。

注：极限值取决于它们的应用持续时间。

2.33

可靠性　reliability

产品在给定时间间隔内和给定条件下完成规定功能的能力。

2.34

额定值　rating value

由制造商为设备或仪器在规定工作条件下指定的量值。

2.35

性能特性　performance characteristic

为定义仪器的性能而规定的量之一(用数值、公差和范围来描述)。

注 1：根据不同的应用，在本标准中，同一个量可能被称作性能特性和测量或供给量，也可以作为影响量。

注 2：该术语还包括量的商，例如每单位长度的电压。

2.36

额定工作条件　rating operating range

性能特性的指定测量范围和影响量的指定工作范围的集合，在此集合内，规定和测定仪器的变动量或工作误差。

2.37

规定工作范围　specified operating range

单一影响量的数值范围，它构成额定工作条件的一部分。

2.38

规定测量范围　specified measuring rang

被测量的一组数值，在此范围内，仪器的误差在规定的极限之内。

注 1：一个仪器可以有几个规定测量范围。

注 2：规定测量范围可以小于数值指示范围。

2.39

极限条件　limit conditions

工作状态下的仪器可承受的极端条件。在此条件下，仪器不致损坏，且当仪器恢复到额定工作条件时，其性能不降低。

2.40

贮存运输条件　conditions of storage and transport

非工作状态下的仪器可承受的极端条件。在此条件下，仪器不致损坏；且当仪器恢复到额定工作条件时，其性能不降低。

2.41

工作误差　operating error

在额定工作条件内任一点上得到的性能特性的误差。

2.42

误差极限　limits of error

制造商对工作在规定条件下的仪器所规定的误差的正、负两个极限值。

2.43

校准　calibration

为确定仪器的误差值和其他计量特性(如果需要)而进行的全部操作。

2.44

交流电压/电流失真　A.C. voltage/current distortion

电压/电流的波形对所要求的波形的偏离。

电压/电流失真可以用如下的量来表示：

a)　直流电压/电流含量；

b)　谐波含量；

c)　谐波分量；

d)　调制；

e)　随机偏离；

f) 电压/电流不平衡。

2.45

谐波含量 harmonic content

从一个非正弦周期函数，减去其中基波分量后的函数值。

2.46

相对谐波含量 relative harmonic content

谐波含量的有效值与非正弦周期函数的有效值之比。

2.47

谐波分量 harmonic components

以周期函数各次谐波的有效值来表示谐波含量的每个分量。

2.48

模拟信号 analog signal

在给定的某一参数变化范围内，信号值的变化是连续的。

注：对于一个物理量，模拟信号是该量的模拟表示。

2.49

数字信号 digital signal

参数值的范围内具有不连续值的信号，每个数值范围表示不同的信息。

注：对于一个物理量，数字信号是该量的数字表示。

2.50

取样 sampling

取出和存储信号的一个或多个瞬时值的过程，以作进一步处理和显示。

2.51

随机取样 random sampling

在信号与取样动作之间允许有明显的时间间隔，不确定性的取样过程，即用这种随机时间取出的样点构成相贯显示的过程。

2.52

顺序取样 sequential sampling

相对于触发起始点依次滞后(或依次提前)一个相同的时间段取出样点的取样过程。

2.53

波 wave

由于一种或多种扰动，在媒介中以时间函数传播一种或多种这种扰动时，这一媒介物理状态的改变。

2.54

脉冲 pulse

自第一额定状态出发到达第二额定状态，最终又回到第一额定状态，并重复这个过程的一种波。在重复过程中各个状态持续的时间可以不相等。

2.55

脉宽 pulse duration

脉冲上升(下降)时间的50%到该脉冲下降(上升)时间的50%之间的时间间隔。

2.56

脉冲重复周期 pulse repetition period

在周期性脉冲序列中，前一个脉冲波形起始时间与下一个脉冲波形起始时间的时间间隔。

2.57

脉冲重复频率　pulse repetition frequency

脉冲重复周期的倒数。

2.58

锁相　phase lock

在基准信号和信号发生器的输出信号之间,以两者之间相位差来获得的频率控制。

2.59

分辨力　resolution

可以导致示值发生可观察到的被测量或施加量的最小量值。

2.60

(测量仪器的)灵敏度　sensitivity (of a measuring instrument)

示值变化量与相应被测量值的变化量的比值。

注:对于具有非线性校准曲线的仪器,任意给定点上的灵敏度是被测量值的函数。

2.61

测量范围　measuring range

由两个被测量值或两个施加量值限定的范围,在该范围内规定仪器的不确定度。

注:一个仪器可以有几个测量范围。

2.62

量程　span

测量范围上限值和下限值的代数差,或测量范围的上限值和下限值。

2.63

(标称)范围　(nominal) range

仪器在一定的设置下所能取得的示值的范围。

注:通常标称范围由上限值和下限值表示,下限值为零时,由上限值单独表示。

2.64

(仪器的)调节　adjustment (of a measuring instrument)

为了使仪器给出的示值符合被测量给定值进行的系列操作。

注:当调节仪器使之对被测量零值给出零示值时,该操作叫做调零。

2.65

(仪器的)用户调节　user adjustment (of a measuring instrument)

由使用者按照制造商规定进行的调节。

2.66

预热时间　warm-up time

仪器从加电时刻到可以使用时刻所经历的时间,由制造商规定。

2.67

电零位　electrical zero

当使用中的仪器被测量的值为零时,其示值部件需要辅助输入的平衡位置。

注:电零位不必与机械零位重合。

3　仪器名称的术语

3.1

测量仪器　measuring instrument

将被测的量转换成可直接观测的指示值或等效信息的器具。

3.2

显示(测量)仪器 displaying (measuring) instrument

可以显示测量值的仪器。

注 1：显示可以是模拟的(连续或不连续)、数字的或编码的。

注 2：可以同时显示一个或多个量的值。

注 3：显示(测量)仪器也能够提供记录。

注 4：显示可以包括一个操作者不能直接观察的输出信号,但能够被合适的设备解读。

3.3

电子测量仪器 electrical measuring instrument

使用电气或电子方式对电量或非电量测量的仪器。

3.4

测量设备 measuring equipment

为特定测量目的而集成起来的仪器集合。

3.5

测量系统 measuring system

为实现测量过程所必须的仪器、软件、测量标准、标准物质及辅助设备的组合。

3.6

测量链 measuring chain

组成测量信号从输入到输出路径的一系列的仪器或系统。

注：例如:一个或多个仪器、或传感器之间的转换器以及其他的连接元件,称之为测量链的最初要素;而测量链的最终要素是显示、记录或存储设备等。

3.7

示波器 oscilloscope

以短时间踪迹的形式显示量的瞬间值的仪器。

3.8

遥测设备 telemeasuring equipment

使用电信技术,在一定距离对仪器操作,从而实现对被测量进行测量并显示的仪器或仪器集合。

3.9

固定式(测量)仪器 fixed (measuring) instrument

设计成永久性安装的仪器,其引线永久性连接。

3.10

便携式(测量)仪器 portable (measuring) instrument

易于携带、由用户连接及断开的仪器。

3.11

单量程(测量)仪器 single range (measuring) instrument

只有一个测量量程的仪器。

3.12

多量程(测量)仪器 multi-range (measuring) instrument

具有一个以上测量量程的仪器。

3.13

单功能(测量)仪器 single function (measuring) instrument

只能测量一种量的仪器。

3.14

多功能(测量)仪器 multi-function (measuring) instrument

能够测量一种以上量的仪器。

3.15

多用表 multimeter

测量电压、电流,有时还可以测量其他电量(如电阻值)的多量程多功能仪器。

3.16

差值仪器 differential measuring instrument

测量不同电路中实际同时存在的两个同类量值差的仪器。

3.17

比值计 ratio-meter

测量两个量的值的比率的仪器。

3.18

频谱分析仪 spectrum analyzer

以频率的函数形式给出信号的振幅和功率分布的仪器。

3.19

稳定电源 stabilized supply

当使用条件(包括负载和影响量)在规定范围内改变时,一个或多个输出量保持在规定范围内的供电装置。

3.20

信号发生器 signal generator (for measuring purposes)

电信号源,其输出特性(如波形、频率、电压等)可以选定,并可以控制在规定范围内。

3.21

反射计 reflect-meter

测量电磁波或光波反射的仪器,测量单个反射且表示为距离或位置的函数。

3.22

网络分析仪 network analyzer

通过在给定频率范围内激励响应测试来测量射频或微波线性网络的传输、反射或阻抗特性的仪器。特定情况下,也可以测量射频或微波非线性网络。

3.23

绝缘电阻仪 insulation resistance meter

测量绝缘电阻的仪器。

3.24

相位计 phase meter

测量两个同频率交变电量的相位差的仪器,其中之一作为参考相位。

3.25

可程控仪器 programmable measuring instrument

从系统得到命令时即能执行所规定的操作,也能把测量结果传给系统的仪器。

3.26

数字电压表(电流表) digital voltmeter (ammeter)

采用模-数转换技术,测量电压(电流)量值,并以数字形式显示测量结果的仪器。

3.27

功率计　power meter

用来测量信号有功功率的仪器。

3.28

数字功率计　digital power meter

用数字形式显示被测信号有功功率的仪器。

3.29

扫频信号发生器　sweep-frequency signal generator

具有宽带频率调制的信号发生器。使用的调制波形是低频锯齿波，它能为被测器件的频率特性提供频率轴。

3.30

函数信号发生器　function generator

能产生多种供测试用的特定时间函数波形（如正弦、方波、三角波等）的信号发生器。

3.31

噪声发生器　noise generator

能在规定带宽内提供强度已知的、供测试用的均匀频谱“白噪声”的信号发生器。

3.32

脉冲信号发生器　pulse generator

能产生电信号的信号发生器，其输出端直接或通过传输线以脉冲形式提供电信号。

3.33

阴极射线示波器　cathode-ray oscilloscope

测量或观察用的一种示波器，它使用阴极射线示波管，用一个或多个电子束的偏转，来得到表示某变量函数瞬时值的显示，通常变量之一是时间。

3.34

数字存储示波器　digital storage oscilloscope

数字存储示波器是将被测信号进行模数转换、存储、处理后，再进行显示的一种存储示波器。

注：数字存储示波器一般应包括：

——输入通道；

——采集控制与数据存储；

——显示装置；

——输出接口、适配器等附件。

3.35

逻辑分析仪　logic analyzer

以离散时间为自变量的，对一个数据流进行快速测试，并具有独特的触发方式和不同的显示方式的数域测试仪器。

3.36

通用计数器　universal counter

频率计　frequency meter

具有测量频率或时间或两种以上功能的仪器。一般应有以下几种功能：测频、测时、测周期、测多倍周期、测频率比和累加计数。

3.37

任意波形发生器　arbitrariness wave generator；AWG

通常提供存储深度较深的存储器，较大的动态范围以及较宽的带宽，来满足各种应用。AWG 接收来自 PC 的用户自定义数据,并利用这些数据来生成任意波形。AWG 用户可以将想要产生的一系列波形下载到仪器所带的存储器中。通常,可以存储实际的波形和形成这些波形所需的波形序列指令。

4 附件的术语

4.1

(测量仪器的)附件 accessory (for a measuring instrument)

为赋予仪器各种规定特性而与之联合使用的一个或一组元件或器件。

4.2

可互换附件 interchangeable accessory

自身具有的特性和准确度不影响与之联合使用的仪器特性和准确度的一种附件。

4.3

有限互换性附件 accessory of limited interchangeability

自身具有的特性和准确度仅能与某些特性在规定极限内的仪器联合使用的附件。

4.4

不可互换附件 non-interchangeable accessory

仅适用于特定仪器特性的附件。

4.5

分流器 shunt

与仪器的电流电路并联以扩大仪器测量范围的电阻器。

注:分流器用于提供与被测电流成正比的一个电压。

4.6

串联电阻器 series resistor

与仪器的电压电路串联的用以扩大仪器测量范围的电阻器。

4.7

四端电阻器 four-terminal resistor

具有两个电流注入端和两个电压测量端的电阻器。

4.8

串联电容器 series capacitor

与仪器的电压电路串联的用以扩大仪器测量范围的电容器。

4.9

串联电感器 series inductance

与仪器的电压电路串联的用以扩大仪器测量范围的电感器。

4.10

探头 probe

仪器的输入部件,一般是一个独立部件,通过一条以适当形式传送被测量的软电缆与仪器相连。

4.11

插入单元 plug-in unit

仪器的可拆装部件,通过插头或插孔与之相连,使得仪器能够完成特定的功能。

4.12

衰减器 attenuator

按照某一确定比率减少电学量值的装置。

4.13

分压器 voltage divider

由电阻器、电感器、电容器、变压器或这些元件的组合构成的器件。

当在该器件整体上施加一个电压时,可以在该器件的两端获得所需要的部分电压。

4.14

比较器 comparator

通过比较,能给出两个量的差值信息的装置。

4.15

倍频器 frequency multiplier

能够提供一种输出频率为输入频率的倍数的装置。

4.16

分频器 frequency divider

将连续波信号频率按整数或小数分频的一种装置。

4.17

定向耦合器 directional coupler

用来分配或合成微波信号功率并具有定向耦合特性的微波元件。它是在主、副两根传输线之间设置适当的耦合结构组成的。

5 测量方法的术语

5.1

直接测量(法) direct (method of) measurement

无需利用被测量和其他实测量之间函数关系进行额外计算,就可直接得到被测量的值的测量方法。

注1:如果测量仪器的标度值可通过一定的图表或曲线图找到对应的被测量值,则认为该被测量值是直接测得的。

注2:即使为了修正而需要额外测试以确定影响量的值,这种测量方式仍是直接测量方法。

5.2

间接测量(法) indirect (method of) measurement

通过对与被测量有已知关系的量进行直接测量,来确定被测量值的测量方法。

5.3

比较测量(法) comparison (method of) measurement

基于将被测量及其同类已知量进行比较的测量方法。

5.4

替代测量(法) substitution (method of) measurement

用同类已知量替代被测量的比较测量方法。这两个量值对仪器的影响应相同。

5.5

互补测量(法) complementary (method of) measurement

将被测量和一个已知量结合的比较测量方法,已知量与被测量的值的和等于预定比较值。

5.6

差分测量(法) differential (method of) measurement

将值与被测量值有细微差别的同类已知量和被测量进行比较的测量方法,测量这两个量值的代数差。

5.7

零值测量(法) null (method of) measurement

被测量与一个同类已知量值相比较,使差值为零的差分测量。

5.8

差拍测量(法)　beat (method of) measurement

利用被测量和参考量频率的差拍现象的差分测量方法。

5.9

谐振测量(法)　resonance (method of) measurement

通过达到谐振或接近谐振条件的方式,建立量的比较值之间的已知关系的比较测量方法。

6　安全的术语

6.1

(零部件的)可触及　accessible (of a part)

用标准试验指或试验针能触及到的。

6.2

危险带电　hazardous live

在正常条件或单一故障条件下能够引起电击或电灼伤。

6.3

高完善性　high integrity

不易出现会引起危险险情的故障。

注:高完善性的部件被认为是在进行故障条件下的试验时不易出现不合格。

6.4

保护阻抗　protective impedance

元器件、元器件的组件或者基本绝缘和限流或限压装置的组合,当其连接在可触及导电零部件与危险带电零部件之间时,其阻抗、结构和可靠性在正常条件和单一故障条件下提供的防护程度达到安全要求。

6.5

保护连接　protective bonding

为使可触及导电零部件或保护屏与供外部保护导体连接用的装置具有电气连续性而进行的电气连接。

6.6

基本绝缘　basic insulation

其失效会引起电击危险的绝缘。

注:基本绝缘可用于功能绝缘的目的。

6.7

附加绝缘　supplementary insulation

除基本绝缘以外施加的独立的绝缘,用以保证在基本绝缘一旦失效时仍能防止电击。

6.8

双重绝缘　double insulation

由基本绝缘和附加绝缘所构成的绝缘。

6.9

加强绝缘　reinforced insulation

其提供防电击能力不低于双重绝缘的绝缘,它可以由几层不能像附加绝缘或基本绝缘那样单独进行试验的绝缘构成。

6.10

电气间隙　clearance

两个导电零部件在空气中的最短距离。

6.11

爬电距离　creep-age distance

两导电零部件沿绝缘材料表面的最短距离。

6.12

端子　terminal

为使装置或设备与外部导体相连而提供的一种元件。

注：端子可以含有一个或几个接触件，因此该术语也包括插座、连接器等。

6.13

功能接地端子　functional earth terminal

用来直接与测量电路或控制电路的某一点，或直接与某个屏蔽部分进行电气连接的，而且预定还要用来为安全目的以外的任何功能目的接地的端子。

注：对测量设备，该端子常被称为"测量接地端子"。

6.14

保护导体端子　protective conductor terminal

为了安全目的而与设备的导电零部件相连接的，且预定还要与外部保护接地系统相连接的端子。

6.15

污染等级　pollution degree

为了评价间隔距离而规定的下述微环境的污染程度。

6.15.1

污染等级 1　pollution degree 1

无污染或只有干燥的非导电性污染，该污染无不利影响。

6.15.2

污染等级 2　pollution degree 2

通常只有非导电性污染，但偶尔也会由于积聚作用而短时导电。

6.15.3

污染等级 3　pollution degree 3

导电污染的或干燥的非导电污染由于积聚作用而变成导电。

注：在这种条件下，仪器通常要防止暴露于直射的日光、降雨、强烈的风压中，但不用控制温度或湿度。

6.16

外壳　enclosure

防止设备受某些外界影响和从任何方向直接接触设备内部的零部件。

6.17

档板　barrier

防止从任何正常接近的方向直接接触的零部件。

7　电磁兼容的术语

7.1

电磁骚扰　electromagnetic disturbance

任何可能引起其他装置、设备或系统性能降低的电磁现象。

7.2

电磁干扰 electromagnetic interference

因电磁骚扰引起的设备、传输通道或系统性能的下降。

注：骚扰和干扰分别是原因和结果。

7.3

电磁兼容性 electromagnetic compatibility；EMC

设备或系统在其电磁环境中能正常工作，且不对该环境中的任何事物构成不能承受的电磁骚扰的能力。

7.4

（电磁）兼容电平 （electromagnetic） compatibility level

预期加在工作于指定条件的装置、设备或系统上的规定的最大电磁骚扰电平。

注：实际上电磁兼容电平并非绝对最大值，而可能以小概率超出。

7.5

（对骚扰的）抗扰度 immunity （to a disturbance）

装置、设备或系统面临电磁骚扰不降低运行性能的能力。

7.6

抗扰度电平 immunity level

将某给定电磁骚扰施加于某一装置、设备或系统，而其仍能正常工作并保持所需性能等级时的最大骚扰电平。

7.7

（电磁）敏感性 （electromagnetic） susceptibility

在存在电磁骚扰的情况下，装置、设备或系统不能避免性能降低的能力。

注：敏感性高，抗扰度低。

7.8

严酷度等级 severity level

为严酷度试验规定的施加影响的电磁量的值。

注：试验标准可按照不同的抗扰度电平来规定若干个严酷等级。

7.9

瞬态 transient

在两相邻稳定状态之间变化的物理量或物理现象，其变化时间小于所关注的时间尺度。

注：瞬态可以是一个任意极性的单向脉冲或第一个尖峰为任意极性的阻尼振荡波。

7.10

电压浪涌 voltage surge

沿线路或电路传播的瞬态电压波。其特征是电压快速上升后缓慢下降。

注：电压浪涌的时间参数定义如下：

——上升时间是从峰值的10％～90％的上升时间；

——持续时间表示为波的上升沿和下降沿之间50％峰值的持续时间。

7.11

共模电压 common mode voltage

每个导体与规定参考点（通常是地或机壳）之间的相电压的平均值。

7.12

差模电压 differential mode voltage

一组规定的带电导体中任意两根之间的电压。

7.13

传导发射　conducted emission

沿导线传导的由某个器件产生的电磁能量。

7.14

辐射发射　radiated emission

辐射到空间的无线电噪声,可能同时包括场的电场(E)和磁场(H)分量。

7.15

无线电噪声　radio noise

可能叠加在所需信号上的无线电频率范围内的电磁能量。

7.16

随机噪声　random noise

由在时间和幅度都随机发生的大量离散扰动所产生的电磁干扰(噪声)。

8　输入输出的术语

8.1

额定绝缘电压　rated insulation voltage

由制造商指定的描述其绝缘特性的工作电压。

8.2

绝缘测试电压　insulation test voltage

对仪器进行绝缘测试的电压。

8.3

负载特性　load characteristic

对指定的负载或控制器的一个固定设置,输出电压和输出电流的线性或非线性关系。

注 1:负载可以是复杂的或非线性的。

注 2:负载特性也能描述过载效应。

8.4

衰减　attenuation

器件或系统中,小于 1 的被测量幅值的输出值与输入值的比值。

注:衰减量一般用分贝表示。

8.5

非对称输入　asymmetrical input

公共端与其他两端之间的阻抗标称值不同的三端输入电路。

注:输入和输出的两个公共端没必要都是可接触的,也不必在相同的电位上。

8.6

非对称输出　asymmetrical output

公共端与其他两端之间的阻抗标称值不同的三端输出电路。

注:输入和输出的两个公共端没必要都是可接触的,也不必在相同的电位上。

8.7

对称输入　symmetrical input

公共端与其他两端之间的阻抗标称值相等的三端输入电路。

注:输入和输出的两个公共端不必都是可接触的,也不必处在相同的电位。

8.8

对称输出 symmetrical output

公共端与其他两端之间的阻抗标称值相等的三端输出电路。

注：输入和输出的两个公共端不必都是可接触的，也不必处在相同的电位。

8.9

差分输入电路 differential input circuit

有两组输入端的输入电路，用于测量加给它们的同类电量之间的差值。

8.10

接地输入电路 earthed input circuit

有一个输入端直接接地的输入电路，该输入端通常是公共端。

8.11

接地输出电路 earthed output circuit

有一个输出端直接接地的输出电路，该输出端通常是公共端。

8.12

悬浮输入电路 floating input circuit

与底座、电源或任何外部可接触电路端隔离的输入电路。

8.13

悬浮输出电路 floating output circuit

与底座、电源或任何外部可接触电路端隔离的输出电路。

8.14

具有隔离公共点的输入和输出电路 input and output circuits with isolated common point

一个输入端和一个输出端连接在一起并与底座或电源隔离的电路。

8.15

输入阻抗 input impedance

被测装置在工作状态下，把该装置的输入端作为被测负载，测得的阻抗。

注1：阻抗可以用电导表示。

注2：在有些情况下，比如，取样设备或自平衡电位计的阻抗与确定的时刻有关，测量时刻之前、之中或之后，测得的即时阻抗可不相等。

注3：当输入电路在给定的频率和电压条件下，输入端的电流瞬时值，为输入电压的非线性函数时，可用电阻和电抗的组合，称为“等效输入阻抗”，它吸收同样的有功功率，其中的电抗性电流等于实际输入电路电流的基波电流。

8.16

输出阻抗 output impedance

在工作状态下，在输出端测得的阻抗。

注1：阻抗可以用电导表示。

注2：在有些情况下，比如，采样设备或自平衡电位计的阻抗与确定的时刻的有关，测量时刻之前、之中或之后测得的即时阻抗可不相等。

注3：当输出电路在给定的频率和电压条件下，输出端的电流瞬时值，为输出电压的非线性函数时，可用电阻和电抗的组合，称为“等效输出阻抗”，它吸收同样的有功功率，其中的抗性电流等于实际输出电路电流的基波电流。

8.17

对地阻抗 impedance to earth

在地与一指定端之间测得的阻抗。

注1：实际应用中，可用参考点取代地，如机箱。

注2：仪器共模抑制比与所有输入端与地之间的阻抗有关，这类阻抗叫做共模阻抗。

8.18

共模抑制比　common mode rejection ratio;CMRR

加在指定参考点和输入端(通过规定的线路连在一起的)之间的电压,与为了产生相同输出电压而在输入端所需施加的电压之比。

注1:共模抑制比一般用分贝表示,与频率、波形和测量方式有关。

注2:共模抑制比不仅适用于电压,也适用于其他量。

8.19

串模抑制比　series mode rejection ratio;SMRR

使输出信息发生规定变化的串模电压,与能引起输出产生相同变化的被测电压之比。

注1:串模抑制比一般用分贝表示,与频率、波形和测量方式有关。

注2:串模抑制比不仅适用于电压,也适用于其他量。

8.20

共模电压　common mode voltage

在每个输入端与参考点之间,幅度和相位或极性相同的那部分输入电压。

8.21

串模电压　series mode voltage

叠加在被测电压上的不需要的那部分输入电压。

注:串模电压的典型例子有感应电压(例如直流信号上的交流纹波)或热电势。

9　电源的术语

9.1

源　source

电能的来源点。

9.2

稳压电源　constant voltage power supply

当影响量变化时,能够提供稳定输出电压的电源。

9.3

稳流电源　constant current power supply

当影响量变化时,能够提供稳定输出电流的电源。

9.4

稳流/稳压源　constant voltage/constant current power supply

根据负载条件的不同,可以用作稳流或稳压的电源。

9.5

闭环稳定　closed loop stabilization

将输出值与参考值相比较,并用其差值直接或间接控制输出量在所要求的值上的一种工作方式。

9.6

开环稳定　open loop stabilization

利用外部方法将输出量调整到所要求的值,不考虑实际值与所要求值之间差值的一种工作方式。

9.7

从动工作　slave operation

稳定电源通过单独设置“主”电源来取得对从属源的控制的操作方式。

9.8

从动跟踪工作　slave tracking operation

从属源的输出与“主”源输出保持相等或成正比关系，这些源一般有一个或多个输出端。

注：从属源与主源的极性相对于公共输出端相反的配置叫做“互补配置”。

9.9

并联工作　parallel operation

稳定电源的所有相似输出端接在一起，所有源的输出电流的总和来承担总负载。

9.10

串联工作　series operation

稳定电源的所有输出端串联连接，所有源的输出电压具有可加性。

9.11

恒压/恒流交迭　constant voltage to constant current crossover

当电流达到预设值时稳定电源的操作模式自动从稳压转为稳流，反之亦然。

9.12

交迭区　crossover area

当工作模式改变时出现的输出量值范围的改变。

注1：在此区域内输出量无法确切定义。

注2：若无其他规定，交迭区以负载效应带或公差带给出。

9.13

交迭点　crossover point

以标称值所代表的两条稳定输出量直线的交点。

注：通常为交迭区的中心点。

9.14

启动冲击电流　inrush current

当电网接通时，电源的输入电流的最大瞬时值。

9.15

周期和随机偏移　periodic and/or random deviation；PARD

仪器示值周期性或随机性的偏差。

注1：由不同原因产生的这些偏差，可在输入和输出信号中出现或消失。

注2：嗡嗡声和纹波是周期性偏移，噪声和起伏是随机偏移。

9.16

纹波　ripple

围绕测得值或给出值的平均值的周期性偏差，其发生在与电网电源或某些确定的源(如振动式变流器)相关的频率上。

注：纹波在规定条件下测定，是PARD的一部分。

9.17

嗡嗡声　hum

围绕测得值或给出值的平均值的近似正弦低频不希望有的偏差，其发生在与电网电源相关的频率上。

注：嗡嗡声在特定条件下测定，是PARD的一部分。

9.18

(仪器的)噪声　noise (for a measuring instrument)

测得值或给出值的不希望有的偏差，此偏差往往是随机发生的，通常具有宽的频谱。

注：噪声在规定条件下测定，是PARD的一部分。

9.19

波动 fluctuations

测得值或给出值围绕平均值的相对长时间的非周期(不希望有的)偏差。此偏差往往是随机发生的。

注:波动在规定条件下测定,是PARD的一部分。

9.20

负载效应 load effect

仅由于负载的变化而引起稳定输出量变化的效应。

9.21

源效应 source effect

仅由于输入电压的变化而引起稳定输出量变化的效应。

9.22

欠压保护 lower-voltage protection

保护电源与/或其连接的设备,防止过低的输出电压。

9.23

过压保护 over-voltage protection

保护电源与/或其连接设备,以防止输出电压过量。

9.24

过流保护 over-current protection

保护电源与/或其连接设备,以防止输出电流(包括短路电流)过量。

9.25

过热保护 over-heat protection

保护电源或其部件,避免其温度超过规定值。

9.26

限压 voltage limiting

将稳流电源的输出电压限制到某个预定最大值(固定值或可调值)的一种功能,且当负载条件恢复到正常时,其输出电流应能自动恢复至正常值。

9.27

限流 current limiting

将稳压电源的输出电流限制到某个预定最大值(固定值或可调值)的一种功能,且当排除过载和短路时能自动地将输出电压恢复至正常值。

9.28

负载阻抗的不平衡 unbalance of load impedance

对多相输出的稳定电源而言,至少有一相的负载阻抗与其他相的值有显著不同的情况。

注:在正弦波的情况下,不平衡可以用其对称分量来表示。

9.29

输出电压的周期性调制 periodic output voltage modulation

输出电压幅值以低于输出基波的频率作周期性的变化。

9.30

周期性频率调制 periodic frequency modulation

输出频率偏离其额定值的周期性变化。

9.31

效率 efficiency

总输出有功功率与输入有功功率之比。

9.32

温度效应　temperature effect

仪器的稳定输出量随环境温度改变的一种稳态变化。

注：通常用温度系数来表示。

10　示波器的术语

10.1

测量示波器　measuring oscilloscope

适合于有给定误差限测量的示波器，利用标度尺或用偏移量和时间因子控制的开关位置刻度的方式工作。

10.2

观察示波器　observation oscilloscope

没有给定误差限、只适于对变量定性观察的示波器。

10.3

存储示波器　storage oscilloscope

借助某种方法，除用荧光屏的正常余辉显示外，能保持信息的示波器。

10.4

取样示波器　sampling oscilloscope

由信号取样的方式获取的取样点构建成连续显示的示波器。

10.5

偏转系数　deflection coefficient

电压与由这个电压产生的偏转量的比值。

10.6

时基　time base

根据特定的时间函数来产生光点位移形成的时间基线，由基准时钟产生，通常以水平方向上单位显示长度(一格)所代表的时间(s/div)来表示。

10.7

扫描　sweep

由时基生成的光点位移。

10.8

自由运转时基　free-running time base

即使没有信号，也周期性运转的时基。

注：自由运转时基可以同步，也可以不同步。同步源可以是外部的或内部的。

10.9

触发时基　trigger base

每次扫描都由触发信号初始化的时基。

注1：被观察量的周期不能决定扫描的周期。

注2：循环率不必是周期性的。

10.10

触发关断　trigger off

时基的内嵌电路，阻止在光点回到预设位置和电路部件回到旁值状态值之前扫描。

10.11

单次扫描运行　single sweep operation

只触发扫描一次的时基工作方式，下次扫描在时基外部重设之后进行。

10.12

扫描系数　sweep coefficient

光点移动距离所需时间与距离的比值。

10.13

扫描率　sweep rate

扫描系数的倒数。

10.14

扫描扩展　sweep expansion

把扫描率扩大到使部分显示覆盖在全部水平偏转的方法。

10.15

同步扫描　synchronized sweep

周期扫描被同步到保持其周期与被显示量的周期相等或是其整数倍，形成稳定显示的自由时基的工作方式。

注：被观察量周期的细微变化，不改变触发源。

10.16

触发扫描　triggered sweep

每次扫描的起点与被显示量预设值一致，当这个量是周期性时形成稳定输出触发时基的工作方式。

注：在触发扫描模式，在正负斜率上都可以生成与被显示量的任意预设值相对的内部触发。

10.17

内部触发　internal triggering

时基控制信号由被观察量作用的内部电路产生的触发。

10.18

内部同步　internal synchronization

时基控制信号由被观察量作用的内部电路产生的同步。

10.19

外部触发　external synchronization

控制时基的信号是由外部信号产生的触发。

10.20

时基晃动　time base jitter

显示(或显示的一部分)的位置，平行于扫描方向上的一种不需要的摆动。

注：摆动的来源有触发信号延迟的无用改变和扫描率的无用改变。

10.21

零点偏移　zero shift

在规定条件下，由于影响量的预定变化所引起的光点或无信号的光迹的移动。

注：零点偏移通常不是瞬时的，此偏移的最大值应在规定的时间间隔上测定。

10.22

垂直灵敏度　vertical sensitivity

单位输入电压变化所引入的垂直方向上显示值的变化，通常以垂直方向上单位显示长度(一格)所代表的电压值(V/div)来表示。

10.23

取样率　sampling rate

单位时间内对信号进行取样的次数(Sa/s 或 SPS)。

10.24

水平分辨率　horizontal resolution

水平方向所能分辨的最小时间间隔。

注：可以由时基和每格的显示点数计算。

10.25

垂直分辨率　vertical resolution

垂直方向所能分辨的最小电压值。

10.26

正常触发　normal trigger

当触发事件产生时，示波器进行一次采集、处理与显示，然后等待下一次触发。

10.27

自动触发　auto trigger

在一个预置时间间隔内，如果没有出现触发事件，将自动产生一个触发事件。

10.28

单次触发　single trigger

当触发事件产生时，示波器进行一次采集、处理与显示，然后停止。

10.29

触发释抑　trigger holdoff

在一个预置时间间隔(或事件数)内，抑制(忽略)触发事件。

11　信号发生器的术语

11.1

合成信号发生器　symthesized signal generator

输出信号的频率由基准振荡器(通常是内部的)用算术方法导出的一种信号发生器。

11.2

调幅信号发生器　amplitude modulated signal generator

输出信号的频率、电压和调制因数可在规定限度内固定或变化的信号发生器。

11.3

调频信号发生器　frequency modulated signal generator

输出信号的频率、电压和频偏可在规定限度内固定或变化的信号发生器。

11.4

调幅　amplitude modulation

使载波幅度值随着某一特定规律变化的过程。

注：该过程的结果是一个调幅信号。

11.5

调频　frequency modulation

使载波频率随着某一特定规律变化的过程。

注：该过程的结果是一个调频信号。

11.6

调相　phase modulation

使载波相位相对于参考正弦函数随着某一特定规律变化的过程。

注：该过程的结果是一个调相信号。

11.7

调幅深度　amplitude modulation depth

调幅时，最大振幅和最小振幅之差的一半与振幅平均值的比率。

注：也称为"调幅系数"或"调幅因子"。这个定义不适用于非对称调制和过调制。

11.8

调幅信号的包络　envelope of an amplitude modulated signal

当调制信号的相位连续变化360°时，按时间画出的载波所扫过的区域上下边界线。

11.9

调幅失真　amplitude modulation distortion

调幅信号包络相对于被调制信号波形的变形。

11.10

（绝对）频率偏差　(absolute) frequency deviation

调频波瞬间频率和载波平均频率的最大偏差。

11.11

调频失真　frequency modulation distortion

瞬时频率和平均频率之差的波形相对于被调制信号的变形。

11.12

载波频率偏移　carrier frequency shift

调制引起的平均载波频率的改变。

11.13

频段　frequency band

信号发生器频率范围的一部分，在该范围内，频率可以连续或步进调整。

11.14

波段重叠　band overlap

两个相邻频率波段的公共部分，保证了频率范围的连续性。

11.15

匹配输出电压　matched output voltage

无调制的载波，当负载阻抗等于额定源阻抗时，仪器规定输出端的电压。

注：对于正弦波该电压表示为均方根值，非正弦波表示为波峰到波谷的值。

11.16

源电动势　source e.m.f.

开路电压　open circuit voltage

匹配输出电压值的两倍。

11.17

最大输出功率　maximum output power

由信号发生器传递给额定负载阻抗的最大功率。

11.18

（载波的）相对谐波含量　relative harmonic content (of a carrier wave)

一个或一组谐波输出信号的有效值（或功率值）与载波基波的有效值（或功率值）之比。

注：用百分数或低于载波电平的分贝数表示。

11.19

(载波的)相对分谐波含量　relative sub-harmonic content (of a carrier wave)

规定的分谐波输出信号的功率值与载波基波的功率值之比。

注：用低于载波电平的分贝数表示。

11.20

(载波的)相对非谐波含量　relative non-harmonic content (of a carrier wave)

规定的非谐波输出信号的功率值与载波基波的功率值之比。

注：用低于载波电平的分贝数表示。

11.21

点噪声(点噪声与载波之比)　spot noise (spot noise to carrier ratio)

1 Hz 带宽内噪声的功率值与载波基波的功率值之比。

注 1：点噪声通常在偏离载波的许多不同频率点上做出规定，用分贝表示。

注 2：如果与 1 Hz 带宽内的相位噪声相比，调幅噪声可忽略不计，则适用于单边带相位噪声。

11.22

本底噪声　noise floor

在偏离载波的一个规定频率上测得点噪声。

注：超过该频率以外的点噪声值通常是常数。

11.23

相位噪声　phase noise (phase noise to carrier ratio)

在以载波为中心的 30 kHz 等效噪声带宽内测得的不需要的相位调制边带的功率值(不包括以载波为中心的 1 Hz 带宽)，与载波基波的功率值之比。

注：用分贝数表示。

11.24

触发　triggering

用某一信号启动预定信号或预定响应的一种过程。

11.25

同步　synchronizing

使一个脉冲序列或其他信号序列与另一个脉冲序列同时产生或相差一个固定时间产生的过程。

11.26

选通　strobing

一个持续时间较短的脉冲与另一个持续时间较长的信号脉冲或其他事件相互作用产生出一个信号的过程。

11.27

扫频时间　sweep time

频率从一个规定值变化到另一个规定值的时间间隔，这两个规定值是扫频宽度的两个极限值。

11.28

扫频宽度　sweep width

扫频所覆盖的频率范围的最高频率与最低频率之差。

注：中心频率可调的扫频信号发生器的扫频宽度等于频率偏差的 2 倍，起始频率和终止频率可调的扫频信号发生器的扫频宽度等于这两个频率之差。

12 微波仪器的术语

12.1

空腔谐振器　cavity resonator

由导电层构成的空腔,能对规定频率获得特定模式的谐振。

12.2

环形器　circulator

按照规定顺序,将任一端口的功率传递到下一端口的多端口器件。

注:用反向偏置场可使顺序反转,这一特性可用作电磁能开关。

12.3

隔离器　isolator

在一个传播方向的衰减比另一个方向的衰减大得多的无源二端口器件。

注:进入输出端的功率与传送到输入端的功率之比(以分贝表示)称为隔离度。

12.4

波导模式的截止频率　cut-off frequency of a wave-guide mode

高于某一频率时,使在波导传输中传播的该模式传输波常数变为实数,以致该模式不能有效地传播。

12.5

波导截止频率　cut-off frequency of a wave-guide

高于某一频率时,主模的行波就不能有效地传播。

12.6

导抗　immittance

用来概括阻抗与导纳的术语。

12.7

导波　guided wave

沿物理边界或结构,或在物理边界或结构之间传播的电磁波。

12.8

群延迟　group-delay

微波器件的相位对角频率传输特性的斜率。

12.9

回转器　gyrator

正反两方向相移之差为180°的非互易移相器。

12.10

主模　dominant mode

具有最低截止频率的模式。

12.11

横电(TE或H)模　transverse electric (TE or H) mode

在电磁波传输的所有点上电场的纵向分量为零,磁场的纵向分量不为零的一种电磁波传输模式。

12.12

横磁(TM或E)模　transverse magnetic (TM or E) mode

在电磁波传输的所有点上磁场的纵向分量为零,电场的纵向分量不为零的一种电磁波传输模式。

12.13

横电磁(TEM或EH)模　transverse electromagnetic (TEM or EH) mode

在电磁波传输的所有点上电场和磁场的纵向分量都为零的电磁波传输模式。

12.14

混合模式　hybrid mode

电场或磁场都存在纵向分量的模式。

12.15

平衡调制器　balanced modulator

用平衡安排元件的方法来抑制某些调制分量的调制器。

12.16

传播常数　propagation constant

在一直线均匀的传输线中,在任意给定频率上,单向传输模式电磁场(在该给定频率上电磁场是时间的正弦函数)的传播常数是,在传输线的任一截面的任一点上,任一个场分量复数幅度的对数对距离的变化率,传播常数是一个复数量。

12.17

衰减常数　attenuation constant

传播常数的实数部分(通常以单位长度的弧度表示)。

12.18

相位常数　phase constant

传播常数的虚数部分(通常以单位长度的弧度表示)。

12.19

传输模的相速　phase velocity of a transmission mode

给定传输模的角频率与相位常数之比。

12.20

传输模的群速　group velocity of a transmission mode

给定传输模的相位常数对角频率的变化率的倒数。

12.21

传输线　transmission line

从一点到另一点之间形成连续通路,以引导电磁能沿此通路传输的物质结构。

12.22

波导　wave-guide

由导电管构成的能传输电磁能量的传输线,导电管中可以含有材料介质。

12.23

介质波导　dielectric wave-guide

电磁波由没有导电边界的介质材料导引的一种传输线。

12.24

截止波长　cut-off wavelength

波导模的截止波长是对应于截止频率的自由空间波长。

12.25

波导波长　wave-guide wavelength

波导传播模的波长是同一场分量的相位相差为 2π 的两个横截面间的距离。

注:波导波长等于相速与频率的比。

12.26

传输线反射系数　reflection factor for transmission lines

表示传输线上某一点上反向行波电矢量相位和幅度的复数与正向行波电矢量相位和幅度的复数之比。

注：此术语也用来表示传输线反射系数的模。

12.27

电压驻波比　voltage standing wave ratio；VSWR

传输线上驻波波形的最大电压值与最小电压值之比。

注：在均匀传输线中，电压驻波比为：

$$\frac{1+r}{1-r}$$

式中：

r——反射系数的模。

12.28

噪声温度　noise temperature

一个无源的、有耗终端的温度，此终端所能提供的单位带宽噪声功率等于在规定频率上实际端口的噪声功率。

12.29

（二端口器件）最佳噪声系数　optimum noise figure (of a two-port device)

在给定转换器工作点和规定频率上的最佳噪声系数 F_0，是通过调节源导抗可以获得的最小噪声系数。

12.30

最佳源阻抗　optimum source impedance

能实现最佳噪声系数的源导抗的特定值。

12.31

频率牵引　frequency pulling

由于负载阻抗幅度与/或相位的变化而引起的振荡器频率的变化。

12.32

（二端口器件）平均噪声系数　mean noise figure (of a two-port device)

当一个器件的输入端口噪声温度为基准值时，该器件输出端的总的可用噪声功率与由输入端所产生的可用噪声功率之比。

13　频谱分析仪的术语

13.1

幅度准确度　amplitude accuracy

与幅度测量结果相关联的、表征合理地赋予幅度测量值分散性的参数。

13.2

动态范围　dynamic range

以规定的准确度测量的分析仪输入端同时存在的两个信号之间的最大功率比，它表征了测量同时存在的两个信号幅度差的能力。

注：以分贝(dB)表示。

13.3

最大输入电平　maximum input level

最大输入电平分为性能无降低的最大输入电平和最大安全输入电平。前者表示在输入端所加的不引起产品性能降低的最大电平；后者表示输入端允许的不损坏产品的最大电平。

13.4

输入幅度范围　input amplitude range

在给定准确度范围内，频谱分析仪输入端可测量的最大信号（通常为最大安全输入电平）和最小信号（显示平均噪声电平）的功率比。

注：以分贝(dB)表示。

13.5

显示幅度范围　display amplitude range

在显示器上能够同时观察到最大信号和最小信号之间的幅度比值。

13.6

线性刻度显示　linear scale display

显示器上的垂直刻度与输入信号电压成正比的显示方式。

13.7

对数刻度显示　logarithmic scale display

显示器上的垂直刻度按对数方式随输入信号电压变化的显示方式。

13.8

灵敏度　sensitivity

频谱分析仪可测量最小信号电平的能力。灵敏度又分为输入信号电平灵敏度和等效输入噪声灵敏度。前者产生的输出约等于两倍平均噪声值的输入信号电平，后者是内部产生的噪声折合到输入端的平均电平。最佳灵敏度可在最窄分辨率带宽、最小输入衰减和充分视频滤波的状态下获得。

13.9

中频增益/中频衰减　IF gain/IF attenuation

用来调节信号在显示器上的垂直位置而不影响输入混频器上信号电平的中频控制器。当改变中频增益/中频衰减时，参考电平也相应变化。

13.10

频标　marker

可以放在屏幕迹线上任何一处的可见指示光标，可用数字显示出频标点上迹线的频率和幅度的绝对值。活动频标指位于迹线上能够被前面板控制键或程控命令直接移动的频标。

13.11

△频标　△ marker

频标的一种标记方式，其中一个是固定的参考频标，另一个是可以放在显示迹线上任何位置的活动频标，显示的数据为可移动的活动频标与固定的参考频标之间的相对幅度差和频率差（或时间差）。

13.12

噪声频标　noise marker

表示 1 Hz 等效噪声带宽内噪声电平的一种标记。

13.13

预选器　pre-selector

位于频谱分析仪输入混频器之前的中心频率可调的带通滤波器。

13.14

谐波混频　harmonic mixing

利用混频器中“产生”的本振频率的谐波参与混频，以扩展频谱分析仪的调谐测量范围。

13.15

波形因子　shape factor

滤波器的 60 dB(或 40 dB)带宽与 3 dB 带宽之比。

13.16

冲击带宽　impulsive bandwidth

根据电压等效原则，将实际分析仪滤波器的电压曲线所围的面积，等效为一个同面积的理想矩形滤波器的电压响应曲线，并使两个曲线的高度相等，矩形滤波器宽度为等效冲击带宽。

13.17

零扫宽　zero span

频率分析仪的扫频本振固定在某一频率上，即本振不扫描(扫宽等于零)。

13.18

频率稳定度　frequency stability

在短期或长期内，信号频率保持不变的程度，通常分短期和长期稳定度。短期频率稳定度可以用剩余调频或相位噪声表征。长期频率稳定度可以用老化率来表征。

13.19

视频　video frequency

频谱分析仪中检波器输出的信号。

13.20

视频带宽　video bandwidth

频谱分析仪视频回路中可调低通滤波器的带宽。

13.21

视频放大器　video amplifier

在检波器之后的直流耦合放大器。

13.22

包络检波器　envelope detector

其输出为输入信号包络(而不是其输入信号的瞬时变量)输出的检波器。

13.23

检波方式　detection mode

模拟信息被数字化并存入存储器之前进行处理的方式。包括“正峰值方式”“负峰值方式”“取样方式”“正负峰方式”。

14　逻辑分析仪的术语

14.1

门限(电平)　threshold

与输入信号比较的一种预选电压值。

注：任何比门限电压更正(或负得少)的输入电压被记录为逻辑高，而任何比门限电压更负(或正得少)的输入电压被记录为逻辑低。

14.2

门限灵敏度　sensitivity

在规定的信号持续时间内，可检测信号所要求的最小电压值。

14.3

触发事件　trigger event

获取逻辑信号进行控制或定位的一个事件或者一序列事件。触发事件可以由内部电路产生并获得，或从外部触发源获得。

14.4

触发字　trigger word

用于选择数据窗口而人为设置的一种特定的模式或数据字。

14.5

字识别　word recognition

判别逻辑分析仪获取的逻辑信号的字是否与预置字相符合的过程，出现字识别时可产生一个触发事件。

14.6

任意态　anything

给定通道的输入信号对字识别无关的状态。

14.7

触发限定器　trigger qualifier

作为附加条件的一个或多个输入通道，该条件与一输入字必须同时得到满足时才产生字识别。这个信号可以被记录与/或显示。

14.8

毛刺　glitch

比规定的最小脉冲宽度窄的脉冲。

14.9

毛刺触发　glitch trigger

以某一个或多个通道中出现毛刺脉冲为触发事件。

14.10

序列触发　sequential triggering

取决于一序列的事件的触发。

14.11

触发窗口　trigger window

对触发范围预选的上、下限，在该范围内的任何字的出现都能产生触发事件。

14.12

预触发　pre-trigger

触发事件出现前即开始采集并存储一定数量数据的一种方式，触发前的数据量一般用存储深度的百分比表示，可以为0%～100%。

14.13

交互触发　interactive trigger

在不同性质的分析通道(定时、状态通道等)之间进行的相互触发。

14.14

采集 acquisition

输入的逻辑信号在不连续的瞬间与阀值电平相比较和记录的一种过程。

14.15

同步方式 synchronous mode

一种按与输入逻辑信号相位相关的外部时钟来取样输入逻辑信号的采集方式。

14.16

异步方式 asynchronous mode

一种取样输入逻辑信号的时钟与被测系统无关的采集方式。

注：该方式下通常由内时钟取样。

14.17

建立时间 set-up time

t_s

一种时间间隔。数据在时钟有效沿到来之前并稳定的时间，以保证数据被获取。

注：建立时间允许有负值。

14.18

保持时间 hole time

t_h

一种时间间隔，数据输入端的数据应该在时钟沿来到之后，继续保持稳定不变的时间，以保证数据被获取。

注：保持时间允许有负值。

索　引

汉语拼音索引

D

E

F

G

H

英文对应词索引

A

B

C

D

H

I

L

M

N

O

P

R

S

T

U

V

W

Z

ICS 17.220
L 86

中华人民共和国国家标准

GB/T 11469—2013
代替 GB/T 11469—1989

无线电高度表通用规范

General specification for radio altimeters

2013-12-31 发布　　2014-07-15 实施

中华人民共和国国家质量监督检验检疫总局
中国国家标准化管理委员会　发布

前　言

本标准按照 GB/T 1.1—2009 给出的规则起草。

本标准代替 GB/T 11469—1989《无线电高度表通用技术条件》。

本标准与 GB/T 11469—1989 相比主要的变化如下：

——在“1 范围”中将标准的范围由适用各类飞机所使用的高度表，其他飞行器所使用的高度表亦应参照适用修订为适用于各类飞机及其他飞行器所使用的高度表；

——在“2 规范性引用文件”中除 HB 5870 外，其他引用的文件修订为注日期的引用，并引用当前最新版本；

——增加了“3 术语和定义”一章；

——增加了“4 高度表的基本组成”一章；

——在“5.1 一般要求”中，增加了外形尺寸与重量；工作频率删除 1.5 GHz～1.7 GHz，保留 4.2 GHz～4.4 GHz；预热时间不超过 1 min；输出接口中增加接口形式并可选择；供电电源修改为满足 GJB 181A—2003 的要求；增加了剩余高度的要求；

——在“5.2 性能要求”中，测高精度和指示器精度修订为根据高度精度等级的不同而不同；输出噪声修订为根据高度精度等级分类确定；根据高度表的用途，把响应时间修订为显示用和控制用两种；

——在“5.3 环境适应性”中，对温度的要求修改为高、低温贮存和高、低温工作，相应的温度要求表也作了改动；振动由正弦扫频振动修改为宽带随机振动；增加低气压和加速度要求；去除声振、爆炸性大气要求；

——在“5 要求”中，去除磁影响要求，增加可测试性和可保障性要求；

——在“6.2 一般性试验”中，增加与一般要求对应的一般性试验方法；

——在“6.3 性能试验”中，测量测高精度时增加测试点的外回路衰减量由产品标准定；指示器精度试验中，优选测试点的选取修改为“测试点的选取应保证全面性和准确性”；

——在电源变化试验中，修改为上限电压试验、下限电压试验；

——在电磁兼容性要求和电磁兼容性试验中修订为 GJB 151A—1997、GJB 152A—1997；

——附录 A 中温度-高度试验的使用条件分类中的高度，根据我国采用国际单位制进行了修改。

请注意本文件的某些内容可能涉及专利。本文件的发布机构不承担识别这些专利的责任。

本标准由中华人民共和国工业和信息化部提出。

本标准由全国电子测量仪器标准化技术委员会(SAC/TC 153)归口。

本标准起草单位：中国电子科技集团公司第五十研究所、国营第七八二厂、北京青云航空仪表有限公司。

本标准主要起草人：管弘、王昇民、赵三平、汪海勇、孟宝占、宋金凤、纪华、石煜、刘桂平。

本标准代替标准的历次版本发布情况为：

——GB/T 11469—1989。

无线电高度表通用规范

1 范围

本标准规定了无线电高度表(以下简称“高度表”)的组成、要求、试验方法、检验规则和标志、包装、运输、贮存等。

本标准适用于各类飞机及其他飞行器所使用的高度表。

2 规范性引用文件

下列文件对于本文件的应用是必不可少的。凡是注日期的引用文件,仅注日期的版本适用于本文件。凡是不注日期的引用文件,其最新版本(包括所有的修改单)适用于本文件。

GB/T 191—2008 包装储运图示标志

GB/T 2423.4—2008 电工电子产品环境试验 第2部分:试验方法 试验Db:交变湿热(12 h+12 h循环)

GB/T 2423.16—2008 电工电子产品环境试验 第2部分:试验方法 试验J和导则:长霉

GB/T 2423.17—2008 电工电子产品环境试验 第2部分:试验方法 试验Ka:盐雾

GB/T 2423.22—2012 环境试验 第2部分:试验方法 试验N:温度变化

GJB 150.2—1986 军用设备环境试验方法 低气压(高度)试验

GJB 150.15—1986 军用设备环境试验方法 加速度试验

GJB 150.16—1986 军用设备环境试验方法 振动试验

GJB 151A—1997 军用设备和分系统电磁发射和敏感度要求

GJB 152A—1997 军用设备和分系统电磁发射和敏感度测量

GJB 181A—2003 飞机供电特性

HB 5870 航空辅机产品运输包装通用技术条件

3 术语和定义

下列术语和定义适用于本文件。

3.1

测高精度 altitude accuracy

高度表的高度输出值与被测高度值相比的最大允许误差。

3.2

灵敏度 sensitivity

在保证高度表测高范围和测高精度的条件下,高度表发射电缆端口到接收电缆端口之间的最大总衰减量。

3.3

指示器精度 indicator accuracy

高度指示器的指示相对于高度表的高度输出误差。

3.4

剩余高度　airplane install delay

高度表安装时高频电缆的延迟和机内延迟所对应的等效高度值。

4　高度表的基本组成

高度表的基本组成如下：

——收发机；

——天线；

——高频电缆；

——高度指示器(可选择)。

5　要求

5.1　一般要求

5.1.1　外观

高度表表面应无明显凹痕、裂缝、变形等现象；表面涂镀层应无起泡、龟裂和脱落等现象；金属零件应无锈蚀和其他机械损伤。

5.1.2　外形尺寸与重量

由产品标准规定。

5.1.3　安全性

对于工作电压较高的易触及部位均应加以防护，外壳应可靠接地。

5.1.4　工作频率

高度表工作频率范围为4.2 GHz～4.4 GHz。

5.1.5　收发机

收发机应具备独立提供高度表信息输出的能力。

5.1.6　指示器(可选择)

指示器应采用直读式并具有内部照明；对于指针式指示器不应有反光，指针应靠近度盘，以减少视差；指示器应具有简单可辨的高度告警指示和故障告警指示。

5.1.7　天线

天线的方向图、增益、驻波比、隔离度和绝缘电阻有产品标准规定。

5.1.8　高频电缆

高频电缆的长度和驻波比由产品标准规定。

5.1.9　控制器的操作和可接近性(可选择)

在飞行期间，按各种可能的组合和顺序，操作控制器后，不应对高度表的连续工作性能产生有害的影响;通常不需要调整的控制器,应放置在飞行人员不易接触的部位。

5.1.10 自检

高度表应具备自检功能。自检装置出现的任何故障都不应影响高度表的性能。

5.1.11 多路工作

当两个以上独立工作的高度表在同一个飞行器上同时工作时,应互不影响。

5.1.12 预热时间

除非另有规定,预热时间不超过 1 min。

5.1.13 输出接口

输出接口包括高度数字输出接口、高度模拟输出接口、告警输出接口、故障告警输出接口、跳闸输出接口等。具体输出接口可选择,其输出形式和负载能力由产品标准规定。

5.1.14 供电电源

高度表的 28 V 直流供电电源应满足 GJB 181A—2003 中 5.3.1 的规定,交流供电电源应满足 GJB 181A—2003 中 5.2.1 的规定,转换工作特性应满足 GJB 181A—2003 中 5.1 的规定,高度表应符合 GJB 181A—2003 中 4.2.3 的规定,或由产品标准规定;高度表的电源功耗在满足机上供电的情况下,由产品标准规定。

5.1.15 剩余高度

由产品标准规定。

5.2 性能要求

5.2.1 测高范围

由产品标准规定。

5.2.2 测高精度

高度表测高精度符合表 1 规定,或由产品标准规定。

表 1 测高精度等级分类

高度精度等级	测高精度 m
1	±0.6 或±2%H(取大者)
2	±1.5 或±3%H(取大者)
3	±3 或±5%H(取大者)
注:H 表示飞机离地面的真实高度。	

5.2.3 指示器精度(可选择)

高度表指示器精度符合表 2 规定,或由产品标准规定。

表 2　指示器精度等级分类

高度精度等级	指示器精度 m	
	模拟指示器精度	数字指示器精度
1	±0.6 或±2%H_1(取大者)	高度表数字指示器高度显示与高度表数据输出相同
2	±1.5 或±3%H_1(取大者)	
3	±5 或±5%H_1(取大者)	
注：H_1 为高度表的高度输出值。		

5.2.4　灵敏度

由产品标准规定。

5.2.5　高度告警范围和告警精度

告警高度在整个测高范围内应能连续可调,告警精度由产品标准规定。

5.2.6　故障告警

高度表在丧失测高能力时,应提供故障告警,由产品标准规定。

5.2.7　闭锁功能

高度超过测高范围后,高度表的高度信号输出应大于最大测高高度值或小于 0 m。

5.2.8　输出噪声

高度表输出噪声符合表 3 规定,或由产品标准规定。

表 3　高度表输出噪声等级分类

高度精度等级	输出噪声 m
1	±0.3 或±1%H(取大者)
2	±0.7 或±1.5%H(取大者)
3	±1.5 或±2.5%H(取大者)
注：H 为飞机离地面的真实高度。	

5.2.9　响应时间

响应时间分为如下两种：

a)　显示用高度表的响应时间:由产品标准规定。

b)　控制用高度表的响应时间:在 60 m 以下,当输入高度信号突跳 10%时,输出信号的响应时间应不大于 0.1 s。或由产品标准规定。

5.3 环境适应性

5.3.1 高温

5.3.1.1 高温贮存

高度表高温贮存温度如表 4,贮存时间不小于 48 h。

5.3.1.2 高温工作

高度表高温工作温度如表 4,试验时间为 2 h。

5.3.2 低温

5.3.2.1 低温贮存

高度表低温贮存温度如表 4,贮存时间不小于 24 h。

5.3.2.2 低温工作

高度表低温贮存温度如表 4,试验时间为 2 h。

表 4 温度的要求

单位为摄氏度

环境试验	使用条件分类													试验方法
	A1	A2	A3	B1	B2	B3	C1	C2	D1	D2	E1	F1	F2	
高温贮存	+70	+70	a	+70	+70	a	+70	+70	+70	+70	+70	+70	+70	6.4.1.1
高温工作	+55	+70	a	+55	+70	a	+55	+70	+55	+70	+70	+55	+70	6.4.1.2
低温贮存	−55	−55	a	−55	−55	−55	−55	−55	−55	−55	−55	−55	−55	6.4.2.1
低温工作	−15	−15	a	−20	−45	a	−20	−55	−20	−55	−55	−20	−55	6.4.2.2
使用条件分类见附录 A。														
[a] 由产品标准规定。														

5.3.3 温度变化

高度表应能在产品标准规定的工作温度范围内变化期间正常工作。

5.3.4 交变湿热

高度表应能在温度为+25 ℃～+55 ℃,相对湿度不低于 95%的交变湿热环境下正常工作。

5.3.5 低气压

高度表应能承受相当于最大工作高度为 25 000 m(即气压为 25 kPa)时的低气压试验。

5.3.6 振动

振动环境要求应符合 GJB 150.16—1986 表 1 中第 4、5、6、7A、7C 类的规定,第 4 类的试验量值应符合 GJB 150.16—1986 中 2.3.4 的规定,第 5 类的试验量值应符合 GJB 150.16—1986 中 2.3.5 的规定,第 6 类的试验量值应符合 GJB 150.16—1986 中 2.3.6 的规定,第 7A 类的试验量值应符合 GJB 150.16—1986中 2.3.7 的规定,第 7C 类的试验量值应符合 GJB 150.16—1986 中 2.3.9 的规定。或

由产品标准规定。

5.3.7 加速度

高度表应能承受 GJB 150.15—1986 中规定的第Ⅰ类和第Ⅱ类加速度试验。

5.3.8 冲击

高度表应能承受峰值加速度为 60 m/s^2、脉冲持续时间为 11 ms 的工作冲击条件。在此条件下应能正常工作，并保持结构完好。

高度表应能承受峰值加速度为 150 m/s^2，脉冲持续时间为 11 ms 的碰撞安全性冲击。在此条件下，允许有弯曲和变形现象，但安装连接部分不得有机械损伤和高度表的移位。

5.3.9 霉菌

高度表应能承受 GB/T 2423.16—2008 中规定的霉菌试验。在热带气候霉菌生长条件下不应有影响机械、电气连接的锈蚀。

5.3.10 盐雾

高度表应能承受 GB/T 2423.17—2008 中规定的盐雾试验。在海洋盐雾大气条件下不应有影响机械、电气连接的锈蚀。

5.4 电源变化

高度表在产品标准规定的输入电源电压和频率变化范围内，性能应符合要求。

5.5 可靠性和可维修性

高度表的平均失效间工作时间 MTBF 和平均修复时间 MTTR 由产品标准规定。

5.6 可测试性和可保障性

高度表的可测试性和可保障性要求由产品标准规定。

5.7 电磁兼容性

高度表电磁兼容性要求应符合 GJB 151A—1997 的相关要求，具体要求由产品标准规定。

5.8 运输

高度表按振动频率 4 Hz，振幅 10 mm 的强度的运输条件，或按产品标准规定的实际运输试验后，应正常工作并无机械损伤。

5.9 飞行试验

高度表进行飞行试验时，应能稳定测高。

高度表进行飞行试验的通常测量条件应为：

a) 横向速度：0 m/s～15 m/s；

b) 纵向速度：0 m/s～90 m/s；

c) 垂直速度：30 m 以下，0 m/s～5 m/s；
　　30 m 以上，7 m/s；

d) 俯仰角范围：－20°～＋20°；

e) 倾侧角范围：－20°～＋20°。

特殊用途高度表进行飞行试验的测量条件由产品标准规定。

6 试验方法

6.1 总则

a) 除非另有规定外，所有性能测试均应在下列测试用标准大气条件下进行：
温度：15 ℃～35 ℃；
相对湿度：25％～75％；
气压：86 kPa～106 kPa。

b) 除非另有说明外，测试高度表用的仪器和专用设备的精度应是被测高度表精度指标的三倍以上。

c) 试验箱的容积至少大于高度表体积的 10 倍。

d) 正常的试验电压应为：
直流：电压(28±0.5)V，交流：电压(115±2)V，频率(400±8)Hz。

e) 预处理：必要时，每项环境试验前，高度表应在测试用标准大气条件下保持时间至少 4 h。

特殊用途高度表进行飞行试验的测量条件由产品标准规定。

6.2 一般性试验

6.2.1 外观

用目测方法进行检查。

6.2.2 外形尺寸与重量

用量具和衡器对高度表的外形尺寸与重量进行检测。

6.2.3 安全性

按产品标准规定的试验方法进行检查。

6.2.4 工作频率

用频率测量仪器测量高度表的工作频率。

6.2.5 收发机

按产品标准规定的试验方法进行检查。

6.2.6 指示器

按产品标准规定的试验方法进行检查。

6.2.7 天线

按产品标准规定的试验方法进行试验。

6.2.8 高频电缆

按产品标准规定的试验方法进行检查。

6.2.9 控制器的操作和可接近性

按产品标准规定的试验方法进行检查。

6.2.10 自检

按产品标准规定的试验方法进行试验。

6.2.11 多路工作

按产品标准规定的试验方法进行试验。

6.2.12 预热时间

按产品标准规定的试验方法进行试验。

6.2.13 输出接口

按产品标准规定的试验方法进行检查。

6.2.14 供电电源

按产品标准规定的试验方法进行试验。

6.2.15 剩余高度

按产品标准规定的试验方法进行检查。

6.3 性能试验

6.3.1 测高范围

按飞行器的试验方法。

6.3.2 测高精度

按图1连接测试电路,用高度表模拟接口或数字接口输出的高度信号(电压、电流、电阻和数字等信号形式)与高度模拟器的等效高度相对照的方法进行测量,在整个测高范围内测试点应不少于两个。测量测高精度时外回路的衰减量应与精度校准点的外回路衰减量一致(测试点的外回路衰减量由产品标准定),衰减量的误差为±2 dB。

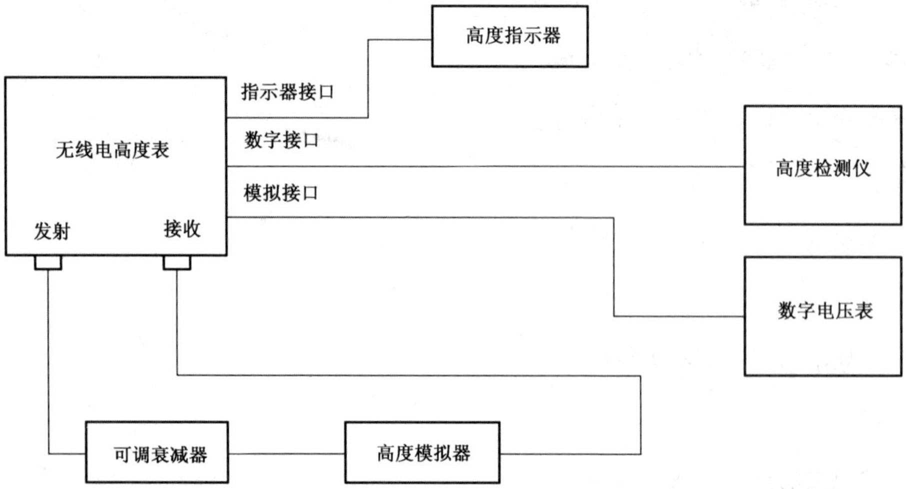

图1 高度表测试原理图

6.3.3 指示器精度

用指示器的读数与通过模拟接口或数字接口输入给指示器的标准高度(电压、电流和数字等信号形式)相对照的方法进行测量,在整个指示高度范围内,选取多个测试点进行,测试点的选取应保证全面性和准确性。

6.3.4 灵敏度

高度表灵敏度的测量,按图1连接。模拟高度应符合产品标准的规定。在6.3.2的基础上逐渐增大回路衰减量,直至高度表高度输出信号的变化达到规定的误差,此时外回路的总衰减量即为高度表的灵敏度。

6.3.5 高度告警范围和告警精度

在6.3.3的基础上,把告警标志调到测试高度的刻线,改变输给指示器的高度信号,使指针沿高度降低的方向接近告警标志,直到告警。此时的高度信号对应的高度与高度刻线量值之差即为告警精度。告警标志应在整个测高范围连续可调,测试点与6.3.3相同。

6.3.6 故障告警

在高度表通电工作中,使高度表失去测高能力,故障告警装置应提供告警信号。

6.3.7 闭锁功能

高度表的闭锁功能按产品标准规定的试验方法进行检查。

6.3.8 输出噪声

按产品标准的试验方法进行检查。

6.3.9 响应时间

a) 显示用高度表的响应时间:按产品标准规定的试验方法进行检查。
b) 控制用高度表的响应时间:将高度表接上高度模拟器,模拟高度调在20 m～60 m之间。然后突然改变高度模拟量的10%,此时高度表的输出在超调量小于5%的情况下,达到稳定值的63%时的响应时间应不大于0.1 s。

6.4 环境试验

6.4.1 高温

6.4.1.1 高温贮存

高温贮存试验条件应符合5.3.1.1的要求,高度表不工作,装入试验箱内,贮存时间不小于48 h,恢复常温2 h后进行最后检测。高度表进行初始检测和最后检测项目,高度表应符合5.2.2～5.2.7的要求。天线的初始检测和最后检测项目为驻波比和绝缘电阻。

6.4.1.2 高温工作

高温工作试验条件应符合5.3.1.2的要求,高度表不工作,装入试验箱内,当试验箱内温度达到高温工作温度时,高度表通电工作并保持此温度2 h后,进行中间检测,恢复常温2 h后进行最后检测。高度表进行初始检测、中间检测和最后检测项目,高度表应符合5.2.2～5.2.7的要求。天线的初始检测和最后检测项目为驻波比和绝缘电阻。

6.4.2 低温

6.4.2.1 低温贮存

低温贮存试验条件应符合5.3.2.1的要求，高度表不工作，装入试验箱内，贮存时间不小于24 h，恢复常温2 h后进行最后检测。高度表进行初始检测和最后检测项目，高度表应符合5.2.2～5.2.7的要求。天线的初始检测和最后检测项目为驻波比和绝缘电阻。

6.4.2.2 低温工作

低温工作试验条件应符合5.3.2.2的要求，高度表不工作，装入试验箱内，当试验箱内温度达到低温工作温度时，保持此温度2 h后，高度表通电进行中间检测，恢复常温2 h后，进行最后检测。高度表进行初始检测、中间检测和最后检测项目，高度表应符合5.2.2～5.2.7的要求。天线的初始检测和最后检测项目为驻波比和绝缘电阻。

6.4.3 温度变化

温度变化试验按照GB/T 2423.22—2012中试验Nb的规定进行，箱温变化平均速度为(1±0.2)℃/min，循环数为2，暴露时间 T_1 为1 h。高度表进行初始检测、中间检测和最后检测项目，在试验期间，接通电源，高度表应无故障地工作，作为中间检测，循环结束后，箱温达到正常试验大气条件的温度并稳定后取出箱外，放置2 h后进行最后检测，高度表应符合5.2.2～5.2.7的要求。天线的初始检测和最后检测项目为驻波比和绝缘电阻。

6.4.4 交变湿热

交变湿热试验按GB/T 2423.4—2008试验Db进行，高温温度为+55 ℃，周期天数6 d。高度表进行初始检测、中间检测和最后检测项目，在每一循环的高温期的最后2 h时间内，接通电源，高度表应无故障地工作，作为中间检测。循环结束后，箱温达到正常试验大气条件的温度并稳定后取出箱外，放置24 h后进行最后检测，高度表应符合5.2.2～5.2.7的要求。天线的初始检测和最后检测项目为驻波比和绝缘电阻。

6.4.5 低气压

低气压试验按GJB 150.2—1986中4.2的规定进行，试验气压为25 kPa，温度为−55 ℃，持续时间为3 min。高度表进行初始检测、最后检测项目，应满足5.2.2～5.2.7的要求。天线的初始检测和最后检测项目为驻波比和绝缘电阻。

6.4.6 振动

振动试验条件应符合5.3.6的要求，试验程序按GJB 150.16—1986中4.1、4.2、4.5的规定。试验后，高度表进行初始检测和最后检测项目，应符合5.2.2～5.2.7的要求。天线的初始检测和最后检测项目为驻波比和绝缘电阻。

6.4.7 加速度

加速度试验条件应符合5.3.7的要求，试验程序按GJB 150.15—1986中第4章的规定进行。高度表进行初始检测、最后检测项目，应满足5.2.2～5.2.7的要求。天线的初始检测和最后检测项目为驻波比和绝缘电阻。

6.4.8 冲击

6.4.8.1 工作冲击

按照在飞机上使用的安装方式，通过专用夹具把高度表固定在冲击台上，以平行于高度表垂直轴的上、下两方向各冲击3次，在平行于高度表水平长轴的前、后两个方向各冲击3次，在平行于高度表的水平短轴的左、右两个方向上各冲击3次，共计18次。每一次冲击峰值加速度为60 m/s²，脉冲持续时间为11 ms。

高度表应进行初始检测和最后检测项目。冲击后，高度表应进行外观检查、机械检查及性能检查，进行最后检测，并符合5.2.2～5.2.7的要求。天线的初始检测和最后检测项目为驻波比和绝缘电阻。

6.4.8.2 碰撞安全性冲击

对每一个6.4.8.1所述位置上的高度表施加一个峰值加速度为150 m/s²，脉冲持续时间为11 ms的冲击，共计6次。在6次冲击完后，检查高度表是否有机械损伤。这时允许有弯曲和变形现象，但安装连接部分不得有机械损伤，高度表不得移位。

此试验也可以用一个相同质量的模型来代替高度表，但不得改变重心位置，而且模型的安装不得增加高度表外壳和安装架的安装强度。

6.4.9 霉菌

霉菌试验按GB/T 2423.16—2008中试验方法1进行，暴露时间28 d(先于盐雾试验)。高度表不包装、不通电置于试验箱中进行试验。试验结束后，按下列要求：

a) 试后从箱中取出高度表和天线立即进行外观检查，长霉程度不超过2级；

b) 擦去霉丝，用放大镜检查表面的物理侵蚀程度。

6.4.10 盐雾

盐雾试验按GB/T 2423.17—2008中试验Ka进行，暴露时间不小于48 h。高度表和天线不通电，置于试验箱内，不用的插头座应加上防护盖。试验结束后，退下外壳，用流动水洗掉外壳上的盐沉积物，用蒸馏水的棉球清洗渗入到高度表内部的盐渍，检查腐蚀情况。

注：做过盐雾试验的产品，不能再做霉菌试验。

6.5 电源变化

6.5.1 上限电压

6.5.1.1 使用28 V直流电源的高度表，把输入电压调整到上限电压，工作时间30 min以上，在此期间内高度表应满足5.2.2～5.2.7的要求。

6.5.1.2 使用115 V交流电源的高度表，把输入电压调整到上限电压，频率调整到上限频率，工作时间30 min以上，在此期间内高度表应满足5.2.2～5.2.7的要求。

6.5.2 下限电压

6.5.2.1 使用28 V直流电源的高度表，把输入电压调整到下限电压，工作时间30 min以上，在此期间内，高度表应满足5.2.2～5.2.7的要求。

6.5.2.2 使用115 V交流电源的高度表，把输入电压调整到下限电压，频率调整到下限频率，工作时间30 min以上，在此期间内高度表应满足5.2.2～5.2.7的要求。

6.6 可靠性与可维修性

可靠性与可维修性试验，按产品标准规定的方法进行。

6.7 可测试性和可保障性

可测试性和可保障性试验，按产品标准规定的方法进行。

6.8 电磁兼容性

高度表的电磁兼容性试验，根据产品标准的规定，按GJB 152A—1997的有关项目进行。

6.9 运输

运输试验在模拟试验台上进行，把符合包装要求的高度表(包括成套要求的所有附件)，固定在运输试验台上，以振动频率 4 Hz、振幅 10 mm 的强度，试验时间 2 h；或按产品标准规定的实际运输试验。

试验后检查，包装状态应完好，并对高度表进行机械检查及性能检查。

6.10 飞行试验

高度表安装在飞行器上，进行实际飞行试验，对高度表进行全面考核，或按照特殊用途的测量条件，应符合产品标准的规定。

7 检验规则

7.1 检验分类

检验分类如下：

a) 定型检验；

b) 交收检验；

c) 例行检验。

7.2 检验项目

检验项目见表 5。

表 5 检验项目

序号	检验项目		定型检验	交收检验	例行检验	技术要求章条号	试验方法章条号
1	一般要求	外观	●	○	—	5.1.1	6.2.1
2		外形尺寸与重量	●	○	—	5.1.2	6.2.2
3		安全性	●	—	—	5.1.3	6.2.3
4		工作频率	●	○	—	5.1.4	6.2.4
5		收发机	●	—	—	5.1.5	6.2.5
6		指示器	●	—	—	5.1.6	6.2.6
7		天线	●	○	—	5.1.7	6.2.7
8		高频电缆	●	○	—	5.1.8	6.2.8
9		控制器的操作和可接近性	○	—	—	5.1.9	6.2.9
10		自检	●	○	—	5.1.10	6.2.10
11		多路工作	○	—	—	5.1.11	6.2.11
12		预热时间	●	○	—	5.1.12	6.2.12
13		输出接口	●	—	—	5.1.13	6.2.13
14		供电电源	●	—	—	5.1.14	6.2.14
15		剩余高度	●	—	—	5.1.15	6.2.15
16	测高范围		●	—	—	5.2.1	6.3.1

表 5（续）

序号	检验项目		定型检验	交收检验	例行检验	技术要求章条号	试验方法章条号
17	测高精度		●	●	—	5.2.2	6.3.2
18	指示器精度		●	●	—	5.2.3	6.3.3
19	灵敏度		●	●	—	5.2.4	6.3.4
20	高度告警范围和告警精度		●	●	—	5.2.5	6.3.5
21	故障告警		●	●	—	5.2.6	6.3.6
22	闭锁功能		●	●	—	5.2.7	6.3.7
23	输出噪声		●	●	—	5.2.8	6.3.8
24	响应时间		●	—	—	5.2.9	6.3.9
25	高温	高温贮存	●	—	●	5.3.1.1	6.4.1.1
26		高温工作	●	—	●	5.3.1.2	6.4.1.2
27	低温	低温贮存	●	—	●	5.3.2.1	6.4.2.1
28		低温工作	●	—	●	5.3.2.2	6.4.2.2
29	温度变化		●	—	●	5.3.3	6.4.3
30	交变湿热		●	—	●	5.3.4	6.4.4
31	低气压		●	—	—	5.3.5	6.4.5
32	振动		●	—	●	5.3.6	6.4.6
33	加速度		●	—	—	5.3.7	6.4.7
34	冲击		●	—	◎	5.3.8	6.4.8
35	霉菌		○	—	—	5.3.9	6.4.9
36	盐雾		○	—	—	5.3.10	6.4.10
37	电源变化		●	●	—	5.4	6.5
38	可靠性和可维修性		○	—	—	5.5	6.6
39	可测试性和可保障性		○	—	—	5.6	6.7
40	电磁兼容性		●	—	—	5.7	6.8
41	运输		●	—	●	5.8	6.9
42	飞行试验		●	—	—	5.9	6.10

注：●表示必须检验的项目；○表示当需要时做的检验项目；◎表示只做工作冲击；—表示不进行检验的项目。

7.3 定型检验

7.3.1 高度表在设计定型时应进行定型检验。

7.3.2 定型检验由承制方负责进行，订货方可派代表参加，检验后应提交定型检验报告。

7.3.3 进行定型检验的高度表应为 1～2 套。

7.3.4 检验中出现故障（或某项技术指标达不到要求）时，应停止检验，分析故障原因，以便确定故障是孤立现象还是设计上的缺陷。若故障属于孤立的现象，排除后应继续进行；若故障属于设计上的缺陷，应改进设计，消除故障，并提出故障分析报告，然后重新进行定型检验。

7.4 交收检验

7.4.1 批量生产的每一套高度表都应进行交收检验。
7.4.2 交收检验由承制方负责进行。订货方可派代表参加。检验后应提交检验报告。
7.4.3 检验中出现故障时，应停止检验，分析故障原因，排除故障后，重新进行检验。

7.5 例行检验

7.5.1 批量生产的每一批高度表都应进行例行检验。
7.5.2 例行检验由承制方负责进行，订货方可派代表参加，检验后应提交例行检验报告。
7.5.3 进行例行检验的高度表应在交收检验合格的高度表中按表 6 的要求随机抽取。

表 6 例行检验随机抽样表

提交交收检验高度表的套数	例行检验高度表的套数
≤10	1
11～100	2
101～200	3
200 以上	每增加 200 套或不足 200 套抽 1 套

7.5.4 检验中出现故障时，应停止检验，分析故障原因，采取措施，数量加倍重做该项试验，合格后可继续进行试验。

7.6 判定规则

7.6.1 交收检验、例行检验均合格的高度表，订货方应全部接收。
7.6.2 对交收检验、例行检验出现的故障，不能排除或达不到产品标准的应拒收。

7.7 检验后样机处理

7.7.1 经过定型检验的高度表，不得作为供货的产品出厂，而应由承制方保存，供制造、检验时使用。
7.7.2 经过例行检验的高度表，应更换短寿命元器件和试验中确属受损的元器件，并将其恢复原状。样机恢复后，重新进行交收检验，性能达到同批产品的水平，可随本批高度表提交订货方。

8 标志、包装、运输、贮存

8.1 标志

8.1.1 产品标志

a) 制造厂名称；
b) 产品名称；
c) 产品型号；
d) 生产批号。

8.1.2 包装标志

包装标志应符合 GB/T 191—2008 的规定。

8.2 包装

8.2.1 包装要求

包装按 HB 5870 的规定。

8.2.2 随机文件

随机文件包括：

a) 产品合格证书；

b) 产品使用说明书；

c) 装箱单；

d) 随机备附件清单；

e) 其他有关技术资料。

8.3 运输

包装好的高度表在不受雨雪和烈日的直接影响下适用于公路、铁路、水路、空中等单一运输或上述任一组合运输。

8.4 贮存

包装好的高度表应贮存在环境温度为 0 ℃～35 ℃，相对湿度不大于 80%，无酸碱腐蚀、无强烈机械振动和无强磁场作用的库房里。贮存期应不小于 3 a。

附 录 A
（规范性附录）
高度表温度-高度试验的使用条件分类

根据高度表在飞机上的使用和安装情况，将高度表分成以下几种类别：

A1 类

预期安装在飞机上控制温度和具有不低于 4 500 m 平均海平面等效高度压力的增压区内的高度表定为 A1 类。这一类也适应于不增压和在不高于 4 500 m 的平均海平面高度上飞行的飞机。

A2 类

预期安装在飞机上部分控制温度，但具有不低于 4 500 m 平均海平面等效高度压力的增压区内的高度表定为 A2 类。这一类也适用于不增压和在不高于 4 500 m 平均海平面高度上飞行的飞机。

A3 类

预期安装在不高于 4 500 m 平均海平面高度上飞行的、温度要求不同于 A1 和 A2 类的不增压飞机上的高度表定为 A3 类。

B1 类

预期安装在高达 7 500 m 平均海平面高度上飞行的飞机上不增压和控制温度的区内的高度表定为 B1 类。

B2 类

预期安装在高达 7 500 m 平均海平面高度上飞行的飞机上不增压和不控制温度区内高度表定为 B2 类。

B3 类

预期安装在高达 7 500 m 平均海平面高度上飞行的、温度要求不同于 B1 和 B2 类的不增压飞机上的高度表定为 B3 类。

C1 类

预期安装在高达 10 000 m 平均海平面高度上飞行的飞机上的不增压和控制温度区内的高度表定为 C1 类。

C2 类

预期安装在高达 10 000 m 平均海平面高度上飞行的飞机上不增压和不控制温度区内的高度表定为 C2 类。

C3 类

预期安装在高达 10 000 m 平均海平面高度上飞行的，温度要求不同于 C1 和 C2 类的不增压飞机上的高度表定为 C3 类。

D1 类

预期安装在高达 15 000 m 平均海平面高度上飞行的飞机上不增压和控制温度区内的高度表定为 D1 类。

D2 类

预期安装在高达 15 000 m 平均海平面高度上飞行的飞机上不增压和不控制温度区内的高度表定为 D2 类。

E1 类

预期安装在高达 21 000 m 平均海平面高度上飞行的飞机上不增压和不控制温度区的高度表定为

E1 类。

F1 类

预期安装在高达 16 000 m 平均海平面高度上飞行的飞机上不增压和控制温度区内的高度表定为 F1 类。

F2 类

预期安装在高达 16 000 m 平均海平面高度上飞行的飞机上不增压和不控制温度区内的高度表定为 F2 类。

ICS 21.220.10
J 18

GB

中华人民共和国国家标准

GB/T 11616—2013
代替 GB/T 11616—1989

同步带传动 节距型号 MXL、XXL、XL、L、H、XH 和 XXH 同步带尺寸

Synchronous belt drives—Belts with pitch codes—MXL, XXL, XL, L, H, XH and XXH—Synchronous belt dimensions

(ISO 5296:2012, Synchronous belt drives—Belts with pitch codes—MXL,XXL,XL,L,H,XH and XXH—Metric and inch dimensions,MOD)

2013-12-17 发布 2014-10-01 实施

中华人民共和国国家质量监督检验检疫总局
中国国家标准化管理委员会 发布

前　言

本标准按照 GB/T 1.1—2009 给出的规则起草。

本标准代替 GB/T 11616—1989《同步带尺寸》，与 GB/T 11616—1989 相比，主要技术变化如下：

——增加了节线差的图示和具体数值(见图 1 和表 1)；

——增加了双面齿带的带长和带宽要求(见 3.3 和表 6)；

——删除了 XXL 型带长度代号(见 1989 年版的表 6)。

本标准使用重新起草法修改采用 ISO 5296:2012《同步带传动　节距型号 MXL，XXL，XL，L，H，XH 和 XXH 同步带米制与英制尺寸》。

本标准与 ISO 5296:2012 相比，在结构上对章条顺序进行了调整。

本标准与 ISO 5296:2012 的技术性差异为：

——增加了节线差的图示和具体数值(见图 1 和表 1)；

——增加了节线长计算公式[见式(1)]。

本标准由中国机械工业联合会提出。

本标准由全国带轮与带标准化技术委员会(SAC/TC 428)归口。

本标准起草单位：宁波伏龙同步带有限公司、中机生产力促进中心、宁波凯驰胶带有限公司、宁波贝递同步带有限公司、浙江肯莱特传动工业有限公司、宁波捷豹集团有限公司。

本标准主要起草人：陆红芬、潘海瑞、周玉杰、应建丽、陆国平、汪金芳、张蓉。

本标准所代替标准的历次版本发布情况为：

——GB/T 11616—1989。

同步带传动　节距型号 MXL、XXL、XL、L、H、XH和XXH 同步带尺寸

1　范围

本标准规定了MXL,XXL,XL,L,H,XH和XXH 7种型号梯型齿同步带(以下简称带)的型式及标记、尺寸和带长测量。

本标准适用于一般工业用同步带传动。

2　型式及标记

2.1　型式

带的型式按带齿分布情况分为:

a)　单面齿同步带:仅一面有齿的同步带,见图1a)。

b)　双面齿同步带:双面都有齿的同步带。双面齿同步带的带齿节距和齿形与单面齿同步带的带齿节距和齿形相同。双面齿同步带根据带齿的相对位置又分为对称和交错双面齿同步带,对称双面齿同步带型式代号为DA,见图1b),交错双面齿同步带型式代号为DB,见图1c)。

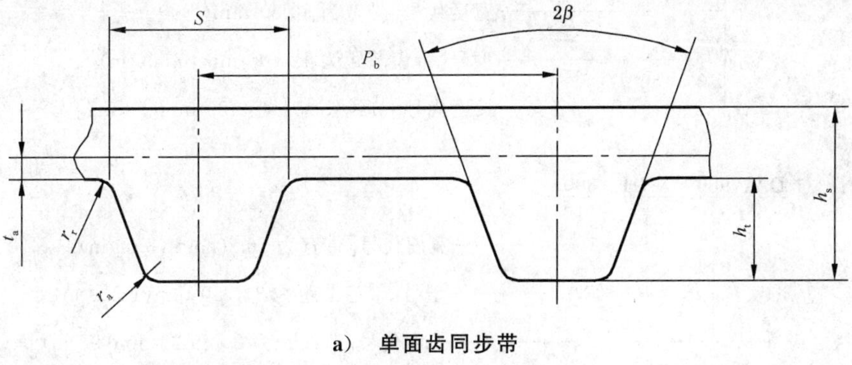

a)　单面齿同步带

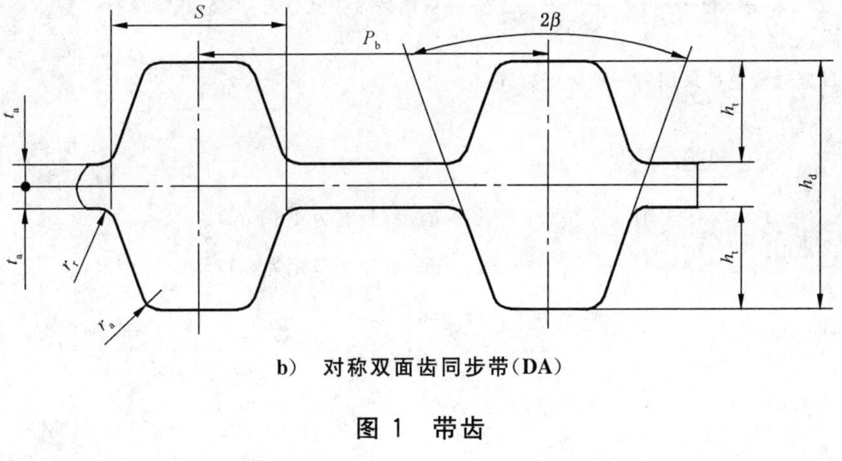

b)　对称双面齿同步带(DA)

图1　带齿

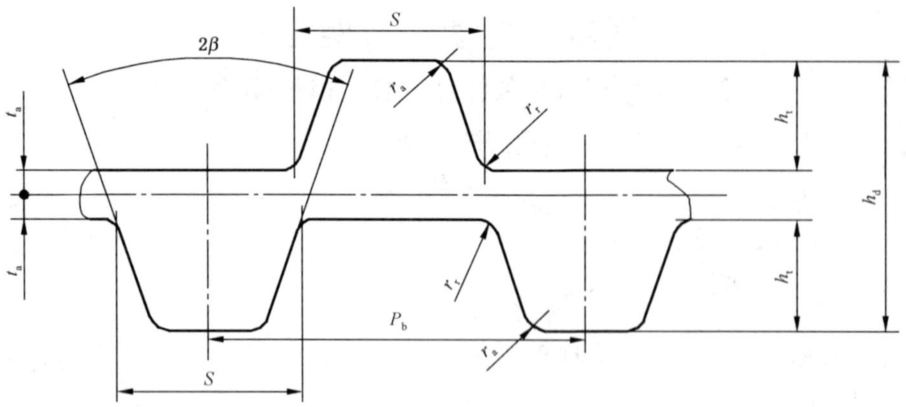

c) 交错双面齿同步带(DB)

图 1(续)

2.2 标记

带的标记由长度代号、型号、宽度代号组成。对于双面同步带，还应在最前面表示出型式代号 DA 或 DB。

示例：

980 H 200

- 200——宽度代号[带宽为 50.80 mm(2.00 in)]
- H——型号[带齿节距为 12.700 mm(0.500 in)]
- 980——长度代号[节线长为 2 489.20 mm(98 in)]

DA 980 XXH 300

- 300——宽度代号[带宽为 76.20 mm(3.00 in)]
- XXH——型号[带齿节距为 31.750 mm(1.250 in)]
- 980——长度代号[节线长为 2 489.20 mm(98 in)]
- DA——双面齿带型式代号(对称式)

MXL 和 XXL 型号带也可采用另一种标记方式：

B 120 XXL 4.8

- 4.8——宽度(带宽为 4.8 mm)
- XXL——型号[带齿节距为 3.175 mm(0.125in)]
- 120——带齿数
- B——标记代号

3 尺寸

3.1 型号与节距

按节距的不同，带可分为 7 种型号，如表 1 所示。

表 1 型号与节距

型号	节距 P_b		节线差 t_a	
	mm	in	mm	in
MXL	2.032	0.080	0.254	0.010
XXL	3.175	0.125	0.254	0.010
XL	5.080	0.200	0.254	0.010
L	9.525	0.375	0.381	0.015
H	12.700	0.500	0.686	0.027
XH	22.225	0.875	1.397	0.055
XXH	31.750	1.250	1.524	0.060

3.2 带齿

带齿尺寸规定见图 1 和表 2。

表 2 带齿尺寸

型号	$2\beta/(°)$	齿根厚 S		齿高 h_t		齿根圆角半径 r_r		齿顶圆角半径 r_a	
		mm	in	mm	in	mm	in	mm	in
MXL	40	1.14	0.045	0.51	0.020	0.13	0.005	0.13	0.005
XXL	50	1.73	0.068	0.76	0.030	0.20	0.008	0.30	0.012
XL	50	2.57	0.101	1.27	0.050	0.38	0.015	0.38	0.015
L	40	4.65	0.183	1.91	0.075	0.51	0.020	0.51	0.020
H	40	6.12	0.241	2.29	0.090	1.02	0.040	1.02	0.040
XH	40	12.57	0.495	6.35	0.250	1.57	0.062	1.19	0.047
XXH	40	19.05	0.750	9.53	0.375	2.29	0.090	1.52	0.060

3.3 带长

带长以节线长表示，单面齿同步带带长及其极限偏差见表 3 和表 4。双面齿同步带的带长与单面齿同步带的带长相同，正偏差为单面齿同步带正偏差的 1.5 倍，负偏差为单面齿同步带负偏差的 2 倍。

表 3 XL、L、H、XH、XXH 型带长及极限偏差

长度代号	节线长 L_P		极限偏差		齿数				
	mm	in	mm	in	XL	L	H	XH	XXH
60	152.4	6	±0.41	±0.016	30				
70	177.8	7	±0.41	±0.016	35				
80	203.2	8	±0.41	±0.016	40				
90	228.6	9	±0.41	±0.016	45				
100	254	10	±0.41	±0.016	50				
110	279.4	11	±0.46	±0.018	55				
120	304.8	12	±0.46	±0.018	60				
124	314.33	12.375	±0.46	±0.018		33			
130	330.20	13.000	±0.46	±0.018	65				
140	355.60	14.000	±0.46	±0.018	70				
150	381.00	15.000	±0.46	±0.018	75	40			
160	406.40	16.000	±0.51	±0.02	80				
170	431.80	17.000	±0.51	±0.02	85				
180	457.20	18.000	±0.51	±0.02	90				
187	476.25	18.750	±0.51	±0.02		50			
190	482.60	19.000	±0.51	±0.02	95				
200	508.00	20.000	±0.51	±0.02	100				
210	533.40	21.000	±0.61	±0.024	105	56			
220	558.80	22.000	±0.61	±0.024	110				
225	571.50	22.500	±0.61	±0.024		60			
230	584.20	23.000	±0.61	±0.024	115				
240	609.60	24.000	±0.61	±0.024	120	64	48		
250	635.00	25.000	±0.61	±0.024	125				
255	647.70	25.500	±0.61	±0.024		68			
260	660.40	26.000	±0.61	±0.024	130				
270	685.80	27.000	±0.61	±0.024		72	54		
285	723.90	28.500	±0.61	±0.024		76			
300	762.00	30.000	±0.61	±0.024		80	60		
322	819.15	32.250	±0.66	±0.026		86			
330	838.20	33.000	±0.66	±0.026			66		

表 3（续）

长度代号	节线长 L_P		极限偏差		齿　数				
	mm	in	mm	in	XL	L	H	XH	XXH
345	876.30	34.500	±0.66	±0.026		92			
360	914.40	36.000	±0.66	±0.026			72		
367	933.45	36.750	±0.66	±0.026		98			
390	990.60	39.000	±0.66	±0.026		104	78		
420	1 066.80	42.000	±0.76	±0.03		112	84		
450	1 143.00	45.000	±0.76	±0.03		120	90		
480	1 219.20	48.000	±0.76	±0.03		128	96		
507	1 289.05	50.750	±0.81	±0.032				58	
510	1 295.40	51.000	±0.81	±0.032		136	102		
540	1 371.60	54.000	±0.81	±0.032		144	108		
560	1 422.40	56.000	±0.81	±0.032				64	
570	1 447.80	57.000	±0.81	±0.032			114		
600	1 524.00	60.000	±0.81	±0.032		160	120		
630	1 600.20	63.000	±0.86	±0.034			126	72	
660	1 676.40	66.000	±0.86	±0.034			132		
700	1 778.00	70.000	±0.86	±0.034			140	80	56
750	1 905.00	75.000	±0.91	±0.036			150		
770	1 955.80	77.000	±0.91	±0.036				88	
800	2 032.00	80.000	±0.91	±0.036			160		64
840	2 133.60	84.000	±0.97	±0.038				96	
850	2 159.00	85.000	±0.97	±0.038			170		
900	2 286.00	90.000	±0.97	±0.038			180		72
980	2 489.20	98.000	±1.02	±0.04				112	
1 000	2 540.00	100.000	±1.02	±0.04			200		80
1 100	2 794.00	110.000	±1.07	±0.042			220		
1 120	2 844.80	112.000	±1.12	±0.044				128	
1 200	3 048.00	120.000	±1.12	±0.044					96
1 250	3 175.00	125.000	±1.17	±0.046			250		
1 260	3 200.40	126.000	±1.17	±0.046				144	
1 400	3 556.00	140.000	±1.22	±0.048			280	160	112
1 540	3 911.60	154.000	±1.32	±0.052				176	
1 600	4 064.00	160.000	±1.32	±0.052					128
1 700	4 318.00	170.000	±1.37	±0.054			340		
1 750	4 445.00	175.000	±1.42	±0.056				200	
1 800	4 572.00	180.000	±1.42	±0.056					144

表 4　MXL、XXL 型带长及极限偏差

长度代号	节线长 L_P		极限偏差		齿　数	
	mm	in	mm	in	MXL	XXL
36.0	91.44	3.600	±0.41	±0.016	45	
40.0	101.60	4.000	±0.41	±0.016	50	
44.0	111.76	4.400	±0.41	±0.016	55	
48.0	121.92	4.800	±0.41	±0.016	60	
50.0	127.00	5.000	±0.41	±0.016		40
56.0	142.24	5.600	±0.41	±0.016	70	
60.0	152.40	6.000	±0.41	±0.016	75	48
64.0	162.56	6.400	±0.41	±0.016	80	
70.0	177.80	7.00	±0.41	±0.016		56
72.0	182.88	7.200	±0.41	±0.016	90	
80.0	203.20	8.000	±0.41	±0.016	100	64
88.0	223.52	8.800	±0.41	±0.016	110	
90.0	228.60	9.000	±0.41	±0.016		72
100.0	254.00	10.000	±0.41	±0.016	125	80
110.0	179.40	11.000	±0.46	±0.018		88
112.0	284.48	11.200	±0.46	±0.018	140	
120.0	304.80	12.000	±0.46	±0.018		96
124.0	314.96	12.400	±0.46	±0.018	155	
130.0	330.20	13.000	±0.46	±0.018		104
140.0	355.60	14.000	±0.46	±0.018	175	112
150.0	381.00	15.000	±0.46	±0.018		120
160.0	406.40	16.000	±0.51	±0.020	200	128
180.0	457.20	18.000	±0.51	±0.020		144
200.0	508.00	20.000	±0.51	±0.020	225	160
220.0	558.80	22.000	±0.61	±0.024	250	176

3.4　带宽与带高

带宽的基本尺寸及其极限偏差、单面齿同步带的带高见表 5,双面齿同步带的带高见表 6。

表 5　带宽和带高(单面齿同步带)

型号	带高 h_s		带宽基本尺寸			带宽极限偏差					
			公称尺寸		代号	节线长					
						<838.2 mm (33 in)		838.2 mm(33 in)～ 1 676.4 mm (66 in)		>1 676.4 mm (66 in)	
	mm	in	mm	in		mm	in	mm	in	mm	in
MXL	1.14	0.045	3.2 4.8 6.4	0.12 0.19 0.25	012 019 025	+0.5 −0.8	+0.02 −0.03	—	— — —	— — —	— — —
XXL	1.52	0.06	3.2 4.8 6.4	0.12 0.19 0.25	012 019 025	+0.5 −0.8	+0.02 −0.03	—	— — —	— — —	— — —
XL	2.30	0.09	6.4 7.9 9.5	0.25 0.31 0.37	025 031 037	+0.5 −0.8	+0.02 −0.03	—	—	—	—
L	3.60	0.14	12.7 19.1 25.4	0.5 0.75 1.00	050 075 100	+0.8 −0.8	+0.03 −0.03	+0.8 −1.3	+0.03 −0.05	—	—
H	4.30	0.17	19.1 25.4 38.1	0.75 1.00 1.5	075 100 150	+0.8 −0.8	+0.03 −0.03	+0.8 −1.3	+0.03 −0.05	+0.8 −1.3	+0.03 −0.05
			50.8	2.00	200	+1.3 −1.5	+0.05 −0.06	+1.5 −1.5	+0.06 −0.06	+1.5 −2	+0.06 −0.08
			76.2	3.00	300	+1.3 −1.5	+0.05 −0.06	+1.5 −1.5	+0.06 −0.06	+1.5 −2	+0.06 −0.08
XH	11.20	0.44	50.8 76.2 101.6	2.00 3.00 4.00	200 300 400	— — —	— — —	+4.8 −4.8	+0.19 −0.19	+4.8 −4.8	+0.19 −0.19
XXH	15.7	0.62	50.8 76.2 101.6 127	2.00 3.00 4.00 5.00	200 300 400 500	—	—	—	—	+4.8 −4.8	+0.19 −0.19

表 6 双面齿同步带的带高

型 号	带高 h_d	
	mm	in
MXL	1.53	0.060
XXL	2.03	0.080
XL	3.05	0.120
L	4.58	0.180
H	5.95	0.234
XH	15.49	0.610
XXH	22.10	0.870

4 带长测量

4.1 测量装置

测量装置(见图 2)由两个相同直径的带轮、施加测量力装置和中心距测量装置组成。两带轮均可自由转动,其中一个带轮的轴支架固定,另一个带轮的轴支架可沿两带轮中心连线游动。带轮槽型应与测量带型号相同,其齿数、尺寸、极限偏差和带齿与轮齿侧间隙(见图 3)的规定见表 7,测量力见表 8。

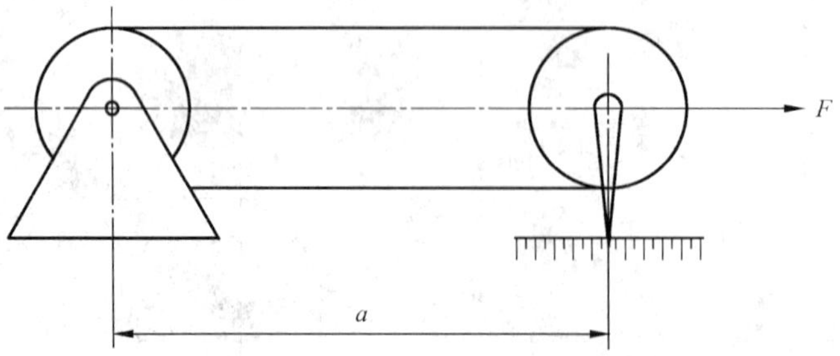

说明:
F ——测量力;
a ——中心距。

图 2 测量装置简图

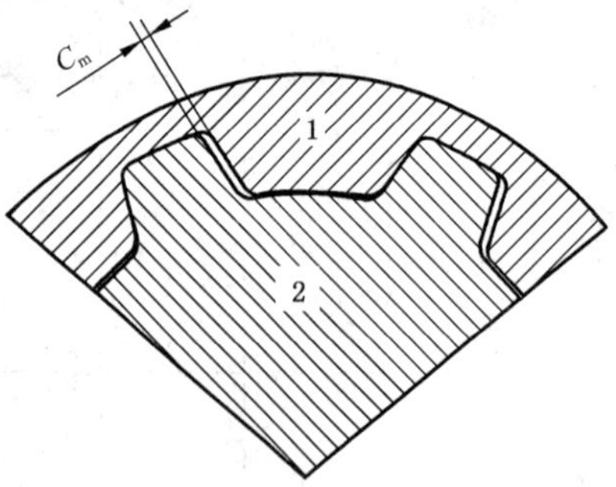

说明:
1——带;
2——带轮。

图 3 齿侧间隙

表 7 测量带轮参数

型号	齿数	节圆周长 C_P		外径 d_0		径向全跳动		端面全跳动		最小齿侧间隙 C_m	
		mm	in	mm	in	mm	in	mm	in	mm	in
MXL	20	40.64	1.6	12.428 ±0.013	0.489 3 ±0.000 5	0.013	0.000 5	0.025	0.001	0.25	0.010
XXL	16	50.80	2	15.662 ±0.013	0.616 6 ±0.000 5	0.013	0.000 5	0.025	0.001	0.3	0.012
XL	10	50.8	2	15.682 ±0.013	0.616 6 ±0.000 5	0.013	0.000 5	0.025	0.001	0.3	0.012
L	16	152.4	6	47.748 ±0.013	1.879 9 ±0.000 5	0.013	0.000 5	0.025	0.001	0.33	0.013
H	20	254	10	79.749 ±0.013	3.129 1 ±0.000 5	0.013	0.000 5	0.025	0.001	0.38	0.015
XH	24	533.4	21	166.992 ±0.025	6.574 5 ±0.001	0.013	0.000 5	0.051	0.002	0.53	0.021
XXH	24	762	30	239.504 ±0.025	9.429 3 ±0.001	0.013	0.000 5	0.076	0.003	0.64	0.025

4.2 测量程序

将带安装在测量装置的两带轮上，施加表 8 规定的测量力，将带至少转动两圈以上，使带齿与轮齿啮合良好并使测量力均匀分配在带的两边，测出两带轮之间的中心距，并按式(1)计算带的节线长 L_p。

$$L_p = 2a + C_p \qquad \cdots\cdots(1)$$

式中：

a ——中心距，单位为毫米(mm)；

C_p——测量带轮节圆周长，单位为毫米(mm)。

表 8 MXL、XL、XXL、L、H、XH、XXH 型带长测量力

宽度代号	带宽		测量力													
			MXL		XXL		XL		L		H		XH		XXH	
	mm	in	N	lbf	N	lbf	N	lbf	N	lbf	N	lbf	N	lbf	N	lbf
012	3.2	0.12	13	3	14	3.2										
019	4.8	0.19	20	4.5	22	5.0										
025	6.4	0.25	27	6	31	7.0	36	8								
031	7.9	0.31					44	10								
037	9.5	0.37					53	12								
050	12.7	0.50							105	24						
075	19.1	0.75							180	40	445	100				
100	25.4	1.00							245	55	620	140				
150	38.1	1.50									980	220				
200	50.8	2.00									1 340	300	2 000	450	2 500	550
300	76.2	3.00									2 100	470	3 100	700	3 900	875
400	101.6	4.00											4 500	1 000	5 600	1 250
500	127.0	5.00													7 100	1 600

ICS 13.280
C 57

中华人民共和国国家标准

GB/T 11743—2013
代替 GB/T 11743—1989

土壤中放射性核素的γ能谱分析方法

Determination of radionuclides in soil by gamma spectrometry

2013-12-31 发布　　　　2014-12-01 实施

中华人民共和国国家质量监督检验检疫总局
中国国家标准化管理委员会　发布

前　言

本标准按照 GB/T 1.1—2009 给出的规则起草。

本标准代替 GB/T 11743—1989《土壤中放射性核素的 γ 能谱分析方法》。

本标准与 GB/T 11743—1989 相比，主要技术变化如下：

——“比活度”修改为“活度浓度”；

——删除了术语和定义；

——修改了高纯锗 γ 能谱仪和 NaI γ 能谱仪的性能指标要求；

——修改了能量刻度和效率刻度的能量范围；

——修改了“γ 能谱分析方法”中公式的表述；

——删除了计数统计标准差，增加了计数不确定度和扩展不确定度；

——增加了低于仪器测量探测下限时的表述方法；

——增加了附录“能量刻度用单能和多能核素”；

——删除了附录“常用的 γ 射线发射概率大于 1% 的天然放射性核素表”中部分核素；

——修改了附录“γ 能谱分析中的逆矩阵法”中公式的表述。

本标准由中华人民共和国卫生部提出并归口。

本标准由中华人民共和国卫生部解释。

本标准起草单位：中国疾病预防控制中心辐射防护与核安全医学所、新疆维吾尔自治区疾病预防控制中心、包钢集团公司劳动卫生职业病防治研究所。

本标准主要起草人：徐翠华、张庆、王玉文、赵如意、任天山、张京、李文红。

本标准所代替标准的历次版本发布情况为：

——GB/T 11743—1989。

土壤中放射性核素的γ能谱分析方法

1 范围

本标准规定了实验室用γ能谱仪分析土壤中放射性核素活度浓度的常规方法。

本标准适用于土壤中γ放射性核素的分析。

2 仪器装置

2.1 γ能谱仪

2.1.1 探测器

2.1.1.1 碘化钠[NaI(Tl)]探测器

应用尺寸不小于$\phi 7.5$ cm×$H7.5$ cm的圆柱形NaI(Tl)探测器测量土壤样品。优先选用低钾NaI(Tl)晶体和低噪声光电倍增管。整个晶体密封于有透光窗的密封容器中，晶体与光电倍增管形成光耦合。探测器对^{137}Cs的661.6 keV光峰的分辨力应优于9%。

2.1.1.2 半导体探测器

应根据γ射线能量范围采用不同材料和不同类型的半导体探测器。测量土壤样品可优先采用单开端同轴高纯锗探测器，其对^{60}Co 1 332.5 keVγ射线的能量分辨力(FWHM)应优于2.5 keV，相对于$\phi 7.5$ cm×$H7.5$ cm (3″×3″)NaI(Tl)探测器的相对效率不低于20%。

2.1.2 屏蔽

探测器装置应置于等效铅当量不小于10 cm的金属屏蔽室中，屏蔽室内壁距晶体表面的距离>13 cm，在铅室的内表面应有原子序数逐渐递减的多层内屏蔽材料，内屏蔽从外向里依次衬有厚度≥1.6 mm的镉或锡、≥0.4 mm的铜以及2 mm～3 mm的有机玻璃，以减少能量为72 keV～95 keV的Pb特征X射线的影响。如：可由0.4 mm的铜、1.6 mm的镉及2 mm～3 mm厚的有机玻璃等组成。屏蔽室应有便于取、放样品的门或窗。

2.1.3 高压电源

应有保证探测器稳定工作的高压电源，其相对纹波电压不大于±0.01%，对半导体探测器电压应在0 V～±5 000 V，1 μA～100 μA范围内连续可调，不能有间断点。

2.1.4 谱放大器

应有与前置放大器及脉冲高度分析器匹配的具有波形调节的放大器。

2.1.5 脉冲高度分析器

NaI(Tl)谱仪的道数应不少于512道，对于高纯锗γ能谱仪其道数应不少于8 192道。

2.1.6 计算机系统

要求与整套谱仪系统硬件相匹配，并已安装适合整套谱仪系统的获谱、解谱软件，以及配套输出终端，如打印机等。

2.2 测量容器

根据样品的多少及探测器的形状、大小选用不同尺寸及形状的样品盒，如：容器底部直径等于或小于探测器直径的圆柱型样品盒或与探测器尺寸相匹配的环形样品盒。容器应选用天然放射性核素含量低、无人工放射性污染的材料制成，如 ABS(丙烯腈-苯乙烯-丁二烯共聚物)树脂或聚乙烯。

3 γ 能谱仪的刻度

3.1 能量刻度

3.1.1 用已知核素的刻度源刻度 γ 能谱系统

能量刻度范围应从 40 keV～2 000 keV。适用于能量刻度的单能和多能核素参见附录 A。能量刻度至少包括四个能量均匀分布在所需刻度能区的刻度点。记录刻度源的特征 γ 射线能量和相应全能峰峰位道址，可在直角坐标纸上作图或对数据作最小二乘直线或抛物线拟合。高纯锗 γ 能谱仪的能量非线性绝对值不应超过 0.5%，NaI(Tl)γ 能谱仪的能量非线性绝对值不应超过 5%。

3.1.2 能量和道址关系的变化

若能量刻度曲线的斜率和截距的变化绝对值不超过 0.5%，可利用已有的刻度数据，否则应重新刻度。γ 能谱仪的稳定性越好，能量刻度变化的可能性就越小。

3.2 效率刻度

3.2.1 效率刻度体标准源

对于一般土壤样品测量用铀、镭、钍、钾的体标准源进行效率刻度。用作效率刻度的标准源其几何形状要与被测样品相同，基质密度和有效原子序数要尽量与被测样品相近。对于某些涉及长寿命人工放射性核素 ^{137}Cs 的测量，还应另外制备 ^{137}Cs 体标准源备用。

3.2.2 效率刻度曲线

当级联和跨越效应可忽略，γ 射线全吸收峰探测效率是 γ 射线能量的函数。求出若干个不同能量单能 γ 射线全吸收峰探测效率后可在坐标纸上做出探测效率与 γ 射线能量的关系曲线(效率曲线)或用计算机对实验点作加权最小二乘法曲线拟合得到效率曲线。在 40 keV～2 000 keV 范围内用 n 次对数多项式拟合可达到满意的效果，表达式见式(1)：

$$\ln\varepsilon = \sum_{i=0}^{n-1} a_i (\ln E_\gamma)^i \qquad \cdots\cdots(1)$$

式中：

ε ——实验 γ 射线全吸收峰效率值；

a_i ——拟合常数；

E_γ——相应的 γ 射线能量，单位为千电子伏(keV)。

效率刻度的相对标准不确定度应小于 5%。

4 体标准源制备

4.1 体标准源要求

γ能谱仪效率刻度用的体标准源由模拟基质加特定核素的标准溶液或标准矿粉均匀混合后制成，应满足均匀性好、核素活度准确、稳定、密封等要求。

4.2 模拟基质

选用放射性本底低，容易均匀混合，与待测样品密度相近的物质作为模拟基质。对于填充密度在 0.8 g/cm^3～1.6 g/cm^3 的土壤样品的体标准源以一定比例的氧化铝和二氧化硅作为模拟基质。

4.3 体标准源活度

体标准源的活度要适中，一般为被测样品的 10 倍～30 倍，具体倍数根据样品量的多少及强弱而定。

4.4 体标准源密封

制备好的铀、镭体标准源应放入样品盒中密封 3 周～4 周，使铀镭及其短寿命子体达到平衡后再使用。

4.5 体标准源的不确定度

体标准源活度的总不确定度应在 5%以内。

5 样品制备

剔除杂草、碎石等异物的土壤样品经 100 ℃烘干至恒重，压碎过筛(40 目～60 目)，称重后装入与刻度γ能谱仪的体标准源相一致的样品盒中，密封、放置 3 周～4 周后测量。

6 测量

6.1 本底测量

应测量模拟基质本底谱和空样品盒本底谱，在求体标准源全能峰净面积时，应将体标准源全能峰计数减去相应模拟基质本底计数，土壤样品的全能峰计数应扣除相应空样品盒本底计数。

6.2 体标准源测量

测量体标准源时，其相对探测器的位置应与测量土壤样品时相同。

6.3 测量时间及测量计数不确定度

测量时间根据被测体标准源或样品的强弱而定。体标准源的测量不确定度应小于 5%。土壤样品中放射性核素活度的扩展不确定度(包含因子为 2)应满足：铀小于 20%，镭、钍、钾小于 10%，^{137}Cs 小于 15%。

7 γ能谱分析方法

7.1 相对比较法

相对比较法适用于有待测核素体标准源可利用情况下样品中放射性核素活度浓度的分析。

利用多种计算机解谱方法,如:总峰面积法、函数拟合法、逐道最小二乘拟合法等,计算出体标准源和样品谱中各特征峰的全能峰净面积。体标准源中第 j 种核素的第 i 个特征峰的刻度系数 C_{ji} 见式(2)。

$$C_{ji}=\frac{A_j}{Net_{ji}} \qquad \cdots\cdots(2)$$

式中:

A_j ——体标准源中第 j 种核素的活度,单位为贝可(Bq);

Net_{ji}——体标准源中第 j 种核素的第 i 个特征峰的全能峰净面积计数率,单位为每秒计数(计数/s)。

被测样品中第 j 种核素的活度浓度 Q_j 见式(3):

$$Q_j=\frac{C_{ji}(A_{ji}-A_{ji\mathrm{b}})}{WD_j} \qquad \cdots\cdots(3)$$

式中:

Q_j ——被测样品中第 j 种核素的活度浓度,单位为贝可每千克(Bq/kg);

A_{ji} ——被测样品第 j 种核素的第 i 个特征峰的全能峰净面积计数率,单位为每秒计数(计数/s);

$A_{ji\mathrm{b}}$ ——与 A_{ji} 相对应的特征峰本底净面积计数率,单位为每秒计数(计数/s);

W ——被测样品净重,单位为千克(kg);

D_j ——第 j 种核素校正到采样时的衰变校正系数。

7.2 效率曲线法

效率曲线法适用于已有效率刻度曲线可利用求被测样品中放射性核素的活度浓度。

根据效率刻度后的效率曲线或效率曲线的拟合函数求出某特定能量γ射线所对应的效率值 η_i,被测样品中第 j 种核素的活度浓度 Q_j 见式(4)。

$$Q_j=\frac{A_{ji}-A_{ji\mathrm{b}}}{P_{ji}\eta_i WD_j} \qquad \cdots\cdots(4)$$

式中:

η_i ——第 i 个γ射线全吸收峰所对应的效率值;

P_{ji} ——第 j 种核素发射第 i 个γ射线的发射概率,常用的γ射线发射概率大于1%的天然放射性核素表参见附录B;

A_{ji} ——被测样品第 j 种核素的第 i 个特征峰的全能峰净面积计数率,单位为每秒计数(计数/s);

$A_{ji\mathrm{b}}$ ——与 A_{ji} 相对应的特征峰本底净面积计数率,单位为每秒计数(计数/s);

W ——被测样品净重,单位为千克(kg);

D_j ——第 j 种核素校正到采样时的衰变校正系数。

7.3 γ能谱分析的逆矩阵法

7.3.1 适用条件

逆矩阵法主要用于样品中核素成分已知而能谱又部分重叠的情况。用NaI(Tl)γ能谱仪分析土壤样品中天然放射性核素 ^{238}U、^{232}Th、^{226}Ra、^{40}K 和人工放射性核素 ^{137}Cs 的活度浓度可用逆矩阵法。

7.3.2 原则

逆矩阵法应先确定响应矩阵，确定响应矩阵的体标准源应包括待测样品中的全部待求核素，且与待测样品有相同的几何和相近的机体组成，不同核素所选特征峰道区不能重合，正确选择特征峰道区是逆矩阵法解析 γ 能谱的基础，特征峰道区选择原则为：

a） 对于发射多种能量 γ 射线的核素，特征峰道区应选择发射概率最大的 γ 射线全能峰道区；

b） 若几种能量的 γ 射线的发射概率接近，应选择其他核素 γ 射线的康谱顿贡献少、能量高的 γ 射线特征峰道区；

c） 若两种核素发射概率最大的 γ 射线特征峰道区重叠，其中一种核素只能取其次要的 γ 射线特征峰；

d） 特征峰道区宽度的选取应使多道分析器的漂移效应以及相邻峰的重叠保持最小。

7.3.3 选用的特征峰道区

用逆矩阵求解土壤中放射性核素的活度浓度，各核素选用的特征峰道区可为 92.6 keV(^{238}U)、352 keV 或 609.4 keV(^{226}Ra)、238.6 keV 或 583.1 keV 或 911.1 keV(^{232}Th)、1 460.8 keV(^{40}K)和 661.6 keV(^{137}Cs)。

7.3.4 计算方法

当求得多种核素混合样品的 γ 能谱中某一特征峰道区的净计数率后，样品中的第 j 种核素的活度浓度 Q_j 见式(5)：

$$Q_j = \frac{1}{WD_j} X_j = \frac{1}{WD_j} \sum_{i=1}^{m} a_{ij}^{-1} C_j \qquad \cdots\cdots\cdots\cdots(5)$$

式中：

a_{ij}——第 j 种核素对第 i 个特征峰道区的响应系数；

C_j——混合样品 γ 能谱在第 i 个特征峰道区上的计数率，单位为每秒计数(计数/s)；

X_j——样品中第 j 种核素的活度，单位为贝可(Bq)；

W——被测样品净重，单位为千克(kg)；

D_j——第 j 种核素校正到采样时的衰变校正系数。

详细的计算方法参见附录 C。

7.4 干扰和影响因素

7.4.1 γ 射线能量相近的干扰

当两种或两种以上核素发射的 γ 射线能量相近，全能峰重叠或不能完全分开时，彼此形成干扰；在核素的活度相差很大或能量高的核素在活度上占优势时，对活度较小、能量较低的核素的分析也带来干扰。数据处理时应尽量避免利用重峰进行计算以减少由此产生的附加分析不确定度。如：铀系的主要 γ 射线是 ^{234}Th 的 92.6 keV，钍系有一个 93.4 keV 的 X 射线，当被测样品钍核素含量高时，93.4 keV 的 X 射线峰将对铀系的 92.6 keV 的峰产生严重干扰。

7.4.2 曲线基底和斜坡基底干扰

复杂 γ 能谱中，曲线基底和斜坡基底对位于其上的全能峰分析构成干扰。只要有其他替代全能峰，就不应利用这类全能峰。

7.4.3 级联加和干扰

级联 γ 射线在探测器中产生级联加和现象。增加样品(或刻度源)到探测器的距离,可减少级联加和的影响。

7.4.4 全谱计数率限制

应将全谱计数率限制到小于 2 000 计数/s,使随机加和损失降到 1%以下。

7.4.5 密度差异

应使效率刻度源的密度与被分析样品的密度相同或尽量接近,以避免或减少密度差异的影响。

8 报告

8.1 报告格式

报告土壤样品分析结果时应报告样品中活度超过探测下限的所有核素的活度浓度及相应的不确定度。

8.2 计数不确定度

由统计计数引起的不确定度 μ 见式(6):

$$\mu=\sqrt{\frac{N_s}{t_s^2}+\frac{N_b}{t_b^2}} \qquad \cdots\cdots\cdots\cdots(6)$$

式中:

N_s ——全能峰净面积计数;

t_s ——样品测量时间,单位为秒(s);

N_b ——相应全能峰的本底净面积计数;

t_b ——本底测量时间,单位为秒(s)。

8.3 扩展不确定度

测量结果的扩展不确定度包括:A 类不确定度(μ_A),由 μ 贡献;B 类不确定度(μ_B),主要由刻度源的不确定度贡献。扩展不确定度 U 由式(7)计算:

$$U=k\sqrt{\mu_A^2+\mu_B^2} \qquad \cdots\cdots\cdots\cdots(7)$$

式中:

k——包含因子,一般取 2,相应置信度约为 95%。

8.4 低于仪器测量探测下限的报告

在报告低活度浓度土壤样品分析结果时,常遇到低于仪器探测下限的情况,这种情况下,只需要把结果表示为"小于探测下限",探测下限的计算方法参见附录 D。

附 录 A
（资料性附录）
能量刻度用单能和多能核素

适用于能量刻度的常用单能和多能核素见表 A.1。

表 A.1 能量刻度用单能和多能核素

核素	半衰期	γ射线能量 keV	γ射线发射概率 %
^{210}Pb	22.3 a	46.5	4.25
^{241}Am	432.6 a	59.54	35.78
^{109}Cd	461.4 d	88.03	3.626
^{57}Co	271.80 d	122.1	85.51
^{141}Ce	32.508 d	145.4	48.29
^{51}Cr	27.703 d	320.1	9.87
^{137}Cs	30.018 a	661.7	84.99
^{54}Mn	312.13 d	834.84	99.974 6
^{22}Na	2.602 7 a	1 274.54	99.940
^{88}Y	106.626 d	898.0	93.90
		1 836.1	99.32
^{60}Co	5.271 a	1 173.2	99.85
		1 332.5	99.982 6
^{152}Eu	13.522a	121.8	28.41
		344.3	26.59
		964.1	14.50
		1 112.1	13.41
		1 408.0	20.85

附　录　B
（资料性附录）
常用的γ射线发射概率大于1%的天然放射性核素表

常用的γ射线发射概率大于1%的天然放射性核素表见表B.1。

表B.1　常用的γ射线发射概率大于1%的天然放射性核素表

核素	能量 keV	发射概率 %	半衰期	产生方式
^{234}Th	63.3	4.8(7)	*L*	^{238}U衰变
^{235}U	143.8	10.96(14)	703.8(5)E6a	天然衰变
^{235}U	185.7	57.2(8)	703.8(5)E6a	天然衰变
^{226}Ra	186.2	3.533(21)	1 600(7)a	天然衰变
^{212}Pb	238.6	43.6(3)	*L*	^{232}Th衰变
^{224}Ra	241.0	4.12(4)	*L*	^{232}Th衰变
^{208}Tl	277.4	6.6(3)	*L*	^{232}Th衰变
^{214}Pb	295.2	19.3(2)	*L*	^{238}U衰变
^{212}Pb	300.1	3.18(13)	*L*	^{232}Th衰变
^{228}Ac	338.3	11.3(3)	*L*	^{232}Th衰变
^{214}Pb	351.9	37.6(4)	*L*	^{238}U衰变
^{208}Tl	583.2	85.0(3)	*L*	^{232}Th衰变
^{214}Bi	609.3	46.1(15)	*L*	^{238}U衰变
^{212}Bi	727.3	6.74(12)	*L*	^{232}Th衰变
^{208}Tl	860.6	12.5(1)	*L*	^{232}Th衰变
^{228}Ac	911.2	26.6(7)	*L*	^{232}Th衰变
^{228}Ac	969.0	16.2(4)	*L*	^{232}Th衰变
^{214}Bi	1 120.3	15.1(2)	*L*	^{238}U衰变
^{40}K	1 460.82	10.66(13)	1.265(13)E9a	天然衰变
^{212}Bi	1 620.7	1.51(3)	*L*	^{232}Th衰变
^{214}Bi	1 764.5	15.4(2)	*L*	^{238}U衰变

注：圆括号中数值为前面相应数据的不确定度，其不确定度值参照圆括号前数值按照最后一位小数点对齐原则给出，如：4.8(7)表示4.8±0.7；*L*表示该核素的半衰期取其母体核素的半衰期；当由能量为583.2 keV的^{208}Tl来计算母体^{232}Th活度时，应将其发射概率乘以0.36。

附 录 C
（资料性附录）
γ能谱分析中的逆矩阵法

在多种核素混合样品的γ能谱中，某一能峰特征道区的计数率除了该峰所对应的核素的贡献外，还叠加了发射更高能量γ射线核素的γ辐射的康普顿贡献，以及能量接近的其他同位素γ射线的光电峰贡献，因此混合γ辐射体的γ能谱扣除空样品盒本底后，某一能峰道区的计数率应是各核素在该道区贡献的总和［见式(C.1)］。

$$C_i = \sum_{j=1}^{m} a_{ij} X_j \qquad \cdots\cdots\cdots\cdots (C.1)$$

式中：

j ——混合样品中核素的序号；

i ——特征道区序号；

m ——混合样品所包含的全部核素种数；

C_i——混合样品γ能谱在第 i 个特征峰道区上的计数率，单位为每秒计数(计数/s)；

X_j——样品中第 j 种核素的未知活度；

a_{ij}——第 i 个特征峰道区对第 j 种核素的响应系数，见式(C.2)。

$$a_{ij} = \frac{Net_{ji}}{A_j} \qquad \cdots\cdots\cdots\cdots (C.2)$$

式中：

Net_{ji}——第 j 种核素标准谱在第 i 特征道区上的计数率，单位为每秒计数(计数/s)；

A_j ——第 j 种同位素标准源的放射性活度，单位为贝可(Bq)。

由式(C.1)，样品中第 j 种核素的活度 X_j 可用(C.3)计算：

$$X_j = \sum_{i=1}^{m} a_{ij}^{-1} C_j \qquad \cdots\cdots\cdots\cdots (C.3)$$

由实验可测定响应矩阵 a_{ij}，从而求得逆矩阵 a_{ij}^{-1}，因此只需测得样品各个相应的特征道区的计数率就可计算出各种核素的活度。当土壤中含有且仅含有天然放射性核素和 ^{137}Cs 时，通过5个特征峰道区的逆矩阵程序可同时求出土壤中 ^{238}U、^{232}Th、^{226}Ra、^{40}K 和 ^{137}Cs 的活度。

附　录　D
（资料性附录）
γ 能谱测量的探测下限

探测下限（LLD）可近似表示为式（D.1）：

$$LLD \cong (K_{\alpha} + K_{\beta})\sigma \quad \cdots\cdots\cdots\cdots(\text{D.1})$$

式中：

K_{α} ——与预选的错误判断放射性存在的风险几率（α）相应的标准正态变量的上限百分位数值；

K_{β} ——与探测放射性存在的预选置信度（$1-\beta$）相应的值；

σ ——净样品放射性的标准偏差。

如果 α 和 β 值在同一水平上，则 $K_{\alpha}=K_{\beta}=K$，见式（D.2）：

$$LLD \cong 2K\sigma \quad \cdots\cdots\cdots\cdots(\text{D.2})$$

若总样品放射性与本底接近，则可进一步简化，见式（D.3）：

$$LLD \cong \frac{2.83\text{K}}{t_{\text{b}}}\sqrt{N_{\text{b}}} \quad \cdots\cdots\cdots\cdots(\text{D.3})$$

式中：

t_{b} ——本底谱测量时间，单位为秒（s）；

N_{b}——本底谱中相应于某一全能峰的本底计数。

式（D.3）中探测限是以计数率为单位的。考虑到核素特性、探测效率、用样量，即可把计数率转换成活度表示的探测下限。

对于不同的 α 值，K 值见表 D.1。

表 D.1　α、K 值表

α	$1-\beta$	K	$2\sqrt{2}K$
0.01	0.99	2.326	6.58
0.02	0.98	2.082	5.89
0.05	0.95	1.645	4.65
0.10	0.90	1.282	3.63
0.20	0.80	0.877	2.48
0.50	0.50	0	0

ICS 81.040
Q 34

中华人民共和国国家标准

GB 11946—2013
代替 GB 11946—2001

船用钢化安全玻璃

Thermally toughened safety glass for ships

(ISO 21005:2004,Ships and marine technology—Thermally toughened safety-glass panes for windows and side scuttles,NEQ)

2013-07-19 发布　　2014-05-01 实施

中华人民共和国国家质量监督检验检疫总局
中国国家标准化管理委员会　发布

前　言

本标准6.6、6.7、6.8、6.9为强制性的，其余为推荐性的。

本标准按照GB/T 1.1—2009给出的规则起草。

本标准代替GB 11946—2001《船用钢化安全玻璃》，与GB 11946—2001相比主要技术差异为：

——取消了“按用途”和“按加工状态”的分类，增加了“按产品形状”的分类（见4.2，2001年版的3.2）；

——增加了材料的要求（见第5章）；

——外观质量中，用“点状缺陷”取代了“气泡”；增加了“点状缺陷密集度”的要求，修改了“爆边”缺陷的允许数（见6.1，2001年版的4.1）；

——尺寸偏差中，取消和增加了矩形窗钢化玻璃中部分尺寸的偏差要求，并修改了适用的产品类型；修改了19 mm厚舷窗钢化玻璃厚度偏差要求为±0.7 mm；增加了其他尺寸的偏差要求由供需商定的规定；增加了其他尺寸厚度偏差的要求（见6.2，2001年版的4.2）；

——边部加工中，取消了“倒角宽度”的要求，修改了“倒角深度”的要求（见6.3，2001年版的4.3）；

——增加了船用钢化安全玻璃平行度的规定（见6.4）；

——弯曲度中，统一所有厚度船用钢化玻璃的弯曲度要求为0.2%（见6.5，2001年版的4.4）；

——光畸变中，增加了“对边部25 mm范围内不做检查要求”的规定（见6.8，2001年版的4.7）；

——增加了对船用钢化玻璃表面应力的要求（见6.9）。

本标准与ISO 21005：2004《船舶和海上技术　窗户和舷窗用钢化安全玻璃》一致性程度为非等效。

本标准由中国建筑材料联合会提出。

本标准由全国工业玻璃和特种玻璃标准化技术委员会（SAC/TC 447）归口。

本标准负责起草单位：中国建筑材料检验认证中心、江阴市京澄玻璃有限公司、北京众智同辉科技有限公司。

本标准参加起草单位：秦皇岛耀华工业技术玻璃有限公司、秦皇岛市海港区跃华工业技术玻璃厂、宜兴市于氏特种玻璃有限公司、杭州钱塘江特种玻璃技术有限公司。

本标准主要起草人：王睿、吴辉廷、陈俊律、赵勤、马军、李强、于国玺、平柏战、王赓、左辉霞、杜大艳、包霁。

本标准所代替标准的历次版本发布情况为：

——GB 11946—2001。

船用钢化安全玻璃

1 范围

本标准规定了经热处理工艺制成的船用钢化安全玻璃的术语和定义、分类、材料、要求、试验方法、检验规则、标志、包装、运输和贮存。

本标准适用于船用矩形窗和舷窗玻璃。对于其他用途船用钢化安全玻璃，可根据其产品特点参照使用本标准。

2 规范性引用文件

下列文件对于本文件的应用是必不可少的。凡是注日期的引用文件，仅注日期的版本适用于本文件。凡是不注日期的引用文件，其最新版本(包括所有的修改单)适用于本文件。

GB/T 1216 外径千分尺

GB/T 3385 船用舷窗和矩形窗钢化安全玻璃非破坏性强度试验 冲压法

GB/T 5137.2—2002 汽车安全玻璃试验方法 第2部分:光学性能试验

GB/T 5746 船用普通矩形窗

GB/T 8170 数值修约规则与极限数值的表示和判定

GB/T 9056 金属直尺

GB 11614—2009 平板玻璃

GB/T 14413 船用舷窗

GB 15763.2—2005 建筑用安全玻璃 第2部分:钢化玻璃

JB/T 2369 读数显微镜

3 术语和定义

下列术语和定义适用于本文件。

3.1

点状缺陷 spot faults

气泡、夹杂物、斑点等缺陷的统称。

[GB 11614—2009,定义 3.2]

4 分类

按形状分为矩形窗钢化安全玻璃和舷窗钢化安全玻璃。

5 材料

生产船用钢化安全玻璃所使用的原片平板玻璃应符合 GB 11614—2009 中一等品的要求。使用其他玻璃时，其质量应符合相应产品标准的要求。

6 要求

6.1 外观质量

船用钢化安全玻璃的外观质量应符合表1的规定。

表1 外观质量

缺陷名称	质量要求	
	说明	允许缺陷数
点状缺陷	0.3 mm≤尺寸≤0.5 mm	2×S
	尺寸>0.5 mm	不允许存在
点状缺陷密集度	尺寸≥0.3 mm的点状缺陷最小间距不小于200 mm；任意一个直径50 mm圆内尺寸≥0.1 mm的点状缺陷不超过2个	
划伤	宽≤0.1 mm；长度≤40 mm	2×S
爆边	每米边长上允许有长度不超过10 mm，自玻璃边部向玻璃表面延伸深度不超过2 mm，自板面向玻璃厚度延伸不超过1/3的爆边	1
结石、裂纹、缺角	不允许存在	
注：S为以平方米为单位的玻璃板面积数值，按照GB/T 8170修约，保留小数点后两位。缺陷个数为各系数与S相乘所得的数值，按GB/T 8170修约至整数。		

6.2 尺寸及偏差

6.2.1 矩形窗钢化安全玻璃的长宽和厚度应符合图1和表2的规定。

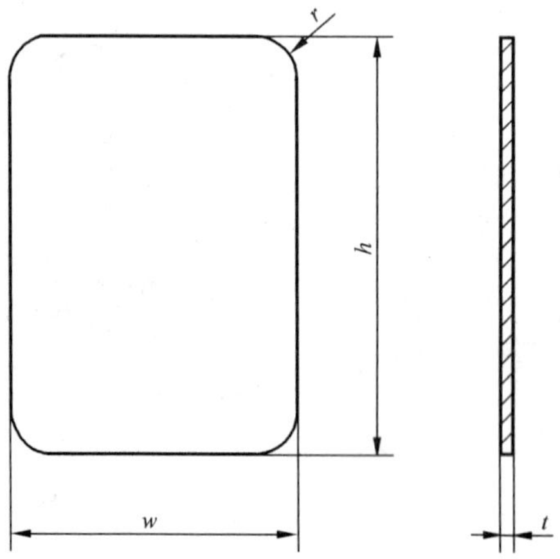

说明：

w——玻璃的宽度；

h——玻璃的长度；

t——玻璃的公称厚度；

r——玻璃的圆角半径。

图1 矩形窗钢化安全玻璃

表 2　矩形窗钢化安全玻璃的尺寸和厚度偏差　　单位为毫米

公称尺寸($w_1 \times h_1$)	w		h		r	t			
	最小	最大	最小	最大		8±0.3	10±0.3	12±0.3	15±0.5
400×560	414	418	574	578	58	F	—	E	—
450×630	464	468	644	648	108	F	—	E	—
500×710	514	518	724	728	108	—	F	—	E
560×800	574	578	814	818	108	—	F	—	E
其他尺寸	w_1+14	w_1+18	h_1+14	h_1+18	—	—	—	—	—

注：公称尺寸 $w_1 \times h_1$ 为矩形窗透光部分的尺寸，E、F 分别对应 GB/T 5746 中重型矩形窗(E 型)、轻型矩形窗(F 型)。

6.2.2　舷窗钢化安全玻璃的直径和厚度应符合图 2 和表 3 的规定。

说明：

d——玻璃直径；

t——玻璃的公称厚度。

图 2　舷窗钢化安全玻璃

表 3　舷窗钢化安全玻璃的直径和厚度偏差　　单位为毫米

公称直径	直径 d		厚度 t					
	最小直径	最大直径	6±0.2	8±0.3	10±0.3	12±0.3	15±0.5	19±0.7
200	213	215	C	B	—	A	A	—
250	263	265	C	C	B	—	—	—
300	316	319	B	A	—	—	—	—
350	366	369	C	C	B	A	B	A
400	416	419	—	C	B	—	—	—
450	466	469	—	—	—	—	—	—

注：公称直径为舷窗透光部分直径，A、B、C 分别对应 GB/T 14413 中重型舷窗(A 型)、中型舷窗(B 型)、轻型舷窗(C 型)。

6.2.3 其他尺寸

表 2 和表 3 中未包括的尺寸，其尺寸偏差由供需双方商定。

厚度偏差应符合表 3 中的规定。

6.3 边部加工

玻璃边部应细磨并倒角(见图 3)，倒角深度应符合表 4 的规定。

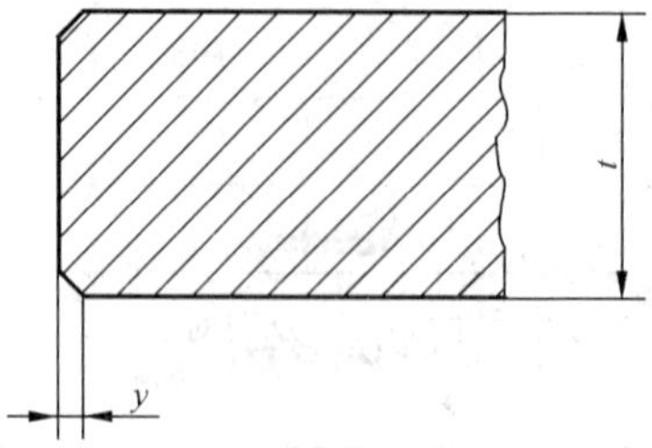

说明：

t——玻璃的公称厚度；

y——倒角深度。

图 3 边部加工示意图

表 4 倒角深度

单位为毫米

玻璃厚度 t	倒角深度 y
6 8 10	≤1.5
12 15 19	≤2.0

6.4 平行度

玻璃两面平行度不应超过 0.03%。

6.5 弯曲度

弯曲度不应超过 0.2%。

6.6 冲压强度

玻璃不应破碎和损坏。

6.7 可见光透射比

船用钢化安全玻璃的可见光透射比应符合表 5 的规定。

表 5 可见光透射比

部位	可见光透射比
驾驶室、观察室	≥70%
其他	供需双方商定

6.8 光畸变

船用钢化安全玻璃的光畸变应符合表 6 的规定。

表 6 光畸变

部位	光畸变/(′)
驾驶室、观察室	≤2
其他	供需双方商定
注：制品边缘 25 mm 范围内的区域不做试验要求。	

6.9 表面应力

船用钢化安全玻璃的表面应力不应小于 90 MPa。

7 试验方法

7.1 外观质量

以制品为试样，在良好的自然光及散射光照条件下，在距试样表面 600 mm 处进行目视检查。使用符合 JB/T 2369 规定的分格值为 0.01 mm 的读数显微镜测量点状缺陷的最大尺寸和划伤的宽度。使用符合 GB/T 9056 规定的分度值为 1 mm 的金属直尺测量两点状缺陷的最小间距、划伤和爆边长度。

7.2 尺寸及偏差

以制品为试样。玻璃的长度、宽度及直径使用最小分度值为 1 mm，符合 GB/T 9056 规定的钢直尺或符合规定的钢卷尺测量。实测值与公称尺寸之差即为尺寸偏差。

厚度使用符合 GB/T 1216 规定的外径千分尺或具有同等及以上精度的量具在玻璃板四边中心进行测量，取其平均值，数值修约至小数点后一位。实测值与公称厚度之差即为厚度偏差。

边部倒角用符合 GB/T 9056 规定的钢直尺测定。

7.3 平行度

使用符合 GB/T 1216 规定的外经千分尺或与此同等精度的器具测量玻璃四边中点的厚度（见图 4），舷窗钢化安全玻璃以每 1/4 周长处为测量点（见图 5）。矩形窗钢化安全玻璃平行度结果用相对边厚度之差除以相邻边边长结果的最大值表示，见式（1）。舷窗钢化安全玻璃平行度结果用相对两点厚度之差除以直径结果的最大值表示，见式（2）。

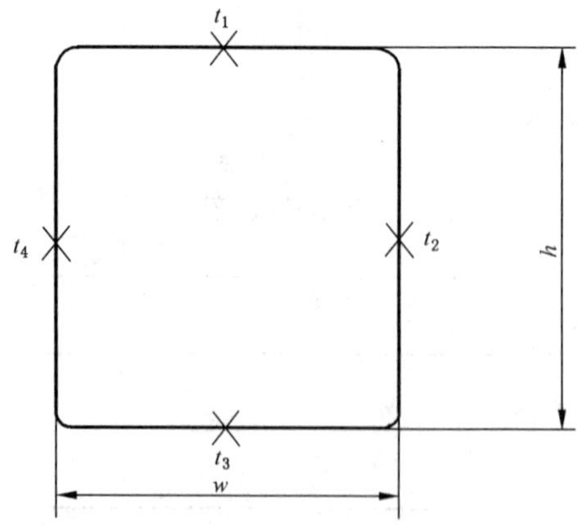

图 4 矩形窗钢化安全玻璃平行度示意图

$$P=\max\left(\frac{|t_1-t_3|}{h},\frac{|t_2-t_4|}{w}\right) \quad \cdots\cdots(1)$$

式中：

P ——平行度；

t_1,t_2,t_3,t_4——四边中点厚度，单位为毫米(mm)；

w,h ——边长，单位为毫米(mm)。

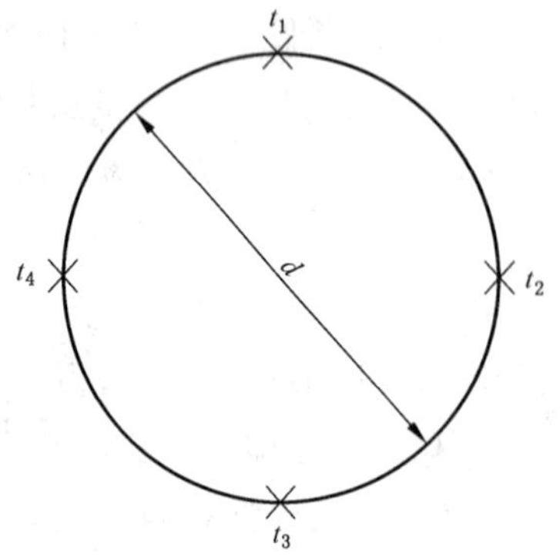

图 5 舷窗钢化安全玻璃平行度示意图

$$P=\max\left(\frac{|t_1-t_3|}{d},\frac{|t_2-t_4|}{d}\right) \quad \cdots\cdots(2)$$

式中：

P ——平行度；

t_1,t_2,t_3,t_4——每 1/4 周长处的厚度，单位为毫米(mm)；

d ——直径，单位为毫米(mm)。

7.4 弯曲度

以制品为试样。将试样垂直立放，用一直尺或金属线水平紧贴制品的两边或对角线方向，用塞尺测量直线边与玻璃之间的间隙，并以弧的高度与弦的长度之比的百分率来表示弯曲度[见图 6 和式(3)]。

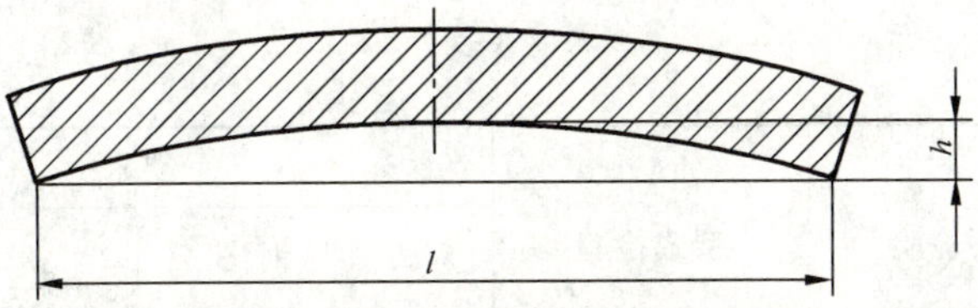

图6 弯曲度示意图

$$C=\frac{h}{l}\times 100\% \qquad \cdots\cdots(3)$$

式中：

C——弯曲度，以百分数(%)表示；

h——弧的高度，单位为毫米(mm)；

l——弦的长度，单位为毫米(mm)。

7.5 冲压强度

以制品为试样，取4块试样进行试验。试验方法和步骤按GB/T 3385进行。

7.6 可见光透射比

以制品为试样，取3块试样进行试验。试验方法和步骤按照GB/T 5137.2—2002第4章进行。

7.7 光畸变

以制品为试样，取4块试样进行试验。试验方法和步骤按照GB/T 5137.2—2002第6章进行。

7.8 表面应力

以制品为试样，取3块试样进行试验。试验方法和步骤按照GB 15763.2—2005中6.8进行。

8 检验规则

8.1 检验分类

检验分为出厂检验和型式检验。

8.2 检验项目

船用钢化安全玻璃的检验项目、要求及试验方法应符合表7的规定。

表7 检验项目、要求及试验方法

项目	出厂检验	型式检验	要求		试验方法
			矩形窗钢化安全玻璃	舷窗钢化安全玻璃	
外观质量	√	√	6.1	6.1	7.1
尺寸及偏差	√	√	6.2.1	6.2.2	7.2

表 7（续）

项目	出厂检验	型式检验	要求		试验方法
			矩形窗钢化安全玻璃	舷窗钢化安全玻璃	
边部加工	√	√	6.3	6.3	7.2
平行度	—	√	6.4	6.4	7.3
弯曲度	√	√	6.5	6.5	7.4
冲压强度	—	√	6.6	6.6	7.5
可见光透射比	—	√	6.7	6.7	7.6
光畸变	—	√	6.8	6.8	7.7
表面应力	—	√	6.9	6.9	7.8
注：√表示需要检测；—表示不检项目。					

8.3 出厂检验

8.3.1 检验项目

出厂检验项目见表 7。

8.3.2 抽样方法

船用钢化安全玻璃出厂检验的抽样方案应符合表 8 的规定。当该批产品批量大于 500 块时，以每 500 块为 1 批分批抽取试样。当检验项目为非破坏性试验时可用它继续进行其他项目的检测。

表 8 抽样方案

单位为块

批量范围	样本大小	合格判定数	不合格判定数
1～8	2	0	1
9～15	3	0	1
16～25	5	1	2
26～50	8	2	3
51～90	13	3	4
91～150	20	5	6
151～280	32	7	8
281～500	50	10	11

8.3.3 判定

8.3.3.1 单项判定

如外观质量、尺寸及偏差、边部加工、弯曲度的不合格品数大于或等于表 8 中的不合格判定数，则认为该批产品的外观质量、尺寸及偏差、边部加工或弯曲度不合格。

8.3.3.2 综合判定

外观质量、尺寸及偏差、边部加工、弯曲度均符合要求，则认为该批产品出厂检验合格，否则为不合格。

8.4 型式检验

8.4.1 总则

有下列情况之一时，应进行型式检验：

——新产品或老产品转厂生产的试制定型鉴定；

——试生产后，如结构、材料、工艺有较大改变，可能影响产品性能时；

——正常生产满1年时；

——产品停产半年以上，恢复生产时；

——检验结果与上次型式检验有较大差异时。

8.4.2 检验项目

型式检验项目见表7。

8.4.3 抽样方法

8.4.3.1 外观质量、尺寸及偏差、边部加工、弯曲度

同8.3.2。

8.4.3.2 平行度

以同种厚度、同种工艺为一批，从该批产品中随机抽取一块进行试验。当该批产品批量大于500块时，以每500块为1批分批抽取试样。

8.4.3.3 冲压强度、可见光透射比、光畸变、表面应力

根据检测项目所要求的数量从该批产品中随机抽取。

8.4.4 判定

8.4.4.1 外观质量、尺寸及偏差、边部加工、弯曲度

同8.3.3.1。

8.4.4.2 平行度

样品全部满足要求为合格，否则为不合格。

8.4.4.3 冲压强度

样品全部满足要求为合格，2块试样不符合时，则为不合格；当1块试样不符合时，再追加4块试样，全部满足要求为合格。

8.4.4.4 可见光透射比、光畸变、表面应力

样品全部满足要求为合格，否则该项目不合格。

8.4.5.5 综合判定

若各项性能均符合要求，则认为产品型式检验合格，否则为不合格。

9 标志、包装、运输和贮存

9.1 标志

船用钢化安全玻璃本体上标志应符合 GB/T 3385 的要求。

9.2 包装

玻璃的包装宜采用木箱或集装箱(架)包装，箱(架)应便于装卸、运输。每箱(架)宜装同一厚度、尺寸的玻璃。玻璃与玻璃之间、玻璃与箱(架)之间应采取防护措施，防止玻璃的破损和玻璃表面的划伤。

包装标志应符合国家有关标准的规定，每个包装箱应标明产品名称、玻璃厚度、种类、生产厂、厂址和注册商标，并印有“朝上、轻搬正放、小心破碎、防雨怕湿”等字样或标志。每个包装箱应有产品检验合格证书。

9.3 运输

运输时，玻璃应固定牢固，防止滑动、倾倒，应有防雨措施。

9.4 贮存

产品应贮存在有防雨设施的场所。

ICS 27.010
F 01

中华人民共和国国家标准

GB 12021.4—2013
代替 GB 12021.4—2004

电动洗衣机能效水效限定值及等级

Maximum allowable values of the energy, water consumption and grades for household electric washing machines

2013-06-09 发布 2013-10-01 实施

中华人民共和国国家质量监督检验检疫总局
中国国家标准化管理委员会 发布

前　言

本标准的4.2为强制性的，其余为推荐性的。

本标准按照GB/T 1.1—2009给出的规则起草。

本标准代替GB 12021.4—2004《电动洗衣机能耗限定值及能源效率能级》。

本标准与GB 12021.4—2004相比，主要变化如下：

——增加了额定容量的术语和定义(3.2)；

——增加了半载容量的术语和定义(3.3)；

——修改了工作周期耗电量的术语和定义(3.4)；

——修改了工作周期用水量的术语和定义(3.5)；

——修改了各类型洗衣机的能效等级指标(4.1.1)；

——增加了用水效率等级(4.1.2)；

——增加了明示值允许偏差(4.1.3)；

——引入了半载容量的测试(5.2)。

本标准由国家发展和改革委员会资源节约与环境保护司、水利部水资源司、工业和信息化部节能与综合利用司提出。

本标准由全国能源基础与管理标准化技术委员会(SAC/TC 20)和全国工业节水标准化技术委员会(SAC/TC 442)归口。

本标准起草单位：中国标准化研究院、青岛海尔洗衣机有限公司、博西华电器(江苏)有限公司、无锡小天鹅股份有限公司、广州威凯检测技术研究院、惠而浦中国投资股份有限公司、松下家电研究开发(杭州)有限公司、合肥荣事达三洋电器股份有限公司。

本标准主要起草人：李燕、成建宏、白雪、吕佩师、万学龙、张革、周锋华、钟华、贾春耕、时妍玲、李军、吴建涛、贾昊楠、吴敏、刘猛、杨宇澄、刘健、程冬。

本标准历次版本发布情况：

GB 12021.4—1989、GB 12021.4—2004。

电动洗衣机能效水效限定值及等级

1 范围

本标准规定了电动洗衣机单位功效耗电量限定值、用水量限定值、节能评价值、节水评价值、能效等级和用水效率等级。

本标准适用于额定洗涤容量为 13 kg 及以下的家用电动洗衣机(以下简称洗衣机)。

本标准不适用于额定洗涤容量为 1.0 kg 及以下的洗衣机和没有脱水功能的单桶洗衣机;不适用于搅拌式洗衣机。对于洗衣干衣机只考核其洗涤功能。

2 规范性引用文件

下列文件对于本文件的应用是必不可少的。凡是注日期的引用文件,仅注日期的版本适用于本文件。凡是不注日期的引用文件,其最新版本(包括所有的修改单)适用于本文件。

GB/T 2828(所有部分) 计数抽样检验程序

GB/T 2829 周期检验计数抽样程序及表(适用于对过程稳定性的检验)

GB/T 4288 家用和类似用途电动洗衣机

3 术语和定义

GB/T 4288 界定的以及下列术语和定义适用于本文件。

3.1

工作周期 washing cycle

按照被测洗衣机所具备的功能(如洗涤、漂洗、脱水、进水和排水等),完成一次常用(标准)洗衣程序的全过程。

3.2

额定容量 rated capacity

一次可处理干燥状态标准洗涤物的最大质量,以千克(kg)为单位。

3.3

半载容量 partial capacity

额定容量的一半。

3.4

工作周期耗电量 electric energy consumption

洗衣机在工作状态下,完成额定容量和半载容量各一个工作周期所消耗的平均电量,包括对洗涤用水加热所消耗的能量。单位:千瓦时每周期[(kW·h)/cycle]

3.5

工作周期用水量 water consumption

洗衣机在工作状态下,完成额定容量和半载容量各一个工作周期所消耗的平均水量。单位:升每周期(L/cycle)

3.6

单位功效耗电量　energy consumption per kilogram

洗衣机工作周期耗电量与额定容量之比。单位为千瓦时每周期公斤[(kW·h)/(cycle·kg)]。

3.7

单位功效用水量　water consumption per kilogram

洗衣机工作周期用水量与额定容量之比。单位为升每周期公斤[L/(cycle·kg)]。

3.8

耗电量限定值　the maximum allowable value of energy consumption

洗衣机在额定工作状态下，完成工作周期所允许的耗电量平均值的最大值。

3.9

洗衣机能效等级　energy efficiency grade of household electric washing machines

洗衣机的能效等级，依据其单位功效耗电量、单位功效用水量和洗净比的大小确定。

3.10

洗衣机用水效率等级　water efficiency grade of household electric washing machines

洗衣机的用水效率等级，依据其单位功效用水量、单位功效耗电量和洗净比的大小确定。

3.11

明示值允许偏差　allowed deviation between energy label and test data

在本标准允许范围内，因为测试数据重复性和再现性所带来的耗电量、用水量和洗净比实测值与能效标识标称值的偏差。

4　技术要求

4.1　能效等级和用水效率等级

4.1.1　能效等级

洗衣机能效等级分为5级，其中1级能效等级最高。按照洗衣机的实测单位功效耗电量、用水量、洗净比对洗衣机能效分级，各等级实测单位功效耗电量、用水量、洗净比均应达到表1和表2的规定。

表1　波轮式洗衣机和双桶洗衣机能效等级

洗衣机能效等级	单位功效耗电量 E_e/[(kW·h)/(cycle·kg)]	单位功效用水量 W_e/[L/(cycle·kg)]	洗净比 C_e
1	≤0.011	≤14	≥0.90
2	≤0.012	≤16	≥0.80
3	≤0.015	≤20	
4	≤0.017	≤24	
5	≤0.022	≤28	

表 2 滚筒式洗衣机能效等级

洗衣机能效等级	单位功效耗电量 E_e/[(kW·h)/(cycle·kg)]	单位功效用水量 W_e/[L/(cycle·kg)]	洗净比 C_e
1	≤0.110	≤7	≥1.03
2	≤0.130	≤8	
3	≤0.150	≤9	
4	≤0.170	≤10	
5	≤0.190	≤12	

4.1.2 用水效率等级

洗衣机用水效率等级分为 5 级，其中 1 级用水效率最高。按照洗衣机的实测单位功效用水量、耗电量、洗净比对洗衣机用水效率分级，各等级实测单位功效用水量、耗电量、洗净比均应达到表 3 和表 4 的规定。

表 3 波轮式洗衣机和双桶洗衣机用水效率等级

洗衣机水效等级	单位功效用水量 W_e/[L/(cycle·kg)]	单位功效耗电量 E_e/[(kW·h)/(cycle·kg)]	洗净比 C_e
1	≤10	≤0.022	≥0.90
2	≤14		≥0.80
3	≤18		
4	≤22		
5	≤28		

表 4 滚筒式洗衣机用水效率等级

洗衣机水效等级	单位功效用水量 W_e/[L/(cycle·kg)]	单位功效耗电量 E_e/[(kW·h)/(cycle·kg)]	洗净比 C_e
1	≤6	≤0.190	≥1.03
2	≤7		
3	≤8		
4	≤10		
5	≤12		

4.1.3 明示值允许偏差

在第 5 章规定的试验条件下，洗衣机的洗净比、耗电量、用水量的实测值与企业明示值的偏差应不大于表 5 所示偏差。

表 5 明示值允许偏差

项 目	偏 差
耗电量	+7%
用水量	+5%
洗净比	−0.035

4.2 能效水效限定值

洗衣机的单位功效耗电量和用水量及洗净比应符合能效等级 5 级或水效等级 5 级的规定值，同时额定容量的三次测试平均值和半载容量的三次测试平均值应符合 GB/T 4288 中关于洗净比、脱水率、漂洗性能的最低限值要求；否则产品为不合格。

4.3 节能节水评价值

电动洗衣机的节能节水评价值为表 1～表 4 中的 2 级。

5 试验方法

5.1 试验条件和测试设备

按照 GB/T 4288 的相关规定进行。

5.2 耗电量、用水量、洗净比、脱水率和漂洗性能的测试。

参照 GB/T 2828、GB/T 2829 的组批原则，从中抽取三台样品，同时测试耗电量、用水量、洗净比、脱水率和漂洗性能，取其平均值为该类型产品的实测耗电量、用水量和洗净比。并换算成单位功效耗电量和单位功效用水量。

5.2.1 被测洗衣机应按使用说明书中规定的标准工作周期进行额定容量和半载容量测试：半载容量测试应和额定容量测试选用同样的程序，如果制造商另有说明，仅水位可以按照制造商说明进行调节。

5.2.2 按照 GB/T 4288 的相关测试方法规定进行。

5.2.3 分别在额定容量和半载容量下进行测试，每个容量测试三遍，取额定容量和半载容量下的耗电量、用水量和洗净比的平均值，计算单位功效耗电量、用水量和洗净比。

5.2.4 工作周期耗电量和工作周期用水量计算公式如下：

工作周期耗电量(E)计算见式(1)：

$$E=(E_1+E_2)/2 \qquad\cdots\cdots(1)$$

式中：

E_1——在额定容量下洗净性能试验全过程总的用电量，单位为千瓦时每周期[(kW·h)/cycle]；

E_2——在半载容量下洗净性能试验全过程总的用电量，单位为千瓦时每周期[(kW·h)/cycle]。

工作周期用水量(W)计算见式(2)：

$$W=(W_1+W_2)/2 \qquad\cdots\cdots(2)$$

式中：

W_1——在额定容量下洗净性能试验全过程总的用水量，单位为升每周期(L/cycle)；

W_2——在半载容量下洗净性能试验全过程总的用水量，单位为升每周期(L/cycle)。

洗净比(C_e)计算见式(3)：

$$C_e = (C_1 + C_2)/2 \qquad (3)$$

式中：

C_1——在额定容量下的洗净比；

C_2——在半载容量下的洗净比。

5.2.5 能效水效等级中耗电量(E_e)和用水量(W_e)计算方法见式(4)和式(5)：

$$E_e = I_e \cdot (E_1 + 2E_2)/(2m) \qquad (4)$$

式中：

I_e——能效补偿系数，波轮式全自动洗衣机和双桶洗衣机取 0.75，滚筒式洗衣机取 0.85。

$$W_e = I_w \cdot (W_1 + 2W_2)/(2m) \qquad (5)$$

式中：

I_w——水效补偿系数，取 0.7；

m——额定洗涤容量。

6 检验规则

6.1 能效水效限定值应作为洗衣机出厂检验的抽检项目。

6.2 抽取一台样品，如发现技术指标不符合本标准的限定值要求时，再抽取两台样品，实测值均应满足规定要求，否则判定该批为不合格。

ICS 33.160.10
M 72

中华人民共和国国家标准

GB/T 12060.7—2013
代替 GB/T 6832—1986

声系统设备
第7部分:头戴耳机和耳机测量方法

Sound system equipment—
Part 7:Methods of measurement on headphones and earphones

(IEC 60268-7:2010,MOD)

2013-12-31 发布 2014-07-15 实施

中华人民共和国国家质量监督检验检疫总局
中国国家标准化管理委员会 发布

前 言

GB/T 12060《声系统设备》分为以下若干部分：
——第 1 部分：概述；
——第 2 部分：一般术语解释和计算方法；
——第 3 部分：声频放大器测量方法；
——第 4 部分：传声器测量方法；
——第 5 部分：扬声器主要性能测试方法；
——第 6 部分：辅助无源元件；
——第 7 部分：头戴耳机和耳机测量方法；
——第 8 部分：自动增益控制器件；
——第 9 部分：人工混响、时间延迟和频移装置测量方法；
——第 10 部分：峰值节目电平表；
——第 11 部分：声系统设备互连用连接器的应用；
——第 12 部分：广播及类似声系统用连接器的应用；
——第 13 部分：扬声器听音试验；
——第 14 部分：圆形和椭圆形扬声器，外形尺寸和安装尺寸；
——第 16 部分：由语言传输指数(STI)对语言可懂度的客观等级评估；
——第 17 部分：标准音量表；
——第 18 部分：峰值节目电平表-数字音频峰值电平表。

本部分为 GB/T 12060 的第 7 部分。

本部分按照 GB/T 1.1—2009 给出的规则起草。

本部分代替 GB/T 6832—1986《头戴耳机测量方法》，与 GB/T 6832—1986 相比主要变化如下：
——增加了第 1 章“范围”、第 2 章“规范性引用文件”、第 4 章“一般规定”；
——用第 3 章“术语和定义”代替 GB/T 6832—1986 的“术语解释”；
——删除了 GB/T 6832—1986 的第 3 章“主要测量仪器及要求”；
——增加了第 5 章“规范条件和测量条件”、6.1“电源”、6.2.3“额定源阻抗”、6.3.1“额定源电动势”、6.3.2“输入电压的限定值”；
——删除了 GB/T 6832—1986 的 4.4“最大噪声电压”、4.5“最大正弦电压”、4.6“最大噪声功率”、4.7“纯音检听”；
——增加了 6.3.4“模拟节目信号特性电压”、6.3.5“以 A 计权特性和自由场响应补偿修正的模拟节目信号特性电压”、6.3.6“保护装置”、6.4“输入功率”、6.5“声压(级)”、6.6.4“扩散场比较频率响应”、6.6.5“自由场和扩散场耳道声压级频率响应”、6.7.4“差频失真”、6.8“额定气候条件”、6.14“物理特性、线材和接插件”、第 7 章“特性分类”；
——删除了 GB/T 6832—1986 的 4.10“特性声压级(灵敏度)”；
——删除了 GB/T 6832—1986 的附录 A、附录 B、附录 C、附录 D；
——增加了附录 A“头戴耳机和耳机测量用的耳廓模拟器”、附录 B“用于耳道内的传声器的使用规范和条件”、附录 C“自由场比较条件的实施细则”、附录 D“扩散场比较条件的实施细则”、附录 E“主观比较条件和耳道声压级条件的实施细则”；
——增加了“参考文献”。

本部分使用重新起草法修改采用 IEC 60268-7:2010《声系统设备　第 7 部分:头戴耳机和耳机》。

本部分与 IEC 60268-7:2010 相比在结构上有所调整,本部分将 IEC 60268-7:2010 的第 4 章、第 5 章合并为第 4 章"一般规定",删除了 IEC 60268-7:2010 中第 6 章"用户须知"。因此,本部分从第 5 章开始编号是 IEC 60268-7:2010 的章编号减 2。例如,IEC 60268-7:2010 文件中的 7.1,在本部分中编号为 5.1。

本部分与 IEC 60268-7:2010 相比存在技术性差异,这些差异涉及的条款已通过在其外侧页边空白位置的垂直单线(|)进行了标示。技术性差异及其原因如下:

——在 3.7、3.8 和 3.9 中,根据 ITU-T P.57 部分内容,增加了耳塞式耳机、压耳式耳机和贴耳甲式耳机的尺寸方面的信息,并给出了耳罩式耳机和耳廓相耦合的详细信息。增加的相关信息使定义更加明确。

本部分对 IEC 60268-7:2010 作了以下编辑性修改:

——修改了 IEC 60268-7:2010 中一些编号错误;

——修改了 IEC 60268-7:2010 中几处内容缺失;

——删除了 IEC 60268-7:2010 中第 6 章"用户须知"。

请注意本文件的某些内容可能涉及专利。本文件的发布机构不承担识别这些专利的责任。

本部分由中华人民共和国工业和信息化部提出。

本部分由全国音频、视频及多媒体系统与设备标准化技术委员会(SAC/TC 242)归口。

本部分主要起草单位:南京大学、富士高实业控股有限公司中名(东莞)电子有限公司、歌尔声学股份有限公司。

本部分主要起草人:沈勇、刘万有、江超、卢峰。

本部分所代替标准的历次版本发布情况为:

——GB/T 6832—1986。

声系统设备
第7部分:头戴耳机和耳机测量方法

1 范围

GB/T 12060 的本部分规定了头戴耳机和耳机的测量方法。

本部分适用于在人耳上及耳内使用的头戴耳机、头戴耳机-传声器组(头戴耳机-送话器组)、耳机和耳机-传声器组(耳机-送话器组)。本部分也适用于构成完整的头戴耳机系统所必需的组合件,例如前置放大器、无源网络和电源。

本部分不涉及:

——安全,其宜参考 GB 8898—2011 或者其他合适的标准;

——头戴耳机-传声器组的传声器的特性,其宜参考 GB/T 12060.4;

——助听器所用耳机和其他设备,其宜参考 GB/T 25102.100;

——听力测定用的头戴耳机;

——有源护耳系统的耳机及其组合件(尽管一些条款可能适用)。

2 规范性引用文件

下列文件对于本文件的应用是必不可少的。凡是注日期的引用文件,仅注日期的版本适用于本文件。凡是不注日期的引用文件,其最新版本(包括所有的修改单)适用于本文件。

GB/T 156 标准电压(GB/T 156—2007,IEC 60038:2002,MOD)

GB/T 531.1 硫化橡胶或热塑性橡胶 压入硬度试验方法 第1部分:邵氏硬度计法(邵尔硬度)(GB/T 531.1—2008,ISO 7619-1:2004,IDT)

GB/T 2421.1 电工电子产品环境试验 概述和指南(GB/T 2421.1—2008,IEC 60068-1:1988,IDT)

GB/T 2900.86—2009 电工术语 声学和电声学(IEC 60050-801:1994,IDT)

GB/T 3769 电声学 绘制频率特性图和极坐标图的标度和尺寸(GB/T 3769—2010,IEC 60263:1982,IDT)

GB/T 3785.1 电声学 声级计 第1部分:规范(GB/T 3785.1—2010,IEC 61672-1:2002,IDT)

GB/T 6278 声系统设备 概述 模拟节目信号

GB/T 6881.1 声学 声压法测定噪声源声功率级 混响室精密法(GB/T 6881.1—2002,ISO 3741:1999,IDT)

GB/T 7584.1 声学 护听器 第1部分:声衰减测量的主观方法(GB/T 7584.1—2004,ISO 4869-1:1990,IDT)

GB/T 8897.1 原电池 第1部分:总则(GB/T 8897.1—2008,IEC 60086-1:2007,MOD)

GB/T 12060.2 声系统设备 第2部分:一般术语解释和计算方法(GB/T 12060.2—2011,IEC 60268-2:1987,IDT)

GB/T 12060.11 声系统设备 第11部分:声系统设备互连用连接器的应用(GB/T 12060.11—2012,IEC 60268-11:1987,NEQ)

GB/T 15212 广播及类似声系统用连接器的应用(GB/T 15212—1994,eqv IEC 60268-12:1987)

SJ/Z 9140.1 声系统设备 第1部分:概述(SJ/Z 9140.1—1987,idt IEC 60268-1:1985)

SJ/Z 9150 测量耳塞机用阻塞耳道腔模拟器(SJ/Z 9150—1987,idt IEC 60711:1981)

ISO 4869-3 声学 护听器 第3部分:质量检验用耳罩式护听器插入损失测量的简易方法(Acoustics—Hearing protectors—Part 3:Measurement of insertion loss of ear-muff type protectors using an acoustic test fixture)

IEC 指南 106 设备性能评定的环境条件的规定指南(Guide for specifying environmental conditions for equipment performance rating)

IEC TR 60959 空气传导助听器声学测量用暂定头和躯干模拟器(Provisional head and torso simulator for acoustic measurement on air condition hearing aids)

ITU-T P.58 Series P 通话计时用头和躯干模拟器(Head and torso simulator for telephonometry)

3 术语和定义

下列术语和定义适用于本文件。

注:定义于3.1~3.15的任何装置和它们用于电输入的连接部分宜视为换能器的一部分。

3.1

耳机 earphone

将电信号转换成声信号并与人耳紧密地声耦合的电声换能器。

注:改写 GB/T 2900.86—2009,定义 801-27-18。

3.2

头戴耳机 headphone

将一个或两个耳机用头环(或下颚环)连接起来的装置,头环(或下颚环)可选择使用(例如耳塞式耳机)。

注:改写 GB/T 2900.86—2009,定义 801-27-20。

3.3

头戴耳机-传声器组 headset

配备传声器的头戴耳机组件。

注:改写 GB/T 2900.86—2009,定义 801-27-21。

3.4

耳机-传声器组 earset

配备传声器的耳机组件。

3.5

入耳式耳机 insert earphone

插入外耳道内的小耳机,与连接元件(例如耳模)直接配接。

注:改写 GB/T 2900.86—2009,定义 801-27-22。

3.6

耳塞式耳机 intra-concha earphone

塞耳式耳机

塞入耳甲腔的小耳机。其出声口靠近外耳道入口。

注:"入耳式耳机"的定义是从 GB/T 2900.86—2009 中对"插入式耳机"的定义修正而来的,并提出了"耳塞式耳机"

的定义，因为这两种类型耳机的测量方法是不同的。耳塞式耳机外径(或最大尺寸)小于 25 mm，但不进入外耳道。

3.7

压耳式耳机　supra-aural earphone

贴耳式耳机

从外部压在外耳上使其贴于耳廓的耳机。

注 1：改写 GB/T 2900.86—2009，定义 801-27-23。

注 2：压耳式耳机外径(或最大尺寸)不小于 45 mm。

3.8

贴耳甲式耳机　supra-concha earphone

贴于耳甲腔边缘的耳机。

注：贴耳甲式耳机外径(或最大尺寸)大于 25 mm，小于 45 mm。

3.9

耳罩式耳机　circumaural earphone

罩耳式耳机

有足够大的腔体罩住耳廓在内的头部区域的耳机。通常用合适的耳垫与头部接触。其可能会触及耳廓，但不会很重地压住耳廓。

注：改写 GB/T 2900.86—2009，定义 801-27-24。

3.10

耳壳式耳机　ear shell earphone

挂于人耳的罩耳类型的耳机。

3.11

听诊器式头戴耳机　stethoscopic headphone

使用一对刚性管耦合到人耳的入耳式头戴耳机，结构类似于听诊器。

3.12

声开放式耳机　acoustically open earphone

在耳道和外界环境之间设置声学通路的耳机。

3.13

声封闭式耳机　acoustically closed earphone

能阻止耳道和外界环境之间声耦合的耳机。

3.14

后封闭式耳机　closed-back earphone

不会从换能器的背面显著地辐射声波到外界环境中的耳机。

3.15

后开放式耳机　open-back earphone

能从换能器的背面显著地辐射声波到外界环境中的耳机。

3.16

模拟节目信号　simulated programme signal

一种符合 GB/T 6278 的信号，其平均功率谱密度与范围广泛的节目素材平均功率谱密度的平均值很相似。

注：在有些标准中，这种信号也被称为“宽带信号”。

4 一般规定

4.1 分类、命名、编码

应使用下列的命名和分类码：

12060.7-GB-××××-NNRN-N

12060.7-GB是前缀的标准形式。

×(第一个字母)给出了换能器的原理：

D——电动式(动圈)；

E——驻极体式(自极化)；

F——压电式(聚合物)；

M——电磁式(动衔铁或动膜)；

P——压电式(陶瓷)；

S——静电式(外部极化)。

×(第二个字母)给出了耳机的类型：

C——耳罩式；

E——耳塞式；

H——耳壳式；

I——入耳式；

M——贴耳甲式；

S——压耳式；

T——听诊器式。

图1给出了各种类型耳机(除"H"外)的示意图。

×(第三个字母)给出了与耳道的声耦合性质：

L——声开放式(泄漏受控)；

S——声封闭式(泄漏最小)。

×(第四个字母)给出了辐射到外界环境的性质：

C——后封闭式(见3.14)；

O——后开放式(见3.15)。

图2给出了3.12～3.15中定义的四种可能和第三个及第四个字母说明的图解。

NNRN(第一个数字)以"基数和指数"的形式，给出以欧姆为单位的阻抗(例如，8 Ω表示为"08R0"，32 Ω表示为"32R0"，600 Ω表示为"06R2")；

N(第二个数字)给出了通道数。

根据上面的规则编写的分类码可用于标记。

耳机类型	声封闭式耳机（泄漏最小）	声开放式耳机（泄漏受控）	耳扬声器
耳罩式	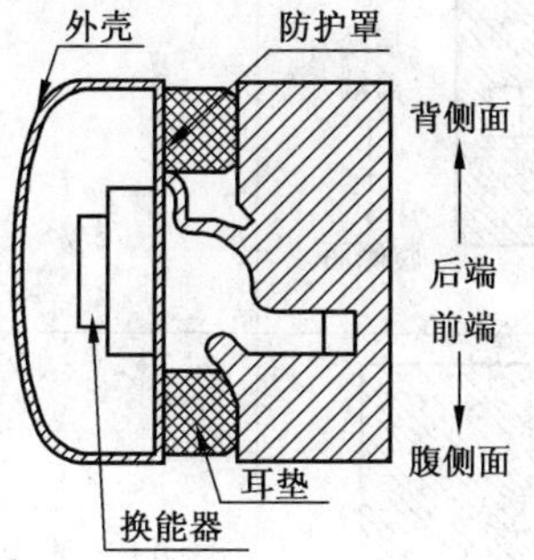	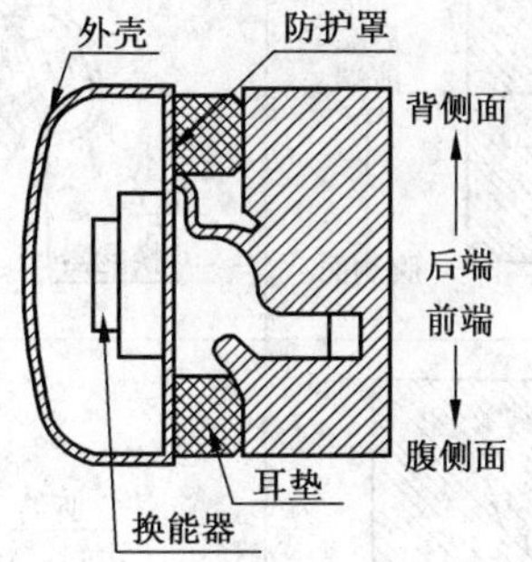	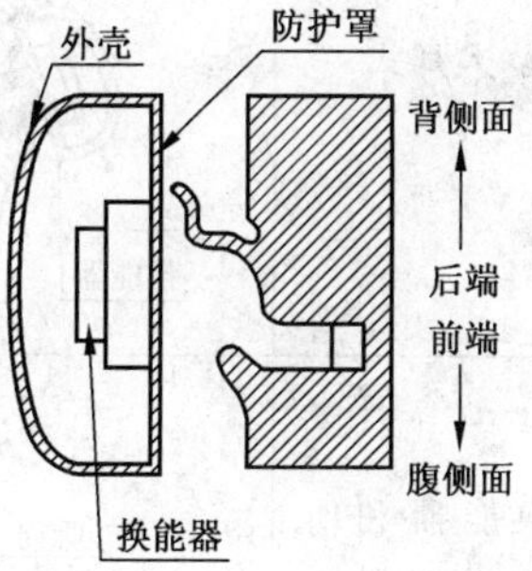
压耳式	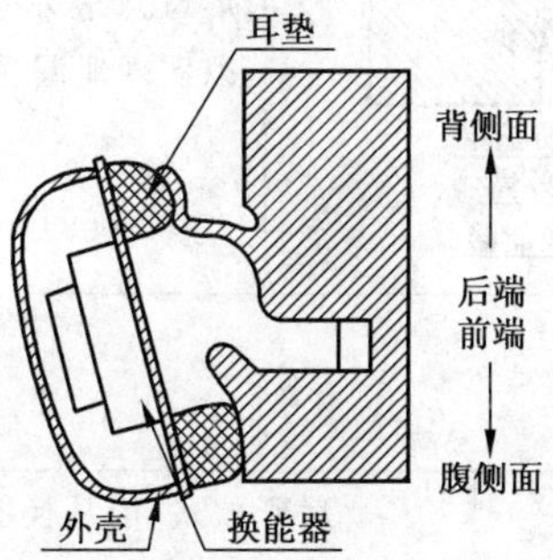	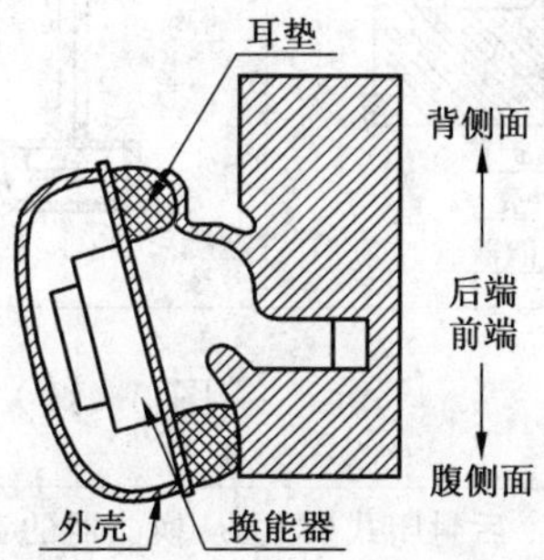	
贴耳甲式	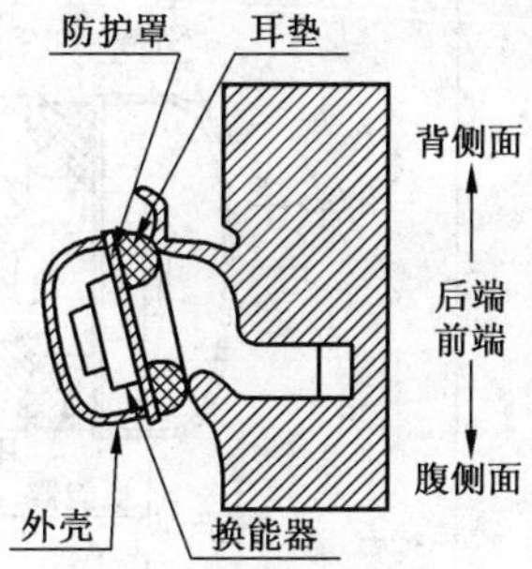	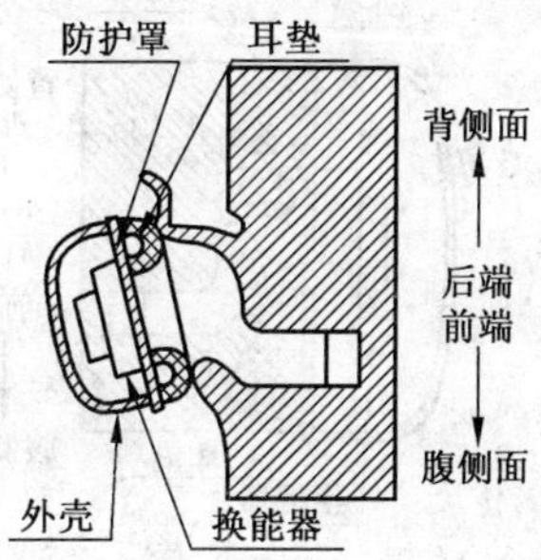	
耳塞式	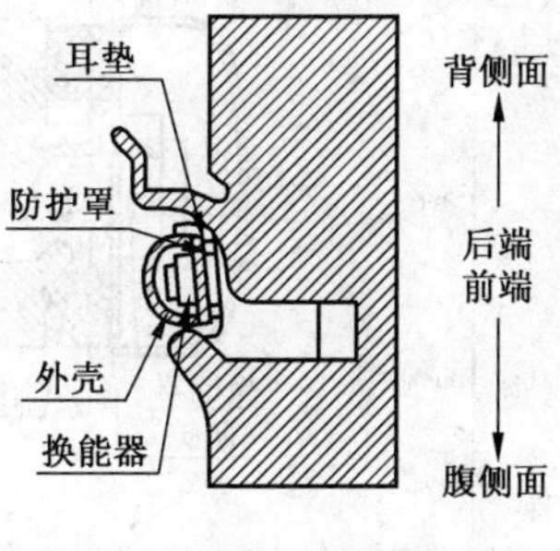	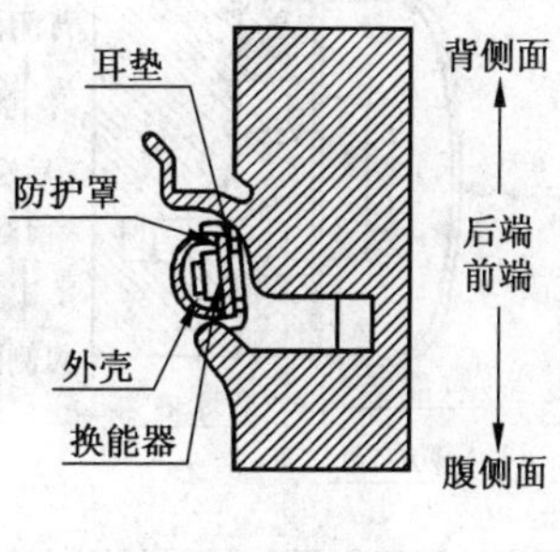	

图 1　不同类型的耳机及其与耳廓和/或耳道入口的空间关系的水平剖面示意图

耳机类型	声封闭式耳机(泄漏最小)	声开放式耳机(泄漏受控)	耳扬声器
入耳式	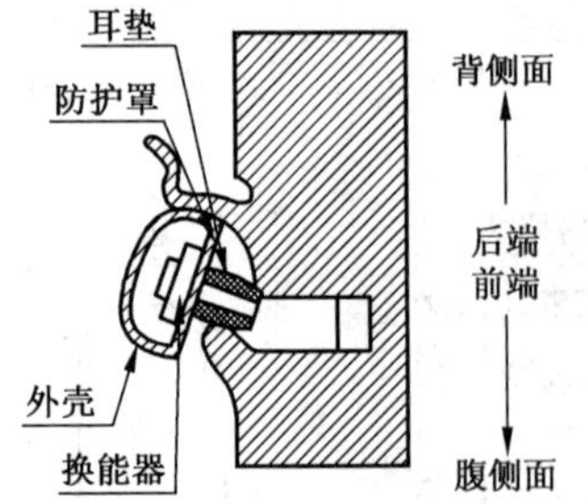	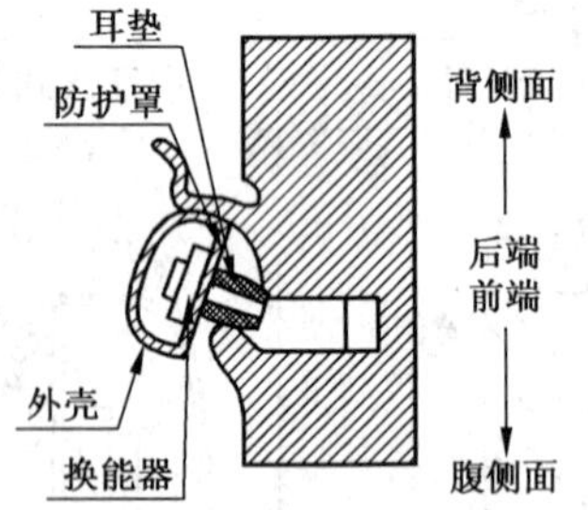	
换能器和听筒之间插入声导管(例如,助听器的听诊器式耳机)	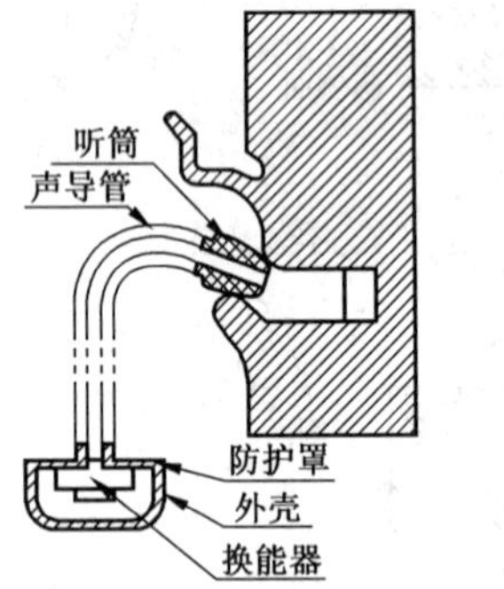	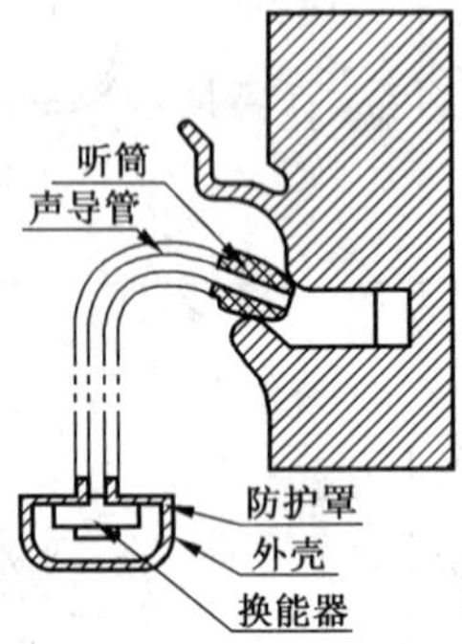	说明:交叉线表示声封闭式耳机垫以实现泄漏最小。小圆形斑点表示多孔材料耳机垫以实现泄漏受控

图 1(续)

耳机类型	后封闭式(不会从换能器的背面显著地辐射声波到外界环境中)	后开放式(能从换能器的背面显著地辐射声波到外界环境中)
声封闭式(能阻止耳道和外界环境之间声耦合)	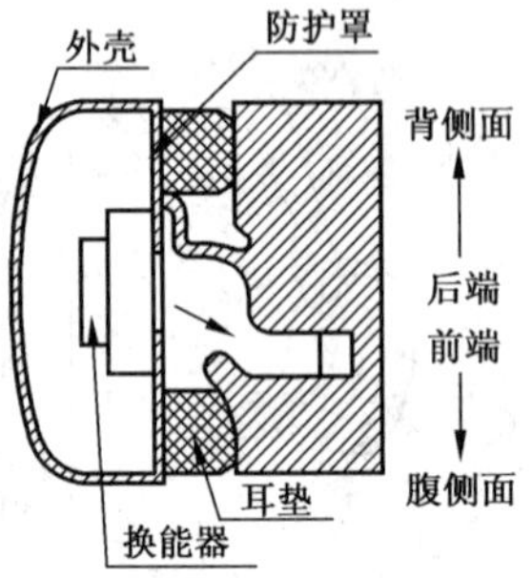	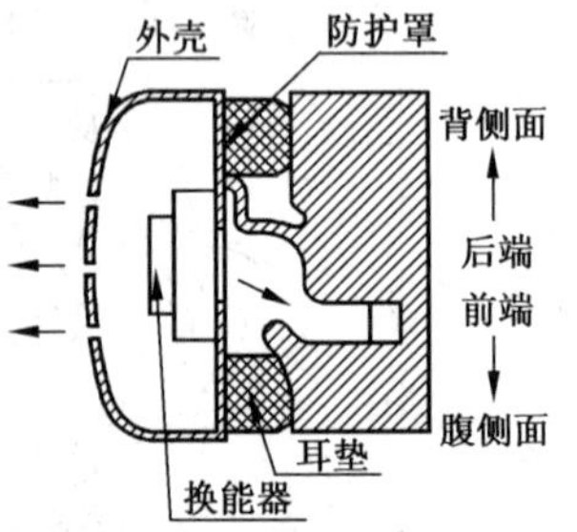
声开放式(在耳道和外界环境之间设置声学通路)	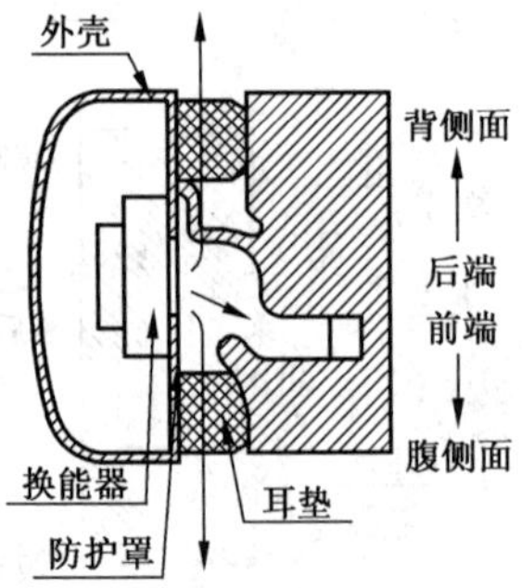	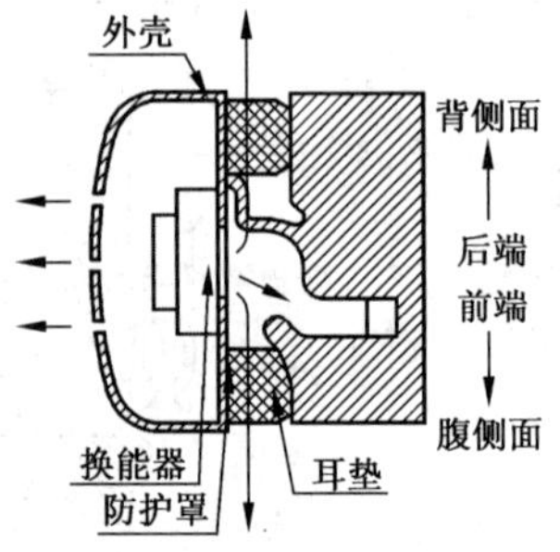

注 1:箭头表示声流方向或声泄漏。

注 2:图中所示的换能器不一定要安装在外壳中心位置或与耳道同轴。

图 2　四种可能结构的图示:声开放式或声封闭式,以及后封闭式或后开放式

4.2 接线端子、控制器和极性的标志

标记接线端子和控制器的要求由 SJ/Z 9140.1 给出，标记极性的要求由 GB/T 12060.2 给出。此外，立体声头戴耳机应标示出“L”(左)、“R”(右)。若使用颜色标志，“R”耳机应使用红色标志。为了视觉障碍者的便利，推荐用一个直径至少为 1.5 mm，高度为 0.3 mm～0.5 mm 的突出部分来标示“L”耳机。

5 规范条件和测量条件

5.1 额定条件

对“额定条件”和“特性的额定值”含义的解释，应符合 GB/T 12060.2。

头戴耳机的额定条件：

——额定阻抗；

——额定源电动势(或功率，见 6.4)；

——额定噪声电动势(或功率，见 6.4)；

——额定源阻抗(见注)；

——额定频率范围；

——额定长期最大源电动势(或功率)；

——额定最大持续噪声源电动势(或功率)；

——额定电源电压(如果有)；

——额定气候条件(温度、湿度、气压)；

——额定损坏限制的源电动势；

——额定夹力。

这些值来自制造商的规格书，并不是测量的对象；它们组成了测量其他特性的基础。

气候条件符合 SJ/Z 9140.1，更多的信息见 GB/T 2421.1 和 IEC 指南 106。

注：绝大多数类型的头戴耳机的性能几乎不依赖源阻抗。但是，为了允许阻抗相差很大的头戴耳机能根据产生的声压级合理地与其他设备的单个头戴耳机输出相匹配，GB/T 14197 目前规定了 120 Ω 源阻抗，介于现有的头戴耳机阻抗的最大值和最小值之间。对制造商来说，规定额定源阻抗很重要，特别是在由于某种原因额定源阻抗不是 120 Ω 的情况下。

5.2 标准测量条件

当下列条件都满足时，头戴耳机工作在标准测量条件下：

a) 在额定夹力下，至少有一个耳机接到适当的耦合腔或耳模拟器。

b) 将头戴耳机与额定源阻抗串联，馈给标准测量频率的正弦电压。电压应使头戴耳机在耦合腔或耳模拟器中产生 94 dB(基准声压 20 μPa)的声压级。除非另行说明，否则标准测量频率应为 500 Hz。当头戴耳机工作时，输入信号应从该耳机所用的放大器或其他设备的端口馈入，该端口可能是某个辅助设备的输入端，例如前置放大器。

或者，制造商可规定该电压值为，能在与被测耳机额定阻抗相等的纯阻上耗散 1 mW 功率的信号电压值。

注：静电式、压电式、驻极体式和无线式头戴耳机在本部分范围内。信号可通过红外、无线电、光导或磁导(直接送入换能器或送入磁性拾音器和放大器)送入头戴耳机。这些类型的头戴耳机，用要产生的声压级(馈给发送器的输入信号)来规定，比用额定阻抗上的功率来规定更容易。

c) 除非制造商另行规定，音量控制器设置于最小衰减位置，对于配有前置放大器供电的头戴耳机和无线头戴耳机，制造商应规定在测量中使用的增益控制器的参考位置。其他控制器应设置

在指定的“正常”位置或说明的位置，优选给定的最大频响范围位置。平衡控制器应调至尽可能使各通道终端的电压相等。串音控制器应调至串音最小。

d) 如果头戴耳机需要电源供电，使用额定供电电压和额定供电频率。

5.3 耦合腔和耳模拟器

对头戴耳机或耳机的测量中，需提供测量结果的，制造商宜使用国家标准或国际标准中规定的耦合腔或耳模拟器进行测量。制造商应在测量结果中说明所使用的耦合腔或耳模拟器的类型。

注：规定耦合腔和耳模拟器的国家标准或国际标准举例如下：IEC 60318-1、IEC 60318-3、IEC 60318-5、SJ/Z 9150、ITU-T P.57 5.3 章以及 IEC TR 60959 中关于头与躯干模拟器(Head and Torso Simulator，简称 HATS)的耳朵部分的内容，等等。

对于使用 HATS 的耳朵部分进行的测量，制造商宜使用 IEC TR 60959 规定的或等同 IEC TR 60959 规定的模型，见 ITU-T P.58。所使用的橡胶耳廓的硬度宜在结果中说明，见 GB/T 531.1。

附录 A 中提供了适用于头戴耳机和耳机测量的耳廓模拟器信息。

如果使用了国际标准中规定之外的耦合腔或耳模拟器，制造商应说明它的物理参数、形状、尺寸、腔体体积等信息，以保证测量的可重复性。

5.4 模拟节目信号测量条件

除了应使用 GB/T 6278 中规定的模拟节目信号外，5.2 中规定的条件均适用。下列滤波器可以用来处理耳模拟器的输出信号：

——GB/T 3785.1 中规定的 A 计权滤波器；

——自由场补偿滤波器，如响应与 IEC TR 60959 或其他标准规定的人体模型的自由场响应相反的滤波器。

采用模拟节目信号的测量示意图见图 3。

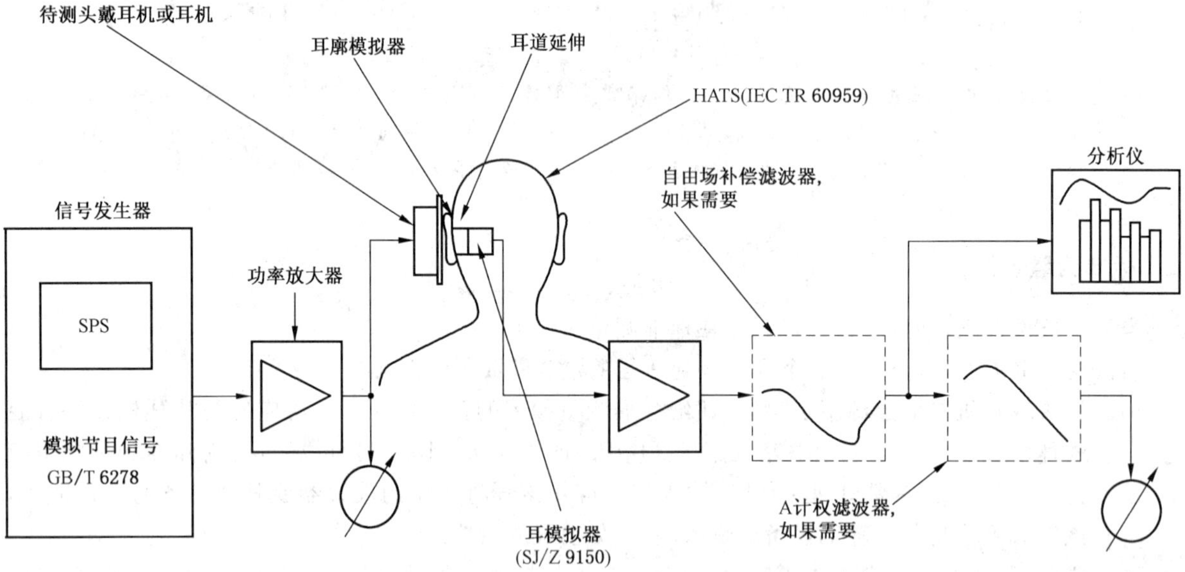

说明：可使用除 IEC TR 60959 之外，其他国际标准或国家标准规定的人体模型的自由场响应所对应的滤波设备；也可以不使用任何滤波设备，仅在数值上即可对应不同人体模型的自由场响应，完成对输出信号的修正。1/3倍频程分析数据乘以 GB/T 3785.1 和/或 IEC TR 60959 规定的滤波系数后平方求和后再开根便可得到修正后的电压值。

图 3 采用模拟节目信号的测量示意图

5.5 响度比较条件

5.5.1 概述

头戴耳机对给定电信号的响应可由头戴耳机的声音响度与源于相同电信号的参考声场中的声音响度的主观对比确定。双耳都配备耳机的头戴耳机，左右两个耳机应在不相关信号下工作，同时馈给相同频谱和幅度的信号。

5.5.2 自由场比较条件

同时满足下面两个条件时，认为头戴耳机工作在自由场比较条件下：

a) 试验人员按照制造商的说明或该类型头戴耳机的通常方法佩戴头戴耳机。按照制造商的说明佩戴头戴耳机，耳机才能正确定位并且头环夹力接近额定值。

b) 参考声场模拟平面行波。试验人员不在声场中时，声信号应在指定的参考点符合规定的带宽和声压级。

附录C给出了自由场比较条件的实施细则。

5.5.3 扩散场比较条件

同时满足下面两个条件时，认为头戴耳机工作在扩散场比较条件下：

a) 试验人员按照制造商的说明或该类型头戴耳机的通常方法佩戴头戴耳机。按照制造商的说明佩戴头戴耳机，耳机才能正确定位并且头环夹力接近额定值。

b) 参考声场模拟扩散声场(见 GB/T 6881.1 的描述)。试验人员不在声场中时，声信号应在指定的参考点符合规定的带宽和声压级。

附录D给出了扩散场比较条件的实施细则。由于混响室的混响时间长，使用混响室产生扩散场适用于耳道探管或微型传声器测量耳道声压级，不太适用于主观响度级比较。

5.6 耳道声压级测量条件

满足自由场比较条件(5.5.2)或者扩散场比较条件(5.5.3)，并额外满足如下条件时，认为头戴耳机工作在耳道声压级测量条件下。将一个与附录B要求一致的非常小的传声器，放置于试验人员的耳道内，其入声口离耳道入口的距离至少4 mm。附录E给出了这些条件的实施细则。

6 特性解释及其测量方法

6.1 电源

如果头戴耳机需要电源，制造商应规定：

——电源类型(交流或者直流)；

——电源的额定供电电压和额定供电频率，或者它们的范围(见 GB/T 156)和/或电池的类型(见 GB/T 8897.1)；这些都是额定条件(见 5.1)；

——电源的最大输出功率。

需要或者允许在信号上附加一个小直流电流的头戴耳机，认为其不需要电源。然而，应给出其所需或最大允许的直流电流的详细资料。

6.2 电阻抗

6.2.1 额定阻抗

特性解释：

a) 为了匹配而由制造商规定的纯电阻值；

b) 应选择额定阻抗，使得在额定频率范围内实际阻抗模值的最小值不小于额定值的80%。如果在20 Hz～20 kHz之间任何频率的阻抗或者直流阻抗小于这个值，宜在规格书中说明。

6.2.2 阻抗-频率特性

6.2.2.1 特性解释

阻抗模值随频率变化的函数。

6.2.2.2 测量方法

测量方法如下：

a) 将头戴耳机置于标准测量条件下；

b) 信号为频率可变的正弦电压或电流，其幅值恒定且足够小，以保证头戴耳机工作在线性区域；

c) 应至少在20 Hz～20 kHz的范围内测量阻抗的模值；

d) 其结果应表示为频率函数的曲线，信号的电压值或电流值应予说明。

6.2.3 额定源阻抗

额定源阻抗由制造商规定，并适用于头戴耳机的正常工作。

注：见5.1注。

6.3 输入电压

6.3.1 额定源电动势

特性解释：

重放模拟节目信号时，由制造商规定的有效值电压。额定源电动势宜通过额定源阻抗馈给头戴耳机。

注1：对于满足目前GB/T 14197中描述的匹配要求的头戴耳机，额定源电动势宜不大于5 V。也可见5.1注。

注2：注意防止在可能造成听力损伤的声压下使用头戴耳机。额定输入电压不宜超过特性电压(见6.3.3)10 dB～15 dB。也可见6.3.4.2注2。

6.3.2 输入电压的限定值

6.3.2.1 特性解释

特性解释如下：

a) 将具有附加限幅的模拟节目信号(见GB/T 6278)，以60 s为一周期，中间用时长120 s的零值信号隔开，作用10个周期；通过额定源阻抗馈给头戴耳机，使其能承受且不发生永久性损坏的最大电压，称为额定长期最大源电动势；

b) 将具有附加限幅的模拟节目信号(见GB/T 6278)，持续作用100 h；通过额定源阻抗馈给头戴耳机，使其能承受且不发生永久性损坏的最大电压，称为额定最大持续噪声源电动势。

6.3.2.2 测量方法

测量方法如下：

注1：因为是额定条件，严格地讲，它们并不是测量的对象，只能由制造商标定。如下的方法已经标准化以鼓励所有的制造商使用相同的方法，测试机构可以用它来校验制造商的技术规范。

a) 需要如下的设备：
——计权噪声信号源，可以以规定的短时周期开关；
——限幅网络；
——功率放大器；
——将放大器和头戴耳机正常连接的任何辅助设备；
——一个阻值等于额定源阻抗的电阻器(当放大器或辅助设备没有包含时)；
——待测头戴耳机，宜允许其在无阻碍空间自由辐射；
b) 放大器输出的限幅噪声信号应符合 GB/T 6278 所规定的频率分布，而且峰值与有效值的比值介于 1.8～2.2 之间；放大器应能提供至少两倍于额定长期最大源电动势的输出电压，不会削波且总谐波失真小于 10%；
c) 为检验额定长期最大源电动势，应在规定的气候条件下，将电动势通过额定源阻抗馈给头戴耳机，以 60 s 为一周期，中间用时长 120 s 的零值信号隔开，作用 10 个周期，之后头戴耳机应在类似的气候条件下放置至少 4 h；
d) 为检验额定最大持续噪声源电动势，应在规定的气候条件下，将电动势通过额定源阻抗馈给头戴耳机，持续 100 h，之后头戴耳机应在类似的气候条件下放置至少 24 h；
e) 如果在放置周期之后，头戴耳机的任何特性都没有明显的改变(即仍符合它的规范)，则额定长期最大源电动势或者额定最大持续噪声源电动势已经被校验。

注2：不建议用同一个头戴耳机样品去校验两个特性，因为这两种测试应用都可被认为过分苛刻。

6.3.3 特性电压

6.3.3.1 特性解释

将 500 Hz 的正弦信号通过额定源阻抗馈给头戴耳机，在耦合腔或耳模拟器中产生 94 dB 声压级(基准声压 20 μPa)时的源电动势。

注：选取频率为 500 Hz 是为了避免其他频率在耦合腔或耳模拟器中可能产生的振膜共振、漏声和驻波的影响。

6.3.3.2 测量方法

测量方法如下：

a) 将头戴耳机置于标准测量条件下；
b) 500 Hz 的正弦信号源电动势，通过额定源阻抗馈给头戴耳机，然后进行调整直到在耦合腔或耳模拟器中产生 94 dB 声压级(基准声压 20 μPa)；
c) 然后记录源电动势，并在结果中说明。

6.3.4 模拟节目信号特性电压

6.3.4.1 特性解释

将模拟节目信号通过额定源阻抗馈给头戴耳机，在耦合腔或耳模拟器中产生 94 dB 声压级(基准声压 20 μPa)时的源电动势，见 GB/T 6278。

6.3.4.2 测量方法

测量方法如下：

a) 将头戴耳机置于5.4规定的模拟节目信号测量条件下；

b) GB/T 6278中规定的模拟节目信号的源电动势，通过额定源阻抗馈给头戴耳机，然后进行调整直到在耦合腔或耳模拟器中产生94dB声压级(基准声压20μPa)；

c) 然后记录源电动势，并在结果中说明。

注1：GB/T 6278规定了模拟节目信号的频谱、滤波电路。

注2：测量宜满足可重复性，结果宜作平均，因为随机噪声信号电平的仪表显示是不稳定的。如未使用自动平均设备，可使用GB/T 3785规定的具有S档时间计权特性的仪表每1 s～5 s对5次～10次的测量作平均。

注3：推荐使用附录A规定的耳廓模拟器，以改进耳塞式和入耳式耳机测量的准确度。

6.3.5 以A计权特性和自由场响应补偿修正的模拟节目信号特性电压

6.3.5.1 特性解释

模拟节目信号通过额定源阻抗馈给头戴耳机，在耦合腔或耳模拟器中产生94 dB声压级(以A计权特性和自由场响应补偿做修正，基准声压20 μPa)时的源电动势。

6.3.5.2 测量方法

测量方法如下：

a) 将头戴耳机置于5.4规定的模拟节目信号测量条件下。

b) 应使用附录A规定的带有耳廓模拟器的SJ/Z 9150耳模拟器。

c) 使用GB/T 3785.1规定的A计权滤波器和自由场补偿滤波器处理耳模拟器的输出信号。自由场补偿滤波器即响应与IEC TR 60959或其他标准规定的HATS耳道声压比的人体模型0°方位角自由场响应相反的滤波器。

d) GB/T 6278中规定的模拟节目信号的源电动势，通过额定源阻抗馈给头戴耳机，然后进行调整直到在耦合腔或耳模拟器中产生94dB声压级(基准声压20μPa)。可使用接于其后的滤波器处理耳模拟器的输出信号。

e) 然后记录测得的源电动势。

f) 将头戴耳机从HATS上完全移开，然后重新将头戴耳机置于HATS上，重复d)所描述的测量，记录所测得的源电动势。

g) 计算3次～5次测量得到的源电动势的平均值，并在结果中说明。

注1：关于模拟节目信号，见6.3.4.2的注1。

注2：关于自动平均设备的使用，见6.3.4.2的注2。

6.3.6 保护装置

6.3.6.1 特性解释

特性解释如下：

a) 保护电压是通过额定源阻抗馈给头戴耳机的正弦源电动势；在此电压下装置开始工作，保护耳机不被损坏，或保护使用者不遭受过高声压级而损害听力；

注1：如果这个电压与频率有关，宜画出电压频率特性曲线。

注2：过高声压级(“声震”的限制)，在YD/T 1884—2009中规定，提供原配耳机的便携音频设备或具有音频播放功能的便携通信终端设备(如果提供原配耳机的话)，其设备耳机输出的最大声压级应不超过100 dB(A)。

b) 装置工作对头戴耳机产生声压的影响(如果有);

c) 装置工作对头戴耳机阻抗的影响(如果有);

d) 损坏限制的源电动势是保护装置能够承受且不受损坏的最大源电动势。这是额定条件。

6.3.6.2 测量方法

测量方法如下:

a) 将头戴耳机置于标准测量条件下,信号为电压和频率可调的正弦信号。

b) 在标准参考频率下,增加源电动势直到保护装置工作导致头戴耳机的灵敏度至少有 1 dB 的变化。记录这个电压值,然后采用高于和低于所记录电压 1 dB 的电压值进行阻抗和声压级的测量。

注:比所记录电压高 1 dB 的电压电平上,阻抗可能很高或者很低,声压可能很低。

c) 如果有必要,可采用其他频率重复测量。

d) 然后源电动势增加到损害限制的源电动势的额定值,记录任何导致偏离规范的损害。

e) 然后重复测量。如果有必要,可采用其他频率。可能需要修复损坏或者测试其他样品。

f) 测试结果可用表或图表示。

6.4 输入功率

对于源设备的信号直接馈给耳机的头戴耳机,6.3 给出的每一个特性都有对应的用功率来表示的特性:

——额定输入功率;

——额定长期最大输入功率;

——额定噪声功率;

——特性功率;

——模拟节目信号特性功率;

——以 A 计权特性和自由场响应补偿修正的模拟节目信号特性功率;

——与保护装置有关的特性[见 6.3.6.1 的 a)和 d)]。

以功率来表述的规范可从相应的电压(6.3)和额定阻抗推导得到,如下式:

$$P=\frac{E^2 Z}{(R+Z)^2}$$

式中:

P——对应的功率,单位为瓦(W),见 6.4;

E——对应的源电动势,单位为伏(V),见 6.3;

Z——头戴耳机额定阻抗,单位为欧(Ω);

R——输入端串联的额定源阻抗,单位为欧(Ω),由制造商规定,宜为 120 Ω。

6.5 声压(级)

6.5.1 概述

6.5 提供了头戴耳机和耳机声压(级)的规范。

注:以下为了避免连续重复“声压和/或声压级”,缩写为“声压(级)”。

6.5.2 特性解释

特性解释如下:

a) 最大声压(级)是指头戴耳机与额定源阻抗串联时,馈给 500 Hz 的额定源电动势的正弦电压,

在耦合腔或耳模拟器中产生的声压(级);

b) 工作声压(级)是指头戴耳机与额定源阻抗串联时,馈给 500 Hz 的正弦电压,输入电压值为在与头戴耳机额定阻抗相等的纯阻上消耗 1 mW 时,在耦合腔或耳模拟器中产生的声压(级);

c) 模拟节目信号工作声压(级)是指头戴耳机与额定源阻抗串联时,馈给 GB/T 6278 规定的模拟节目信号,输入电压值为在与头戴耳机额定阻抗相等的纯阻上消耗 1 mW 时,在耦合腔或耳模拟器中产生的声压(级);

d) 以 A 计权特性和自由场响应补偿修正的模拟节目信号工作声压(级),是指头戴耳机与额定源阻抗串联时,馈给 GB/T 6278 规定的模拟节目信号,输入电压值为在与头戴耳机额定阻抗相等的纯阻上消耗 1 mW 时,在耦合腔或耳模拟器中产生的声压(级);应使用 GB/T 3785.1 规定的 A 计权滤波器和自由场补偿滤波器处理耳模拟器的输出信号,自由场补偿滤波器即响应与 IEC TR 60959 或其他标准规定的 HATS 耳道声压比的人体模型 0°方位角自由场响应相反的滤波器。

注:该特性与源设备的信号不直接加载在耳机上的头戴耳机不相关。

6.5.3 测量方法

测量方法如下:

a) 将头戴耳机置于标准测量条件下,与额定源阻抗串联,馈给 500 Hz 的额定源电动势的正弦电压,记录在耦合腔或耳模拟器中产生的声压(级),并作为 6.5.2a)的结果加以说明;

注:噪声信号测量的可重复性要求与 6.3.4.2 的注 2 相似。

b) 调整源电动势,使得在头戴耳机的输入端的电压能够在与头戴耳机额定阻抗相等的纯阻上消耗 1 mW,然后记录在耦合腔或耳模拟器中产生的声压(级),并作为 6.5.2b)的结果加以说明;

c) 馈给 GB/T 6278 规定的模拟节目信号,调整源电动势,使得在头戴耳机的输入端的电压能够在与头戴耳机额定阻抗相等的纯阻上消耗 1 mW,然后记录在耦合腔或耳模拟器中产生的声压(级),并作为 6.5.2c)的结果加以说明;

d) 馈入信号保持不变,记录在耦合腔或耳模拟器中产生的声压(级)经 GB/T 3785.1 规定的 A 计权滤波器和自由场补偿滤波器处理后所得到的声压(级),并作为 6.5.2d)的结果加以说明。

6.6 频率响应

6.6.1 概述

应采用以下响应(至少一种)来评估头戴耳机或耳机的频率响应:

——耦合腔或耳模拟器(包括 HATS)频率响应;

——通过试验人员测量的声场比较频率响应。

在使用声场比较频率响应时,最好附加耦合腔或耳模拟器(包括 HATS)频率响应,这样可通过互相比较以确认。

注:因为没有哪种方法是普遍适用的,所以在本部分中规定了测量频率响应的两种不同的方法。

耦合腔或耳模拟器测量是完全客观的,相对简单,并能充分确保可重复性。因此,主要适用于生产测试、质量控制和商业规范。

但是主观评价方法依然有用,因为客观测量结果与主观评价结果有一致关系的客观方法正处于研究阶段。

两种主观评价方法本身就会产生不同的结果,就像两种耳道声压级测量结果不同一样。这些方法比耦合腔测量更耗时,并且更多适用于产品开发和特殊产品的小批量生产。对一个主观判断为宽带无声染色重放的耳机,还没有已知的客观方法能够得出其具有平直的频率响应特性。

6.6.2 耦合腔或耳模拟器(包括 HATS)频率响应

6.6.2.1 特性解释

标准测量条件下,头戴耳机与额定源阻抗串联,馈给频率可变的正弦电压,在耦合腔或耳模拟器中的声压(级)是关于频率的函数,耦合腔或耳模拟器及其所用耳廓(见 5.3,若有的话)的类型在结果中应予以说明。

该特性值也可从以下测量中推导出:

——窄带或宽带噪声信号;

——脉冲信号或其他用于计算脉冲响应的适当信号。

也可以使用以脉冲响应的傅里叶变换计算传递函数,因为这样不但可以得到幅度(级)频率响应,而且可得到相位频率响应。

注:使用脉冲响应进行测量的信息参见 ISO 18233。

如果使用了上述的某种信号类型,测试机构有责任证明该方法的测量结果与使用正弦信号得到的结果等同。

6.6.2.2 测量方法

测量方法如下:

a) 将头戴耳机置于标准测量条件下,与额定源阻抗串联,以规定的源电动势馈给频率可变的正弦信号。

b) 至少在头戴耳机额定频率范围内改变频率(见 6.6.6),并且记录每个频率的声压(级)。宜用扫频或步频源和图表记录仪或绘图仪自动记录。应选择由制造商规定的绘图速度和分辨率,以得到结果的规定准确度。

注:如果扫频方向影响结果,宜使用从低到高扫频的结果,并且在结果中说明。

c) 结果用图形表示。如果以分贝表示的声压级与对数尺度的频率作图,优选标度比例为每 10 : 1 的频率比对应的长度等于 50 dB 所对应的长度(见 SJ/Z 9140.1 和 GB/T 3769)。

6.6.3 自由场比较频率响应

6.6.3.1 特性解释

参考自由声场的响度与头戴耳机的响度相等时,参考自由声场的声压与馈给头戴耳机的源电动势之商。自由场比较频率响应是频率的函数,通常参照标准参考频率处的值,以分贝表示。

6.6.3.2 直接测量法

为了使用该方法,需要左右边两个耳机有充分相似的频率响应,由试验人员同时佩戴,以允许足够的测量准确度(参见附录 E)。

注:两个耳机的频率响应曲线对应于每个倍频程(其中心频率在 250 Hz~8 000 Hz 范围内)带宽的平均声压级之差应不大于 2 dB。

a) 将头戴耳机置于自由场比较条件下(见 5.5.2 和附录 C)。

b) 试验信号是经滤波的 1/3 倍频程的粉红噪声,至少覆盖额定频率范围(见 6.6.6)。对于每一个频带,试验人员交替地取下头戴耳机听自由场的信号,然后戴上头戴耳机听。调整馈给与额定源阻抗串联的头戴耳机的源电动势,直到两者响度相等。调整可以由试验人员或者试验管理人员执行,或者由电脑控制自动执行。

c) 已经证明如下方法是实用的:试验序列从 1 kHz 为中心的频带开始,逐步提高频率至少到额定频率范围的上限，再递减中心频率至少到额定频率范围的下限继续进行试验，然后递增至中心频率 1 kHz 的频带。

d) 试验至少由 8 个试验人员重复进行。个体试验结果因试验人员的头和耳廓的形状与尺寸的不同而异(参见附录 E)。

e) 对于所有试验人员的结果按每 1/3 倍频程进行平均，得到的条状图就是耳机的自由场比较频率响应。每 1/3 倍频程结果的标准偏差宜在图上标明。优选尺度比例应使 50 dB 和一个 10 倍频程用相同的长度表示。

6.6.3.3 替代测量法

如果一个头戴耳机，经过至少 16 人的试验组按 6.6.3.2 所描述的方法进行过自由场比较频率响应测量，可以为测量其他头戴耳机提供响度对比参考。应馈给参考头戴耳机与直接法测量中大小一样的噪声电压。测量应在安静的房间中进行，并且这些按 6.6.3.2 计算得到的结果，应说明所使用的是替代法。

注：如果参考头戴耳机和待测头戴耳机特性相似，该方法的准确度更高。

6.6.4 扩散场比较频率响应

6.6.4.1 特性解释

参考扩散声场的响度与头戴耳机的响度相等时，参考扩散声场的声压与馈给头戴耳机的源电动势之商，随频率而变化，通常是相对于标准参考频率处的值，以分贝表示。

6.6.4.2 直接测量法

为了使用该方法，需要由试验人员同时佩戴的左右边两个耳机，具有充分相似的频率响应，以允许足够的测量准确度(参见附录 E)。

注：两个耳机的频率响应曲线对应于每个倍频程(其中心频率在 250 Hz～8 000 Hz 范围内)带宽的平均声压级之差应不大于 2 dB。

a) 将头戴耳机置于扩散场比较条件下(见 5.5.3 和附录 D)。

b) 试验信号是经滤波的 1/3 倍频程的粉红噪声，至少覆盖额定频率范围(见 6.6.6)。对于每一个频带，试验人员交替地取下头戴耳机听扩散场的信号，然后戴上头戴耳机听，将头戴耳机与额定源阻抗串联，馈给源电动势，调整源电动势直到两者响度相等。调整可以由试验人员或者试验管理人员执行，或者由电脑控制自动执行。

c) 已经证明如下方法是实用的：试验序列从 1 kHz 为中心的频带开始，逐步提高频率至少到额定频率范围的上限，再递减中心频率至少到额定频率范围的下限继续进行试验，然后递增至中心频率 1 kHz 的频带。

d) 试验至少由 8 个试验人员重复进行。个体试验结果因试验人员的头和耳廓的形状与尺寸的不同而异(参见附录 E)。

e) 对于所有试验人员的结果按每 1/3 个倍频程进行平均，得到的条状图就是头戴耳机的扩散场比较频率响应。每 1/3 倍频程结果的标准偏差宜在图上标明。优选标度比例为每 10：1 的频率比对应的长度等于 50 dB 所对应的长度。

6.6.4.3 替代测量法

如果一个头戴耳机，经过至少 16 人的试验组按 6.6.4.2 所描述的方法进行过扩散场比较频率响应测量，可以为测量其他头戴耳机提供响度对比参考。应馈给参考头戴耳机与直接法测量中大小一样的噪声电压。测量应在安静的房间中进行，并且这些按 6.6.4.2 计算得到的结果，应说明所使用的是替代法。

注：见 6.6.3.3 的注。

6.6.5 自由场和扩散场耳道声压级频率响应

6.6.5.1 特性解释

特性解释如下：

a) 自由场耳道声压级频率响应是由头戴耳机产生的在耳道中测量的声压级相对于当该试验人员处于自由声场中时在耳道中测量的声压级的频率响应，需要一组试验人员取平均；

b) 扩散场耳道声压级频率响应是由头戴耳机产生的在耳道中测量的声压级相对于当该试验人员处于扩散声场中时在耳道中测量的声压级的频率响应，需要一组试验人员取平均。

注 1：这些特性不适用于那些由于耳机结构而导致无法在耳道中测量声压级的耳机。

注 2：这两个特性通常并不给出相同的结果。到目前为止，不能明确它们之间的关系，也不能明确它们和其他测量结果之间的关系。

6.6.5.2 直接测量法

为了应用该方法，试验人员并不需要同时佩戴两个相似的耳机。

a) 将头戴耳机置于自由场或扩散场比较条件下(见 6.6.3.2 或 6.6.4.2 和附录 E)。

b) 试验信号是 1/3 倍频程的粉红噪声，至少覆盖额定频率范围(见 6.6.6)。对于每一个频带，通过适当的中心频率的 1/3 倍频程滤波器测量在试验人员耳道中一个很小的传声器的输出电压电平(见 5.5 和附录 B)。声压级不宜大于 85 dB(基准声压 20 μPa)，但应保证经滤波的传声器信号的信噪比不低于 10 dB。

   注 1：有必要按所需的准确度，使用一个有足够长积分时间常数的电压计测量传声器的输出电压，并且每个试验信号应足够长使得电压计达到稳定读取状态(参见附录 E)。

c) 然后试验人员小心地戴上头戴耳机，试验信号从产生声场的系统中移除并馈给待测耳机。用中心频率为 500 Hz 的 1/3 倍频程噪声来调整信号电平，使经滤波的传声器输出信号电平与在相同频带的声场内按上述步骤 b)测得的输出信号电平相差在 3 dB 以内。然后按步骤 b)在每个 1/3 倍频程内测量经滤波的传声器的输出信号电平。

d) 然后试验人员取下头戴耳机并且马上重新戴上。重复步骤 c)中的测量。

e) 然后取下头戴耳机，将试验信号转馈给产生声场的系统。重复步骤 b)中的测量。

f) 比较步骤 c)和步骤 d)得到的测量结果，如果在任何一个 1/3 倍频程有超过 2.5 dB 的偏差(例如，由于头戴耳机佩戴方式的不同)，重复整个过程。

   注 2：对于某些人，声场测量始终无法一致。这样的人不适于当试验人员。

   注 3：头戴耳机不同的佩戴方式可能导致超过 2.5 dB 的偏差。

g) 步骤 b)与步骤 e)的测量结果和步骤 c)与步骤 d)的测量结果，取算术平均。对每个 1/3 倍频程，耳机的频率响应由下式给出：

$$L_f = L_e - L_s - (L_e - L_s)_{500}$$

   式中：

   L_f ——相对频率响应，参考 500 Hz 处的响应，单位为分贝(dB)；

   L_e ——经滤波的传声器测量耳机输出信号电压电平，单位为分贝(dB)；

   L_s ——经滤波的传声器测量声场的输出信号电压电平，单位为分贝(dB)；

   $(L_e - L_s)_{500}$ ——L_e与 L_s在 500 Hz 频带的差，单位为分贝(dB)；

h) 测量至少由 8 个试验人员重复进行。对每个频带做 L_f 的算术平均得到最后的结果。测试结果可用表或图表示，优选尺度比例应使 50 dB 和一个 10 倍频程用相同的长度表示。

注 4：在比较试验表明没有引入无法接受的误差的情况下，可由宽频带噪声代替 1/3 倍频程噪声作试验信号。宜在结果中说明使用了宽频信号。

注 5：结果宜包括试验人数（如果不是 8 个）和每个频带结果的标准偏差。

6.6.5.3 间接测量法

除了测听环境的声场替换为一个事先用 6.6.5.2 的方法校准后的头戴耳机之外，测量方法同 6.6.5.2，为了提高准确度，至少需要 16 个试验人员。应在结果中说明使用了间接测量法测量和校准用头戴耳机的类型。

6.6.6 额定频率范围

特性解释：

由制造商规定的头戴耳机适用的重放输入信号的频率范围。制造商应说明选取截止频率所基于的标准。

注：由于难以把主观评价与测试结果联系起来，目前不可能以与平直或定义的频率响应的偏离程度作为原则来设定频率范围的界限。

6.7 幅度非线性

6.7.1 概述

6.7 给出了头戴耳机和耳机幅度非线性的规范。

注：对于幅度非线性的不同测量方法和表述的详细解释，见 GB/T 12060.2，这些不同方法的基本测量方法参见 GB/T 12060.3。

6.7.2 谐波失真

6.7.2.1 特性解释

特性解释如下：

a） n 阶（$n=2$ 或 3）谐波失真：当头戴耳机与额定源阻抗串联时，馈给规定的源电动势，n 次谐波的输出声压与总声压之比；

b） 总谐波失真：当头戴耳机与额定源阻抗串联时，馈给规定的源电动势，各次谐波输出声压的总有效值与总声压之比。

这些特性可在标准参考频率处规定，或者推荐用图表表示成频率的函数。

6.7.2.2 测量方法

测量方法如下：

a） 将头戴耳机置于标准测量条件下；

b） 将头戴耳机与额定源阻抗串联，馈给标准测量频率的源电动势，调整输入电压与规定的源电动势相等；

c） 测量来自测量传声器系统的信号的二次、三次谐波失真成分和/或总谐波失真；

d） 测量可在其他频率处重复，或进行扫频或步进频率测量，结果使用自动绘图。

6.7.3 调制失真

6.7.3.1 特性解释

二阶和三阶调制失真：在信号由两个频率分别为 70 Hz 和 600 Hz，幅度比为 4∶1 的正弦信号组成，峰值电压与规定输入电压的峰值电压相等时测量得到。

6.7.3.2 测量方法

测量方法如下：

a) 将头戴耳机置于标准测量条件下，然后调整两个频率分别为 70 Hz 和 600 Hz，幅度比为 4∶1 的正弦信号组成的信号，使峰值电压与规定输入电压的峰值电压相等；

注：信号电平相对于额定输入电压宜在 70 Hz 处为−1.9 dB，在 600 Hz 处为−14.0 dB。

b) 测量传声器系统输出的二阶和三阶调制失真成分用波形或频谱分析仪测量；二阶成分是在 530 Hz 和 670 Hz 处，三阶成分是在 460 Hz 和 740 Hz 处；

c) 以分贝表示的二阶调制失真，由下式计算得到：

$$L_{d2}=20\ \lg\{(U_{530}+U_{670})/U_{600}\}$$

其中下标表示频率，以分贝表示的三阶调制失真，由下式计算得到：

$$L_{d3}=20\ \lg\{(U_{460}+U_{740})/U_{600}\}$$

6.7.4 差频失真

6.7.4.1 特性解释

二阶和三阶差频失真：当输入信号是两个频率差为 80 Hz 的正弦信号，且大小均为额定输入电压的一半时（见 GB/T 12060.2）时测量得到。

6.7.4.2 测量方法

测量方法如下：

a) 将头戴耳机置于标准测量条件下，然后将输入信号变为测量所需信号（见 6.7.4.1）；

b) 测量传声器系统输出的所需的差频信号成分用波形或频谱分析仪测量；可使用总差频失真计；

c) 以分贝表示的二阶差频失真，由下式计算得到：

$$L_{dd2}=20\ \lg\{U_{f2-f1}/2U_{f2}\}$$

以分贝表示的三阶差频失真，由下式计算得到：

$$L_{dd3}=20\ \lg\{(U_{2f2-f1}+U_{2f1-f2})/2U_{f2}\}$$

d) 二阶和三阶差频失真的测量可用扫频或步频信号，图表记录仪或绘图仪，结果以图表形式表示成频率的函数。

6.8 额定气候条件

特性解释：

a) 额定温度范围；

b) 额定湿度范围；

c) 额定气压范围。

这些范围由制造商规定，在额定条件下头戴耳机应满足其规范。

6.9 外电场和/或外磁场

6.9.1 特性解释

特性解释如下：

a) 将头戴耳机与额定源阻抗串联，馈给标准参考频率的额定电压，在空间某个规定位置（相对于头戴耳机)产生的电场和/或磁场的最大直流成分和交流成分；

b） 在电源及信号电压和信号频率规定的条件下，由组成头戴耳机系统的任何附件在规定位置(相对于附件)产生的电场和/或磁场的最大交流成分(以及直流成分，如果有)。

注：尽管可接受的安全限制值远高于这些场强的通常值，但还是推荐将这些辐射值维持在尽可能低的水平上。测量信息参见 IEC 61786。

6.9.2 测量方法

测量方法如下：

a） 电场和/或磁场的交流分量可用经校准的测试线圈测量(见 SJ/Z 9140.1)；

b） 电场和/或磁场的直流分量可用适当的流量表测量。

6.10 不需要的声辐射

6.10.1 特性解释

将头戴耳机与额定源阻抗串联，馈给额定频率范围内任一频率的额定源电动势正弦信号，在正常出声口的反向轴线上，距离头戴耳机 0.1 m 的自由场处产生的声压级。头戴耳机应与适当的耦合腔或耳模拟器耦合在一起。

该特性通常用声压级与频率的图表表示，频率轴选用对数坐标。

6.10.2 测量方法

测量方法如下：

a） 将头戴耳机置于标准测量条件下，在消声室内进行测量。将测量传声器放置在距离耳机 0.1 m 处，正对耳机背面。

b） 然后将信号变为额定电压下的扫频或步频信号，频率至少覆盖额定频率范围。绘出传声器测得的声压级对频率的图形。

6.11 声衰减

6.11.1 特性解释

头戴耳机产生的外部声场的衰减，以分贝表示，是频率的函数。

6.11.2 测量方法

测量应按 GB/T 7584.1 的规定进行。

注：对于有源噪声补偿系统中的头戴耳机(比如有源护耳器)，测量程序可能需要改进。

6.12 多通道头戴耳机的串音衰减

6.12.1 特性解释

馈给受试通道额定源电动势时，在耦合腔或耳模拟器中产生的声压级，与馈给另一指定通道额定源电动势时，在耦合腔或耳模拟器中产生的声压级的比值。该参数通常用声压级之差对频率的图形表示。声压级之差以分贝表示，频率轴使用对数坐标。

6.12.2 测量方法

测量方法如下：

a） 测量耦合腔频率响应曲线(见 6.6.1)，任何串音控制器应置于最小串音位置；

b） 然后将信号馈给另一个输入通道，重复测量；

c） 绘出声压级之差对频率的图形；

d） 根据需要可将串音控制器置于指定位置进行重复测量。

6.13 额定夹力

6.13.1 特性解释

头戴耳机佩戴在模拟人头的测试夹具上时对夹具施加的压力。

6.13.2 测量方法

测量方法如下：

a） 将头戴耳机佩戴在ISO 4869-3规定的测试夹具上；

b） 使用电子测力计或其他有足够准确度的设备测量夹力。

6.14 物理特性、线材和接插件

6.14.1 特性解释

特性解释如下：

——主要尺寸；

——头戴耳机及其所有附件的重量；

——线材的长度和类型；对于盘绕线要给出盘绕线长度和最大拉伸长度；

——用作系统输入端以及系统内部的接插件的种类（见GB/T 12060.11和GB/T 15212）。

7 特性分类

见表1。

表1 特性分类

条款	特性	A[a]	B[b]
4.1	分类码和描述	R[d]	X[c]
5.3	耦合腔或耳模拟器类型		X
6.1	电源种类 额定电源电压和频率 最大耗电功率	X X X	X X X
6.2.1	额定阻抗	X	R
6.2.2	阻抗-频率特性		R
6.2.3	额定源阻抗		R
6.3.1	额定源电动势		R
6.3.2	输入电压的限定值		R
6.3.3	额定特性电压		R
6.3.6	保护设备额定特性		R

表 1（续）

条款	特　　性	A[a]	B[b]
6.5.2	额定最大或工作声压级		R
6.6	额定频率响应（本条描述的一个或多个特性）		R
6.6.6	额定频率范围		R
6.7.2	额定谐波失真		R
6.7.3	额定调制失真		R
6.7.4	额定差频失真		R
6.8	额定气候条件		R
6.9	额定外磁场		R
6.10	额定的不需要的声辐射		R
6.11	额定声衰减		R
6.12	额定串音衰减		R
6.13	额定夹力		R
6.14	物理特性、线材和接插件 尺寸 重量 线材的长度和种类等 接插件种类		 R R R

注 1：上述的 6.3.1～6.3.4 可用对应的与功率有关的特性（见 6.4）代替。

注 2：为了避免对国内或国际上关于准确度要求的误解或任意参考，强烈推荐在数据单中给出和此表一致的所有物理参数值，并包括有保证的容差范围。

[a] A 栏表示标志在头戴耳机或附件上的数据。

[b] B 栏表示在用户购买前可得到的文件中规定的数据。

[c] 标志 X 表示在所有情况下都应提供的基本数据。

[d] 标志 R 表示推荐给出的其他数据。

附 录 A
（规范性附录）
头戴耳机和耳机测量用的耳廓模拟器

5.3 中列举了用于测量头戴耳机和耳机的耳模拟器，它们可能偶尔会由于单元和耳模拟器的配接难于一致而出现测量数据的不确定性。这个缺陷在测量用于便携式音频设备的头戴耳机时尤为显著，例如，耳塞式耳机和入耳式耳机。

a） 本附录规定了一种耳廓模拟器，以组成一个整合了 SJ/Z 9150 耳模拟器的改进后的用于测量头戴耳机和耳机的耳模拟器；

b） IEC TR 60959 的术语和定义，适用于本附录；

c） 推荐的耳廓模拟器的精确形状如图 A.1 和图 A.2 所示。横截面形状和尺寸如图 A.3 和图 A.4 所示。垂直截面如图 A.3 所示，水平截面如图 A.4 所示；
耳廓模拟器应由高质量橡皮或人造橡胶制成；在耳道开口处前端 15 mm 处表面测得的 SHORE-A 的硬度宜为 35；如有必要，宜给出限定数据以确保耳廓模拟器的力学特性；

d） 待测耳机宜在力学状态稳定后加到耳廓模拟器上；宜仔细检查耳机的出声口和模拟耳道的入声口的相对位置。

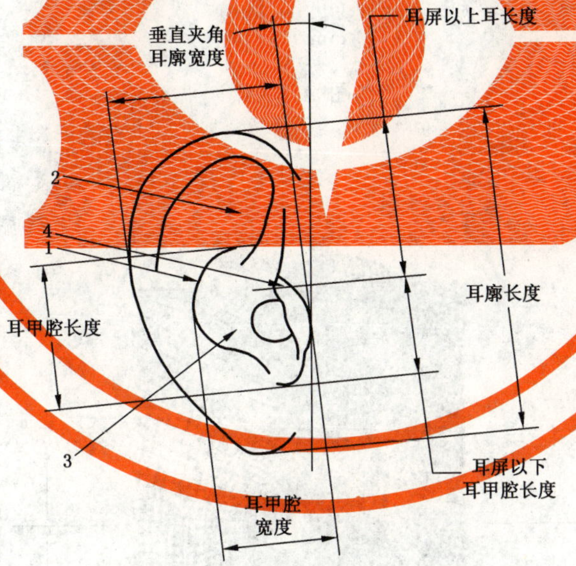

a） 侧面图

图 A.1 推荐耳廓模拟器外形

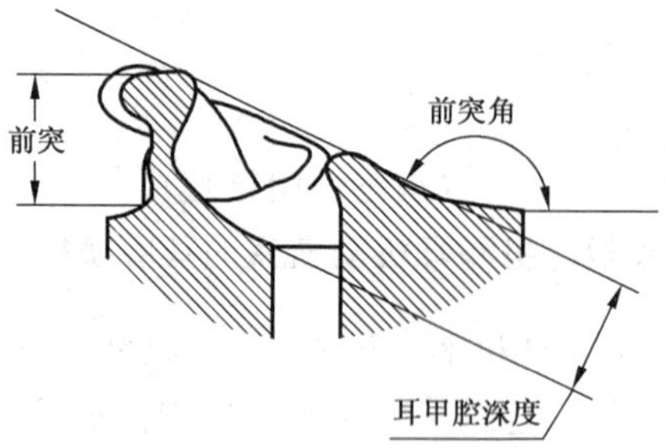

b） 截面图

说明：
1——对耳轮；
2——耳轮脚；
3——耳甲腔；
4——耳屏。

符号表：耳廓长度	58 mm
耳屏以上耳长度	28 mm
耳廓宽度	28 mm
前突	14 mm
前突角	155°
垂直夹角前面图	6°
垂直夹角侧面图	6°
耳甲腔长度	26 mm
耳屏以下耳甲腔长度	19 mm
耳甲腔宽度	18 mm
耳屏到耳轮耳甲腔宽度	18 mm
耳甲腔深度	13 mm

图 A.1（续）

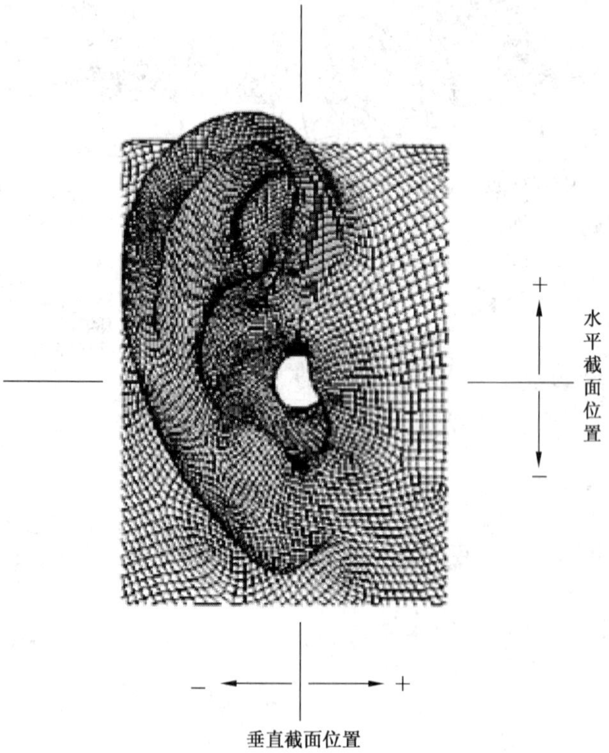

图 A.2 推荐耳廓模拟器坐标

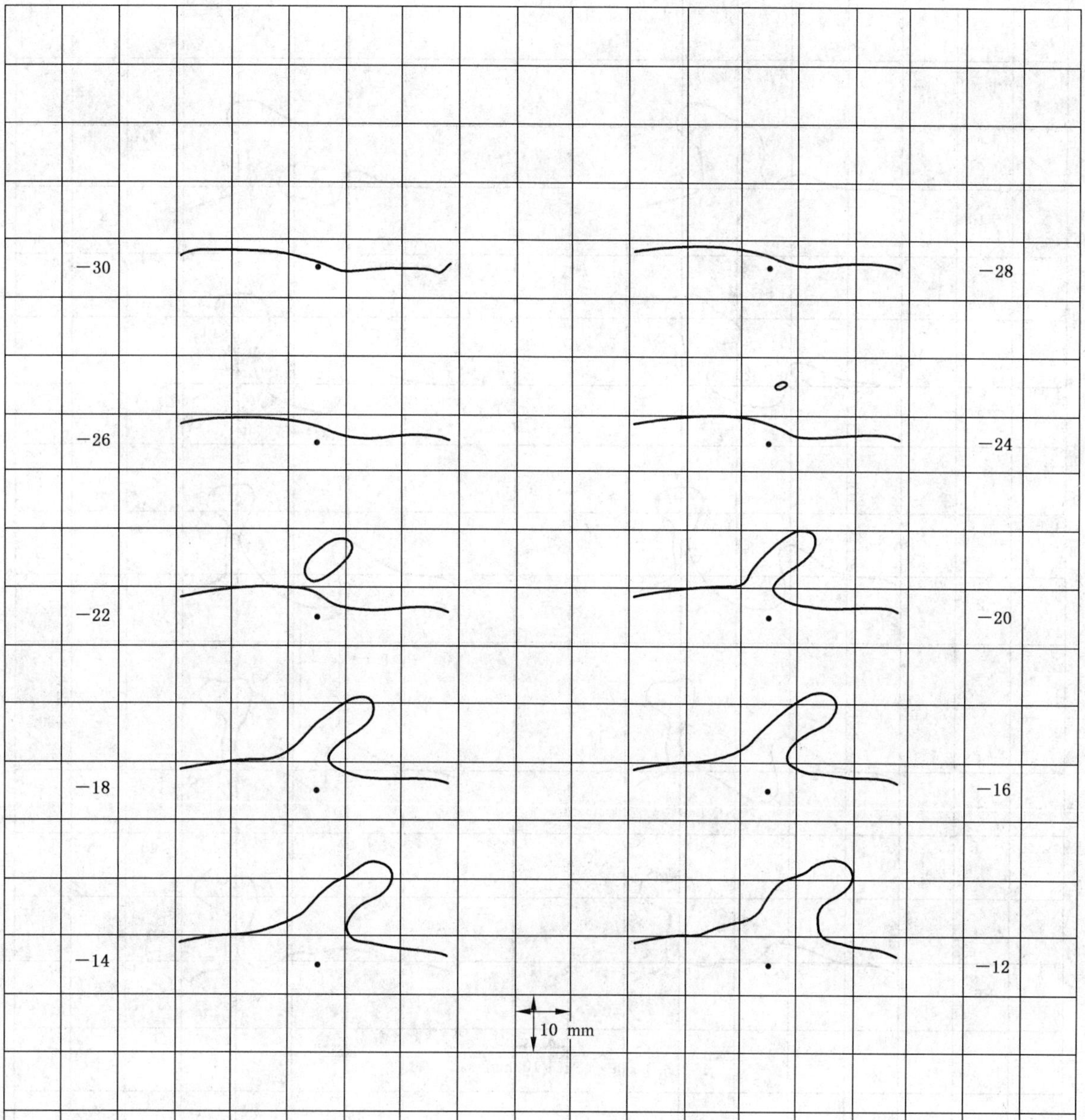

容差±0.7 mm

a) −30 mm～−12 mm

图 A.3 推荐耳廓模拟器的截面形状和尺寸(水平截面)

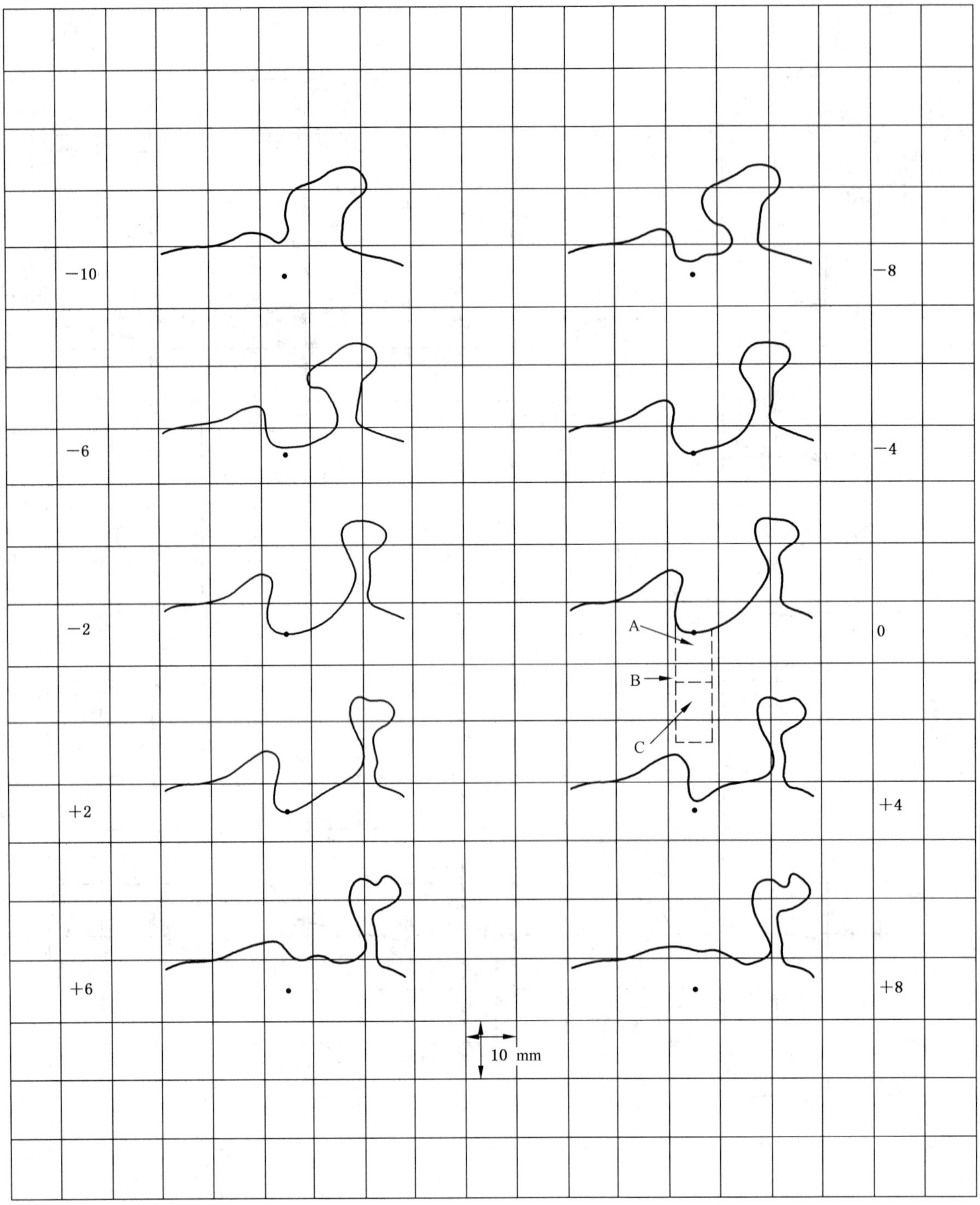

容差±0.7 mm

说明：

A——耳道延伸；

B——阻塞耳道腔模拟器参考平面；

C——阻塞耳道腔模拟器。

b） −10 mm～+8 mm

图 A.3（续）

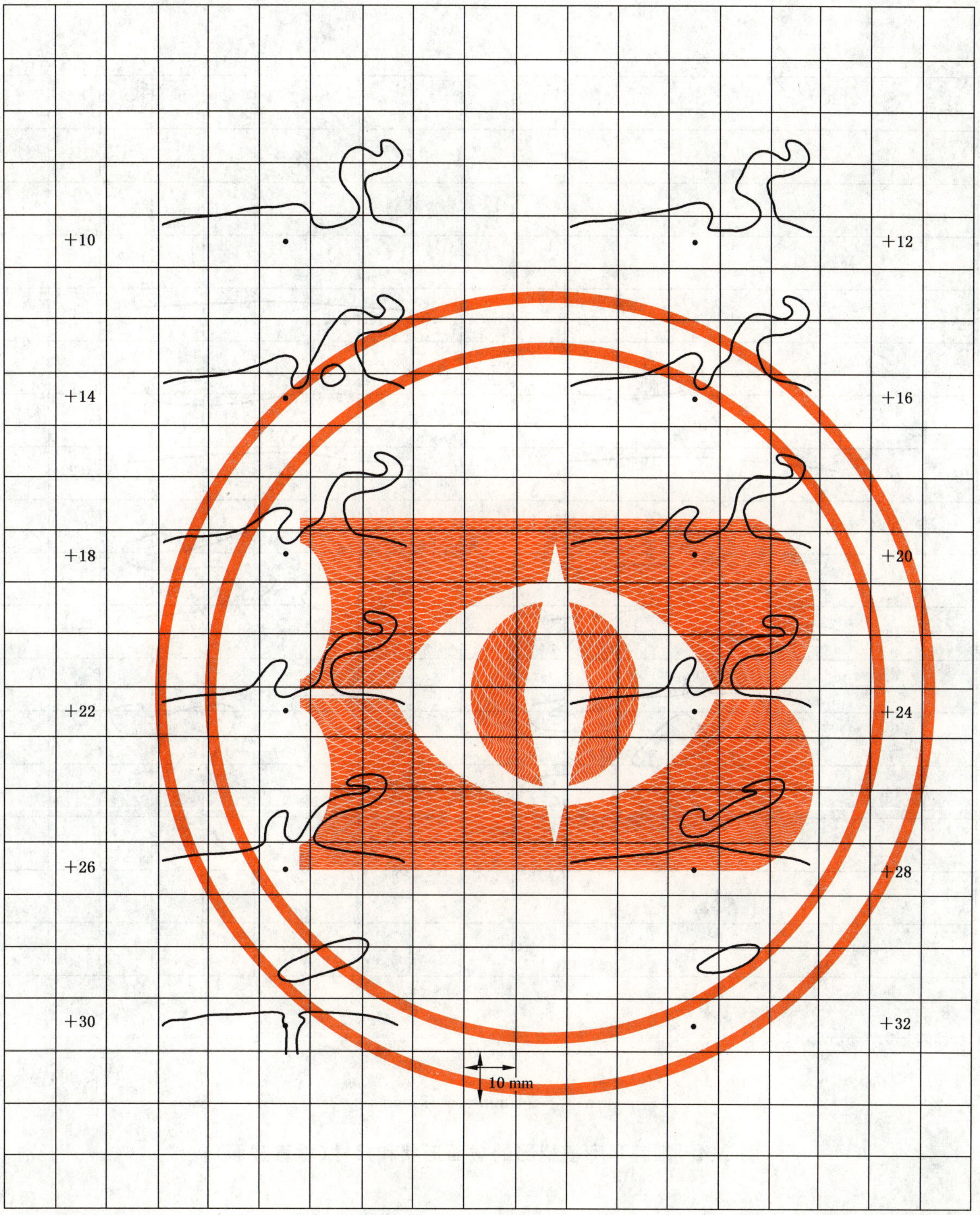

容差±0.7 mm

c） +10 mm～+32 mm

图 A.3（续）

图 A.3 中圆点代表耳廓参考轴的位置。网格线相隔 10 mm。截面的指向为头前方转向左边时对应的方向。

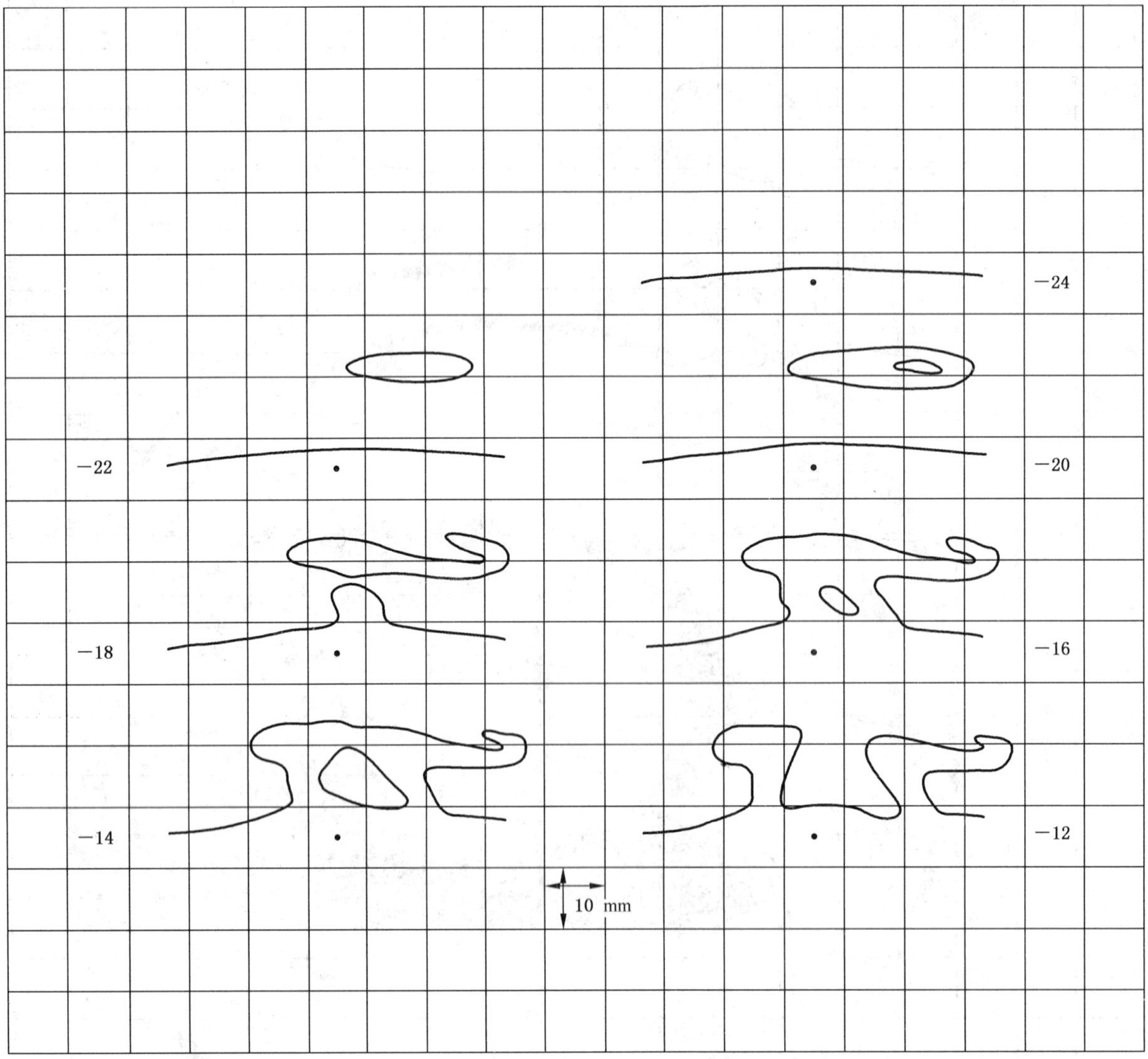

容差±0.7 mm

a) −24 mm～−12 mm

图 A.4 推荐耳廓模拟器的截面形状和尺寸(垂直截面)

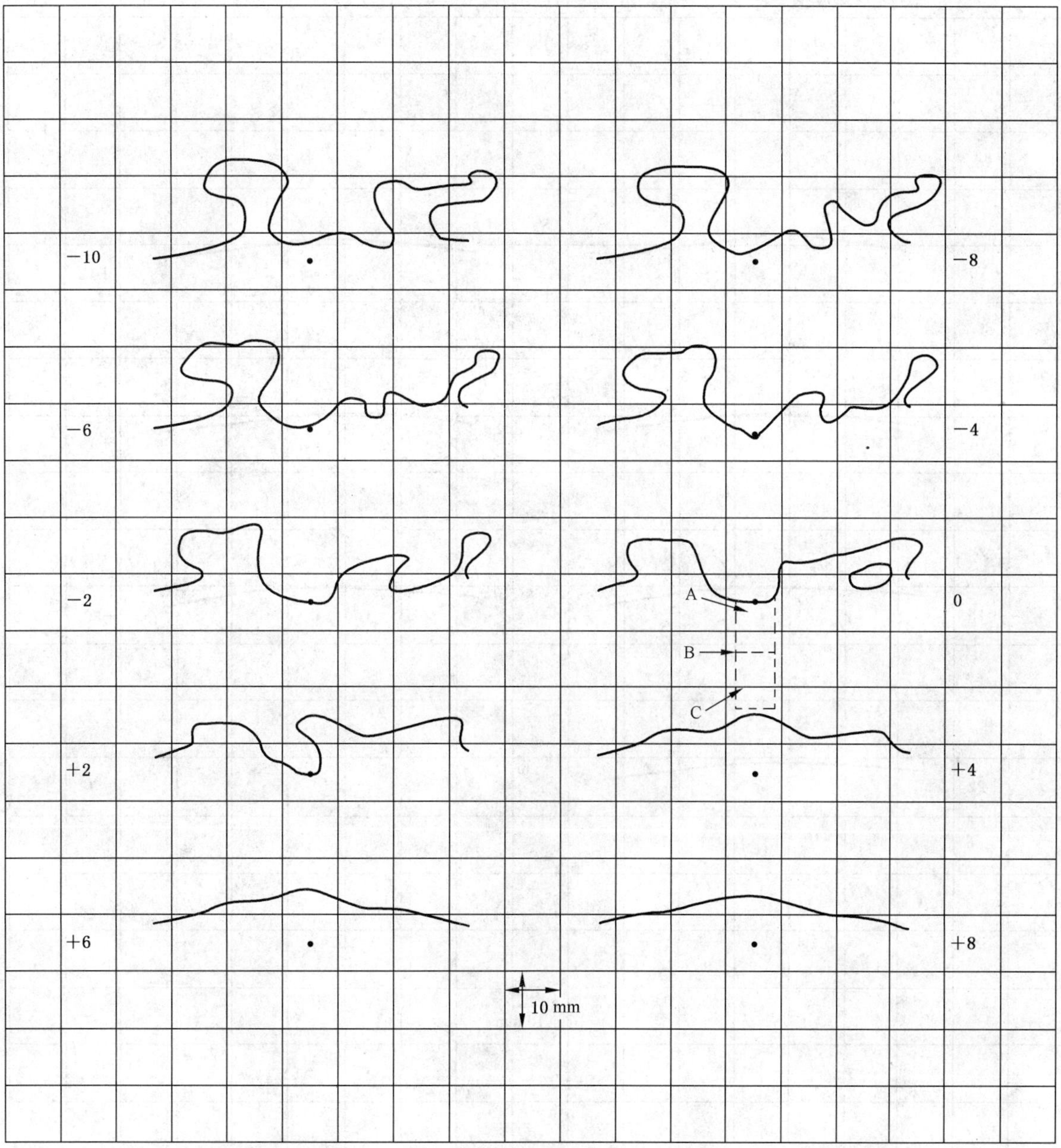

容差±0.7 mm

说明：

A——耳道延伸；

B——阻塞耳道腔模拟器参考平面；

C——阻塞耳道腔模拟器。

b） −10 mm～+8 mm

图 A.4（续）

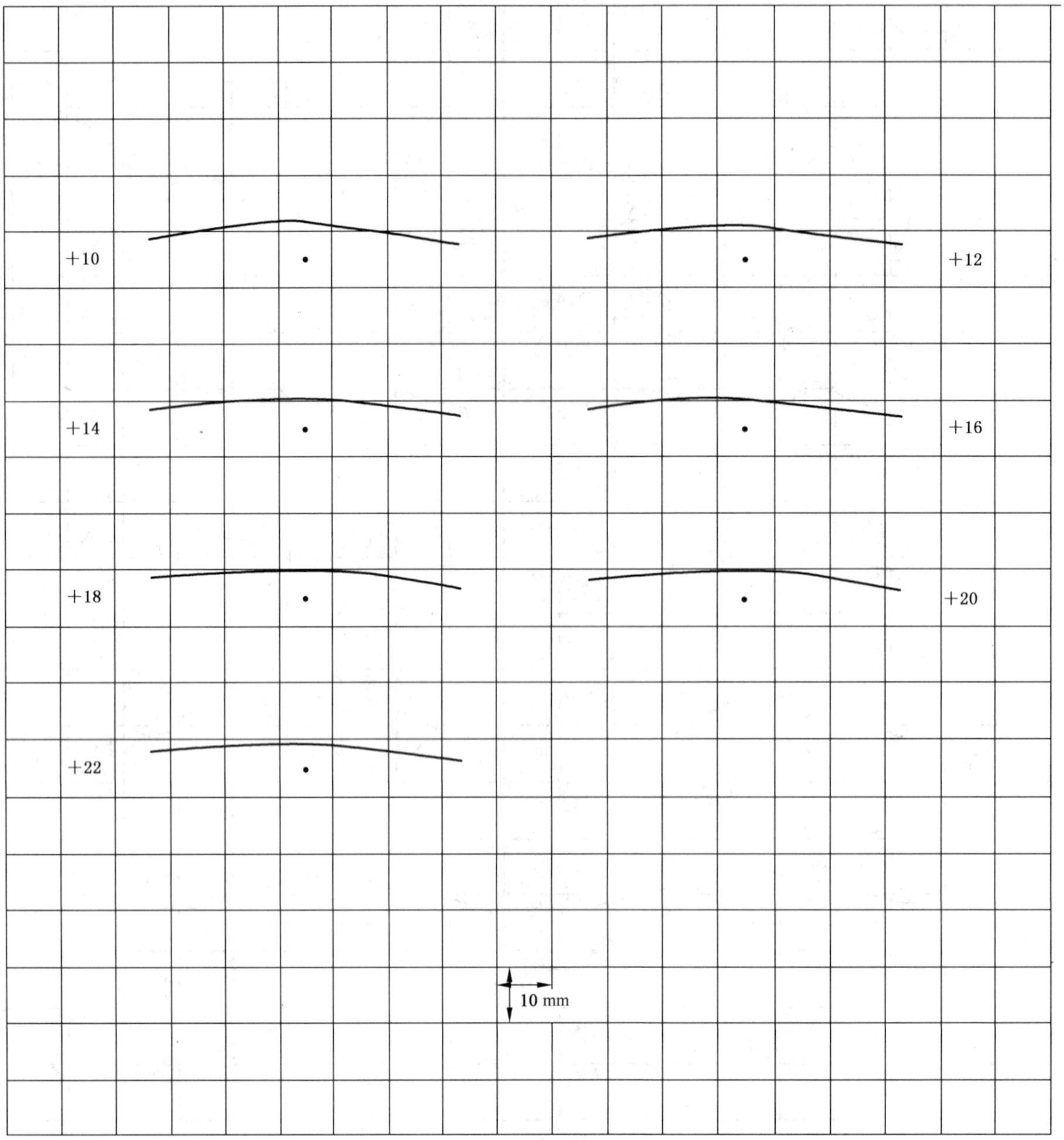

容差±0.7 mm

c) +10 mm～+22 mm

图 A.4（续）

图 A.4 中圆点代表耳廓参考轴的位置。网格线相隔 10 mm。截面的指向为头前方转向左边时对应的方向。

附 录 B
（规范性附录）
用于耳道内的传声器的使用规范和条件

应具备下述条件：

a） 位于耳甲区和耳道内前 4 mm 处的传声器截面积不大于 5 mm^2；

b） 在耳道其余部分，传声器截面积与耳道截面积之比小于 0.6（成年人的平均耳道面积是 45 mm^2）；

c） 传声器的体积（包括装配部件在内）小于 130 mm^3；

d） 传声器的频率响应没有影响结果的共振；通常，相邻的 1/3 倍频程带宽的粉红噪声的响应偏差不大于 3 dB 就足够了；

e） 在所有测量频率上，传声器入声口密闭时传声器的输出电压电平比传声器入声口开放时传声器的输出电压电平至少低 15 dB；

f） 传声器有悬置元件使其可以稳定固定于耳道内的某个位置；该元件的弹性使传声器能适应不同尺寸的耳道，并容易插入和取出；

g） 为保证安全，传声器已经过有合适资格的医师在医学方面的检查并证明是合格的。

附 录 C
（资料性附录）
自由场比较条件的实施细则

下述条件被认为可给出满意的结果：

a) 扬声器安装高度与坐着的试听人员头部高度一致，参考轴通过测量参考点；扬声器参考点（参见 GB/T 12060.5）与测量参考点的距离至少 2 m。

注 1：GB/T 7584.1 定义测量参考点为试听人员双耳道开口的连线的中点。

b) 以测量参考点为中心，在垂直于扬声器参考轴，半径为 150 mm 的各点，试验信号频率低于 4 kHz 时扬声器产生的声压级偏差不超出±1 dB；试验信号频率在 4 kHz～12.5 kHz 之间时扬声器产生的声压级偏差不超出±2 dB。

c) 以测量参考点为中心，半径 150 mm 的球面，对于中心频率位于 100 Hz～12.5 kHz 的任一 1/3 倍频程噪声，扬声器产生的声压级偏差不超出±2.5 dB。使用正弦信号测得的扬声器频率响应不应出现尖锐的峰和谷，以避免声染色引起的误差。

d) 在所有频带内，扬声器在测量参考点产生的声压级应较一致（例如变化范围在±5 dB 以内），保持在大约 70 dB （基准声压 20 μPa）。

e) 在测量条件下，扬声器产生的信号的总谐波失真和头戴耳机产生的信号的总谐波失真不超出 2%。计算失真时应考虑头戴耳机的自由场比较频率响应。

注 2：如果能表明不影响结果的准确度，低频失真可超出 2%。

f) 还可应用附录 E[除了附录 E 中 c)之外]。

附 录 D
（资料性附录）
扩散场比较条件的实施细则

下述条件可给出满意的结果：

注 1：b)和 c)中的条件，部分来自 GB/T 7584.1。

a) 试验人员坐在扩散场的最佳位置。最近的扬声器的参考点和测量参考点之间的距离为 2 m 或更大(见注 2)。

注 2：参见附录 C 中 a)的注。

注 3：如果能表明不影响测量的准确度，2 m 的距离可减少至大约 1.3 m。

b) 在以测量参考点为中心 150 mm 为半径的空间，取 6 个点：上面、下面、左面、右面、前面、后面。当试验信号频率在 100 Hz～12.5 kHz 的范围内时，扬声器在上述 6 点产生的，由全向传声器测得的声压级偏差不超出 ±2.5 dB。本试验中传声器的轴线方向固定。如果双耳都参与测量，那么距参考点左右各 150 mm 处的声压级偏差不超出 3 dB。

c) 使用正向-无规入射灵敏度指数至少 5 dB 的单向传声器测量在测量参考点处的扩散场声压级。对于中心频率位于 500 Hz～12.5 kHz 之间的任一 1/3 倍频程的噪声，该声压级随传声器轴线方向改变的变化不大于 5 dB。

注 4：宜根据传声器的种类和设备的布置来确定需要在多少个不同方向上进行测量。对得到最大和最小声压级的方向，宜在每个频带进行鉴定。

注 5：可能需要使用多个扬声器，可输入不相关噪声信号，以避免干涉的影响。

d) 在所有频带内，在测量参考点的扩散场声压级应较一致(例如：变化范围在 ±5 dB 以内)，保持在大约 70 dB （基准声压 20 μPa)。

e) 在测量条件下，扩散场的总谐波失真和头戴耳机的总谐波失真不超出 2%。计算失真时必需考虑头戴耳机的扩散场比较频率响应。

注 6：参见附录 C 中 e)的注。

f) 还可应用附录 E[除了附录 E 中 c)之外]。

附 录 E
（资料性附录）
主观比较条件和耳道声压级条件的实施细则

下述条件可给出满意的结果：

a） 取下眼镜、耳环以及其他任何可能影响耳机位置的物品，若发型有影响，重新整理。

b） 试验人员的耳廓没有异常，对于主观比较，试验人员的听觉处于正常范围内（参见 ISO 7029）。

c） 耳道的尺寸适合将传声器安全地插入并保持在稳定的位置。

d） 对于自由场测量，试验人员的头部位置用机械的或光学辅助的方法固定。

e） 按照制造商的指示佩戴头戴耳机，特别是把左右耳机佩戴到合适的耳朵上。试验人员按正常的方式佩戴头戴耳机，测量操作人员应检查并纠正任何明显的错误。

f） 试验人员听大约 2.5 s 的自由场或扩散场的声音，然后听相似时间长度的头戴耳机的声音，之后有 2.5 s 的静音。试验信号不出现咔嗒声。

g） 宜给予试验人员足够的说明，以保证正确地按照程序进行测量。

参 考 文 献

［1］ GB/T 25102.100 电声学 助听器 第0部分：电声特性的测量

［2］ GB/T 12060.3 声系统设备 第3部分：声频放大器测量方法

［3］ GB/T 12060.4 声系统设备 第4部分：传声器测量方法

［4］ GB/T 12060.5 声系统设备 第5部分：扬声器主要性能测试方法

［5］ GB/T 14197 音频、视频和视听系统互连的优选配接值

［6］ GB/T 20001.1 标准编写规则 第1部分：术语

［7］ ISO 7029 Acoustics—Threshold of hearing by air conduction as a function of age and sex for otologically normal persons

［8］ ISO 18233 Acoustics—Application of new measurement methods in building and room acoustics

［9］ IEC 60065 Audio, video and similar electronic apparatus—Safety requirements

［10］ IEC 60268 (all parts) Sound system equipment

［11］ IEC 60318-1 Electroacoustics—Simulators of human head and ear—Part 1: Ear simulator for the calibration of supra-aural earphones

［12］ IEC 60318-2 Electroacoustics—Simulators of human head and ear—Part 2: An interim acoustic coupler for the calibration of audiometric earphones in the extended high-frequency range

［13］ IEC 60318-3 Electroacoustics—Simulators of human head and ear—Part 3: Acoustic coupler for the calibration of supra-aural earphones used in audiometry

［14］ IEC 60318-5 Electroacoustics—Simulators of human head and ear—Part 5: 2 cm^3 coupler for the measurement of hearing aids and earphones coupled to the ear by means of ear inserts

［15］ IEC 61672 (all parts) Electroacoustics—Sound level meters

［16］ IEC 61786 Measurement of low-frequency magnetic and electric fields with regard to exposure of human beings—Special requirements for instruments and guidance for measurements

［17］ ITU-T Recommendation P.57 Artificial ears

［18］ Kiyofumi Inanaga, Takeshi Hara, Gunnar Rasmussen and Yasuhiro Riko: "Research on a measuring method of headphones and earphones using HATS", 7529, Proceedings of AES 125th Convention, San Francisco, CA, USA (2008 October)

［19］ YD/T 1884—2009 信息终端设备声压输出限值要求和测量方法

ICS 17.040.30
L 85

中华人民共和国国家标准

GB/T 12114—2013
代替 GB/T 12114—1989 等

合成信号发生器通用规范

General specification for synthesized signal generators

2013-12-31 发布　　2014-07-15 实施

中华人民共和国国家质量监督检验检疫总局
中国国家标准化管理委员会　发布

前　言

本标准按照 GB/T 1.1—2009 给出的规则起草。

本标准代替 GB/T 12114—1989《高频信号发生器通用技术条件》、GB/T 12115—1989《高频信号发生器测试方法》、GB/T 12180—1990《低频信号发生器通用测试方法》、GB/T 12181—1990《低频信号发生器通用技术条件》、GB/T 13183—1991《扫频信号发生器通用技术条件》、GB/T 13184—1991《扫频信号发生器测试方法》。

与 GB/T 12114—1989、GB/T 12115—1989、GB/T 12180—1990、GB/T 12181—1990、GB/T 13183—1991、GB/T 13184—1991 相比，主要变化如下：

——将原六项标准整合为一项标准；

——删除了原标准中已不再使用的和引用标准中已存在的术语和定义，并对部分术语内容进行了修改；

——删除了“增量频率范围及误差”“频率重调误差”“单频频率的重调误差”“频率标志误差”“热分布”“设计余量与模拟误用”等要求和试验方法；(见 GB/T 12114—1989、GB/T 12115—1989、GB/T 13183—1991、GB/T 13184—1991)；

——增加了“输入输出接口”“功能特性”“矢量调制带宽”“误差矢量幅度”“幅度误差”“相位误差”“原点偏移”等要求和试验方法(见第 4 章、第 5 章)；

——更新了“安全性”“环境适应性”“包装运输”“电磁兼容性”“电源适应性”“可靠性”的要求和试验方法(见第 4 章、第 5 章)；

——更新了“质量检验规则”中的部分内容(见第 6 章)。

请注意本文件的某些内容可能涉及专利。本文件的发布机构不承担识别这些专利的责任。

本标准由中华人民共和国工业和信息化部提出。

本标准由全国电子测量仪器标准化技术委员会(SAC/TC 153)归口。

本标准起草单位：中国电子科技集团公司第四十一研究所、工业和信息化部电子工业标准化研究院。

本标准主要起草人：樊晓腾、刘亮、盛振旗、黄英华、左永锋、曹玲、张伟。

本标准所代替标准的历次版本发布情况为：

——GB/T 12114—1989；

——GB/T 12115—1989；

——GB/T 12180—1990；

——GB/T 12181—1990；

——GB/T 13183—1991；

——GB/T 13184—1991。

合成信号发生器通用规范

1 范围

本标准规定了合成信号发生器术语和定义、通用技术要求、试验方法、质量检验规则和包装运输等内容。

本标准适用于各种类型的合成信号发生器。具有合成信号发生器功能的插入单元或附属装置的测量仪器可以参照本标准。

2 规范性引用文件

下列文件对于本文件的应用是必不可少的。凡是注日期的引用文件，仅注日期的版本适用于本文件。凡是不注日期的引用文件，其最新版本(包括所有的修改单)适用于本文件。

GB/T 191—2008 包装储运图示标志

GB/T 6587—2012 电子测量仪器通用规范

GB/T 6592—2010 电工和电子测量设备性能表示

3 术语和定义

下列术语和定义适用于本文件。

3.1

合成信号发生器 synthesized signal generator

输出信号的频率由基准振荡器(通常是内部的)用算术方法导出的一种信号发生器，包括连续波合成信号发生器(频率合成器)、合成扫频信号发生器、矢量信号发生器等。

3.2

频率转换时间 frequency switching time

从频率开始变化起，到频率接近终止值并且与终止值的偏离保持在规定范围内的时间间隔。

注：本条应规定偏离终止值的频率和频率转换时的步进量。

3.3

功率电平转换时间 power level switching time

从电平开始变化起，到电平接近新选定的额定值并且保持在所规定的误差范围内的时间间隔。

3.4

剩余调频 residual FM

信号发生器输出的无调制连续波信号在规定带宽内的等效调频频偏。

3.5

误差矢量幅度 error vector magnitude

在 I/Q 星座图中，信号的真实位置偏离理论位置的误差矢量的幅度。一般用误差矢量幅度占理论位置矢量幅度的百分比表示。

3.6

幅度误差 magnitude error

信号的真实幅度和理论幅度之间的差值。在 I/Q 星座图中，指信号的真实位置矢量的幅度和理论位置矢量的幅度之间的差值。

3.7

相位误差 phase error

信号的真实相位和理论相位之间的差值。在 I/Q 星座图中，指信号的真实位置矢量的相位和理论位置矢量的相位之间的差值。

3.8

原点偏移 origin offset

I/Q 输入为零时载波功率相对于 I/Q 输入为满量($\sqrt{I^2+Q^2}=1$)时信号功率的差值。

4 要求

4.1 外观与结构

合成信号发生器的外观和结构应符合 GB/T 6587—2012 中 4.1 的规定。合成信号发生器表面应光洁、无毛刺、无明显机械损伤和涂覆破坏现象，结构应完整，控制件应安装正确、可靠，操作灵活。

4.2 尺寸和重量

合成信号发生器尺寸和重量应符合 GB/T 6587—2012 中 4.2 的规定。宽、高、深的尺寸既可以规定最大尺寸，也可以规定局部尺寸。

4.3 安全性

合成信号发生器的安全性应符合 GB/T 6587—2012 中 4.6 的规定。

4.4 环境适应性

合成信号发生器的环境适应性要求应符合 GB/T 6587—2012 中 4.7 的规定。合成信号发生器环境要求分组应符合 GB/T 6587—2012 中表 1 的规定，在产品标准中应规定适用的环境组别。

当用户有特殊要求时，超出 GB/T 6587—2012 中表 1 规定的各种环境组合应在产品标准中规定。

4.5 包装运输

合成信号发生器应在产品标准中按 GB/T 6587—2012 中表 8 的规定给出适用的流通条件等级，并符合 GB/T 6587—2012 中 4.8 的要求。

4.6 电磁兼容性

合成信号发生器电磁兼容性应符合 GB/T 6587—2012 中 4.9 的规定，并在产品标准中规定试验时合成信号发生器的工作状态。

当用户有特殊要求时，由产品标准规定具体测试限值、等级。

4.7 电源适应性

合成信号发生器电源适应性应符合 GB/T 6587—2012 中 4.10 的规定，并在产品标准中规定电源频率与电压的工作范围。

4.8 可靠性

合成信号发生器可靠性应符合 GB/T 6587—2012 中 4.11 的规定。除非另有规定，应给出合成信号发生器的平均故障间隔时间(MTBF)的检验下限值 m_1。

4.9 预热时间

由产品标准规定合成信号发生器的预热时间。

4.10 输入输出接口

4.10.1 信号输出接口

由产品标准规定信号输出接口的结构类型、标称输出阻抗、能够承受的最大反灌功率或直流电压等信息。

4.10.2 通信接口

除非另有规定,在合成信号发生器中应提供一个或多个通用标准通信接口,并在产品标准中给出接口的类型、接口协议的版本等信息。

4.10.3 扫描状态指示接口

具有扫描功能的合成信号发生器,应提供固定扫描输出电压信号、消隐信号和频率标志信号等接口,并在产品标准中规定接口的类型、标称输入或输出阻抗、负载能力、信号特征以及损害电平等信息。

4.10.4 调制接口

具有外调制功能的合成信号发生器,由产品标准规定外调制输入的接口类型、标称输入阻抗、负载能力、信号特征以及损害电平等信息。

4.10.5 触发接口

具有触发功能的合成信号发生器,由产品标准规定触发输入或输出的接口类型、标称输入或输出阻抗、负载能力、信号特征以及损害电平等信息。

4.10.6 时基接口

具有外时基输入或内时基输出功能的合成信号发生器,由产品标准规定其接口类型、标称输入或输出阻抗、负载能力、有效频率范围、信号特征以及损害电平等信息。

4.11 功能特性

由产品标准规定合成信号发生器的功能特性,包括信号样式、扫描类型、调制类型、触发方式、外稳幅特性等。

4.12 性能特性

4.12.1 频率范围和频段

由产品标准规定合成信号发生器的频率范围及相应的频段划分。

4.12.2 频率分辨力

由产品标准规定合成信号发生器所能达到的频率分辨力。

4.12.3 频率准确度

由产品标准规定,可采用绝对频率准确度或相对频率准确度的方式给出。

4.12.4 频率转换时间

由产品标准规定,应规定频率转换时的频率准确度和在此情况下允许的最大频率步进量。

4.12.5 内部时基

内部时基特性包括其标称频率、老化率、温度稳定性、调节范围等指标,由产品标准规定。

4.12.6 斜坡扫频准确度

具有斜坡扫频功能的合成信号发生器,扫频准确度由产品标准规定。

4.12.7 最大输出功率

由产品标准规定。

4.12.8 输出功率范围

由产品标准规定。

4.12.9 功率准确度

由产品标准规定。

4.12.10 功率平坦度

由产品标准规定。

4.12.11 输出功率分辨力

由产品标准规定。

4.12.12 功率电平转换时间

由产品标准规定。

4.12.13 输出电平稳定度

由产品标准规定。

4.12.14 源电压驻波比

由产品标准规定。

4.12.15 载波的相对谐波含量

由产品标准规定。

4.12.16 载波的相对分谐波含量

具有分谐波输出的合成信号发生器,由产品标准规定载波的相对分谐波含量。

4.12.17 载波的相对非谐波含量

由产品标准规定。

4.12.18 单边带相位噪声

由产品标准规定，频偏宜为100 Hz、1 kHz、10 kHz、100 kHz。

4.12.19 剩余调频

由产品标准规定。

4.12.20 幅度调制特性

具有幅度调制能力的合成信号发生器，由产品标准规定幅度调制特性。

a) 调制信号频率范围：幅度调制信号的频率范围由产品标准规定。

b) 调幅深度（调幅因数）：幅度调制的调制深度范围由产品标准规定。

c) 调幅深度准确度：由产品标准规定。

d) 调幅失真：由产品标准规定。

4.12.21 频率调制特性

具有频率调制能力的合成信号发生器，由产品标准规定频率调制特性。

a) 调制信号频率范围：频率调制信号的频率范围由产品标准规定。

b) 调频频偏范围：频率调制信号的频偏范围由产品标准规定。

c) 调频频偏准确度：由产品标准规定。

d) 调频失真：由产品标准规定。

4.12.22 相位调制特性

具有相位调制能力的合成信号发生器，由产品标准规定相位调制特性。

a) 调制信号频率范围：相位调制信号的频率范围由产品标准规定。

b) 调相相偏范围：相位调制信号的相偏范围由产品标准规定。

c) 调相相偏准确度：由产品标准规定。

d) 调相失真：由产品标准规定。

4.12.23 脉冲调制特性

具有脉冲调制能力的合成信号发生器，由产品标准规定脉冲调制特性。

a) 脉冲调制开关比：由产品标准规定。

b) 脉冲调制上升下降时间/前后过渡持续时间：由产品标准规定。

c) 脉冲调制电平准确度（相对于连续波）：由产品标准规定。

4.12.24 矢量调制特性

具有矢量调制能力的合成信号发生器，由产品标准规定矢量调制特性。

a) 矢量调制带宽：由产品标准规定。

b) 误差矢量幅度：由产品标准规定。

c) 幅度误差：由产品标准规定。

d) 相位误差：由产品标准规定。

e) 原点偏移：由产品标准规定。

5 试验方法

5.1 基准工作条件

除非在产品标准中另有规定，合成信号发生器的基准工作条件应符合 GB/T 6587—2012 中 5.1 的规定。

5.2 检验条件

除非在产品标准中另有规定，合成信号发生器的试验条件应符合 GB/T 6587—2012 中 5.2 的规定。对于接通电源后有预热要求或稳定周期要求的合成信号发生器，应在规定的时间间隔预热后进行。测试用设备及测试条件应符合 GB/T 6592—2010 和本标准的规定。

5.3 外观与结构检查

在主要性能特性测试之前，所有合成信号发生器应按规定进行外观与结构检查。目测检查合成信号发生器结构是否完整，有无明显机械损伤和镀涂损坏现象，各控制件是否安装正确，牢固可靠，操作灵活。

5.4 尺寸和重量

用量具测量合成信号发生器的长、宽、高。

用衡器称量合成信号发生器的重量。

5.5 安全试验

按 GB/T 6587—2012 中 5.8 的试验方法进行。

5.6 环境适应性试验

按产品标准规定的环境组别及 GB/T 6587—2012 中 5.9 的试验方法进行。

对用户有特殊要求的合成信号发生器，应按产品标准中规定的试验方法进行。

5.7 包装运输试验

按产品标准规定的流通条件级别及 GB/T 6587—2012 中 5.10 的试验方法进行。

5.8 电磁兼容性试验

按产品标准规定的工作状态及 GB/T 6587—2012 中 5.11 的试验方法进行。

5.9 电源适应性试验

按产品标准规定的频率、电压工作范围及 GB/T 6587—2012 中 5.12 的试验方法进行。

对电源频率及电源电压有特殊要求的合成信号发生器，应按产品标准中规定的试验方法进行。

5.10 可靠性试验

按 GB/T 6587—2012 中 5.13 的试验方法进行。

5.11 随机文件检查

按产品标准要求进行检查。

5.12 预热时间检查

按产品标准要求进行预热,然后按产品标准中规定的检查方法进行检查。

5.13 输入输出接口检查

按产品标准中规定的输入输出接口检查方法,进行输入输出接口检查。

5.14 功能特性检查

按4.12和产品标准中规定的功能和检查方法进行逐项检查。被测合成信号发生器各按键、开关、旋钮、连接器应定位正确、通断分明、旋转灵活、安装牢固。被测合成信号发生器通电后能正常工作,有清晰的显示,在指标范围内无失锁、不稳幅等告警指示。

5.15 性能特性测试

5.15.1 频率范围和频段

测试方法如下:

a) 按图1连接测试设备,如果被测合成信号发生器具备时基输入功能,将被测合成信号发生器与频率计共时基;
b) 被测合成信号发生器置于连续波无调制状态,调节合成信号发生器的输出功率,使其在频率计的允许测量范围之内;
c) 选择适当的频率测试点,但整个频率范围或各个不连续频段的最低和最高端的频率点为必选。以信号发生器输出频率为参考,按5.15.1b)的规定测试并记录被测合成信号发生器每个频段和整个频率范围的频率覆盖。

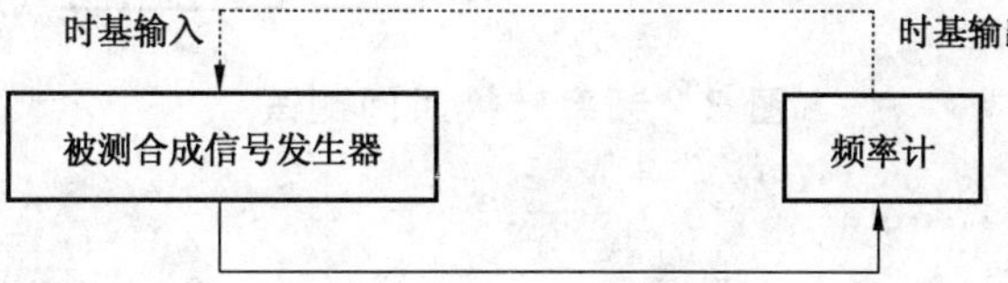

图1 频率范围测试

5.15.2 频率分辨力

测试方法如下:

a) 按图1连接测试设备,如果被测合成信号发生器具备时基输入功能,将被测合成信号发生器与频率计共时基;
b) 被测合成信号发生器置于连续波输出状态,调节合成信号发生器的输出功率,使其在频率计的测量范围之内;
c) 选择适当的频率测试点,但最低和最高端的频率点为必选,记录此时频率计的读数;
d) 将被测合成信号发生器的频率分辨力设置为最高分辨力,向高或向低调节被测合成信号发生器频率,被测合成信号发生器每次设置的频率步进应和频率计测量的频率步进一致。

5.15.3 频率准确度

测试方法如下:

a) 按图 2 连接测试设备，被测合成信号发生器置于连续波输出状态；

b) 选择适当的频率测试点，但最低和最高端的频率点为必选；

c) 记录此时频率计的读数，则每个点的：

绝对频率准确度＝信号发生器设置频率－频率计读出频率

相对频率准确度＝(信号发生器设置频率－频率计读出频率)÷信号发生器设置频率

d) 在其他测试点上重复步骤 5.15.3c)；

e) 被测合成信号发生器的频率准确度为各测试频率点中误差最大者。

图 2 频率准确度测试

5.15.4 频率转换时间

测试方法如下：

a) 按图 3 连接测试设备，被测合成信号发生器置于连续波输出状态；

b) 将被测合成信号发生器在两个测试频率之间切换，选择的测试频率应在信号源分析仪或调制域分析仪的分析频率带宽范围内；

c) 适当调节信号源分析仪或调制域分析仪的工作状态，测试出满足频率切换时频率误差要求的两个测试频率点间的时间间隔，这个时间间隔即为频率切换时间。

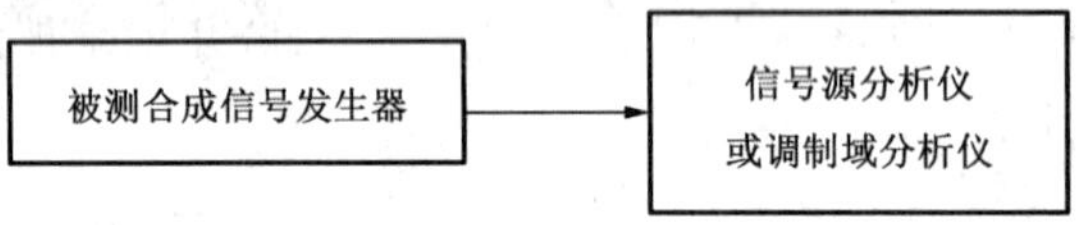

图 3 频率转换时间测试

5.15.5 内部时基

测试方法如下：

a) 按图 4 连接测试设备，将频率标准输出和被测合成信号发生器时基输出接到频差倍增器输入，频差倍增器输出接频率计输入，频率计时基输入为频率标准输出。

b) 按规定时间预热仪器。

c) 频率计测量频差倍增器的输出频率，按式(1)计算相对平均频率偏差 $y(\tau)$：

$$y(\tau)=\frac{f_{m}-f_{m0}}{Mf_{0}} \qquad \cdots\cdots(1)$$

式中：

f_{m} ——频率计测得的平均频率值，单位为赫兹(Hz)；

f_{m0} ——频率计所测频率的标称值，单位为赫兹(Hz)；

M ——频差倍增器选用的等效倍增系数；

f_{0} ——被检合成信号发生器内部时基输出的频率标称值，单位为赫兹(Hz)。

d) 开始对 $y(\tau)$ 进行测量，每隔 12 h 测量一次，连续测量 3 个数，取算术平均值作为 t_i 时刻的测量结果，记为 $y_i(\tau)$，连续测量 7 d，共得 15 个 $y_i(\tau)$，按式(2)计算日老化率 K：

$$K=\frac{2\sum_{i=1}^{n}\left(y_i(\tau)-\overline{y_i(\tau)}\right)(t_i-\bar{t})}{\sum_{i=1}^{n}(t_i-\bar{t})^2} \quad \cdots\cdots(2)$$

式中：

n ——为测量次数；

$y_i(\tau)$ ——为第 i 次测量的频率值，单位为赫兹(Hz)；

$\overline{y_i(\tau)}$ ——为 n 次测量的平均频率值，单位为赫兹(Hz)；

t_i ——为第 i 次测量时的时间；

$\bar{t}$ ——为 n 次测量的平均时间。

注：如对参考频率有其他参数测试要求，参见 JJG 180—2002。

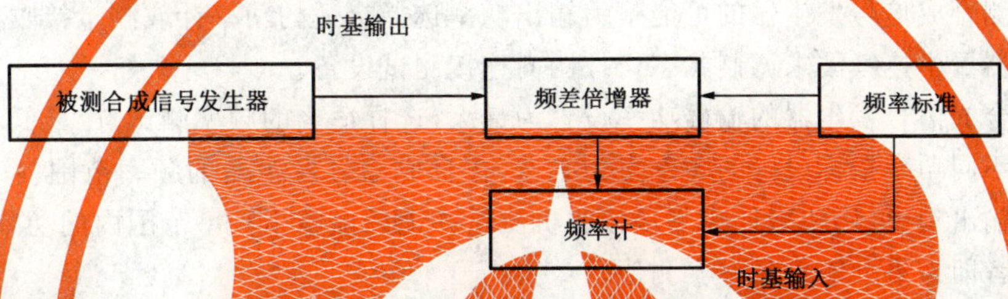

图 4 内部时基测试

5.15.6 斜坡扫频准确度

测试方法如下：

a) 被测合成信号发生器置于最大扫宽状态，按图 5 连接测试设备。

b) 频谱分析仪工作于零扫宽方式，分辨率带宽 200 kHz，视频带宽 2 MHz。

c) 数字存储示波器设置为事件触发状态，被测合成信号发生器的扫描输出下降沿作为数字存储示波器事件 A 的触发信号，被测合成信号发生器的触发输出的下降沿作为数字存储示波器事件 B 的触发计数信号。

d) 根据被测合成信号发生器的扫宽和整个扫宽中输出的触发脉冲个数计算出每个脉冲对应的扫宽。在整个扫宽中均匀选择 5～10 个测试点，测试点的位置应为触发脉冲位置的整数倍。

e) 从第一个测试点开始将频谱分析仪的中心频率设置为测试点的频率，测试点对应的触发脉冲个数作为事件 B 的触发计数个数。适当调节频谱分析仪的中心频率使得示波器上显示的视频脉冲和触发脉冲对齐，此时频谱分析仪的中心频率即为被测合成信号发生器的实际频率。

f) 当前点的实际扫频准确度计算如下：

$$扫频准确度=\frac{当前测试点的实际频率-测试点的理论频率}{信号发生器扫频宽度}$$

g) 同样方法测试出其他测试点对应的实际频率和扫频准确度。所有测试点中的最差扫频准确度记为被测合成信号发生器的扫频准确度。

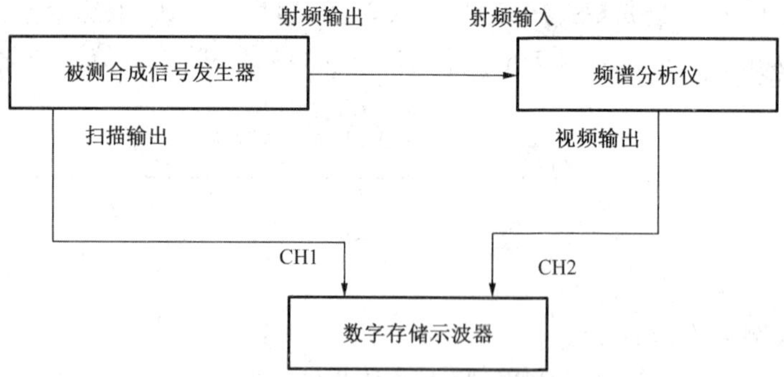

图 5　扫频准确度测试

5.15.7　最大输出功率

测试方法如下：

a)　根据被测合成信号发生器的可能最大输出功率选择合适的功率计或测量接收机。被测合成信号发生器置于连续波未调制状态。按图 6 连接测试设备。

b)　将被测合成信号发生器的输出功率设置为最大，选择适当的频率测试点，最低和最高端的频率点以及不同功率指标段内的频率点为必选，在合成信号发生器的频率范围内改变合成信号发生器的输出频率，用功率计或测量接收机测量并记录出整个频率范围内的功率值，这些功率值中的小者即为最大输出功率实测值。

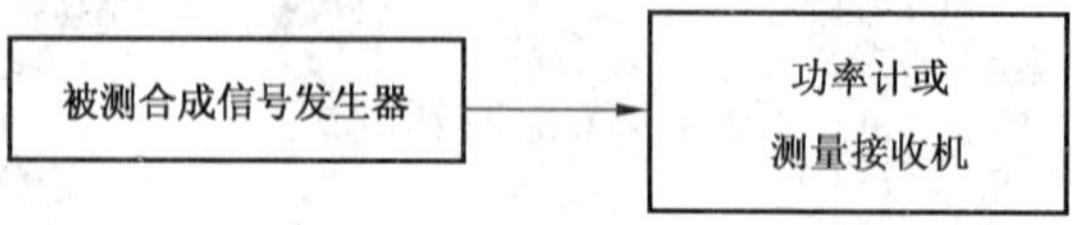

图 6　最大输出功率测试

5.15.8　输出功率范围

测试方法如下：

a)　根据被测合成信号发生器的输出功率范围选择合适的功率计或测量接收机。被测合成信号发生器置于未调制单频状态。按图 6 连接测试设备。

b)　选择适当的频率测试点，但最低和最高端的频率点以及不同功率指标段内的频率点为必选。

c)　在被测合成信号发生器的输出功率范围内调节输出功率，同时用功率计测量并记录当前功率值，当前功率点的功率准确度在被测合成信号发生器的指标范围内。

5.15.9　功率准确度

测试方法如下：

a)　根据被测合成信号发生器的输出功率范围选择合适的微波功率计或测量接收机。被测合成信号发生器置于未调制连续波状态。按图 6 连接测试设备。

b)　选择适当的频率测试点，但最低和最高端的频率点以及不同功率指标段内的频率点为必选。

c)　在被测合成信号发生器的输出功率范围内调节输出功率，同时用功率计或测量接收机测量并记录当前功率值，功率实测值和信号发生器设置值的最大差值即为当前频率点的功率准确度测试值。

5.15.10 功率平坦度

测试方法如下：

a） 根据被测合成信号发生器的输出功率范围选择合适的微波功率计或测量接收机。被测合成信号发生器置于未调制连续波状态。按图 6 连接测试设备。

b） 将被测合成信号发生器的输出功率设置为额定功率。选择一个频率步进值，在被测合成信号发生器的输出工作频率范围内连续改变输出频率，并在每次改变频率时，用功率计或测量接收机测量输出功率，分别记录测得的输出功率电平的最小值和最大值，其差值即为被测合成信号发生器的功率平坦度。

5.15.11 输出功率分辨力

测试方法如下：

a） 根据被测合成信号发生器的输出功率范围选择合适的微波功率计或测量接收机。被测合成信号发生器置于未调制连续波状态。按图 6 连接测试设备。

b） 在被测合成信号发生器的输出工作频率范围内选择频率，将被测合成信号发生器的输出功率设置为 0 dBm 或由产品标准规定，功率步进为最小功率分辨力。将功率计或测量接收机当前显示的功率值设置为参考值，依次步进降低或升高信号发生器的输出功率，判定所测得的功率变化量是否在产品标准允许的误差范围内。

5.15.12 功率电平转换时间

测试方法如下：

a） 根据被测合成信号发生器的输出功率范围和频率范围选择合适的检波器。被测合成信号发生器置于未调制连续波状态。按图 7 连接测试设备。

b） 在被测合成信号发生器的输出工作频率范围内选择频率，将被测合成信号发生器的输出功率电平设置为从低到高或从高到低变化。

c） 用峰值功率分析仪或峰值功率计测量出两个测试电平平台之间满足功率切换误差要求的时间差，即为被测合成信号发生器的功率电平转换时间。

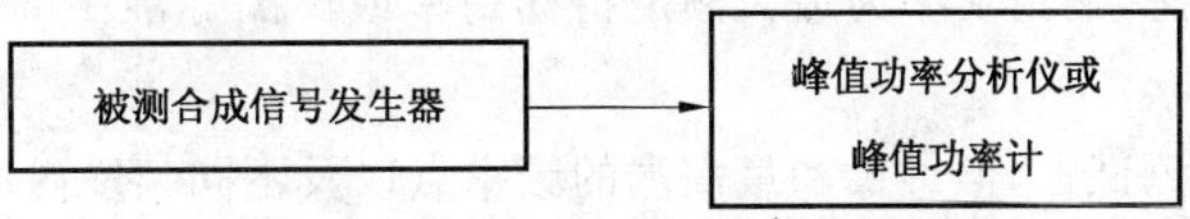

图 7 功率电平转换时间测试

5.15.13 输出电平稳定度

测试方法如下：

a） 根据被测合成信号发生器的输出功率范围和频率范围选择合适的功率计或测量接收机。被测合成信号发生器置于未调制连续波状态。按图 6 连接测试设备。

b） 在被测合成信号发生器的输出工作频率范围内选择频率，将被测合成信号发生器的输出功率设置为额定功率，测试在不同条件下的功率电平值，该值和功率电平设置值之间差值的变化量，即为功率电平稳定度。

5.15.14 源电压驻波比

测试方法如下：

a） 按图 8 连接测试设备。

b） 选择适当的频率测试点，但最低和最高端的频率点以及不同指标频段内的频率点为必选；被测合成信号发生器设置为内稳幅连续波输出状态，输出功率为最大指标功率。

c） 接入空气线和滑动短路器。

d） 调节滑动短路器旋钮，在一个被测频率波长范围内来回改变短路长度，用功率计测试耦合端口的功率值。

e） 找出随可变短路器长度变化而变化的最大峰值功率 P_{max} 和最小谷值功率 P_{min}，则源电压驻波比 S 由式(3)求得：

$$S=\sqrt{\frac{P_{max}}{P_{min}}} \qquad \cdots\cdots(3)$$

式中：

S ——源电压驻波比；

P_{max}——最大峰值功率，单位为毫瓦(mW)；

P_{min}——最小谷值功率，单位为毫瓦(mW)。

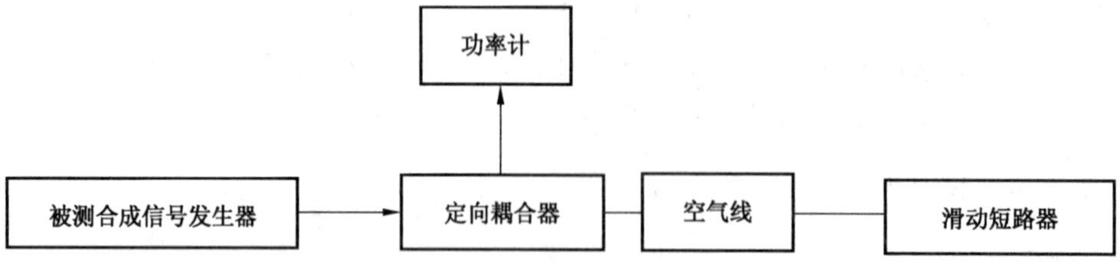

图 8 源驻波测试

5.15.15 载波的相对谐波含量、相对分谐波含量、相对非谐波含量

测试方法如下：

a） 根据被测合成信号发生器的输出频率范围选择合适的频谱分析仪。被测合成信号发生器置于未调制连续波状态，输出功率为最大额定指标功率或产品标准中的指定值。按图 9 连接测试设备。

b） 选择适当的频率测试点，但最低和最高端的频率点以及不同频段内的频率点为必选。

c） 用频谱分析仪测量各次谐波、分谐波、非谐波相对基波功率的分贝数。若整机指标在整个频率范围内分段给出，则应分段测出。

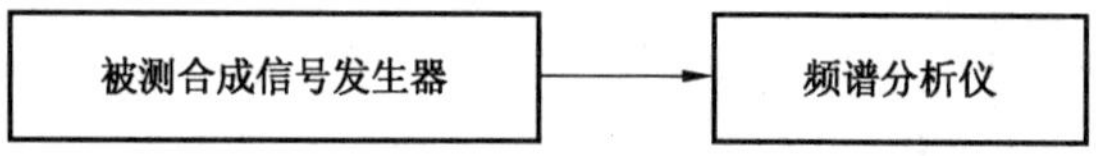

图 9 载波的相对谐波含量测试

5.15.16 单边带相位噪声

测试方法如下：

a） 根据被测合成信号发生器的输出频率范围选择合适的相位噪声测试仪。所选相位噪声测试仪的剩余单边带相位噪声应优于被测信号发生器的单边带相位噪声一个数量级。

b） 被测合成信号发生器置于未调制连续波状态，输出功率为 0 dBm 或产品标准中的指定值。按

图 10 连接测试设备。

c) 选择适当的频率测试点，但最低和最高端的频率点以及不同指标段内一个频率点为必选。用相位噪声测试仪测出待测频率偏移处的单边带相位噪声指标。

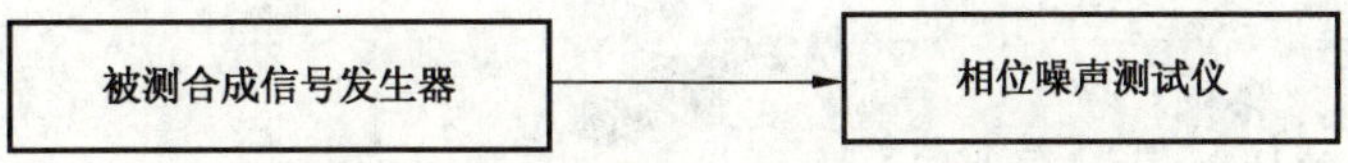

图 10 单边带相位噪声测试

5.15.17 剩余调频

测试方法如下：

a) 被测合成信号发生器置于未调制连续波状态，输出功率为额定最大输出电平或产品标准中的指定值。按图 11 连接测试设备。

b) 选择适当的频率测试点，但最低和最高端的频率点以及不同指标段内一个频率点为必选。

c) 测量接收机工作方式设置为“调频”，选择相应的检波带宽，按规定（平均值或有效值）测量被测信号发生器剩余调频。

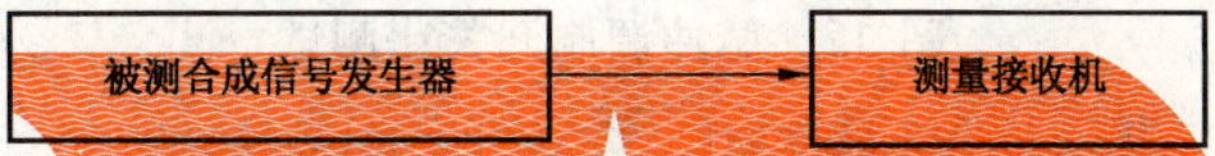

图 11 剩余调频测试

5.15.18 幅度调制特性

测试方法如下：

a) 按图 11 连接测试设备，在被测信号发生器的工作频率范围内选择测量频率。

b) 当测试被测信号发生器的内调幅性能时，设置工作状态为“内调幅”，调制频率为 1 kHz 或由产品标准指定，调幅因数为待测的调幅因数；当测试被测信号发生器的外调幅性能时，将函数发生器输出接到被测合成信号发生器的输入端，设置工作状态为“外调幅”，根据调制频率和外调幅灵敏度设置函数发生器的频率和幅度。

c) 测量接收机工作方式设置为“调幅”，测量被测信号发生器调幅深度、调幅失真和调幅频响。

5.15.19 频率调制特性

测试方法如下：

a) 按图 11 连接测试设备，在被测信号发生器的工作频率范围内选择测量频率。

b) 当测试被测信号发生器的内调频性能时，设置工作状态为“内调频”，调制频率设为 1 kHz 或由产品标准指定，调频频偏设定为待测的调频频偏；当测试被测信号发生器的外调频性能时，将函数发生器输出接到被测合成信号发生器的输入端，设置工作状态为“外调频”，根据调制频率和外调频灵敏度设置函数发生器的频率和幅度。

c) 测量接收机工作方式设置为“调频”，测量被测信号发生器调频频偏、调频频响和调频失真。

5.15.20 相位调制特性

测试方法如下：

a) 按图 11 连接测试设备，在被测信号发生器的工作频率范围内选择测量频率。

b) 当测试被测信号发生器的内调相性能时，设置工作状态为“内调相”，调制频率 1 kHz 或由产品标准指定，调相相偏设定为待测的相偏；当测试被测信号发生器的外调相性能时，将函数发生器输出接到被测合成信号发生器的输入端，设置工作状态为“外调相”，根据调制频率和外调相灵敏度设置函数发生器的频率和幅度。

c) 测量接收机工作方式设置为“调相”，测量被测信号发生器调相相偏、调相频响和调相失真。

5.15.21 脉冲调制特性

5.15.21.1 脉冲调制开关比

测试方法如下：

a) 按图 12 连接测试设备，在被测信号发生器的工作频率范围内选择测量频率。被测合成信号发生器工作于连续波状态，输出功率为 0 dBm 或产品标准中指定的值，外部脉冲调制开。

b) 根据被测合成信号发生器外部脉冲输入口的定义，分别设置可调直流电源的电压或电流，使被测合成信号发生器的载波输出分别为开和关。根据具体合成信号发生器的不同，也可使用其他方法使被测合成信号发生器的载波输出分别为开和关，具体方法可在产品标准中规定。

c) 用频谱分析仪测出两种情况下的载波电平的差值，即为脉冲调制开关比。

图 12 脉冲调制开关比测试

5.15.21.2 脉冲调制上升下降时间

测试方法如下：

a) 按图 13 连接测试设备，在被测信号发生器的工作频率范围内选择测量频率；数字存储示波器的最高测量频率应大于设置的被测频率，当被测信号频率太高时，也可下变频后再用数字存储示波器测量。

b) 被测合成信号发生器工作于连续波状态，输出功率为 0 dBm 或详细规范中指定的值，外部脉冲调制开。

c) 将脉冲信号发生器的脉冲宽度设置为最小稳幅脉冲宽度，重复频率 1 kHz，产品标准有规定时，按照产品标准的要求设置。

d) 用数字存储示波器分别测试出载波包络前后沿从载波幅度的 10%～90% 的过渡时间，即为脉冲调制的上升下降时间。

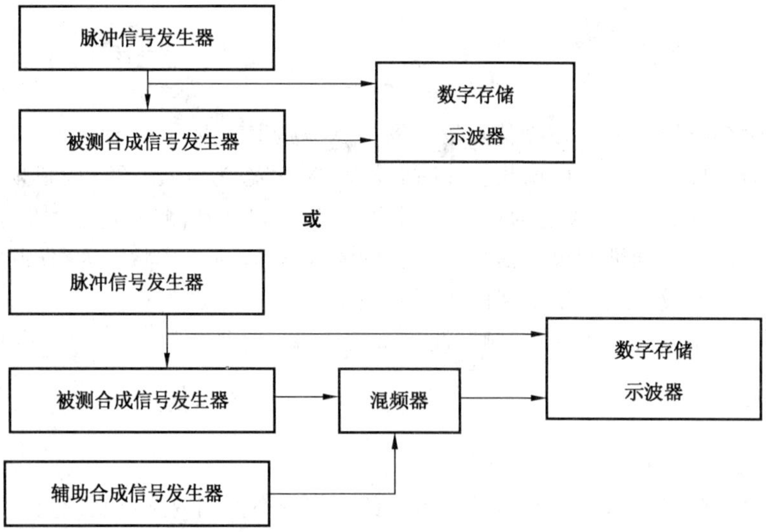

图 13 脉冲调制上升下降时间测试

5.15.21.3 脉冲调制电平准确度

测试方法如下：

a) 按图13连接测试设备，在被测信号发生器的工作频率范围内选择测量频率；数字存储示波器的最高测量频率应大于设置的被测频率，当被测信号频率太高时，也可下变频后再用数字存储示波器测量。

b) 被测合成信号发生器工作于连续波状态，输出功率为0 dBm或产品标准中指定的值，外部脉冲调制开。

c) 将脉冲信号发生器的脉冲宽度设置为最小稳幅脉冲宽度，重复频率1 kHz，产品标准有规定时，按照产品标准的要求设置。

d) 用数字存储示波器标记出载波包络的幅度。将被测信号发生器脉冲调制关闭，调节被测信号发生器的输出功率使之在示波器上的无调制载波幅度值与已调载波幅度值相等，此时被测信号发生器的实际设置功率值和初始设置功率值的差即为脉冲调制电平准确度指标。

5.15.22 矢量调制特性

测试方法如下：

a) 根据被测合成信号发生器的输出频率范围和矢量调制性能选择合适的矢量信号分析仪。被测合成信号发生器置于矢量调制状态，调制格式和码元速率等调制参数设置为产品标准中的规定值。按图14连接测试设备。

b) 用矢量信号分析仪测量出误差矢量幅度、幅度误差、相位误差和原点偏移。若整机指标在整个频率范围内按不同调制格式分别给出，则应分别测试。

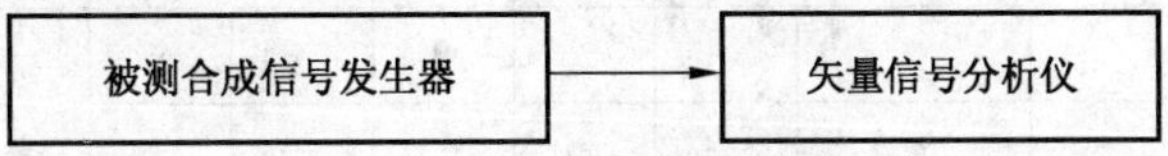

图14 矢量调制性能测试

6 质量检验规则

6.1 一般规定

6.1.1 检验分类

检验分为鉴定检验和质量一致性检验。

6.1.2 检验设备

用于检验的测量仪器和设备经检定、校准或计量合格，并在有效期内。

6.1.3 缺陷判定

6.1.3.1 致命缺陷

对人身安全构成危险的缺陷，应计为致命缺陷。

6.1.3.2 重缺陷

当发生下列情况时，应计为重缺陷：

a） 性能特性降额超过产品标准规定的极限；

b） 使用或操作中出现死机、掉电(非供电原因)或结构失灵，且关机后重新开机现象不能消失；

c） 内部的装配螺钉松动脱落而导致产品内部部件损坏。

6.1.3.3 轻缺陷

轻缺陷判定由产品标准规定。

6.2 检验项目

见表1。

表1 检验项目

项目序号	检验项目	鉴定检验	质量一致性检验						要求章条号	检验方法章条号
			A组	B组	C组	D组	E组	F组		
1	外观与结构	●	●	—	—	—	—	—	4.1	5.3
2	尺寸和重量	●	—	—	—	—	●	—	4.2	5.4
3	安全性	●	●	—	—	—	—	—	4.3	5.5
4	环境适应性	●	—	—	●	—	—	—	4.4	5.6
5	包装运输	●	—	—	—	—	●	—	4.5	5.7
6	电磁兼容性	●	—	—	—	●	—	—	4.6	5.8
7	电源适应性	●	—	—	●	—	—	—	4.7	5.9
8	可靠性	●	—	—	—	—	—	●	4.8	5.10
9	随机文件	●	—	—	—	—	●	—	7	5.11
10	预热时间	●	—	●	—	—	—	—	4.9	5.12
11	输入输出接口	●	●	—	—	—	—	—	4.10	5.13
12	功能特性	●	●	—	●	●	—	●	4.11	5.14
13	频率范围和频段	●	●	—	●	—	—	●	4.12.1	5.15.1
14	频率分辨力	●	●	—	—	—	—	—	4.12.2	5.15.2
15	频率准确度	●	●	—	●	—	—	●	4.12.3	5.15.3
16	频率转换时间	●	●	—	—	—	—	—	4.12.4	5.15.4
17	内部时基	●	●	—	—	—	—	—	4.12.5	5.15.5
18	斜坡扫频准确度	●	●	—	—	—	—	—	4.12.6	5.15.6
19	最大输出功率	●	●	—	●	—	—	●	4.12.7	5.15.7
20	输出功率范围	●	●	—	●	—	—	●	4.12.8	5.15.8
21	功率准确度	●	●	—	●	—	—	●	4.12.9	5.15.9
22	功率平坦度	●	●	—	●	—	—	●	4.12.10	5.15.10
23	输出功率分辨力	●	●	—	—	—	—	—	4.12.11	5.15.11
24	功率电平转换时间	●	●	—	—	—	—	—	4.12.12	5.15.12

表 1（续）

项目序号	检验项目	鉴定检验	质量一致性检验						要求章条号	检验方法章条号
			A组	B组	C组	D组	E组	F组		
25	功率电平稳定度	●	●	—	—	—	—	—	4.12.13	5.15.13
26	源电压驻波比	●	●	—	—	—	—	—	4.12.14	5.15.14
27	载波的相对谐波含量 载波的相对分谐波含量 载波的相对非谐波含量	●	●	—	●	—	—	●	4.12.15 4.12.16 4.12.17	5.15.15
28	单边带相位噪声	●	●	—	●	—	—	●	4.12.18	5.15.16
29	剩余调频	●	●	—	—	—	—	—	4.12.19	5.15.17
30	幅度调制特性	●	—	●	○	—	—	○	4.12.20	5.15.18
31	频率调制特性	●	—	●	○	—	—	○	4.12.21	5.15.19
32	相位调制特性	●	—	●	○	—	—	○	4.12.22	5.15.20
33	脉冲调制特性	●	—	●	○	—	—	○	4.12.23	5.15.21
34	矢量调制特性	●	—	●	○	—	—	○	4.12.24	5.15.22
注：● 表示应进行检验的项目；○ 表示需要时，进行检验的项目；— 表示不进行检验的项目。										

6.3 鉴定检验

6.3.1 检验项目

按表 1 规定的项目进行。

6.3.2 抽样方案

按 GB/T 6587—2012 中 6.3.2 进行。

6.3.3 鉴定检验合格判据

按 GB/T 6587—2012 中 6.3.3 进行。

6.4 质量一致性检验

6.4.1 检验项目

按表 1 中规定的项目，分 A、B、C、D、E、F 组进行检验。

6.4.2 A 组检验

A 组检验是对生产的全部合成信号发生器或一个检验批中的全部样本所进行的非破坏性试验，检查最易受工艺或生产技能变化影响的特性和对设计任务至关重要的功能。检验时：

a） 每批合成信号发生器均应按表 1 中规定的检验项目逐台进行；

b） 进行 A 组检验的批，其批质量表示方法以每百单位产品不合格品数或每百单位产品缺陷数表示，每百单位产品不合格品数和缺陷数由产品标准规定，缺陷数一般不得大于 20；或者不合格

品数不得大于5,而且不允许有致命缺陷;

c) 合格判据按GB/T 6587—2012中6.4.2进行。

6.4.3 B组检验

B组检验是对合成信号发生器的非主要性能特性实施的抽样检验。检验时:

a) 抽样方案按GB/T 6587—2012中6.4.3进行;

b) 合格判据按GB/T 6587—2012中6.4.3进行。

6.4.4 C组检验

C组检验是对合成信号发生器的环境适应性的周期检查试验,目的在于判定合成信号发生器的生产是否持续稳定。检验时:

a) 抽样方案按GB/T 6587—2012中6.4.4进行;

b) 合格判据按GB/T 6587—2012中6.4.4进行。

6.4.5 D组检验

D组检验是对合成信号发生器进行电磁兼容性试验和特殊环境试验。

检验的样本在A组和B组检验合格的合成信号发生器中随机抽取。

6.4.6 E组检验

E组检验是对合成信号发生器进行维修性试验。在A组和B组检验合格的合成信号发生器中随机抽取一台样本进行。试验方法及合格判据由产品标准规定。

6.4.7 F组试验

F组试验是对合成信号发生器的可靠性验收试验,目的是验证合成信号发生器是否达到规定的可靠性要求。检验时:

a) 除非另有规定,批量生产的合成信号发生器,每年都应进行可靠性试验;连续生产的合成信号发生器两年进行一次可靠性试验,改变主要设计、工艺、元器件及材料时要进行可靠性试验。

b) 按有关可靠性试验的标准进行可靠性验收试验。

c) 从A组和B组检验合格的批中抽取样本进行检验。每次故障都应分析原因,在此基础上提出修复和改进措施。累计检验过程中出现的缺陷数判断合格与不合格。

d) 根据检验结果所做的结论和决定的改进措施。对所代表的周期内的所有合成信号发生器(包括已发货的合成信号发生器)均有效。

6.4.8 接收与拒收

应根据以下条件进行接收或拒收:

a) 提交检验的合成信号发生器,应A组、B组、C组、F组检验均合格才能接收。

b) 若A组、C组重新提交检验仍不合格的合成信号发生器,和F组检验不合格的合成信号发生器,则应停止检验和接收。

6.5 其他

质量检验的其他规定为:

a) 经过C组或D组中的特殊环境试验的样本不应作为正品出厂。

b) 经过可靠性试验的样本,应对其寿命终了和(或)接近终了的元器件给予更换,并经检验合格后才能按正品出厂。

7 随机文件

7.1 使用说明书

合成信号发生器使用说明书是应随每台仪器提供的文件,使用说明书应符合 GB/T 6587—2012 中 7.2 的规定。

7.2 装箱单

装箱单应指明所有的单独包装件,并列出随仪器一起运输的附件和元件的详细清单,如果使用说明书是装入包装件内,则装箱单还包含使用说明书。产品包装时应保证其完好和成套性,每个包装箱内应有装箱清单,装箱清单上应标明:

a) 产品型号和名称;

b) 使用说明书等随机文件的名称和数量;

c) 附件、备件的名称、型号和数量;

d) 包装、检验人员的姓名或代号,以及生产厂质检部门的印章。

7.3 可选文件

7.3.1 维修说明书

维修信息可以包括在使用说明书中亦可以维修说明书单独成册。

7.3.2 编程说明书

编程说明书可提供编程说明,作为操作者的编程指南。编程说明书可以包括在使用说明书中亦可以单独成册。

8 标志、包装和贮存

8.1 仪器标志内容

仪器上应标明:

a) 名称和型号;

b) 序号;

c) 生产日期;

d) 制造厂的名称。

8.2 包装箱标志内容

包装箱上应标明:

a) 制造厂的名称、商标(代号);

b) 产品的名称,型号;

c) 装箱年、月;

d) 毛质量;

e) 包装箱的外形尺寸;

f) 其他包装储运图示标志应符合 GB/T 191—2008 的规定。

8.3 包装

包装应根据产品的形状、质量、防护等级以及规定的存放和运输条件，采取合适的包装，以保证仪器在运输过程中免受损坏。包装容器应在产品标准中规定。

8.4 贮存

8.4.1 存贮条件

应保持干燥、室内无酸、碱及腐蚀性气体、无强烈的机械振动冲击、无强的电磁场作用和日光照射，不应紧靠地面、四壁和屋顶。

8.4.2 存放期限

仪器存放期超过 6 个月，应从包装箱内取出，经通电复查仪器正常后再放在库房中。

参 考 文 献

[1] JJG 180—2002 电子测量仪器内石英晶体振荡器检定规程

ICS 17.240
F 74

中华人民共和国国家标准

GB/T 12164.3—2013/ISO 6980-3:2006

β参考辐射 第3部分:场所和个人剂量仪的校准及其能量响应和角响应的确定

Reference beta radiations—Part 3:Calibration of area and personal dosemeters and the determination of their response as a function of beta radiation energy and angle of incidence

(ISO 6980-3:2006,IDT)

2013-10-10 发布 2014-02-01 实施

中华人民共和国国家质量监督检验检疫总局
中国国家标准化管理委员会 发布

前　言

GB/T 12164《β参考辐射》分为三个部分：

——第1部分：产生方法；

——第2部分：与表征辐射场基本量相关的校准基础；

——第3部分：场所和个人剂量仪的校准及其能量响应和角响应的确定。

本部分为GB/T 12164的第3部分。

本部分按照GB/T 1.1—2009给出的规则起草。

本部分使用翻译法等同采用ISO 6980-3:2006《β粒子参考辐射　第3部分：场所和个人剂量仪的校准以及能量和角响应的确定》。

与本标准中规范性引用的国际标准有一致性对应关系的我国文件如下：

——GB/T 12164.1—2008　β参考辐射　第1部分：产生方法(ISO 6980-1:2006,IDT)。

与ISO 6980-3:2006相比，为便于使用，本部分做了下列编辑性修改：

——4.1.1的标题改为“源的选择”，取消4.1.1.1标题。

本部分由中国核工业集团公司提出。

本部分由全国核能标准化技术委员会(SAC/TC 58)归口。

本部分起草单位：中国原子能科学研究院。

本部分主要起草人：魏可新、王红玉、宋明哲、杨静。

β参考辐射 第3部分:场所和个人剂量仪的校准及其能量响应和角响应的确定

1 范围

GB/T 12164 的本部分规定了根据定向剂量当量 $H'(0.07,\vec{\Omega})$和个人剂量当量 $H_p(0.07)$校准和确定辐射防护用剂量(率)仪响应,以及确定剂量(率)仪能量响应和角响应的方法。

本部分适用于根据 ICRU 实用量校准和确定辐射防护用剂量(率)仪响应。

本部分不适用于固定式场所剂量仪的现场校准。

2 规范性引用文件

下列文件对于本文件的应用是必不可少的。凡是注日期的引用文件,仅注日期的版本适用于本文件。凡是不注日期的引用文件,其最新版本(包括所有的修改单)适用于本文件。

GB/T 12162.3—2004 用于校准剂量仪和剂量率仪及确定其能量响应的 X 和 γ 参考辐射 第 3 部分:场所剂量仪和个人剂量计的校准及其能量响应和角响应的测定(ISO 4037-3:1999,IDT)

GB/T 12164(所有部分) β参考辐射

ISO 6980-1 核能β粒子参考辐射 第1部分:产生方法(Nuclear energy—Reference beta-particle radiation—Part 1:Methods of production)

ISO 6980-2:2004 核能β粒子参考辐射 第2部分:与表征辐射场基本量相关的校准基础(Nuclear energy—Reference beta-particle radiation—Part 2:Calibration fundamentals related to basic quantities characterizing the radiation field)

ICRU 51 号报告:1993 辐射防护剂量学的量和单位(Quantities and units in radiation protection dosimetry)

国际计量学基本和通用术语(VIM),国际计量局/国际电工委员会/国际临床化学联合会/国际标准化组织/国际纯粹与应用化学联合会/国际纯粹与应用物理联合会/国际法制计量组织[*International vocabulary of basic and general terms in metrology*(*VIM*),BIPM/IEC/IFCC/ISO/IUPAC/IUPAP/OIML]

3 术语和定义

ICRU 51 号报告和 VIM 界定的以及下列术语和定义适用于本文件。

3.1

ICRU 组织 ICRU tissue

密度为 1 g·cm^{-3}的材料,质量组分为:O:76.2%;H:10.1%;C:11.1%;N:2.6%。

注:见 ICRU 39 号报告。

3.2

最大β能量 maximum beta energy

E_{max}

特定核素发射的一个或几个β粒子连续谱中的最大能量。

3.3

平均β能量　mean beta energy

$\overline{E}$

校准距离处β粒子谱的注量平均能量。

3.4

剩余最大β能量　residual maximum beta energy

E_{res}

校准距离处经过散射和吸收的改变，β粒子谱的最大能量。

3.5

吸收剂量　absorbed dose

D

d$\bar{\varepsilon}$除以 dm 的商，即：

$$D = \mathrm{d}\bar{\varepsilon}/\mathrm{d}m \quad \cdots\cdots(1)$$

式中：

d$\bar{\varepsilon}$——电离辐射授与质量为 dm 物质的平均能量。

注：吸收剂量的单位为焦耳每千克($\mathrm{J \cdot kg^{-1}}$)，专有名称为戈瑞(Gy)。

3.6

剂量当量　dose equivalent

H

受辐射介质的某一点处，吸收剂量 D 与品质因子 Q 的乘积。

$$H = DQ \quad \cdots\cdots(2)$$

注 1：剂量当量的单位为焦耳每千克($\mathrm{J \cdot kg^{-1}}$)，专有名称为希沃特(Sv)。

注 2：对于光子和β辐射，品质因子 Q 的值非常接近 1 $\mathrm{Sv \cdot Gy^{-1}}$。在吸收剂量到剂量当量的转换系数(见 3.12)中包括了品质因子 Q。

3.7

弱贯穿辐射的定向剂量当量　directional dose equivalent for weakly penetrating radiation

$H'(0.07,\vec{\Omega})$

辐射场中某点处的剂量当量是在相应的扩展场中 ICRU 球内沿指定方向 $\vec{\Omega}$ 的半径上深度 0.07 mm 处产生的剂量当量。

注 1：定向剂量当量的单位为焦耳每千克($\mathrm{J \cdot kg^{-1}}$)，专有名称为希沃特(Sv)。

注 2：在扩展场中，注量和角度以及能量的分布在所关注的体积内与实际场的测量点具有相同的值。

3.8

弱贯穿辐射的个人剂量当量　personal dose equivalent for weakly penetrating radiation

$H_p(0.07)$

在身体指定点 0.07 mm 深度处，软组织的剂量当量。

注 1：个人剂量当量的单位为焦耳每千克($\mathrm{J \cdot kg^{-1}}$)，专有名称为希沃特(Sv)。

注 2：在 ICRU 47 报告中，ICRU 已考虑到个人剂量当量的定义包含了具有 ICRU 组织成分的体模内 0.07 mm 深度处的剂量当量。因此，尽管体模的尺寸和形状(见 6.3.1)是校准时使用的尺寸和形状，但用于校准个人剂量计的 $H_p(0.07)$是由 ICRU 组织(见 3.1)构成的体模内深度为 0.07 mm 处的剂量当量。

注 3：在齐向场中，方向可用入射场相反方向与体模表面指定的垂直方向之间的角度 α 规定。

3.9

参考吸收剂量　reference absorbed dose

D_R

在由 ICRU 组织构成的板状模体中的个人吸收剂量 $D_p(0.07)$，体模的取向为体模表面的法线与辐射的(平均)入射方向一致。

注 1：个人吸收剂量 $D_p(0.07)$ 在 ICRU 51 号报告中定义。对于本标准，定义扩展到板状体模。

注 2：对于 β 辐射场测量，由材料包围的标准仪器(外推电离室)是板状体模足够准确的近似。

注 3：D_R 是在 ICRU 球中定向剂量当量 $D'(0.07,0°)$ 足够准确的近似。

3.10

定向剂量当量的约定真值　conventional true value of directional dose equivalent

H'_t

被测量的最佳估计，由初级或次级标准确定或由被初级或次级标准校准的参考仪器确定，对于在深度为 0.07 mm 方向为 $\vec{\Omega}$ 测量的定向剂量当量 $H'(0.07,\vec{\Omega})$，其在校准条件下的约定真值由角度 α 限定，由式(3)中给出：

$$H'_t(0.07,\vec{\Omega}) = h'_d(0.07,\text{源},\alpha)D_R \qquad (3)$$

使用"源"标记在校准距离下的参考辐射源并且以 α 标记在校准条件下的 β 粒子入射角度。

注 1：任何吸收剂量到剂量当量的转换系数(见 3.12)的表述均需要说明剂量当量的类型，例如定向或个人剂量当量。$H'(0.07,\vec{\Omega})$ 和 $H_p(0.07)$ 的转换系数 h_d 与粒子能谱相关，也与入射辐射的方向分布相关(见 ICRU 47 号报告:1992 号报告中图 2.1)。在校准条件下，假设方向 $\vec{\Omega}$ 与入射方向一致，而任何与定向和个人剂量当量相关的方向均以(平均)入射方向与体模表面法线的(平均)夹角 α 给出。因此可以认为转换系数 $h'_d(0.07,\text{源},\alpha)$ 是在参考辐射场谱注量函数的基础上，增加了几何条件(源)和入射角度 α 变量而构成的函数。定向剂量当量的转换系数即为 $h'_d(0.07,\text{源},\alpha)$。

注 2：转换系数 $h_{P,d}(0.07,\text{源},\alpha)$ 和 $h'_d(0.07,\text{源},\alpha)$ 近似相等并且不需包括附加数据。

注 3：通常约定真值足够接近真值，对于给定目的其差别可忽略。

例如：在一个组织中，由次级标准获得的测量结果可以认为是被测量的约定真值。

3.11

个人剂量当量的约定真值　conventional true value of personal dose equivalent

$H_{p,t}$

由初级或次级标准确定或由被初级或次级标准预先校准过的参考仪器确定的，深度为 0.07 mm 个人剂量当量的约定真值由式(4)给出：

$$H_{P,t}(0.07,\vec{\Omega}) = h'_{P,d}(0.07,\text{源},\alpha)D_R \qquad (4)$$

注 1：任何吸收剂量到剂量当量的转换系数(见 3.12)的表述均需要说明剂量当量的类型，例如定向或个人剂量当量。$H'(0.07,\vec{\Omega})$ 和 $H_P(0.07)$ 的转换系数 h_d 与粒子能谱相关，也与入射辐射的方向分布相关(见 ICRU 47 号报告:1992 号报告中图 2.1)。在校准条件下，假设方向 $\vec{\Omega}$ 与入射方向一致，而任何与定向和个人剂量当量相关的方向均以(平均)入射方向与体模表面法线的(平均)夹角 α 给出。因此可以认为转换系数 $h_{P,d}(0.07,\text{源},\alpha)$ 是在参考辐射场谱注量函数的基础上，增加了几何条件(源)和入射角度 α 变量而构成的函数。定向剂量当量的转换系数即为 $h_{P,d}(0.07,\text{源},\alpha)$。

注 2：转换系数 $h_{P,d}(0.07,\text{源},\alpha)$ 和 $h'_d(0.07,\text{源},\alpha)$ 近似相等并且不需包括附加数据。

注 3：通常约定真值足够接近真值，对于给定目的其差别可忽略。

例如：在一个组织中，由次级标准获得的测量结果可以认为是被测量的约定真值。

3.12

吸收剂量到剂量当量的转换系数　absorbed-dose-to-dose-equivalent conversion coefficient

h_d

剂量当量 H 与参考吸收剂量 D_R 的商。

$$h_d = \frac{H}{D_R} \qquad (5)$$

3.13

体模　phantom

模拟人体散射和衰减特性的物体结构。

注：原则上，宜使用ISO水板体模、ISO棒状体模和ISO柱状体模[19]。本部分中，一块10 cm×10 cm×1 cm有机玻璃(PMMA)足以模拟人体躯干部分的散射特性，同时聚乙烯对苯二酸酯(PET)等组织等效材料足以模拟人体组织的衰减特性(见4.1.2.3)。

3.14

影响量　influence quantity

与测量结果相关但非测量目的的量。

注1：影响量对指示值影响的修正需要使用对指示值的修正因子(F型影响量)和/或对指示值的相加修正(S型影响量)，例如辐射能量和辐射入射角度(3.28)为F型影响量，颤噪和电磁干扰为S型影响量。

注2：一个给定的影响量可能既是S型也是F型。

注3：一个影响量是S型或F型与剂量仪的设计相关。

注4：当测量剂量时剂量率是一个影响量。

例如：环境温度和大气压力会影响非密封型电离室剂量仪的读数，但这两个量的测量不是最初的目的。

3.15

参考条件　reference conditions

校准因子无需任何修正即有效的一组影响量的条件。

注1：参见3.14注1。

注2：对于线性响应的仪器，被测量的值可以在与被校准的仪器特性一致的情况下自由选择。对于非线性响应的仪器，指示值M(3.22)宜等于$H_{t,0}/N_0$(3.24)。被测量不是影响量(3.14)。

注3：参考条件分为放射性影响量的参考条件(在附录B的表B.1中给出)和其他影响量的参考条件(在表B.2中给出)。

3.16

标准试验条件　standard test conditions

进行校准或确定响应时一组影响量值的范围。

注：理想情况下，校准宜在参考条件下进行。由于有些条件不是总能达到(例如大气压力)，而有些条件不易达到(例如环境温度)，因此实际上可以围绕参考值设定一个(小)的区间。原则上宜对这些条件造成的校准因子与参考条件的偏离进行修正，但实际上是否对影响量进行修正或将影响合并到不确定度中是由希望达到的不确定度决定的。型式试验就是在标准试验条件下进行的。适用于本部分的标准试验条件和参考条件在表B.1和表B.2中给出。

3.17

校准条件　calibration conditions

在标准试验条件范围内校准时实际的条件。

3.18

检验点　point of test

辐射场中的一点，该点被测量的约定真值已知。

注：校准或测试时，剂量仪的参考点要放置在检验点上。

3.19

参考方向　reference direction

剂量仪坐标系中的方向，该方向由在齐向场中测量的辐射入射方向的角度决定。

注：在0°入射时，剂量仪的参考方向(轴)与辐射入射方向一致，但方向相反。

3.20

参考点　reference point

(剂量仪)上的一点,该点在校准或测试时置于检验点上。

注1:制造商宜标明被测试剂量仪的参考点和参考方向。

注2:参考点和参考方向宜标记于剂量仪外部,当无法做到时,宜在仪器提供的附带文件中予以说明。

注3:无论剂量仪是否固定于体模上,测量距离均指辐射源与剂量仪参考点之间的距离。

3.21

参考取向　reference orientation

剂量仪的参考方向与辐射入射方向相一致时剂量仪的取向。

3.22

指示值　indicated value

M

剂量仪的读数值。

3.23

校准因子　calibration factor

N

在参考条件下指定参考辐射的某检验点一个量约定真值 H_t 与指示值 M_r 的商:

$$N=\frac{H_t}{M_r} \qquad (6)$$

注1:当仪器指示被测量时,校准因子 N 无量纲。剂量仪正确指示约定真值时校准因子为1(见GB/T 12162.3)。

注2:校准因子的倒数等于在参考条件下的响应。校准因子只是对参考条件而言,而响应可以针对校准时的任何条件(见GB/T 12162.3)。

注3:校准因子可能随被测量的大小而改变,此时称剂量仪具有非线性响应(见GB/T 12162.3)。

3.24

参考校准因子　reference calibration factor

N_0

被测量为参考值 $H_{t,0}$ 时的校准因子。若指示值为 $M_{r,0}$,则表示为式(7):

$$N_0=\frac{H_{t,0}}{M_{r,0}} \qquad (7)$$

注:该定义主要针对具有非线性响应的剂量仪(见3.23注3)。

3.25

相加修正　correction summand

A

零指示或S型的影响量所附加的指示。

注1:见3.14。

注2:颤躁和电磁干扰(主要)为S型影响量,需进行相加修正。

3.26

非线性响应的修正　correction factor for non-linear response

k_n

被测量改变时,校准因子 N 与参考校准因子 N_0 的商:

$$k_n=\frac{N}{N_0} \qquad (8)$$

注:具有线性响应仪器的 k_n 等于1。

3.27

影响量的修正因子　correction factor for an influence quantity

k_q

被考虑的影响量变化，其他影响量为其参考值时，一个量约定真值 H_t 除以指示值 M 和校准因子 N 的乘积所得的商。

注 1：对于线性响应的仪器，该修正因子以式(9)表示：

$$k_q = \frac{H_t}{N \cdot M} \qquad \cdots\cdots (9)$$

注 2：对于非线性响应的仪器，希望得到的指示值与确定参考校准因子时的相同。

注 3：辐射能量和辐射入射方向为 F 型影响量，需要通过校准因子进行修正。

3.28

β 粒子能量和入射角度的修正因子　correction factor for beta-particle energy and angle of incidence

$k_{E,\alpha}$

β 粒子(平均)能量 E 和 β 粒子(平均)入射角度 α 的修正因子。

注 1：见 3.20。

注 2：α 描述源的入射角度。由于电子散射，电子在一个宽的变动角度内入射，α 可以视为电子入射角度的一个平均描述。α 是源的参考方向和来自源的辐射入射方向之间的角度。

3.29

测量值　measured value

H_m

通过使用参考校准因子 N_0，非线性响应修正因子 k_n，l 项 S 型影响量 A_p 修正之和，以及 j 项 F 型其他影响量 k_q 的乘积，其值按式(10)确定：

$$H_m = N_0 k_n [M - \sum_{I=1}^{l} (A_p)_I]_J \prod_{J=1}^{j} (k_q)_J \qquad \cdots\cdots (10)$$

注 1：式(10)为根据 GUM 确定不确定度(见 GUM:1995,3.1.6,3.4.1 和 4.1)所需的数学模型。

注 2：根据制造商的说明控制调整校准，可将校准因子和所有修正因子置为 1 并且相加修正置为 0。这些设置带来的测量不确定度，可以由对修正因子变化的测量和相加修正的变化的测量予以确定。

注 3：用 $N_0 k_n$ 替代 N，可由 $H_m = N[M - \sum_{I=1}^{l} (A_p)_I]_J \prod_{J=1}^{j} (k_q)_J$ 得到式(10)。

注 4：(平均)能量 $\overline{E}$ 和(平均)入射角度 α 的 β 粒子的修正因子 $k_{E,\alpha}$ 为修正因子 k_q 的一项。

3.30

响应　response

R

一个量的指示值 M 与该量约定真值的商。

注 1：宜指定响应的类型。

例如：在检验点指定条件下，剂量当量的响应由式(11)给出：

$$R_H = \frac{M}{H_t} \qquad \cdots\cdots (11)$$

参考吸收剂量 D_R 的响应由式(12)给出：

$$R_D = \frac{M}{D_R} \qquad \cdots\cdots (12)$$

注 2：指定的参考条件下，响应的倒数为校准因子。

3.31

校准　calibration

在所有 j 项修正因子 k_q 为 1 的一组可控标准试验条件下，确定校准因子 N 和修正因子 k_n。

注 1：修正因子 k_n 的公式即在 GB/T 12162.3 中提及的被测量公式。

注 2：在大多数情况下，次级标准仪器的校准也包含几个参考辐射质下修正因子 $k_{E,\alpha}$ 的确定。

注 3：通常，校准条件为完整的标准试验条件（见 4.1.3）。常规校准可以在简化的条件下进行，例如检验由制造商进行的校准或检验在剂量仪长期连续使用中校准因子是否足够稳定。通常，常规校准的方法是以型式试验为基础的。型式试验的目的之一就是建立一种常规校准的方法，以使常规校准的结果在某种程度上尽可能接近在标准试验条件下的校准结果（见 6.3.1）。常规校准常用于给出批次和个体的校准因子。

3.32

符号和缩略语　symbols and abbreviated terms

符号和缩略语见附录 A。

4　适用于所有场所和个人剂量仪的校准程序

4.1　一般原则

4.1.1　源的选择

ISO 6980-1 中描述了两个系列的参考辐射源。系列 1 参考辐射源使用束展平过滤器以便在大约 15 cm 的直径上产生均匀的剂量率，用于场所或多个个人剂量计同时校准。不应偏离 ISO 6980-1 中对校准距离、过滤器距离和过滤器类型的规定。

系列 2 参考辐射源可以不使用束展平过滤器产生，并且具有比系列 1 参考辐射源更高的能量和剂量率。校准和响应的确定应指定使用的参考辐射系列和源到探测器的距离。

尽管次级标准实验室可能建立了特殊的源和几何条件用于 β 校准，但至少应具有可用的系列 1 参考辐射源。这些标准源提供一致的和可复现的结果，以便于在实验室和实验室之间进行比对。

在这些辐射场中的剂量测定应根据 ISO 6980-2:2004 进行。

除 $^{106}Ru+^{106}Rh$ 以及由周围材料或 β 粒子源自身产生的韧致辐射外，这些放射性核素产生的 β 辐射场实际上无光子辐射。使用 $^{106}Ru+^{106}Rh$ 是因为其具有更高的 β 粒子能量。由于要求校准距离下 β 粒子的最大能量 E_{res}（剩余最大 β 能量）高于指定的 E_{res} 值，需要源具有小的自吸收和薄的封装才能满足 ISO 6980-1 中的规定。

4.1.2　转换系数

4.1.2.1　剂量当量的概述

β 辐射的剂量当量 H 为定向剂量当量 H' 和个人剂量当量 H_p。首先应测量检验点参考距离下的参考吸收剂量 D_R（见 3.10），D_R 为板状体模深度 0.07 mm 处及源和板状体模参考取向之间的 α 为 0° 的吸收剂量。然后根据 3.10 和 3.11，使用吸收剂量到剂量当量的转换系数 h'_d(0.07，源，α)，由式(3)和式(4)计算剂量当量 H(0.07，源，α)。由于在空气中和可选的束展平过滤器内 β 粒子的散射，所有实际的 β 辐射场都不是单向的，因此上述的角度 α 只是未知分布的平均角度。

h'_d(0.07，源，α)的值原则上与使用的体模相关（见 4.1.2.3），因此不能给出通用的转换系数表，需要通过测量分别确定任何辐射场（由辐射源的类型、支撑和周围结构给出）和任何距离的 h'_d(0.07，源，α)。

4.1.2.2　转换系数的确定

转换系数可由测量参考剂量 D_R 使用的相同仪器确定。附录 C 中给出了可用的 β 次级标准[1]辐射场的转换系数值。

4.1.2.3　体模的选择

GB/T 12162.3 规定了三种类型的体模，ISO 水板状体模、ISO 水柱状体模和 ISO PMMA 棒状体模。与光子和中子辐射相反,体模的尺寸和形状只对体模前的辐射场有非常小的影响。如参考文献[2]中注明的,“…对于垂直入射的电子,无法分辨板状体模、柱状体模和棒状体模的剂量转换系数”在60°入射角内,转换系数的差别可忽略[2,3]。在大角度($\alpha>60°$)和较高能量($E>350$ keV、棒状体模),可以开始观察到体模间系数的差别和主要来源于辐射直接贯穿到测量点的贡献[2]。因此本部分中,对于板状体模60°内测量的转换系数也用于其他的体模,在不同体模间并无差别。

4.1.3 标准试验条件

校准和响应的确定应在标准试验条件下进行。表B.1和表B.2分别给出了标准试验条件下与辐射相关及其他参数影响量的范围值。

4.1.4 影响量的变化

如要测量某一影响量的变化对响应的影响时,除非有其他规定,其他影响量宜在标准试验条件内保持固定。

注:实际上常采用使一个影响量变化而被检验的仪器的指示值M保持恒定的方法。例如,在一定剂量率范围内对一能量响应不同且具有死时间的剂量仪进行检验,使剂量仪在不同的辐射质下的指示恒定,比在恒定的剂量率下进行更为适宜。该方法对于呈现超线性的热释光剂量计同样适用。当然,通常这些检验需要仪器对剂量或剂量率的响应为线性条件下进行,见3.30。

4.1.5 检验点和参考点

测量时应将剂量仪的参考点置于检验点上。当被检验的剂量仪缺少参考点或参考方向的信息时,由测试实验室予以设定,并在测试证书中声明。

注1:将参考点置于检验点上有两个实际的好处。首先是总可以正确测量来自源的初级辐射的剂量,而不考虑背散射辐射对束发散的影响。对于β粒子辐射,这部分剂量是包括来自体模散射辐射的总剂量的主要部分。习惯上采用的这种方法意味着剂量仪的校准因子与源和检验点之间的距离无关。第二个好处是在实验确定角响应时,如果参考点和检验点重合,被检验的剂量仪读数不必对源和参考点之间由于角度旋转带来的距离变化进行修正。

注2:对于便携式场所剂量仪,如果源到探测器的距离小于探测器体积的尺寸,则探测器中的辐射场是非均匀的。便携式场所剂量仪的读数在这种条件下是在探测器内平均的能量沉积率,读数明显小于入射窗表面的真实剂量当量率[4]。

4.1.6 旋转轴

检验角响应时,需要旋转剂量仪或剂量仪和体模的组合。角响应的变化应至少围绕两个相互垂直的轴旋转分别进行,并且旋转轴应穿过剂量仪的参考点。

4.1.7 被校准剂量仪的状态

校准之前应对剂量仪进行检验,确认其为良好、可用的状态且无放射性沾污。剂量仪的安装方法和操作方式应按照仪器手册。

4.1.8 外部光子

大多数β粒子剂量仪对光子的响应和对光子辐射的灵敏度宜在校准之前使用β粒子参考辐射评估。仪器对光子的响应的修正宜相对于$H'(0.07,\vec{\Omega})$的响应给出。剂量仪的光子响应可通过分别测量在源和探测器之间放置和不放置有机玻璃(PMMA)过滤器的响应确定,PMMA过滤器放置在探测器前约10 cm,厚度10 mm。较高能量($E>100$ keV)的光子在过滤器中的吸收修正很小。10 mm PMMA过滤器只消除能量低于2 MeV的电子。当然,通过使用附加的PMMA过滤器可以获得额外的信息。

4.2 校准因子和修正因子的确定

4.2.1 参考剂量率的确定

β粒子参考辐射场的剂量测定方法在 ISO 6980-2:2004 中给出。一般情况下，参考剂量率 D_R 使用外推电离室确定。应对源的衰变进行修正。

4.2.2 非线性响应参考校准因子和修正因子的确定

由辐射质参考值 $H_{t,0}$ 获得的参考校准因子 N_0 由测量得到，非线性响应的修正因子由 $k_n = N/N_0$ 给出。

4.2.2.1 个人剂量计校准因子的确定

安置在指定体模(板状体模、棒状体模、柱状体模)上的个人剂量计在入射角为 0°时的校准因子 N，由式(13)给出：

$$N = \frac{H_{p,t}(0.07)}{M_r} \qquad \cdots\cdots(13)$$

式中：

M_r——在参考条件下在指定的体模上剂量仪的指示值。

$$H_{p,t}(0.07) = h_{p,d}(0.07,\text{源},0°)D_R \qquad \cdots\cdots(14)$$

式中：

D_R——参考吸收剂量；

$h_{p,d}(0.07,\text{源},0°)$——所用源和使用条件的转换系数(见 3.11 和 4.1.2)。

GB/T 12164 使用的源和体模，$h_{p,d}(0.07,\text{源},0°)$可视为 1 $Sv \cdot Gy^{-1}$。

4.2.2.2 场所剂量仪校准因子的确定

场所剂量仪在入射角为 0°的校准因子 N 由式(15)得到：

$$N = \frac{H'_t(0.07,0°)}{M_r} \qquad \cdots\cdots(15)$$

式中：

M_r——在参考条件下在指定的体模上剂量仪的指示值。

$$H'_t(0.07,0°) = h'_d(0.07,\text{源},0°)D_R \qquad \cdots\cdots(16)$$

式中：

$h'_d(0.07,\text{源},0°)$——所用源和使用条件的转换系数(见 3.10)；

D_R——参考吸收剂量。

GB/T 12164 使用的源和体模，$h'_d(0.07,\text{源},0°)$可视为 1 $Sv \cdot Gy^{-1}$。

4.2.3 修正因子 $k_{E,\alpha}$ 的确定

β粒子(平均)能量 E 和入射β粒子(平均)角度 α 的修正因子 $k_{E,\alpha}$，可通过 ISO 6980-1 给出的不同参考辐射场的 D_R 确定。对于个人剂量计：

$$k_{E,\alpha} = \frac{h_{p,d}(0.07,\text{源},\alpha)D_R}{N \times M(0.07,E,\alpha)} \qquad \cdots\cdots(17)$$

对于场所剂量仪：

$$k'_{E,\alpha} = \frac{h'_d(0.07,\text{源},\alpha)D_R}{N \times M(0.07,E,\alpha)} \qquad \cdots\cdots(18)$$

对参考条件的偏离应由一个适当的修正因子 k_q 修正，见式(10)。

注：剂量仪在其参考条件下的相对响应是修正因子 $k_{E,\alpha}$ 的倒数。相对响应可以简单明了地显示能量响应和角响应的变化。

5 场所剂量仪的特殊校准程序

5.1 概述

本章所述原则适用于便携和固定安装的场所剂量仪在参考条件的校准，这里术语“场所剂量仪”包括无源和有源设备。它不适用于固定安装剂量仪的就地校准。用于场所监测的剂量仪应在自由空气中(无体模条件下)校准。

5.2 被测量

场所剂量仪的被测量应为定向剂量当量 $H'(0.07,\vec{\Omega})$。

6 个人剂量计的特殊校准程序

6.1 概述

本章所述原则适用于个人剂量计，即全身和肢端剂量计的校准。照射应在体模上进行。

6.2 被测量量

个人剂量计的测量量为个人剂量当量 $H_p(0.07)$。

6.3 试验条件

6.3.1 使用的体模

校准个人剂量计、测量修正因子 $k_{E,\alpha}$ 以及确定能量响应和角响应宜在适当的体模上进行。

全身剂量计校准宜在 ISO 水板体模上进行，肢端剂量计宜在 ISO 棒状体模和柱状体模上进行。ISO 水板体模的外尺寸为 300 mm×300 mm×150 mm，壁为 PMMA(前壁 2.5 mm 厚，其他壁 10 mm 厚)，内部充水，只对 β 辐射而言，该体模可由一不小于 100 mm×100 mm×10 mm 的 PMMA 板替代。ISO 柱状体模是直径 73 mm 的 PMMA 充水圆柱(侧壁厚 2.5 mm，两端壁厚 10 mm)，用于校准腕部(或踝部)剂量计。ISO 棒状体模是直径 19 mm 的 PMMA 棒，用于校准指环剂量计。用于环境监测的剂量计在自由空气中照射。

当使用上述的体模时，不需要对其与 ICRU 组织板状体模之间背散射特性之间可能的差别进行修正。

个人剂量计系统按照惯例其常规校准是在一适宜的体模表面进行的。例如，校准平面型剂量计时，使用边长大于或等于 300 mm，厚度大于或等于 150 mm 的 PMMA 板；校准指环剂量计时，使用直径 19 mm，长度大于或等于 300 mm 的 PMMA 棒；校准腕部和踝部剂量计时，使用直径 73 mm，长度大于或等于 300 mm 的 PMMA 圆柱。固体有机玻璃体模与 ISO 体模对 β 辐射等效。

在简化的程序中，常规校准并不需要总是在体模上进行，有时可以在自由空气中或使用非剂量计所要测量的其他类型辐射更简单的进行。如果使用了这些简化程序，应事先证明采用它们所导致的结果与本部分所描述方法的一致性或者对任何差别都能进行可靠的修正。这可以建立在型式试验的结果和剂量计重要组成部分产品检验一致性的基础上，例如，覆盖热释光片的薄膜和热释光片的尺寸。

6.3.2 发散束的几何条件考虑

为能完全照射体模前表面，应选取辐射场足够大的检验点。首先应使用标准仪器确定检验点被测量的值或使用预先校准过的检验点。随后将被测试的剂量计的参考点置于检验点上，其参考方向取所需要的角度 α。肢端剂量计宜以其正常使用时佩戴在人体上的方式安置在体模上。使用板状体模时应使其前表面接触剂量计的背面并且使其与射束轴的角度为 α。除体模外，应使用与照射标准仪器相同的条件照射被测试剂量计。校准因子以及能量响应和角响应的值应由 4.2.2 和 4.2.3 中的公式确定。

注 1：本部分中，将个人剂量计和体模的整体视为被测试的剂量计，整体的参考点为剂量计的参考点。被测量的值相应于在没有剂量计时参考体模内深度 0.07 mm 的剂量当量值。

注 2：根据 H_p 的定义，至少在原则上需要确定人体内不易接近的某点处的剂量当量。将剂量计的参考点置于检验点上有两个实际的好处。首先是总可以正确测量来自源的初级辐射的剂量，而不考虑背散射辐射对束发散的影响。对于 β 粒子辐射，这部分剂量是包括来自体模散射辐射的总剂量的主要部分。习惯上采用的这种方法意味着剂量仪的校准因子与源和检验点之间的距离无关。第二个好处是在实验确定角响应时，如果参考点和检验点重合，被检验的剂量仪读数不必对源和参考点之间由于角度旋转带来的距离变化进行修正。

注 3：在板状体模上进行角响应时，可以采用只绕一个轴旋转体模而在体模表面两个相互垂直的方向上安置剂量计的方法。

6.3.3 多个剂量计同时照射

如果同时照射一个以上剂量计时，需要另外注意两个影响因素。

a) 由于在体模表面放置多个剂量计，背散射可能因初级辐射穿过这些剂量计而减少。

b) 需要考虑源到参考点的距离可能不同。

在采用这个方法之前，应检验这样得到的结果与只在体模中心安置一个剂量计得到的结果是否在 2%内一致。如在 ISO 6980-1 中对系列 1 参考辐射源的描述，需使用适当的过滤器以保证整个体模表面辐射场均匀。

同时确定多个剂量计角响应时，应确保旋转轴通过剂量计参考点。

7 结果表述

7.1 记录和证书

宜根据国家相关规定确定校准记录和证书的细节和格式，以及复校的间隔和校准记录保存的时限。记录和证书至少应包含以下内容：

a) 校准日期和校准地点；

b) 剂量计的描述以及型号和系列号；

c) 剂量计的委托方；

d) 使用的辐射源和次级标准仪器的详细信息；

e) 参考条件、校准条件和/或标准试验条件；

f) 测量值的公式[见公式(10)]、所有修正因子的数值；

g) 结果；

h) 校准人员；

i) 任何特殊的观察结果；

j) 不确定度的表述。

7.2 不确定度的表述

不确定度的表述应与 GUM 推荐的方法一致，例如，使用不确定度预估(见参考文献[5]；参见 3.29

注)。

应考虑以下不确定度分量:

a) 来自校准证书的约定真值的不确定度;

b) 标准仪器和测试仪器放置不准确引起的不确定度;

c) 射束平面横截面积上场的不均匀引起的不确定度;

d) 同时照射多个剂量计引起的不确定度;

e) 如果使用了简化程序(见 6.3.3),其引起的不确定度;

f) 源衰变修正引起的不确定度;

g) 标准仪器响应长期稳定性引起的不确定度;

h) 温度/压力/湿度或缺少这些信息引起的不确定度;

i) 污染辐射引起的不确定度;

j) 由于非线性仪器的校准、仪器的向地性、仪器的准确度等引起的不确定度;

k) 确定剂量时定时误差引起的不确定度。

附　录　A
(规范性附录)
符号和缩略语

符号和缩略语见表 A.1。

表 A.1　符号和缩略语

符号	含义	单位
α	在校准条件下β粒子入射的(平均)角度	deg
$\vec{\Omega}$	ICRU 球矢量半径的方向	deg
A	相加修正	Sv
A_p	影响量 p 的相加修正	Sv
D	吸收剂量	Gy
$D_p(0.07)$	0.07 mm 深度处的个人吸收剂量	Gy
D_R	参考吸收剂量	Gy
$\dot{D}_R$	参考吸收剂率	$Sv \cdot h^{-1}$
$d\bar{\varepsilon}$	在一个体积内电离辐射授予物质的平均能量	keV
$\overline{E}$	β粒子谱的平均能量	keV
E	β粒子(平均)能量	keV
E_{max}	β粒子谱的最大能量	keV
E_{res}	β粒子谱的最大剩余能量	keV
F	相乘影响量的字母标志	—
H	剂量当量	Sv
$H^*(10)$	周围剂量当量	Sv
$\dot{H}^*(10)$	周围剂量当量率	$Sv \cdot h^{-1}$
$H'(0.07,\vec{\Omega})$	在方向 $\vec{\Omega}$ 深度 0.07 mm 处测量的定向剂量当量	Sv
$\dot{H}'(0.07,\vec{\Omega})$	在方向 $\vec{\Omega}$ 深度 0.07 mm 处测量的定向剂量当量率	$Sv \cdot h^{-1}$
H_m	测量值	Sv
$H_p(0.07)$	在 0.07 mm 深的个人剂量当量	Sv
h_d	由 D_R 到 H 的吸收剂量到剂量当量的转换系数	$Sv \cdot Gy^{-1}$
$h'_d(0.07,E,\alpha)$	对于角度 α 和能量 E 的由 D_R 到 $H'(0.07)$ 的转换系数	$Sv \cdot Gy^{-1}$
$h'_{p,d}(0.07,E,\alpha)$	对于角度 α 和能量 E 的由 D_R 到 $H_p(0.07)$ 的转换系数	$Sv \cdot Gy^{-1}$
H_t	H 的约定真值	Sv
$H_{t,0}$	在参考条件 H 的约定真值	Sv
H'_t	定向剂量当量的约定真值	Sv
$H'_t(0.07,\vec{\Omega})$	在方向 $\vec{\Omega}$ 深度 0.07 mm 处的定向剂量当量的约定真值	Sv
$H_{p,t}$	个人剂量当量的约定真值	Sv

表 A.1（续）

符号	含义	单位
$H_{p,t}(0.07)$	0.07 mm 深处的个人剂量当量的约定真值	Sv
j	F 型影响量的数量	—
k_n	非线性响应修正因子	—
k_q	影响量 q 的修正因子	—
$k_{E,\alpha}$	β 粒子能量和入射角度的修正因子	—
l	S 型影响量的数量	—
m	质量	kg
M	指示值	Sv
M_r	参考条件下的指示值	Sv
$M_{r,0}$	参考条件下参考值 H 的指示值	Sv
N	校准因子	—
N_0	参考校准因子	—
Q	品质因子	$Sv \cdot Gy^{-1}$
R	响应	—
S	相加影响量的字母标志	—

附 录 B
（规范性附录）
参考条件

B.1 参考条件和所需的标准试验条件的说明

B.1.1 放射性参数

放射性参数见表B.1。

表B.1 放射性参数的参考条件和标准试验条件

影响量	参考条件	标准试验条件(除非另有规定)
β粒子参考辐射场	$^{90}Sr+^{90}Y$[a]	$^{90}Sr+^{90}Y$[a]
体模(只适用于个人剂量计)	300 mm×300 mm×150 mm ICRU 组织板状体模(适用于全身剂量计)	ISO 板状体模:300 mm×300 mm×150 mm 充水体模,前壁(照射面)为2.5 mm PMMA,其他壁为10 mm PMMA
	直径73 mm、长300 mm的ICRU组织圆柱(适用于腕部和踝部剂量计)	ISO 柱状体模:直径73 mm、长300 mm的充水圆柱,侧壁为2.5 mm PMMA,端壁为10 mm PMMA
	直径19 mm、长300 mm的ICRU组织圆柱(适用于指环剂量计)	ISO 棒状体模:直径19 mm、长300 mm的PMMA圆柱
辐射入射角	参考取向	参考取向±5°
放射性元素沾污	可忽略[b]	可忽略[b]
辐射本底	周围剂量当量率 $\dot{H}^*(10)\leqslant 0.1\ \mu Sv\cdot h^{-1}$ 和定向剂量当量率 $\dot{H}'(0.07,\vec{\Omega})\leqslant 0.1\ \mu Sv\cdot h^{-1}$	周围剂量当量率 $\dot{H}^*(10)<0.25\ \mu Sv\cdot h^{-1}$ 和定向剂量当量率 $\dot{H}'(0.07,\vec{\Omega})<0.25\ \mu Sv\cdot h^{-1}$

[a] 如果更加适合,可以使用另外的辐射量。

[b] 表面沾污的限值由政府部门制定。“可忽略”只表示沾污水平既不会影响校准的准确性也不会对校准的人员和场所造成危害。

B.1.2 其他参数

其他参数见表B.2。

表 B.2　其他参数的参考条件和标准试验条件

影响量	参考条件	标准试验条件(除非另有规定)
环境温度	20 ℃	18 ℃～22 ℃[b,c]
相对湿度	65%	50%～75%[b,c]
大气压力	101.3 kPa	86 kPa～106 kPa[b,c]
稳定时间	15 min	>15 min
供电电压	标称供电电压	标称供电电压±3%
频率[a]	标称频率	标称频率±1%
交流供电[a]	正弦	正弦总谐波失真小于5%[a]
来源于外部的电磁场	可忽略	小于引起干扰的最低值
来源于外部的磁场	可忽略	小于地磁场的两倍
仪器调节	正常工作状态	正常工作状态

[a] 只适用于市电供电的设备。

[b] 应声明这些量在测试时的实际值。

[c] 表中的值只是对在温带气候条件下进行的校准而言。在其他气候条件下,应声明校准时这些量的实际值。同样,仪器在较高海拔使用时,大气压力的下限允许低至70 kPa。

附　录　C
（资料性附录）
一些β参考辐射场的转换系数

校准距离下，以 5°的步长测量的一些β参考辐射场[1]板状体模的转换系数。测量值的标准不确定度大约为 2%～4%。图 C.1 和表 C.1 列出了这些测量的系数。

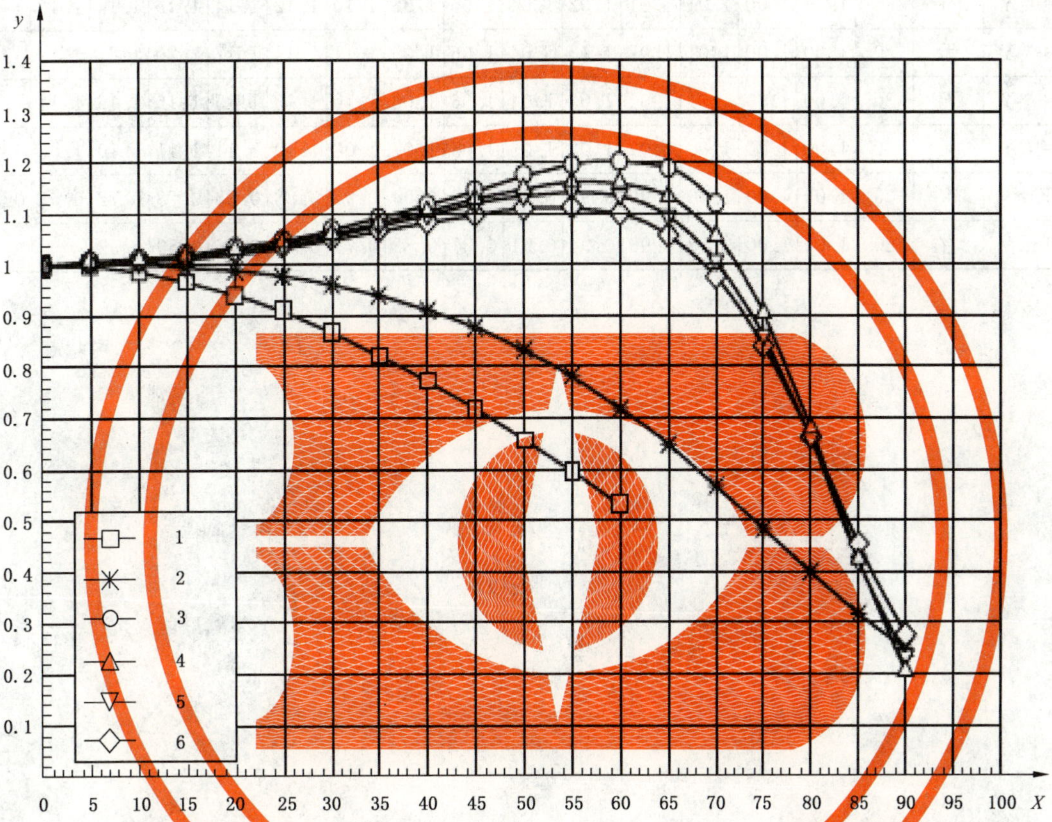

说明：

X ——辐射入射角度(°)；

Y ——$h_{p,d}$(0.07，源，α)，Sv·Gy^{-1}；

1 ——^{147}Pm，20 cm 有过滤器；

2 ——^{85}Kr，30 cm 有过滤器；

3 ——^{90}Sr+^{90}Y，20 cm；

4 ——^{90}Sr+^{90}Y，30 cm；

5 ——^{90}Sr+^{90}Y，30 cm 有过滤器；

6 ——^{90}Sr+^{90}Y，50 cm。

图 C.1　不同入射角度下测量的板状体模转换系数(参见表 C.1)

表 C.1　不同入射角度下测量的板状体模转换系数

(参见图 C.1)$h_{p,d}$(0.07,源,α)=h'_d(0.07,源,α)

单位为 $Sv \cdot Gy^{-1}$

源			入射角为 α 时的转换系数 $h_{p,d}$(0.07,源,α)															
核素	束展平过滤器	距离/cm	0°	5°	10°	15°	20°	25°	30°	35°	40°	45°	50°	55°	60°	65°	70°	75°
$^{90}Sr+^{90}Y$	有	30	1.00	1.00	1.01	1.01	1.02	1.04	1.06	1.08	1.10	1.12	1.14	1.15	1.14	1.10	1.01	0.86
$^{90}Sr+^{90}Y$	无	20	1.00	1.00	1.01	1.02	1.03	1.04	1.06	1.09	1.11	1.14	1.17	1.20	1.21	1.19	1.12	—
$^{90}Sr+^{90}Y$	无	30	1.00	1.00	1.01	1.01	1.03	1.04	1.06	1.08	1.10	1.13	1.15	1.16	1.16	1.14	1.06	0.91
$^{90}Sr+^{90}Y$	无	50	1.00	1.00	1.00	1.01	1.02	1.03	1.05	1.07	1.08	1.10	1.11	1.11	1.10	1.06	0.98	0.84
^{85}Kr	有	30	1.00	1.00	1.00	0.99	0.98	0.97	0.96	0.94	0.91	0.88	0.83	0.78	0.72	0.65	0.57	0.49
^{147}Pm	有	20	1.00	1.00	0.98	0.96	0.94	0.91	0.87	0.82	0.77	0.72	0.66	0.59	0.53	—	—	—

参考文献

[1] AMBROSI,P. ,Improved Beta Secondary Standard,PTB news 97.1 (1997)

[2] FAW ,R. E. and SWINTH,K. L. Fluence-to-Dose Coefficient Angular Dependence Factors for Rod and Pillar Phantoms Irradiated by Broad Electron Beams,Radiat. Prot. Dosim. 72,5 (1997)

[3] FAW,R. E. and SWINTH,K. L. Fluence-to-Dose Coefficient Angular Dependence Factors for Rod and Pillar Phantoms Irradiated by Broad Beams of Beta Particles,Radiat. Prot. Dosim. 78,213 (1998)

[4] SWINTH,K. L. and SISK,D. R. Recent Developments and Performance of Survey Instruments for the Monitoring of Weakly Penetrating Radiations,Radiat. Prot. Dosim. 39,p. 149 (1991)

[5] EA, European co-operation for Accreditation, Expression of the Uncertainty of Measurement in Calibration,EA-4/02,(1999)

[6] Guide to the expression of uncertainty in measurement (GUM),BIPM/IEC/IFCC/IUPAC/IUPAC/IUPAP/OIML,1st edition,1993,corrected and reprinted in 1995

[7] ISO 4037-3:1999,X and gamma reference radiation for calibrating dosemeters and doserate meters and for determining their response as a function of photon energy—Part 3:Calibration of area and personal dosemeters and the measurement of their response as a function of energy and angle of incidence

[8] ISO 6980-1:2006,Nuclear energy—Reference beta-particle radiation—Part 1:Methods of production

[9] ICRU Report 39:1985,Determination of Dose Equivalents Resulting From External Radiation Sources

[10] ICRU Report 47:1992,Measurement of Dose Equivalents From External Photon and Electron Radiations

[11] ICRU Report 56:1997,Dosimetry of External Beta Rays for Radiation Protection

ICS 17.220
L 85

中华人民共和国国家标准

GB/T 12179—2013
代替 GB/T 12179—1990,GB/T 12280—1990

噪声发生器通用规范

General specification for noise generator

2013-12-31 发布 2014-07-15 实施

中华人民共和国国家质量监督检验检疫总局
中国国家标准化管理委员会 发布

前　言

本标准按照 GB/T 1.1—2009 给出的规则起草。

本标准代替 GB/T 12179—1990《噪声发生器通用技术条件》和 GB/T 12280—1990《噪声发生器测试方法》。

与 GB/T 12179—1990 和 GB/T 12280—1990 相比，主要变化如下：

——将原两项标准整合为一项标准；

——删除了原标准中已不再使用的和引用标准中已存在的术语和定义，并对部分术语内容进行了修改；

——删除了"超噪比影响量的测试及气体放电管噪声发生器稳定性的测试""消耗功率的测试"的要求和试验方法(见 GB/T 12280—1990)；

——增加了"输出超噪比不确定度的测试与分析""输出超噪比随温度变化量""输出超噪比随驱动电压变化量""输出功率"的要求和分析、试验方法(见 4.10、5.12)；

——更新了"安全性""环境适应性""包装运输""电磁兼容性""可靠性"的要求和试验方法(见第 4 章、第 5 章)；

——更新了"质量检验规则"中的部分内容(见第 6 章)。

请注意本文件的某些内容可能涉及专利。本文件的发布机构不承担识别这些专利的责任。

本标准由中华人民共和国工业和信息化部提出。

本标准由全国电子测量仪器标准化技术委员会(SAC/TC 153)归口。

本标准起草单位：中国电子科技集团公司第四十一研究所、工业和信息化部电子工业标准化研究院。

本标准主要起草人：梁胜利、宋青娥、隋魏、黄英华、张伟、曹玲。

本标准所代替标准的历次版本发布情况为：

——GB/T 12179—1990；

——GB/T 12280—1990。

噪声发生器通用规范

1 范围

本标准规定了噪声发生器术语和定义、通用技术要求、试验方法、质量检验规则和包装运输等内容。

本标准适用于各类通用噪声发生器。

2 规范性引用文件

下列文件对于本文件的应用是必不可少的。凡是注日期的引用文件，仅注日期的版本适用于本文件。凡是不注日期的引用文件，其最新版本(包括所有的修改单)适用于本文件。

GB/T 191—2008 包装储运图示标志

GB/T 6587—2012 电子测量仪器通用规范

3 术语和定义

下列术语和定义适合于本文件。

3.1

噪声 noise

扰乱或干扰有用信号的扰动，它使通过网络传输的信号受到干扰或使之失真。

注：常见的噪声是由大量短促脉冲叠加而成的随机过程，噪声的功率分布符合概率论的规律，可以用统计的方法进行处理。

3.2

热噪声 thermal noise

处于一定热力学状态下的导体中所出现的无规则的电涨落。它是由导体中自由电子的无规则热运动引起的，其大小取决于物体的热力学状态，在整个射频和微波频段近似均匀分布，进入匹配负载的资用功率直接正比于频段的带宽。

3.3

资用噪声功率 available noise power

噪声发生器能传输到负载上的最大功率。

3.4

资用噪声功率谱密度 spectral density for available noise power

单位带宽内的资用噪声功率。

3.5

噪声温度 noise temperature

产生与噪声发生器相同的噪声功率时电阻器所处的物理温度。用开尔文(K)表示。

3.6

标准噪声温度 reference noise temperature

290 K 的噪声温度，通常用 T_0 表示。

3.7

等效输出噪声温度　equivalent of output noise temperature

噪声发生器实际输出的噪声温度。

3.8

噪声发生器　noise generator

能产生随机连续频谱的装置。

注：常用的噪声源有电阻器、饱和二极管、固态二极管和气体放电管，用它们制成的噪声发生器分别称为冷/热噪声发生器、饱和二极管噪声发生器、固态噪声发生器和气体放电管噪声发生器。

3.9

冷/热噪声发生器　cold/hot noise generator

将电阻器或吸收材料制成的终端负载，置于温度准确已知的恒温器中所构成的噪声发生器。

3.10

饱和二极管噪声发生器　saturated diode noise generators

工作在饱和状态下的真空二极管，由阳极电流的电涨落产生的噪声所构成的噪声发生器，适用于几千赫兹～1 GHz 频率以内。

3.11

固态噪声发生器　solid-state noise generators

利用半导体 P-N 结二极管工作在雪崩击穿状态，由雪崩区内电子、空穴对速率的随机起伏而产生雪崩散弹噪声的原理制成的噪声发生器。

3.12

气体放电管噪声发生器　gas discharge noise generators

利用气体放电时形成的等离子区中电子无规则热运动所产生的噪声而制成的噪声发生器。

3.13

平坦度　flatness

在工作频率范围内，噪声发生器输出超噪比随频率变化的程度，以最大变化量的一半计算。

3.14

稳定度　stability

由于工作电流的不稳定所引起超噪比变化的程度，以工作电流变化±10mA 时超噪比变化量的一半计算。

注：稳定度单位为分贝每毫安(dB/mA)。

3.15

超噪比　excess noise ratio

ENR

噪声发生器等效输出的噪声温度超过标准噪声温度 T_0 的倍数，见式(1)。

$$ENR = 10\lg\left(\frac{T_h - T_0}{T_0}\right) \qquad \cdots\cdots (1)$$

式中：

ENR —— 超噪比，单位为分贝(dB)；

T_h ——噪声发生器等效输出噪声温度，单位为开尔文(K)；

T_0 ——标准噪声温度 290 K 。

4　要求

4.1　外观与结构

应符合 GB/T 6587—2012 中 4.1 的有关要求。噪声发生器产品表面应光洁、无毛刺、无明显机械损伤和涂覆破坏现象,结构应完整。

4.2 尺寸与重量

噪声发生器尺寸和重量应符合 GB/T 6587—2012 中 4.2 的要求。对于噪声发生器产品,宽、高、深的尺寸规定为最大尺寸。

4.3 安全性

噪声发生器的安全性应符合 GB/T 6587—2012 中 4.6 的要求。对于安全地,设备的所有可接近表面都应是地电位。

4.4 包装运输

在规定的流通条件下,受试仪器及附件不应有变形松脱、涂覆层剥落等机械损伤,其性能特性应符合 GB/T 6587—2012 中 4.8 的要求。

4.5 电磁兼容性

噪声发生器的电磁兼容性应符合 GB/T 6587—2012 中 4.9 的要求,并在产品标准中规定试验时噪声发生器的工作状态。当用户有特殊要求时,由产品标准规定具体测试限值、等级。

4.6 可靠性

噪声发生器的可靠性应符合 GB/T 6587—2012 中 4.11 的要求。除非另有规定,产品标准应给出噪声发生器的平均故障间隔时间(MTBF)的检验下限值 m_1 值。

4.7 维修性

由产品标准规定。

4.8 环境适应性

噪声发生器的环境适应性要求应符合 GB/T 6587—2012 中 4.7 的规定。噪声发生器环境要求分组应符合 GB/T 6587—2012 中表 1 的规定,在产品标准中应规定适用的环境组别。

当用户有特殊要求时,超出 GB/T 6587—2012 中表 1 规定的各种环境组合由产品标准规定。

4.9 一般要求

4.9.1 预热时间

由产品标准规定产品的预热时间。

4.9.2 功能正常性

由产品标准规定噪声发生器的功能,包括工作频率、输入输出方式等。

4.9.3 输入输出接口

由产品标准规定噪声发生器的输出接口的结构类型、标称阻抗等信息。

4.10 性能特性

4.10.1 工作频率范围

在满足规定性能的条件下,噪声发生器能输出最低频率和最高频率之间的范围。频率范围由产品标准规定。

4.10.2 输出超噪比

噪声发生器的输出超噪比范围由产品标准规定，单位用分贝(dB)表示。

4.10.3 输出超噪比不确定度的测试与分析

由产品标准规定，单位用分贝(dB)表示。

4.10.4 输出超噪比随温度的变化量

由产品标准规定，单位用分贝每摄氏度(dB/℃)表示。

4.10.5 输出超噪比随驱动电压的变化量

由产品标准规定，单位用分贝每伏(dB/V)表示。

4.10.6 输出端口电压驻波比

由产品标准规定，同时标明输出端口类型。

4.10.7 输出功率

噪声发生器的输出噪声功率由产品标准规定，单位用分贝毫瓦(dBm)表示。

5 试验方法

5.1 基准工作条件

除非在产品标准中另有规定，噪声发生器的基准工作条件应符合 GB/T 6587—2012 中 5.1 的要求。

5.2 检验条件

除非在产品标准中另有规定，噪声发生器的试验条件应符合 GB/T 6587—2012 中 5.2 的要求。对于接通电源后有预热要求的噪声发生器，正式的测量和观察应在规定的时间间隔(预热)后进行。用于检验和试验的试验设备，均应满足试验所需的性能要求，并在检定有效期内，同时应在规定的试验环境下，进行适当的维护和校准。

5.3 外观与结构检查

目测检查噪声发生器结构是否完整，有无明显机械损伤和镀涂损坏现象，输入输出接头是否安装正确，牢固可靠，操作灵活。

5.4 尺寸与重量检查

用量具测量噪声发生器的宽、高、深。

用衡器称量噪声发生器的重量。

5.5 安全性检查

按 GB/T 6587—2012 中 5.8 的试验方法进行。

5.6 包装运输试验

按产品标准规定的流通条件级别及 GB/T 6587—2012 中 5.10 的试验方法进行。

5.7 电磁兼容性试验

按产品标准规定的工作状态及 GB/T 6587—2012 中 5.11 的试验方法进行。

5.8 可靠性试验

按 GB/T 6587—2012 中 5.13 的试验方法进行。

5.9 维修性试验

根据产品标准要求的方法进行。

5.10 环境适应性试验

按产品标准规定的环境组别及 GB/T 6587—2012 中 5.9 的试验方法进行。对用户有特殊要求的噪声发生器,应按产品标准中规定的试验方法进行。

5.11 一般要求检查

5.11.1 预热时间检查

按产品标准要求进行预热,然后检查噪声发生器的功能和性能。

5.11.2 功能正常性检查

按产品标准中规定的功能对噪声发生器进行逐项检查。被测噪声发生器的连接器定位准确,旋转灵活,安装牢固,无影响正常工作的机械损伤。被测噪声发生器通电后有噪声功率输出,并且在指标范围内。

5.11.3 输入输出接口检查

检查被测试噪声发生器的输入输出接口功能,包括接口类型、标称阻抗等。

5.12 性能特性测试

5.12.1 工作频率范围测试

按照 5.12.2 和 5.12.6 的测试确定。

5.12.2 输出超噪比测试

a) 测试设备:
   噪声系数分析仪、隔离器、标准噪声发生器。
b) 测试步骤:
   1) 如图 1 连接好测试设备,按规定的时间预热,噪声系数分析仪、标准噪声发生器和待测噪声发生器均达到热平衡状态;
   2) 设置噪声系数分析仪为 Y 因子线性列表显示模式;
   3) 连接标准噪声发生器,测量和噪声发生器标称频率点相对应的系统 Y 因子,记为 Y_s;
   4) 取下标准噪声发生器,换上待测噪声发生器,测量和标准噪声发生器标称频率点相对应的系统 Y 因子，记为 Y_x；

5) 根据式(2)计算待测噪声发生器在各个标称频率点的等效输出噪声温度 T_x。然后再根据式(1)计算出待测噪声发生器的超噪比数值。

$$T_x = \frac{(T_h - Y_s T_a)(Y_x - 1)}{Y_s - 1} + Y_x T_a \quad \cdots\cdots (2)$$

式中：

T_h——标准噪声发生器的等效输出噪声温度，单位为开尔文(K)；

Y_s——连接标准噪声发生器时，噪声系数分析仪测得的标称频率点上的 Y 因子；

Y_x——连接待测噪声发生器时，噪声系数分析仪测得的标称频率点上的 Y 因子；

T_a——环境温度(常温)，单位为开尔文(K)。

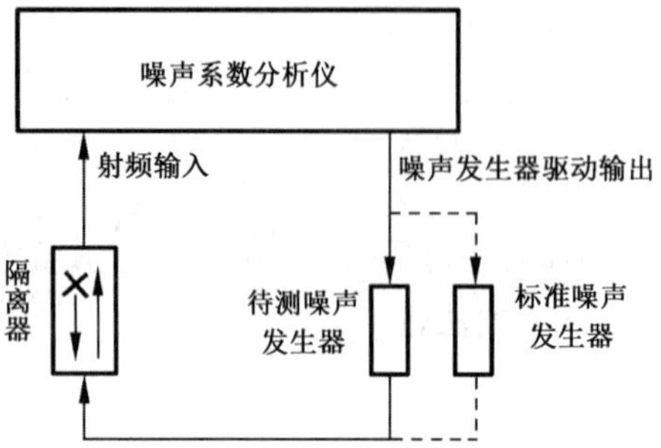

图 1 输出超噪比测试

5.12.3 输出超噪比不确定度的测试与分析

5.12.3.1 不确定度分析相关的测试

a) 测试设备：

噪声系数分析仪、隔离器、标准噪声发生器、矢量网络分析仪(含校准件)。

b) 测试步骤：

1) 按照图 2 连接好测试设备，按规定的时间预热，系统稳定；
2) 对矢量网络分析仪进行单端口 SOL 校准；
3) 用噪声系数分析仪控制噪声发生器的开关状态，测量待测噪声发生器输出端口、标准噪声发生器输出端口在各标称频率点上的反射系数，分别记为 ρ_{DUT} 和 $\rho_{标}$；
4) 测量隔离器的输入端口在噪声发生器各标称频率点上的反射系数，记为 $\rho_{isolator}$。

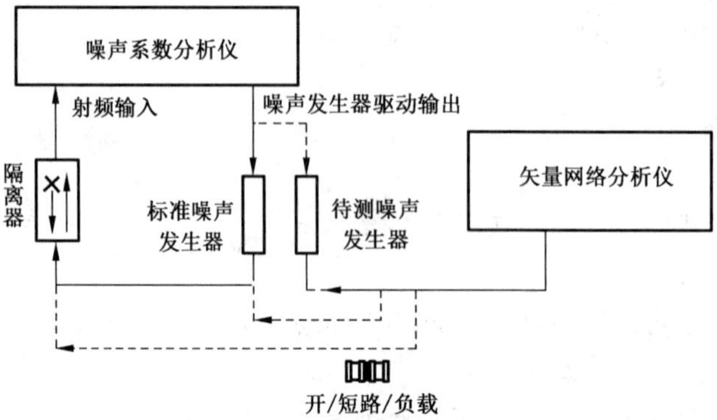

图 2 输出超噪比不确定度分析相关的测试

5.12.3.2 超噪比不确定度的分析

对式(2)进行全微分得噪声发生器等效输出噪声温度的测量不确定 ∂T_x,如式(3):

$$\partial T_x=\frac{Y_x-1}{Y_s-1}\partial T_h+\frac{Y_s-Y_x}{Y_s-1}\partial T_a-\frac{(Y_x-1)(T_h-T_a)}{(Y_s-1)^2}\partial Y_s+\frac{T_h-T_a}{Y_s-1}\partial Y_x \quad\cdots\cdots(3)$$

式中:

∂T_h ——标准噪声发生器等效输出噪声温度不确定度,单位为开尔文(K);

∂Y_s ——连接标准噪声发生器时,测量 Y_s 的不确定度(线性值);

∂Y_x ——连接待测噪声发生器时,测量 Y_x 的不确定度(线性值);

∂T_a ——环境温度测量不确定度,单位为开尔文(K)。

标准噪声发生器输出超噪比不确定度和噪声系数分析仪的 Y 因子测量不确定度通常用 δY(dB)表示,通过式(4)、式(5)、式(6)进行线性值和分贝(dB)值的转换:

$$\partial T_h=\frac{290\times ENR_s}{4.34}\delta ENR_s \quad\cdots\cdots(4)$$

$$\partial T_x=\frac{290\times ENR_x}{4.34}\delta ENR_x \quad\cdots\cdots(5)$$

$$\partial Y=\frac{Y}{4.34}\delta Y \quad\cdots\cdots(6)$$

将式(4)、式(5)、式(6)代入式(3)可得待测噪声发生器的超噪比不确定度,见式(7):

$$\delta ENR_x=\frac{Y_x-1}{Y_s-1}\times\frac{ENR_s}{ENR_x}\delta ENR_s+\frac{1}{290\times ENR_x}\left[4.34\times\left(\frac{Y_s-Y_x}{Y_s-1}\right)\partial T_a-\left(\frac{Y_s(Y_x-1)(T_h-T_a)}{(Y_s-1)^2}\right)\partial Y_s+\frac{(T_h-T_a)Y_x}{(Y_s-1)}\partial Y_x\right] \quad\cdots\cdots(7)$$

根据上述分析可得,噪声发生器的超噪比测量不确定度主要由 Y 因子的测量不确定度 ∂Y_s 和 ∂Y_x、标准噪声源超噪比不确定度 δENR_s 以及环境温度测量不确定度 ∂T_a 四个方面的原因引起的。

对四个误差项的具体分析如下:

1) ∂Y_s:

∂Y_s 主要由噪声系数分析仪的 Y 因子测试不确定度 δ_Y、标准噪声发生器和隔离器端口的失配误差 $\delta_{标-\mathrm{isolator}}$ 组成,∂Y_s 的测试不确定度可由式(8)计算:

$$\partial Y_s=\sqrt{(\delta_{标-\mathrm{isolator}})^2+(\delta_Y)^2} \quad\cdots\cdots(8)$$

2) ∂Y_x:

∂Y_x 主要由噪声系数分析仪的 Y 因子测试不确定度 δ_Y、待测噪声发生器和隔离器端口的失配误差 $\delta_{\mathrm{DUT-isolator}}$ 合成,∂Y_x 的测试不确定度可由式(9)计算:

$$\partial Y_x=\sqrt{(\delta_{\mathrm{DUT-isolator}})^2+(\delta_Y)^2} \quad\cdots\cdots(9)$$

各测量端口间的失配误差按表 1 给出的方法进行计算。将 ρ_{DUT}、$\rho_{标}$ 和 ρ_{isolator} 的测量值代入表 1 的计算公式中,选取正不确定度和负不确定度中较大值作为端口之间的失配误差。

表 1 计算失配引起的不确定度

失配误差	负不确定度	正不确定度
$\delta_{\mathrm{DUT-isolator}}$	$-20\lg(1-\rho_{\mathrm{DUT}}\rho_{\mathrm{isolator}})$	$20\lg(1+\rho_{\mathrm{DUT}}\rho_{\mathrm{isolator}})$
$\delta_{标-\mathrm{isolator}}$	$-20\lg(1-\rho_{标}\rho_{\mathrm{isolator}})$	$20\lg(1+\rho_{标}\rho_{\mathrm{isolator}})$

3） 标准噪声发生器超噪比的不确定度 δENR_s：

标准噪声发生器的超噪比应进行溯源校准。

4） 室温引起的测试不确定度 ∂T_a：

为温度计对室温的测量误差，采用分辨率为 0.5 ℃分辨率的温度计测量，室温引起的测试不确定度 ∂T_a 应控制在±1 K 之内。

5.12.4 输出超噪比随温度的变化量测试

a） 测试设备：

噪声系数分析仪、隔离器、标准噪声发生器、恒温箱。

b） 测试步骤：

1） 按照图 3 连接测试设备，将被测噪声发生器置于恒温箱中，设置恒温箱温度 20 ℃，按规定的时间预热；

2） 按照噪声发生器输出超噪比测试方法进行，20 ℃下，进行各标称频率点的第一组超噪比数据的测试，并得出超噪比数据；

3） 分别改变恒温箱的温度至 30 ℃和 10 ℃，测出各标称频率点的超噪比数据，计算出相应频率点超噪比变化量与温度变化量的关系，换算成分贝每摄氏度(dB/℃)。

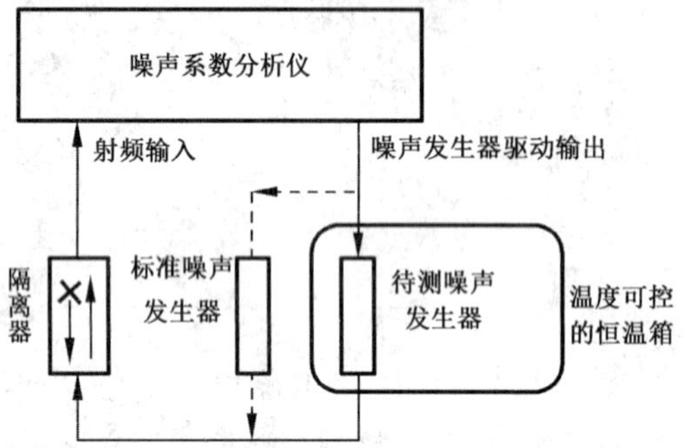

图 3 输出超噪比随温度的变化量测试

5.12.5 输出超噪比随驱动电压的变化量测试

a） 测试设备：

噪声系数分析仪、隔离器、标准噪声发生器、可控稳压源、数字电压表。

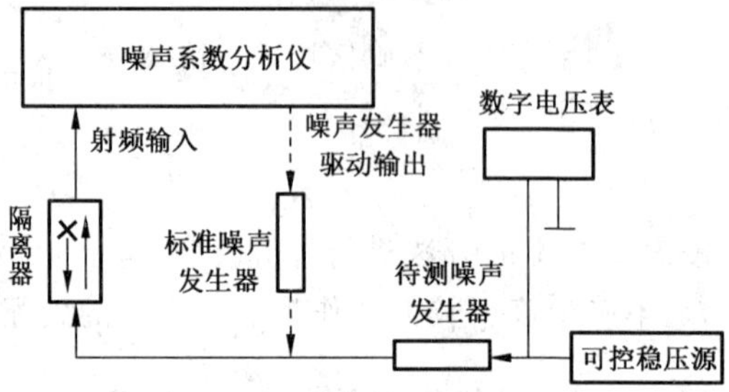

图 4 输出超噪比随电压的变化量测试

b） 测试步骤：

1） 按照图 4 连接测试设备，按规定的时间预热，根据噪声发生器输出超噪比的测试方法测量并计算各标称频率点上的超噪比数据；

2） 可控电压源，改变噪声发生器的供电电源电压±10%，测出超噪比的变化量，换算成超噪比与电压的变化关系，单位为分贝每伏(dB/V)。

5.12.6 输出端口电压驻波比测试

a) 测试设备：

噪声系数分析仪、矢量网络分析仪(含校准件)。

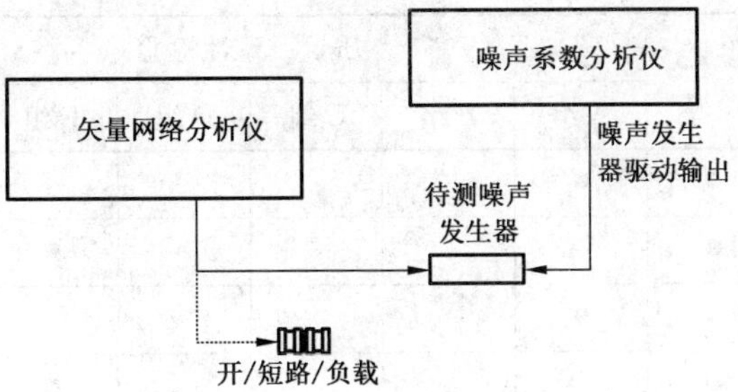

图5 输出端口电压驻波比测试

b) 测试步骤：

1) 按照图5连接好测试设备，按规定的预热后，对矢量网络分析仪进行单端口SOL校准；

2) 将噪声发生器驱动设置为开，测出噪声发生器输出端口的最大驻波比；

3) 将噪声发生器驱动设置为关，测出噪声发生器输出端口的最大驻波比。

5.12.7 输出功率测试

a) 测试设备：

噪声系数分析仪、功率计、功率探头。

b) 测试步骤：

1) 按照图6连接好测试设备，开机按规定的预热后，对功率计进行校准；

2) 将功率计探头连接到噪声发生器的输出端口，设置噪声发生器关，对测试系统进行校零；

3) 将噪声发生器驱动设置为开，测出噪声发生器的输出噪声功率。

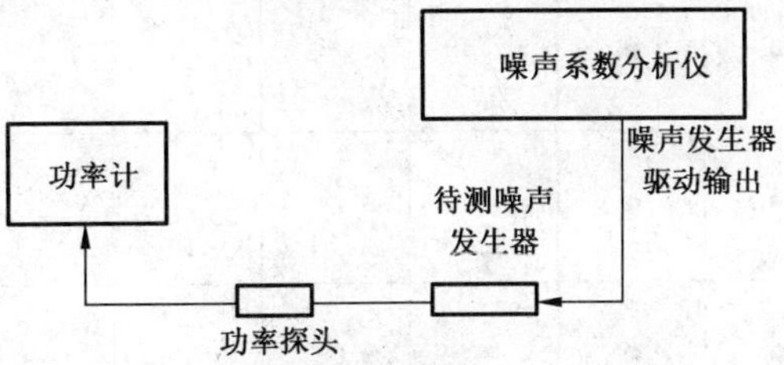

图6 噪声发生器输出功率测试

6 质量检验规则

6.1 一般规定

6.1.1 检验分类

检验分为鉴定检验和质量一致性检验。

6.1.2 检验设备

用于检验的测量仪器和设备经检定、校准或计量合格，并在有效期内。

6.2 检验项目

检验项目见表2。

表2 检验项目

项目序号	检验项目	鉴定检验	质量一致性检验						要求章条号	试验方法章条号
			A组	B组	C组	D组	E组	F组		
1	外观与结构	●	●	—	—	—	—	—	4.1	5.3
2	尺寸与重量	●	—	—	—	—	●	—	4.2	5.4
3	安全性	●	●	—	—	—	—	—	4.3	5.5
4	包装运输	●	—	—	—	—	●	—	4.4	5.6
5	电磁兼容性	●	—	—	○	●	—	—	4.5	5.7
6	可靠性	●	—	—	—	—	—	●	4.6	5.8
7	维修性	●	—	—	—	—	●	—	4.7	5.9
8	环境适应性	●	—	—	●	—	—	—	4.8	5.10
9	预热时间	●	—	—	—	—	—	—	4.9.1	5.11.1
10	功能正常性	●	●	—	●	●	—	●	4.9.2	5.11.2
11	输入输出接口	●	●	—	●	●	—	●	4.9.3	5.11.3
12	工作频率范围	●	●	—	○	—	—	●	4.10.1	5.12.1
13	输出超噪比	●	●	—	●	—	—	●	4.10.2	5.12.2
14	输出超噪比不确定度的测试与分析	●	●	—	○	—	—	—	4.10.3	5.12.3
15	输出超噪比随温度的变化量	●	●	—	—	—	—	—	4.10.4	5.12.4
16	输出超噪比随驱动电压的变化量	●	●	—	○	—	—	—	4.10.5	5.12.5
17	输出端口电压驻波比	●	●	—	○	—	—	—	4.10.6	5.12.6
18	输出功率	●	●	●	○	—	—	○	4.10.7	5.12.7
注：● 表示必须做的项目；○表示产品标准中有规定时应进行的项目；—表示不做的项目。										

6.3 鉴定检验

6.3.1 检验项目

按表2规定的项目进行。

6.3.2 抽样方案

按GB/T 6587—2012中6.3.2进行。

6.3.3 鉴定检验合格判据

按 GB/T 6587—2012 中 6.3.3 进行。

6.4 质量一致性检验

6.4.1 检验项目

按表 2 中规定的项目，分 A、B、C、D、E、F 组进行检验。

6.4.2 A 组检验

A 组检验是对生产的全部噪声发生器或一个检验批中的全部样本所进行的非破坏性试验，检查最易受工艺或生产技能变化影响的特性和对设计任务至关重要的功能。

a) 每批噪声发生器均应按表 2 中规定的检验项目逐台进行。
b) 进行 A 组检验的批，其批质量表示方法以每百单位产品不合格品数或每百单位产品缺陷数表示，每百单位产品不合格品数和缺陷数由产品标准规定，缺陷数一般不得大于 20；或者不合格品数不得大于 5，而且不允许有致命缺陷。
c) 合格判据按 GB/T 6587—2012 中 6.4.2 进行。

6.4.3 B 组检验

B 组检验是对噪声发生器的非主要性能特性实施的抽样检验。

a) 抽样方案按 GB/T 6587—2012 中 6.4.3 进行。
b) 合格判据按 GB/T 6587—2012 中 6.4.3 进行。

6.4.4 C 组检验

C 组检验是对噪声发生器的环境适应性的周期检查试验，目的在于判定噪声发生器的生产是否持续稳定。

a) 抽样方案按 GB/T 6587—2012 中 6.4.4 进行。
b) 合格判据按 GB/T 6587—2012 中 6.4.4 进行。

6.4.5 D 组检验

D 组检验是对噪声发生器进行电磁兼容性试验和特殊环境试验。

检验的样本在 A 组和 B 组检验合格的噪声发生器中随机抽取。

6.4.6 E 组检验

E 组检验是对噪声发生器进行维修性试验。在 A 组和 B 组检验合格的噪声发生器中随机抽取一台样本进行。试验方法及合格判据由产品标准规定。

6.4.7 F 组试验

F 组试验是对噪声发生器的可靠性验收试验，目的是验证噪声发生器是否达到规定的可靠性要求。

a) 除非另有规定，批量生产的噪声发生器，每年都应进行可靠性试验；连续生产的噪声发生器两年进行一次可靠性试验，改变主要设计、工艺、元器件及材料时要进行可靠性试验。
b) 按有关可靠性试验的标准进行可靠性验收试验。
c) 从 A 组和 B 组检验合格的批中抽取样本进行检验。每次故障都应分析原因，在此基础上提出修复和改进措施。累计检验过程中出现的缺陷数判断合格与不合格。

d) 根据检验结果所做的结论和决定的改进措施。对所代表的周期内的所有噪声发生器(包括已发货的噪声发生器)均有效。

6.4.8 接收与拒收

a) 提交检验的噪声发生器,应A组、B组、C组、F组检验均合格才能接收。

b) 若A组、C组重新提交检验仍不合格的噪声发生器,和F组检验不合格的噪声发生器,则应停止检验和接收。

6.5 其他

a) 经过C组或D组中的特殊环境试验的样本不应作为正品出厂。

b) 经过可靠性试验的样本,应对其寿命终了和(或)接近终了的元器件给予更换,并经检验合格后才能按正品出厂。

7 随机文件

7.1 使用说明书

噪声发生器使用说明书是应随每台仪器提供的文件,使用说明书应符合GB/T 6587—2012中7.2的规定要求。

7.2 装箱单

装箱单应指明所有的单独包装件,并列出随仪器一起运输的附件和元件的详细清单,如果使用说明书是装入包装件内,则装箱单还包含使用说明书。产品包装时应保证其完好和成套性,每个包装箱内应有装箱清单,装箱清单上应标明:

a) 产品型号和名称;

b) 使用说明书等随机文件的名称和数量;

c) 附件、备件的名称、型号和数量;

d) 包装、检验人员的姓名或代号,以及生产厂质检部门的印章。

7.3 可选文件

7.3.1 维修说明书

维修信息可以包括在使用说明书中亦可以单独成册。

7.3.2 编程说明书

编程说明书可提供编程说明,作为操作者的编程指南。编程说明书可以包括在使用说明书中亦可以单独成册。

8 标志、包装和贮存

8.1 仪器标志内容

仪器标志内容包括:

a) 名称和型号;

b) 序号；

c) 生产日期；

d) 制造厂的名称。

8.2 包装箱标志内容

包装箱标志内容包括：

a) 制造厂的名称、商标(代号)；

b) 产品的名称，型号；

c) 装箱年、月；

d) 毛质量；

e) 包装箱的外形尺寸；

f) 其他包装储运图示标志应符合 GB/T 191—2008 的规定。

8.3 包装

包装应根据产品的形状、质量、防护等级以及规定的存放和运输条件，采取合适的包装，以保证仪器在运输过程中免受损坏。包装容器应在产品标准中规定。

8.4 贮存

8.4.1 存贮条件

应保持干燥、室内无酸、碱及腐蚀性气体、无强烈的机械振动冲击、无强的电磁场作用和日光照射，不应紧靠地面、四壁和屋顶。

8.4.2 存放期限

仪器存放期超过 6 个月，应从包装箱内取出，经通电复查仪器正常后再放在库房中。

ICS 29.260.20
K 35

中华人民共和国国家标准

GB 12476.1—2013
代替 GB 12476.1—2000

可燃性粉尘环境用电气设备 第1部分:通用要求

Electrical apparatus for use in the presence of combustible dust—Part 1:General requirements

(IEC 61241-0:2004,MOD)

2013-12-17 发布　　2014-11-14 实施

中华人民共和国国家质量监督检验检疫总局
中国国家标准化管理委员会 发布

前　言

本部分的全部技术内容为强制性。

GB 12476《可燃性粉尘环境用电气设备》分为以下部分：

——第1部分：通用要求；

——第2部分：选型和安装；

——第3部分：可燃性粉尘存在或可能存在的危险场所分类；

——第4部分：本质安全型“iD”；

——第5部分：外壳保护型“tD”；

——第6部分：浇封保护型“mD”；

——第7部分：正压保护型“pD”；

——第8部分：试验方法　确定粉尘最低点燃温度的方法；

——第9部分：试验方法　粉尘层电阻率的测定方法；

——第10部分：试验方法　粉尘与空气混合物最小点燃能量的测定方法；

……

本部分是GB 12476的第1部分。

本部分按照GB/T 1.1—2009的规定组织起草。

本部分使用重新起草法，修改采用IEC 61241-0：2004《可燃性粉尘环境用电气设备　第0部分：通用要求》(英文第一版)。但本部分并不是完全意义上的对GB 12476.1—2000的修订，GB 12476.1—2000的主要技术内容由GB 12476.5—2013《可燃性粉尘环境用电气设备　第5部分：外壳保护型“tD”》代替。

本部分在技术上与IEC 61241-0：2004存在如下技术差异及其原因：

——考虑到我国的防爆电气设备检验认证的型式批准和IEC国际标准(对批准程序没有规定)存在差异，我国对防爆电气设备的型式批准程序为防爆合格证制度。因此在制造商责任一章中增加了取得防爆合格证的检验程序，见附录A。

本部分由中国电器工业协会提出。

本部分由全国防爆电气设备标准化技术委员会(SAC/TC 9)归口。

本部分负责起草单位：南阳防爆电气研究所，国家防爆电气产品质量监督检验中心。

本部分主要参加起草的单位：创正防爆电器有限公司、电光防爆电气有限公司，华荣科技股份有限公司，南阳防爆集团股份有限公司、新黎明防爆电器有限公司、上海宝临防爆电器有限公司、浙江创新电机有限公司。

本部分主要起草人：吴建国、黄建锋、石晓贤、李江、白照昊、郑振晓、翁振克、李书朝、陈瑞。

本部分所代替标准的历次版本发布情况：

——GB 12476.1—2000。

引　言

在生产、加工、运输和存贮中产生的许多粉尘是可燃性的。如果粉尘与空气混合成适当比例，当点燃时粉尘能够迅速地燃烧产生巨大的爆炸压力。在可能出现这类可燃性材料的场所中，常常需要使用防爆电气设备，必须采取适当的预防措施，确保所有电气设备得到足够地保护，以减少点燃外部爆炸性环境的可能性。在电气设备中，潜在点燃源包括电弧、火花、热表面和摩擦火花。

在空气中出现危险数量的粉尘、纤维和飞絮的场所被划分为危险场所，并且按照危险程度被分成三个危险区域。

一般情况下，用下列两种方法之一来确保电气设备的电气安全，即：一种方法（只要切实可行）应将电气设备安装在危险场所外；另一种方法按照电气设备使用场所推荐的方法进行设计、安装和维护。

电气设备可能会通过下列几种途径点燃可燃性粉尘：

——电气设备表面温度高于有关粉尘的最低点燃温度。粉尘点燃的温度与粉尘特性、粉尘是以粉尘云或粉尘层状态出现、粉尘层的厚度和热源的几何形状有关；

——电气部件（如开关、触头、整流器、电刷及类似部件）的电弧或火花；

——积聚的静电荷放电；

——辐射能量（如电磁辐射）；

——与电气设备有关的机械火花、摩擦火花或发热。

为了避免点燃危险应做到以下几点：

——可能堆积粉尘或可能与粉尘云接触的电气设备表面的温度须保持在本部分所规定的温度极限以下；

——任何产生电火花的部件或其温度高于GB 12476.2—2010规定的温度极限的部件应

- 安放在一个能足以防止粉尘进入的外壳内；或
- 限制电路的能量以避免产生能够点燃可燃性粉尘的电弧、火花或温度；

——避免任何其他点燃源。

如果电气设备在其额定条件下进行操作，并且按照相应的实施规程或要求安装和维护，例如防止过电流、内部短路故障和其他电气故障，那么符合本部分就能达到要求的安全水平。尤其重要的是严酷程度和内部或外部故障的持续时间能被限制在电气设备继续运行而不损坏的数值。

若干技术已用于危险场所中的防爆电气设备上。本部分说明了这些防爆技术的安全特征，规定了所采用的安装程序。最主要的是遵守正确的选型和安装程序，以保证电气设备在危险场所中安全使用。

可燃性粉尘环境用电气设备
第1部分:通用要求

1 范围

GB 12476的本部分规定了在可燃性粉尘存在的数量可能引起火灾或爆炸危险的环境中,用认可的保护技术保护的电气设备的设计、结构、试验和标志的通用要求。

本部分由下列GB 12476部分专用防爆型式标准补充或修改:

——第4部分:本质安全型"iD"

——第5部分:外壳保护型"tD";

——第6部分:浇封型"mD";

——第7部分:正压保护型"pD"。

注:GB 12476.2给出了电气设备的选择和安装指南。本部分范围内的电气设备也可以遵守其他标准,如GB 3836.1的补充要求。

在可能同时出现或分别出现可燃性气体和可燃性粉尘的环境中使用的电气设备,要求增加一些附加保护措施。

本部分对直接与爆炸危险之外的安全要求没有规定。

当电气设备必须符合其他环境条件要求,如防水和防腐而采用其他防护方法时,则该防护方法不得对外壳的整体性产生不利的影响。

本部分适用于大气条件下形成的可燃性粉尘环境。

本部分不适用于那些不需要大气中的氧即可燃烧的炸药粉尘或自燃物质。

本部分不适用于瓦斯和/或可燃性粉尘引起危险的煤矿井下以及煤矿地面装置用电气设备。

本部分未考虑由粉尘散发出来的可燃性或毒性气体而引起的危险。

2 规范性引用文件

下列文件对于本文件的应用是必不可少的。凡是注日期的引用文件,仅注日期的版本适用于本文件。凡是不注日期的引用文件,其最新版本(包括所有的修改单)适用于本文件。

GB/T 70.1—2008 内六角圆柱头螺钉(ISO 4762:2004,MOD)

GB/T 1040.2—2006 塑料 拉伸性能的测定 第2部分:模塑和挤塑塑料的试验条件(ISO 527-2:1993,IDT)

GB/T 1043.1—2008 塑料 简支梁冲击性能的测定 第1部分:非仪器化冲击试验(ISO 179-1:2000,IDT)

GB/T 1408.1—2006 绝缘材料电气强度试验方法 第1部分:工频下试验(IEC 60243-1:1998,IDT)

GB/T 1800.2—2009 产品几何技术规范(GPS)极限与配合 第2部分:标准公差等级和孔、轴极限偏差表(ISO 286-2:1988,MOD)

GB/T 2516—2003 普通螺纹 极限偏差(ISO 965-3:1998,MOD)

GB 3836.1—2010 爆炸性环境 第1部分:设备 通用要求(IEC 60079-0-2007,MOD)

GB 3836.3—2010 爆炸性环境 第3部分:由增安型"e"保护的设备(IEC 60079-7:2006,IDT)

GB 3836.4—2010　爆炸性环境　第4部分：由本质安全型“i”保护的设备(IEC 60079-11:2006，MOD)

GB 4208—2008　外壳防护等级(IP代码)(IEC 60529:2001,IDT)

GB/T 4942.1—2006　旋转电机整体结构的防护等级(IP代码)　分级(IEC 60034-5:2000,IDT)

GB/T 5008.1—2005　启动用铅酸蓄电池　技术条件(IEC 60095-1:2000,MOD)

GB/T 5277—1985　紧固件　螺栓和螺钉通孔(eqv ISO 273:1979)

GB/T 5782—2000　六角头螺栓(eqv ISO 4014:1999)

GB/T 5783—2000　六角头螺栓　全螺纹(eqv ISO 4017:1999)

GB/T 6031—1998　硫化橡胶或热塑性橡胶硬度的测定(10～100 IRHD)(ISO 48:1994,IDT)

GB/T 6170—2000　1型六角螺母(eqv ISO 4032:1999)

GB/T 8897.1—2008　原电池　第1部分：总则(IEC 60086-1:2007,MOD)

GB/T 9144—2003　普通螺纹　优选系列(ISO 262:1998,MOD)

GB/T 9341—2008　塑料　弯曲性能的测定(ISO 178:2001,IDT)

GB/T 11026.1—2003　电气绝缘材料　耐热性　第1部分：老化程序和试验结果的评定(IEC 60216-1:2001,IDT)

GB/T 11026.2—2000　确定电气绝缘材料耐热性的导则　第2部分：试验判断标准的选择(IEC 60216-2:1990,IDT)

GB 12476.2—2010　可燃性粉尘环境用电气设备　第2部分：电气设备的选择和安装(IEC 61241-14:2004,IDT)

GB 12476.5—2013　可燃性粉尘环境用电气设备　第5部分：外壳保护型“tD”(IEC 61241-1:2004,IDT)

GB/T 12476.8—2010　可燃性粉尘环境用电气设备　第8部分：试验方法　确定粉尘最低点燃温度的方法(IEC 61241-2-1:1994,IDT)

GB/T 13259—2005　高压钠灯(neq IEC 60662:2002)

GB 14048.3—2008　低压开关设备和控制设备　第3部分：开关、隔离器、隔离开关以及熔断器组合电器(IEC 60947-3:2005,IDT)

GB/T 15142—2011　含碱性或其他非酸性电解质的蓄电池和蓄电池组　方形排气式镉镍单体蓄电池(IEC 60623:2001,IDT)

GB/T 16422.1—2006　塑料实验室光源暴露试验方法　第1部分：总则(ISO 4892-1:1999,IDT)

GB/T 19639.1—2005　小型阀控密封式铅酸蓄电池　技术条件(IEC 61056-1:2002,MOD)

GB/T 23126—2008　低压钠灯　性能要求(IEC 60192:2001,MOD)

HG 492—2009　空气质量　词汇

ISO 1818:1975　低硬度硫化橡胶(10～35国际橡胶硬度)　硬度测定

IEC 60285:1993　碱性蓄电池　圆柱形密封可充电镍镉单节电池

IEC 61150:1992　碱性蓄电池　整体密封的扣式可充电镍镉电池

3　术语和定义

下列术语和定义适用于本部分。

3.1

粉尘　dust

在大气中依靠自身重量可沉淀下来，但也可持续悬浮在空气中一段时间的包括纤维和飞絮在内的固体微小颗粒（包括HG 492—2009中定义的粉尘和颗粒）。

3.2

可燃性粉尘　combustible dust

与空气混合后可能燃烧或焖燃，在常温常压下与空气形成爆炸性混合物的粉尘、纤维或飞絮。

3.3

导电性粉尘　conductive dust

电阻率等于或小于 10^3 Ω·m 的粉尘、纤维或飞絮。

3.4

爆炸性粉尘环境　explosive dust atmosphere

在大气条件下，粉尘、纤维或飞絮状的可燃性物质与空气形成的混合物被点燃后，燃烧将传遍整个未燃混合物的环境。

3.5

粉尘层的最低点燃温度　minimum ignition temperature of a dust layer

规定厚度的粉尘层在热表面上发生点燃的热表面的最低温度。

[GB 12476.8—2010，见定义 3.3]

3.6

粉尘云的最低点燃温度　minimum ignition temperature of a dust cloud

炉内空气中所含粉尘云出现点燃时炉子内壁的最低温度。

[GB 12476.8—2010，见定义 3.5，修订]

3.7

电气设备　electrical apparatus

全部或部分利用电能的设备。

注：这些设备包括发电、输电、配电、蓄电、电测、调节、变流、用电设备和通信设备等。

3.8

定额　rating

额定值和运行条件的集合。

3.9

外壳　enclosure

构成电气设备防爆型式和/或 IP 等级的整个壳壁、门、盖、电缆引入装置、操纵杆、芯轴和转轴等。

3.10

尘密外壳　dust-tight enclosure

能够阻止所有可见粉尘颗粒进入的外壳。

3.11

防尘外壳　dust-protected enclosure

不能完全阻止粉尘进入，但其进入量不会妨碍设备安全运行的外壳。

注：粉尘不宜堆积在外壳内易产生点燃危险的位置上。

3.12

防爆型式　type of protection

为防止点燃周围爆炸性环境而对电气设备采取的各种特定措施。

3.13

最高表面温度　maximum surface temperature

在规定的最高环境温度条件下，对规定的无粉尘或粉尘层覆盖条件进行试验时，电气设备表面的任何部分所达到的最高温度。

注：该温度是在试验条件下达到的。由于粉尘的隔热性，该温度随着粉尘厚度的增加而升高。

3.14

允许的最高表面温度　maximum permissible surface temperature

为避免粉尘点燃，在实际运行中电气设备表面允许达到的最高温度。

注：允许的最高表面温度取决于粉尘的类型，是粉尘云还是粉尘层，如果是粉尘层，取决于其厚度和采用的安全系数(见 GB 12476.2—2010 第 6 章)。

3.15

区域　zones

根据爆炸性粉尘/空气环境出现的频次和持续时间对爆炸性粉尘环境划分的场所。

3.16

20 区　zone 20

空气中爆炸性环境以可燃性粉尘云的状态连续出现、长时间存在或频繁出现的场所。

3.17

21 区　zone 21

在正常操作过程中，空气中爆炸性环境以可燃性粉尘云的状态可能出现或偶尔出现的场所。

3.18

22 区　zone 22

在正常操作过程中，空气中爆炸性环境以可燃性粉尘云的状态不可能出现的场所，如果出现仅是短时间存在的场所。

3.19

电缆引入装置　cable entry

允许将一根或多根电缆或光缆引入电气设备内部并能保证其防爆型式的装置。

3.20

导管引入　conduit entry

将导管引入电气设备内而仍保持其相应防爆型式的方式。

3.21

压紧件　compression element

电缆引入装置中用于对密封圈施加压力以保证其有效功能的部件。

3.22

夹紧组件　clamping device

引入装置中用于防止电缆的拉拽或扭转传递到连接件的部件。

3.23

密封圈　sealing ring

电缆引入装置或导管引入装置中，保证引入装置与电缆或导管与电缆之间的密封所使用的环状物。

3.24

接线空腔　terminal compartment

与主体外壳连通或不与主体外壳连通，包括连接件的单独空腔，或主外壳的一部分。

3.25

连接件　connection facilities

用于与外电路导线进行电气连接的端子、螺钉或其他零件。

3.26

绝缘套管　bushing

用于将一根或多根导体穿过外壳壁的绝缘部件。

3.27

单体电池　cell

构成蓄电池最小电气单元的电极和电解质的组合。

3.28

原电池　primary cell or battery

能够通过化学反应产生电能的电化学系统。

3.29

蓄电池　secondary cell or battery

能够通过化学反应将电能储存并释放出来的可再充电的电化学系统。

3.30

排气式电池　open cell or battery

带有盖子,盖子上有通气孔,产生的气体可通过通气孔逸出的电池。

3.31

阀控式密封电池　sealed valve regulated cell or battery

在正常条件下是密封的,但具有一个装置,当其内部压力超过预定值时能让气体逸出的电池。

注:通常,该电池不能补充电解质。

3.32

气密式电池　sealed gas-tight cell or battery

保持封闭且在制造商规定的充电限度或温度之内运行时没有气体或液体释放的电池。

注1:该种电池可带有保护装置,以防止内部产生过高的危险压力。该种电池无需添加电解质,在使用寿命内以原始密封状态工作。

注2:上述定义引自 GB 3836.4—2010。此定义不同于 IEV 486-01-20 和 IEV 486-01-21 的定义,因为它适用于单体电池或蓄电池。

3.33

电池组　batteries

以电气方式连接起来,增加电压或容量的两个或多个单体电池。

注:当使用术语"单体电池"或"单体组电池"时,本部分系指单个的单体电池组。当使用术语"电池"或"电池组"时,本部分系指单体电池组和电池组。

3.34

容量　capacity

在规定的条件下,完全充电的电池能提供的电量或电荷。

3.35

(电池的)标称电压　nominal voltage (of a cell or battery)

制造商规定的电压。

3.36

(电池的)最大开路电压　maximum open circuit voltage (of a cell or battery)

在正常条件下,新的原电池或刚充满电的蓄电池可达到的最高电压。

注:表3和表4给出了使用的单体电池的最高开路电压。

3.37

充电　charging

以正常流动方向相反的方向,强迫电流通过蓄电池,达到恢复最初储存能量的过程。

3.38

反向充电　reverse charging

以正常流动方向通过原电池或蓄电池施加电流的过程。

注:例如发生在电路中过期的电池中。

3.39

深度放电　deep discharge

将蓄电池电压降低到低于蓄电池制造商推荐的电压的过程。

3.40

固有安全(ihs)电池　inherently safe (ihs) cell (or battery)

短路电流和最高表面温度被其内阻限制到安全数值的原电池。

3.41

Ex 元件　Ex component

不能单独使用并带有符号“U”，当与其他电气设备或系统一起使用时，需附加认证的爆炸性环境用电气设备的部件或组件(Ex 电缆引入装置除外)。

3.42

符号“X”　“X” symbol

加在防爆合格证编号后表明其安全使用特定条件的符号。

3.43

符号“U”　“U” symbol

加在防爆合格证编号后的表明该产品为 Ex 元件的符号。

注：符号“X”和 符号“U”不能同时使用。

3.44

防爆合格证　certificate

用于确定设备符合标准的要求、型式试验和适应的例行试验的文件。证书可以针对 Ex 设备或 Ex 元件。

4　结构

4.1　总则

潜在可燃性粉尘环境用电气设备应符合本部分的要求。

注：如果电气设备承受一些特别不利的运行条件(如粗暴搬运、潮湿、环境温度变化、化学剂影响、腐蚀等)，这时宜规定由用户向制造商提出要求，检验机构不负责任。

4.2　20 区用设备的设计和试验原则

20 区用电气设备应特殊考虑。

设备应设计成功能符合制造商规定的运行参数并确保具备高级别保护措施。

20 区设备拟用于连续出现、长期存在或经常出现空气/粉尘混合物的爆炸性环境中。该区的设备即使出现罕见故障，通过采取下列保护措施也应确保必要的保护等级：

——如果一种保护措施出现故障，至少有一个独立的第二个保护措施提供必要的保护等级；或

——如果两个故障彼此独立出现故障，保证必要的保护等级。

应在制造商规定的模拟工作条件下研究用于 20 区的特殊要求。

注 1：测量和控制装置(例如仪表、传感器、控制器)通常用于过厚的粉尘层下。

注 2：如果可行，动力设备(例如电动机、灯具、插头插座)宜置于该区域之外。

4.3　打开外壳

当 20 区或 21 区用电气设备外壳的打开时间比下列要求的时间更快时：

——内装电容器，当充电电压为 200 V 或以上时，放电至 0.2 mJ 的剩余能量；如果充电电压低于

200 V,则放电至 0.4 mJ 的剩余能量;或

——内装热元件的表面温度降至低于电气设备的温度组别温度。

应标志下列警告词或等效词:

"断电×分钟后开盖"

"×"分钟为延迟所需时间。

另外,电气设备可设置下列警告标志:

"有爆炸性粉尘环境时请勿打开"。

4.4 环境条件

当电气设备必须符合其他环境条件要求时,如防水和防腐,则使用的保护方法不应对外壳的整体性产生不利的影响。

5 温度

5.1 最高表面温度

电气设备的最高表面温度应按 23.2 的要求在有关文件中规定。

最高表面温度应按照 29.2g)设置和标志,并且应:

——通过实际的最高表面温度确定;或适用时

——按拟使用的特定可燃性粉尘限定。

5.2 超过 50 mm 厚粉尘层的最高表面温度

除了 5.1 中要求的最高表面温度之外,可针对设备周围特定的粉尘层厚度规定最高表面温度(T_L),文件中另有规定且按照 29.2.1h)标志时除外。

5.3 环境温度

通常,电气设备应设计在环境温度为 −20～+40 ℃下使用,在这种情况下不需要附加标志。

当电气设备设计成使用在不同环境温度范围应视为特殊情况,制造商应给出环境温度范围,并且在防爆合格证中规定。标志应包括符号 T_a 或 T_{amb} 和特殊环境温度范围,或按 29.2.1l)的规定(适用时),在防爆合格证编编号后加符号"×"(见表 1)。

表 1 使用环境温度和附加标志

电气设备	使用环境温度	附加标志
正常情况	最高 +40 ℃; 最低 −20 ℃	无
特殊情况	由制造商给出并在防爆合格证中规定	T_a 或 T_{amb} 附加规定范围,例如"−30 ℃≤T_a≤+40 ℃"或符号"×"

6 外壳材质

6.1 非金属外壳和外壳的非金属部件

下列要求适用于与防爆型式有关的非金属外壳和外壳的非金属部件,此外,23.4.6 的要求适用于

20 区或 21 区用外壳。

6.1.1 材料规定

制造商提供的文件中应规定外壳及外壳部件的材料和制造工艺。

6.1.2 塑料材料

对塑料材料的规定应包括：

a) 制造商名称。

b) 包括颜色、填充物和添加剂含量(如果使用)的准确完整的参考资料。

c) 可能的表面处理，如涂漆等。

d) 对应热稳定曲线 20 000 h 点的温度指数“TI”，在该点按照 GB/T 11026.1—2003、GB/T 11026.2—2000 和 GB/T 9341—2008 规定的弯曲强度降低不超过 50%。如果材料在热辐射之前试验不折断，则温度指数按照 GB/T 1040.2—2006 标准用Ⅰ类试棒测定的抗拉强度确定。

上述特性参数应由设备制造商提供。

6.1.3 符合性验证

不要求检验机构验证材料是否符合其规定。

6.1.4 热稳定性

6.1.4.1 温度指数

对于 20 和 21 区设备，考虑到运行中的最高环境温度，塑料外壳或外壳部件最热点的温度(见 23.4.6.1) 应比对应 20 000 h 点的温度指数“TI”至少高 20 K。

对于 22 区设备，按照设备制造商提供的数据，考虑到运行中的最高环境温度，塑料外壳最热点的温度应比对应 20 000 h 点(见 GB/T 11026.1—2003 和 GB/T 11026.2—2000) 或连续运行温度(COT)指数 TI 至少高 10 K。

6.1.4.2 耐热、耐寒和耐光照

塑料外壳或外壳的塑料部件还应具有耐热、耐寒和耐光照性能 (分别见 23.4.6.3、23.4.6.4 和 23.4.6.5)。

6.1.5 静电电荷

20 或 21 区用塑料外壳或外壳的塑料部件上的静电电荷应通过下列要求加以限制。

6.1.5.1 材料特性

在正常使用条件下，塑料材料制成的设备应设计为避免传播型刷型放电产生点燃危险的结构。

上述要求可通过使用不加导电材料作衬托的塑料来实现。然而，如果塑料加了导电材料做衬托，则塑料应具备下列一个或多个特性：

——按照 23.4.6.7 试验时，表面电阻不大于 10^9 Ω。

——击穿电压不大于 4 kV(按照 GB/T 1408.1—2006 规定的方法，穿过绝缘层进行测量)。

——金属部件上外部绝缘层厚度不小于 8 mm(外部绝缘层不小于 8 mm 的金属部件，例如，测量探针或类似元件，不大可能出现传播型刷型放电。当对所采用的或规定的绝缘层最小厚度进行评定时，必须考虑正常使用情况下预期的磨损)。

6.1.5.2 限制电容或接地

应避免使用带有 10 pF 以上电容的绝缘导电部件或静电接地。

6.2 含轻金属的外壳

6.2.1 成分

可燃性粉尘环境用的电气设备外壳用材料,镁和钛的总含量不能超过 7.5%(质量分数)。

6.2.2 螺孔

在运行中调整、检查或其他操作必须打开的盖板,在外壳上的紧固螺钉的螺纹孔,只有在螺纹形状适合于外壳所用的材料的情况下,才允许在外壳上攻螺孔。

7 紧固件

7.1 触及带电部件

对保证防爆型式或用于防止触及裸露带电部件所必须的紧固件,只允许用工具才能松开或拆除。

7.2 相容材料

含轻金属外壳用的紧固螺钉允许用轻金属或塑料制成,只要紧固件材料适用于外壳材料即可。

8 联锁装置

为保持某一防爆型式用的联锁装置,其结构应保证用螺丝刀或扳手不能轻易地解除其作用。

9 绝缘套管

9.1 防止扭转

外壳中用作连接装置的绝缘套管在接线和拆线中可能承受扭矩时,应安装牢固,并保证所有部位不转动。

9.2 扭转试验

20 区或 21 区用外壳中的绝缘套管应符合 23.4.4 规定的有关扭转试验。

10 粘接材料

10.1 文件

制造商根据 23.2 提供的文件,应证明与安全有关的粘接材料在运行条件下,有足够的热稳定性,以便适应电气设备在定额内的最高和最低温度。

10.2 热稳定性

如果材料的极限温度低于或等于最低工作温度,且高于工作中的最高温度至少 20 K,则热稳定性才满足要求。

注：如果粘接材料须承受不利运行条件，制造商和用户宜协商解决措施。

10.3 检验

检验机构不必验证 10.1 提到的文件中所列的特性。

11 Ex 元件

11.1 总则

Ex 元件应满足本部分的有关规定，且可以是：

a) 空外壳；

b) 与设备一起使用，并且符合第 1 章所列一种或多种防爆型式的元件或组件。

11.2 安装

Ex 元件可按下列方式安装：

a) 完全安装在设备外壳内部（如接线端子、电流表、加热器或显示器；浇封型"mD"开关元件或恒温器或本安型"iD"电源）；或

b) 完全安装在设备外壳外部（如本安型"iD"传感器）；或

c) 部分装在设备外壳内，部分在外壳外（如外壳保护型"tD"按钮开关、限位开关或指示灯、电流表或本安型"iD"显示器）。

11.3 安装在设备内部

完全安装在外壳内的元件，应仅对作为单独元件不能检验或评定的部分，安装后进行检验和/或评定（例如：检验或评定元件安装后的表面温度、爬电距离和电气间隙）。

11.4 安装在设备外部

对于安装在外壳外或部分在外和部分在内时，应检验或评定 Ex 元件与外壳之间的接触面是否符合有关防爆型式的规定，并按 23.4.2 进行机械试验。

12 连接件和接线空腔

12.1 连接电缆

与外部电路连接的电气设备应具有连接件，但电气设备在制造中带有永久电缆的除外。所有带有永久电缆的设备应标志符号"X"，以表明有适当措施连接电缆的自由端。

12.2 接线空腔

接线空腔和出线口应有足够尺寸以方便导线连接。

12.3 爬电距离和电气间隙

接线空腔的设计应使导线按规定连接后，爬电距离和电气间隙符合相应防爆型式专用标准的规定。

13 接地导体或等电位导体连接件

13.1 内部连接

电气设备应在设备内部电路连接件附近设置接地连接件或等电位联结导体连接件。

13.2 外部连接

电气设备的金属外壳应设置辅助的外接地连接件或等电位导体联结件。外接地连接件应与13.1要求的连接件有电气连接。当通过装有接地芯线或等电位导体的电缆供电接地或等电位联结导线的电缆供电时,移动式电气设备可不设外接地连接件。

注:"电气连接"不一定有导线连接。

13.3 不要求接地的设备

不要求接地(或等电位联结)的电气设备(如双重绝缘或加强绝缘),或不需要附加接地的电气设备,则可不设内外接地或等电位联结连接件。

13.4 有效连接

接地或等电位联结件应保证至少与一根导线有效连接,导线截面积按表2的规定。

表2 保护导线的最小截面积

导线每相截面积 S mm²	对应保护线最小截面积 S_p mm²
$S \leqslant 16$	S
$16 < S \leqslant 35$	16
$S > 35$	$0.5\ S$

此外,电气设备外部的等电位联结件应能与截面积为不小于4 mm²的导线有效连接。

13.5 有效接触

连接件应有有效防腐措施,其结构应能防止导线松动、扭转,以便有效持久地保持接触压力。

13.6 环境

电气连接的接触压力不应由于工作中绝缘材料尺寸因温度或湿度的变化等原因而受到影响。

13.7 轻金属材料的使用

如果连接件接触的某一部件含轻金属材料,则必须采取特殊措施,如连接含轻金属材料的装置应使用钢质过渡接头。

14 电缆和导管的引入装置

14.1 使用

制造商应按23.2的要求在提供的文件中规定在电气设备上拟使用的电缆或导管的引入装置的位置和最大允许数量。

14.2 结构

电缆和导管引入装置安装到电气设备上时,它们的结构和固定不应引起其安装的电气设备防爆性能的失效。选用的引入装置应适合电缆引入装置制造商规定的全部电缆尺寸范围。

14.3 设备的整体部分

电缆和导管引入装置可与电气设备构成整体,即构成设备外壳的一个不可分离的主要元件或部件。

在这种情况下，引入装置应与设备一起进行检验和发证。

注：与设备分开，但安装时又与设备在一起的电缆引入装置通常与设备分开试验，但若制造商有要求时，可与设备一起试验。

14.4 防止扭转

如果电缆引入装置的结构使电缆扭转传递到连接件，那么应采取措施防止扭转。

14.5 固定方法

导管或电缆引入装置的引入应通过螺纹旋入到螺纹孔中或紧固在光孔中；螺纹孔和光孔可设在：

——外壳壁上；或

——安装在外壳内部或外壳壁上的连接板上；或

——合适的填料函中，与外壳壁构成一体或固定在外壳壁上。

14.6 堵封件

用于封堵电气设备外壳上多余引入装置通孔的堵封件，应能与设备外壳一起符合有关防爆型式的规定要求。堵封件只能用工具才能拆除。

14.7 分支点温度

在额定工作状态下（包括制造商的安装规定），如果电缆或导管引入点的温度高于 70 ℃或在导线分支点高于 80 ℃，则应在设备外部进行标志，为用户选择合适的电缆、电缆引入装置或导管中的布线，保证不超过电缆的额定温度（见图 1）。

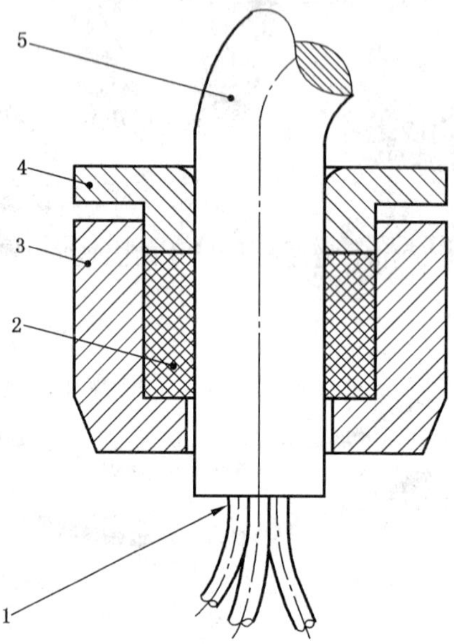

说明：

1——导线分支点；

2——密封圈；

3——装置主体；

4——压紧元件；

5——电缆。

图 1　引入点和分支点示意图

15 产生辐射的电气设备

设备产生辐射的能量等级不应超过下列规定值(见 GB 12476.2)。

15.1 激光及其他连续波源

15.1.1 20 区和 21 区

只有按 20 区或 21 区的技术要求进行试验并符合其技术规定,产生辐射的电气设备才可使用,同时保证辐射进入 20 区或 21 区或在该区产生的辐射功率或辐射,即使在 20 区或 21 区产生辐射的整个部分,以及在辐射面的任何点上极少出现干扰的情况下均不应超过下列数值:

——对于连续激光波和其他连续波源为 5 mW/mm^2 或 35 mW;和

——对于脉冲间隔至少 5 s 的脉冲激光或脉冲光源为 0.1 mJ/mm^2。

脉冲间隔小于 5 s 的辐射源被视为连续波源。

15.1.2 22 区

只有在正常运行时辐射强度或辐射对于连续波源不超过 10 mW/mm^2 或 35 mW,脉冲激光波源不超过 0.5 mJ/mm^2,产生辐射的设备才可使用。

15.2 超声波源

超声波设备在声场中的功率密度不应超过 0.1 W/cm^2,连续波源的频率不应超过 10 MHz,对于脉冲波源不应超过 2 mJ/cm^2。平均功率密度不应超过 0.1 W/cm^2。

15.2.1 20 区和 21 区

在 20 区或 21 区,超声波设备在声场中的功率密度不应超过 0.1 W/cm^2,连续波源频率不应超过 10 MHz,脉冲波源不应超过 2 mJ/cm^2。平均功率密度不应超过 0.1 W/cm^2。

15.2.2 22 区

在因需要使用超声波设备又无特殊安全措施阻止引燃危险的 22 区中,可使用在声场内产生的功率密度不超过 0.1 W/cm^2 且频率不超过 10 MHz 的普通超声波设备。

16 旋转电机的补充规定

旋转电机轴驱动的外风扇应有风扇罩保护,风扇罩不视为电气设备的外壳。风扇和风扇罩应符合 16.1~16.4 的规定。

16.1 外风扇的通风孔

根据 GB/T 4942.1—2006 的规定,旋转电机的外风扇通风孔的防护等级至少应为:

——进风端:IP20;

——出风端:IP10。

用于 20 区或 21 区的立式旋转电机应防止垂直落下的异物进入通风孔。

16.2 通风系统的结构和安装

风扇、风扇罩和通风孔挡板应符合23.4.2.1规定的冲击试验要求。

16.3 用于20区或21区的通风系统的间隙

在正常工作状态下，外风扇、风扇罩、通风挡板和它们的紧固件间的距离至少为风扇最大直径的1/100，但不必超过5 mm。在任何情况下，该间距不应小于1 mm。如果为控制尺寸的同心度和尺寸的稳定性，有关零件经机加工后，间隙可减少至1 mm。

16.4 外风扇和风扇罩的材料

16.4.1 静电放电

按6.1.5.1规定的方法进行测量时，旋转电机用外风扇、风扇罩和通风孔挡板的绝缘电阻不应大于10^9 Ω。

16.4.2 用于20区和21区的塑料材料的热稳定性

如果制造商规定的材料的运行温度超过运行中（在额定范围内）承受的最高温度至少20 K，则认为该塑料材料的热稳定性符合要求。

16.4.3 用于20区和21区的含轻金属的材料

旋转电机用含轻金属制造的外风扇、风扇罩和通风孔挡板，其含镁量不超过7.5%（质量分数）。

17 开关的补充规定

17.1 可燃性绝缘介质

触头式开关不允许浸在可燃性介质中。

17.2 联锁

隔离开关（不允许带电操作）应：

——与适当的负荷断路器在电气或机械上联锁；或

——在隔离开关执行机构旁边设置“严禁带电操作”的警告牌。

17.3 门和盖的位置指示

开关柜设有隔离开关时，隔离开关应分断所有电极，其接触位置必须分明，或可靠地显示出断开位置（详见GB 14048.3—2008对隔离功能的要求），隔离开关和开关柜的盖板或门之间的每个联锁都应保证只有当隔离开关的触头完全切断时，盖板和门才能被打开。

17.4 门和盖

内部带遥控电路的外壳，其开关触点可因非手动操作（例如电的、机械的、磁的、电磁的、光电的、气动的、液压的、声学的或热的作用）而使电路接通或断开时，外壳的门和盖应符合下列规定：

——与隔离开关联锁防止与内部接触，除非内部的无保护电路已断开；或

——设置“严禁带电打开”的警告牌。

18 熔断器的补充规定

装有熔断器的外壳应：

——设联锁装置，以便仅在电源断电时才能安装或更换内部元件，并且在外壳关合可靠后熔断器才能带电；或

——设置“严禁带电打开”的警告牌。

19 插头和插座的补充规定

插头和插座的要求不适用于 Ex iD 防爆型式。

19.1 插头和插座的结构

插头和插座应符合 a)或 b)的要求：

a) 用机械、电气或其他方法联锁，以使触头带电时插头和插座不能分开，并且当插头和插座分开后触头不得带电；

b) 用符合下列要求的特殊紧固件固定在一起：

——其螺纹应用符合 GB/T 9144—2003 的大螺距，公差配合按照 GB/T 2516—2003 中6g/6H级的规定；

——螺栓或螺母应符合 GB/T 5782—2000、GB/T 5783—2000、GB/T 6170—2000 或GB/T 70.1—2008 的要求，且对于内六角螺栓应符合 GB/T 5782—2000、GB/T 5783—2000、GB/T 6170—2000 或 GB/T 70.1—2008 的要求；

——电气设备紧固孔的螺纹啮合深度 h，至少等于紧固件螺纹外直径(见图 2 和图 3)。

其螺纹应有符合 GB/T 2516—2003 的 6H 级公差配合要求，且满足以下规定之一：

1) 紧固螺栓下面孔的允许间隙按照 GB/T 1800.2—2009 不大于 H13 级的中等公差配合(见图 2 和 GB/T 5277—1985)。

2) 细杆螺栓或螺帽下面的螺孔应攻丝，以保证紧固螺栓不脱落。螺纹孔的尺寸应保证被连接件的接触周围表面积至少等于非细杆紧固螺栓在光孔中的接触表面积(见图 3)。

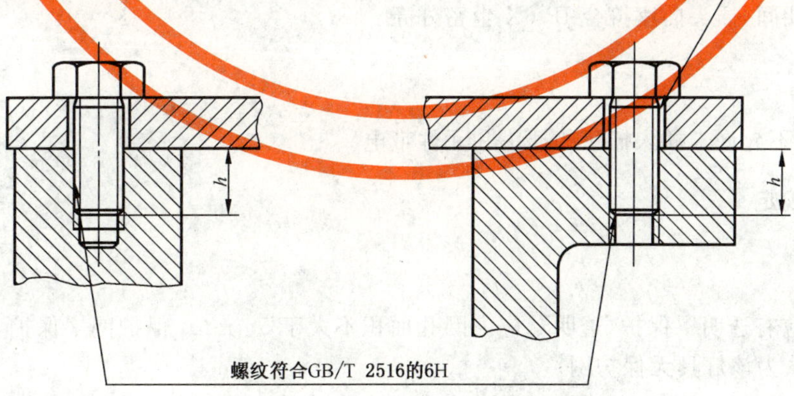

说明：

h≥紧固件的螺纹外直径。

c≤GB/T 1800.2 的公差配合 H13 级允许的最大间隙。

图 2 螺纹紧固的公差和间隙

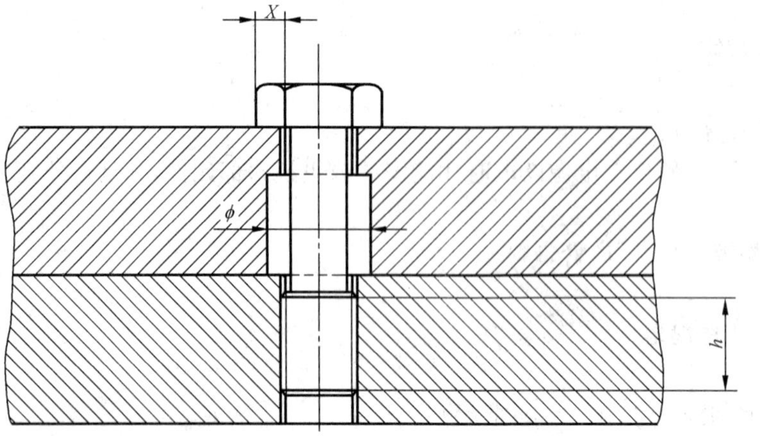

说明：

ϕ ——适合螺纹形式的标准通孔；

X ——细杆紧固螺栓的接触尺寸；

h≥紧固螺栓的螺纹外径；

X≥全螺纹标准紧固螺栓的接触尺寸(没有细杆螺栓)。

图 3 细杆紧固螺栓头下面的接触面

对于内六角螺栓，公差配合等级应为符合 GB/T 2516—2003 的 6H 级，但在紧固后不应从螺纹孔中伸出，并在设备上设置“严禁带电分离”的警告牌。

19.2 螺栓式插头和插座

在与电池连接的情况下，如断开前不能断电，则警告标志应为“只允许在非危险场所断开”。

19.3 对于 21 和 22 区

额定电流不超过 10 A、额定电压不超过 250 V a.c.或 60 V d.c.时，插头和插座如果同时满足下列要求则不必满足 19.1 的要求，即：

——插座接在电源侧；

——插头与插座断开之前有灭弧延迟时间；

——在灭弧期间，插头插座符合 IP 6X 尘密外壳。

19.4 插头带电

除 Ex iD 外，不允许未插入插座的插头和元件带电。

20 灯具的补充规定

20.1 透明罩

灯具的光源应有透明罩保护，透明罩应由网孔面积不大于 50 mm^2 保护网来保护，如果网孔的面积超过 50 mm^2 则认为该灯具无保护网。

20.2 保护罩

透明罩和保护网(如有)应能承受 23.4.2.1 规定的试验。

20.3 安装

灯具不应仅用一个螺钉安装，用吊环安装时，吊环可作为灯具的一部分铸在或焊在外壳上。如果吊环用螺纹旋在外壳上，则应另有防止扭转松动的措施。

20.4 盖子

除了GB 3836.4—2010规定的本质安全型灯具外，保护灯座和其他灯具内部部件的盖子应：

a) 带有联锁装置，当盖子打开时，灯座的所有电极均自动切断电源；或

b) 设置“严禁带电打开”的警告牌。

20.5 带电元件

在20.4a)的情况下，如在断路装置工作后除灯座外仍有一些元件带电，为了使爆炸危险降至最低，带电元件应采用下列方法进行保护：

——相间和对地之间的电气间隙和爬电距离满足GB 3836.3—2010的要求；和

——内部附加壳体(如光源反光器)把带电元件保护在内，该壳体的防护等级至少为GB 4208—2008的IP30；和

——在内部附加壳体上设置“严禁带电打开”的警告牌。

20.6 光源类型

不允许使用游离金属钠灯(如符合GB/T 23126—2008的低压钠灯)，可使用高压钠灯(例如符合GB/T 13259—2005的钠灯)。

21 帽灯和手提灯的补充规定

21.1 电解液泄漏

在灯具处于各种位置状态，均应防止电解液泄漏。

注：手提灯和帽灯可能接触电解液的材料必须具有耐化学腐蚀性。

21.2 隔离的外壳

如果光源和电源分别设在不同的外壳中，其连接除了电缆除之外没有机械上的连接，则电缆引入装置和连接电缆应按第27章或第28章的有关规定进行试验。

22 装有电池的设备

22.1 总则

22.2～22.13的要求应适用于安装在防爆设备内的所有电池。

22.2 电池连接

在防爆电气设备内安装的电池组只能由几个单体串联而成。

22.3 特性

应仅使用国家标准中规定了已知特性的单体电池类型。表3和表4列出的单体电池为已有适当标准或标准在制定中。

表 3 原电池

GB/T 8897.1—2008 类型	正极	电解质	负极	标称电压 V	最高开路电压 V
—	二氧化锰	氯化铵、氯化锌	锌	1.5	1.73
A	氧	氯化铵、氯化锌	锌	1.4	1.55
B	氟化石墨	有机电解液	锂	3	3.7
C	二氧化锰	有机电解液	锂	3	3.7
E	亚硫酰氯($SOCl_2$)	无水无机化合物	锂	3.6	3.9
F	二硫化铁(FeS_2)	有机电解液	锂	1.5	1.83
G	氧化铜(II)(CuO)	有机电解液	锂	1.5	2.3
L	二氧化锰	碱金属氢氧化物	锌	1.5	1.65
P	氧	碱金属氢氧化物	锌	1.4	1.68
S	氧化银(Ag_2O)	碱金属氢氧化物	锌	1.55	1.63
T	氧化银(AgO、Ag_2O)	碱金属氢氧化物	锌	1.55	1.87
[a]	二氧化硫	无水有机盐	锂	3.0	3.0
[a]	水银	碱金属氢氧化物	锌	数据待定	数据待定

[a] 有电池标准时才可使用。

注：GB/T 8897.1—2008 标准列入锌/二氧化锰电池，但是没有类型字母分类。

表 4 蓄电池

有关标准类型	类型	电解质	标称电压 V	最高开路电压 V
K 类 GB/T 19639.1—2005 GB/T 5008.1—2005	铅-酸(湿式) 铅-酸(干式)	硫酸 (SG 1.25)	2.2 2.2	2.67 2.35
K 类 GB/T 15142—2011 GB/T 13259—2005 IEC 60285 IEC 61150	镍-镉	氢氧化钾 (SG 1.3)	1.2	1.55
[a]	镍-铁	氢氧化钾(SG 1.3)	数据待定	1.6
[a]	锂	无水有机盐	数据待定	数据待定
[a]	镍-氢	氢氧化钾	1.2	1.5

[a] 有电池标准时才可使用。

22.4 兼容性

电池组中所有单体电池的电化系统、单体电池结构和额定容量应一致。

22.5 极限值

所有电池应在电池制造商规定的容许极限值范围内进行安装和工作。

22.6 电池混用

在电池组内不应将原电池和蓄电池混用。

22.7 互换性

如果二者容易互换,则原电池或蓄电池不应在同一设备外壳内使用。

22.8 再充电

原电池不应再充电。当带有原电池的设备另有其他电压源并存在互相连接的可能性时,应采取措施防止其他电流充入原电池。

22.9 不同的电池

电池组不应装有不同制造商生产的单体电池。

22.10 电解液泄漏

所有单体电池应设计或组装应能防止电解液的泄漏,以免对防爆性能或元件安全性造成不利影响。

22.11 连接

仅应采用制造商建议的方法与电池进行电气连接。

22.12 方位

如果在设备内安装电池的方位对安全运行很重要,则应在设备外壳外部标明设备的正确方位。

22.13 电池的更换

当用户需要更换安装在外壳内的电池时,与允许正确更换有关的参数应清楚地永久性标在外壳上或外壳内,或在制造商的使用说明书中说明,即制造商的名称和部件编号、电化学系统、标称电压和额定容量。

23 型式检查和试验

23.1 总则

型式检查和试验的目的在于确认电气设备的样机或样品符合本部分的规定和有关防爆型式的专用标准的规定。

23.2 文件审查

23.2.1 总则

检验机构应审查制造商所提供的文件是否能够准确完整地保证电气设备的防爆安全性。

23.2.2 与标准的一致性

检验机构还应审查电气设备的设计是否符合本部分的规定和有关防爆型式的专用标准的规定。

23.3 样机或样品与文件的一致性

检验机构应检查提交型式试验的电气设备的样机或样品是否与制造商提供的上述有关文件一致。

23.4 型式试验

23.4.1 总则

样机或样品应按本部分的型式试验要求进行试验，但检验机构可以：

——取消不必要的试验项目，但应保存所有的试验结果和被取消项目的记录；

——不对 Ex 元件已试验过的项目进行重复试验。

对于要求由检验机构进行的试验，试验应在检验机构的试验室进行，或由检验机构和制造商协商同意在检验机构监督下的其他地方(如制造商的工厂)进行。

各项试验都应在检验机构认为最不利的设备配置下进行。

23.4.2 机械试验

23.4.2.1 抗冲击试验

该试验是使电气设备承受质量为 1 kg 的试验物体自高度 h 垂直下落时所产生的冲击作用。高度 h 由冲击能量 E 导出。而冲击能量在表 5 中分别列出($h=E/10$，h：单位 m，E：单位 J)。该试验物体应装有一个直径为 25 mm 的半球形的淬火钢质冲击冲头。

每次试验前，必须检查冲击头表面是否完好。

通常，抗冲击试验是在一个完全组装好并可投入使用的电气设备上进行。但是，如果试验无法进行(例如透明件)，则必须拆除有关部件，将被试件装在它本身或等效的支架上进行试验。经制造商和检验机构协商同意，允许在空外壳上进行试验。

玻璃制成的透明件应在三个样品上进行试验，但每个样品只试验一次，其他部件应在二个样品上进行试验，每个样品在二个不同部位各进行一次试验。

冲击点须是检验机构认为的或制造商和买方同意的最薄弱的部位。电气设备应安装在一个合适的钢制基座上，当被试表面是平面时，冲击方向应垂直于这个平面，当被试表面不是平面时，冲击方向应垂直于冲击点所接触的切面。基座的质量至少为 20 kg 或刚性固定或埋入地下(如浇注混凝土)。

表 5 冲击试验

机械危险程度	冲击能量/J	
	高	低
1.保护网、保护罩、风扇罩、电缆引入装置	7	4
2.塑料外壳	7	4
3.轻金属或铸造金属外壳	7	4
4.项 3 以外的其他材料壁厚小于 1 mm 的外壳	7	4
5.无保护网的透明部件	4	2
6.有保护网的透明部件(试验时不带保护网)	2	1

当采用机械危险程度等级相对低的冲击能量进行试验的电气设备，应按 29.2 的规定标志符号“X”。

通常试验在环境温度为 20 ℃±5 ℃时进行，除材料性能数据表明其在规定范围内低温下能使抗冲击性能降低外，试验应在规定范围内的最低温度下进行。

当电气设备的外壳或外壳部件为塑料时，包括旋转电机的塑料风扇罩和通风孔挡板，按23.4.6.1规定试验应在上限温度和下限温度下进行。

23.4.2.2 跌落试验

手提式或携带式电气设备除了按23.4.2.1的要求进行冲击试验外，还应在使用状态下从1 m高处跌落到水平的混凝土的平坦表面上4次。样品的跌落位置应由检验机构或由制造商和买方协商确定。

非塑料电气设备外壳试验应在(20±5)℃下进行，除材料性能数据表明其在规定范围内低温下能使抗冲击性能降低外，试验应在规定范围内的最低温度下进行。

当电气设备外壳或外壳部件为塑料材料时，试验应按23.4.6.1的规定在下限环境温度下进行。

23.4.2.3 检验

抗冲击试验和跌落试验不应产生影响电气设备防爆型式的任何损坏。

表面损伤、表面涂漆损坏、电气设备散热片和其他类似部件的破裂和小凹陷忽略不计。

外风扇罩和通风孔挡板经过试验后，应不出现位移或变形，以免引起运动部件摩擦。

23.4.3 防尘(防护等级)试验

根据可能遇到的环境条件(如：场所分类和粉尘导电性)，已采用了两种有效防尘措施："尘密"外壳和"防尘"外壳。采用的防尘等级取决于使用的防爆型式，与在GB 12476系列标准的相应部分规定的防爆型式有关。

注：要求的有效防尘等级，见GB 12476.2—2010。

23.4.4 20区或21区电气设备外壳的绝缘套管扭转试验

外壳中与绝缘套管配合的螺纹应满足表6所列力矩要求。

表6 对连接件用绝缘套管的螺栓所施加的力矩

与绝缘套管配合的螺纹规格	力矩/N·m
M4	2.0
M5	3.2
M6	5
M8	10
M10	16
M12	25
M16	50
M20	85
M24	130

注：其他规格绝缘套管的扭矩，除上述规定的数值外，还可由以上数值绘成的曲线确定。另外，大于规定尺寸的绝缘套管允许的扭矩值可通过曲线外推法得出。

23.4.4.1 最高表面温度测量

电气设备的温度试验应在环境温度为10 ℃～40 ℃之间，且电压为90%～110%额定电压下最不利电压条件下进行，除非标准对类似工业电气设备的公差另有规定。

试验应在最不利条件下进行，包括过载和认可的异常条件，这些异常条件可能在给出有关电气设备特殊要求的国家标准中有规定。最不利的条件也可能由电气设备采用逆变电源、频繁起动等原因引起。

对于 20 区用设备，应考虑两个故障同时发生或出现罕见故障的不利条件；对于 21 区用设备，考虑可预见故障；对于 22 区用设备考虑正常运行。

表面温度测量应在电气设备处在正常工作位置情况下进行。

当电气设备通常可能有多种使用位置时，应在每种使用位置上测量表面温度，并取最高温度。如果测定的温度只适用于某一使用位置时，则应在试验报告中说明并在电气设备上进行相应地标志。

测量元件（温度计、热电偶等）和连接用电缆的选择和布置应使它们对电气设备的发热特性不产生明显影响。

当温升率不超过 2 K/h 时，则认为已达到最终稳定温度。

23.4.4.2 过厚粉尘层下的表面温度测量

如果采用 5.2 的要求，则安装被试的电气设备应用制造商规定的厚度为 L 的粉尘层覆盖。最高表面温度应按照 23.4.4.1 采用导热率不大于 0.003 kcal/m℃ · h 的粉尘进行测量。

23.4.4.3 温度控制

某些设备（如电机、荧光灯等）可需要集成温度传感器，温度传感器应在模拟的工作条件下进行试验。该保护措施应根据拟使用的区域承受 23.4.4.1 规定的故障条件。

23.4.5 热剧变试验

灯具的玻璃透明件和电气设备观察窗应承受热剧变试验，试验时使它们处在最高工作温度下，用温度为 10 ℃±5 ℃，直径为 1 mm 的喷射水对其喷射而不脆裂。

23.4.6 20 区或 21 区用非金属外壳和外壳的非金属部件的试验

23.4.6.1 试验时的环境温度

当按照本部分试验时，应分别在最高和最低环境温度下进行，试验环境温度应为：

——温度上限，最高工作温度提高至少 10 K，但最多 15 K；

——温度下限，最低工作温度降低至少 5 K，但最多 10 K。

23.4.6.2 塑料外壳和外壳的塑料部件的试验

二只样品依次做耐热试验（见 23.4.6.3）、耐寒试验（见 23.4.6.4）和机械试验（见 23.4.6.6），并且最后做有关的防爆型式试验。

23.4.6.3 耐热试验

采用与防爆型式整体有关的塑料外壳或外壳的塑料部件确定耐热性能，这些外壳或部件应存放在相对湿度为 (90±5)%，温度高于最高工作温度 20 ℃±2 ℃，但至少为 80 ℃的环境中保持四周时间。

如果最高工作温度高于 75 ℃，外壳或外壳部件应在温度为 95 ℃±2 ℃、相对湿度为(90±5)%的环境中连续保持二周，接着在高于最高工作温度(20±2)K 的环境中再连续保持 2 周。

23.4.6.4 耐寒试验

与防爆型式有关的塑料外壳或外壳部件，在按照 23.4.6.1 规定的最低试验环境温度下连续保持 24 h。

23.4.6.5 **耐光照试验**

23.4.6.5.1 **总则**

材料的耐光照试验仅对没有遮光保护的塑料外壳或外壳的塑料部件进行。

该试验应按GB/T 1043.1—2008的规定在标准尺寸为50 mm×6 mm×4 mm的六根试棒上进行，试棒应按制造外壳的同等条件制成。这些条件应在电气设备的试验报告中说明。

试验应按GB/T 16422.1—2006的规定，在一个用氙(Xe)灯和模拟太阳光过滤系统的曝光室中进行，黑体温度为55 ℃±3 ℃。曝光时间为1 000 h。

评定标准按GB/T 1043.1—2008的冲击弯曲强度要求。光照后的样品向光照面冲击弯曲强度应为光照前试样弯曲强度的50%以上。对于光照试验之前，由于不发生断裂不能测试冲击弯曲强度的材料，光照试验后，断裂的试棒不允许超过三根。

23.4.6.5.2 **不适用的试验**

如果电气设备在安装时有防光照(如日光和灯光)措施，23.4.6.5.1规定的试验可不进行。但应在设备上标志符号“X”。

23.4.6.6 **机械试验**

按照本部分23.4.2的规定，对外壳应进行机械试验，另外，塑料外壳应符合23.4.6.2的规定。

试验应按下列条件进行：

a) 冲击试验

冲击点应选在外露的外壳部件上，如果非金属外壳由另外一外壳保护，仅对组件的外部进行冲击试验。

试验首先应按23.4.6.1的规定分别在最高和最低试验环境温度下进行。

b) 跌落试验

携带式电气设备应按23.4.6.1规定的最低温度进行跌落试验。

23.4.6.7 **表面电阻试验**

如果零件尺寸允许，则在零件上进行表面电阻试验，或在图4所示的矩形试件上进行。在试件表面上用导电漆画两条平行的电极，导电漆溶剂对表面电阻不应有明显影响。

试件应具有一个完整的表面，并用蒸馏水擦净，然后用异丙基乙醇(或其他任何能与水混合且不影响试样材料性能的溶剂)清洗，再用蒸馏水清洗并干燥，不得用手触摸。置于GB 3836.1—2010中相关规定的温度和湿度下24 h，试验应在该环境条件下进行。

在两极间施加500 V±10 V的直流电压历时1 min。

试验时，电压应足够稳定，使电压波动所产生的充电电流与流过试件的电流相比可忽略不计。

表面电阻等于施加在电极间的直流电压与施加电压1 min时流过两极间的电流之比。

单位为毫米

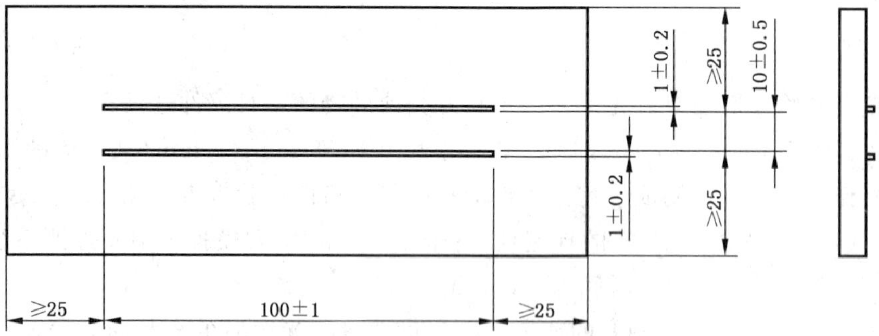

图 4 涂导电漆电极的试样

23.4.6.8 弹性密封圈材料老化试验

制造弹性密封圈材料的试验样品按照 GB/T 6031—1998 和 ISO 1818:1975 规定准备,硬度测量也按该标准在环境温度下测量。

试块放在温度为 100 ℃±5 ℃条件下试验持续 168 h 不间断,它们在环境温度下保持 24 h,然后放在温度为−20 ℃±2 ℃制冷设备中 48 h 而不间断,最后在环境温度下保持 24 h,再次测量其硬度。

硬度变化试验程序结束时,按照上述标准规定的 IRHD(国际橡胶硬度)单位表示,与老化试验以前橡胶硬度变化率不应超过 20%。

如果在温度高于 14.7 预见温度条件下使用电缆引入装置,则老化试验应在温度为高于声明的电缆的最高工作温度 20 ℃±5 ℃条件下进行。如果在环境温度−20 ℃以下使用电缆引入装置,则在制冷设备内的试验应在声明的公差为±2 K 的最低环境温度下进行。

24 例行检查和试验

制造商应进行例行检查和试验,以确保所生产的电气设备与文件相符。

25 制造商责任

25.1 总则

制造商按第 29 章对电气设备进行标志,履行自身的责任。电气设备按照有关标准的使用要求在安全方面有良好的安全性,产品通过第 24 章规定的全部例行检查和试验,并且产品与提交检验机构的样品和技术文件相符。

25.2 防爆合格证

制造商对其制造的防爆产品应取得防爆合格证,确认设备符合本部分以及其他适用部分的要求和第 1 章中所列防爆型式专用标准的要求。防爆合格证可针对 Ex 设备或 Ex 元件。

取得防爆合格证的检验程序见附录 A。

26 电气设备修理和改造后的检查和试验

在电气设备上进行改造,如果涉及设备的防爆型式或温度时,应把改造的设备重新提交给检验机构进行检验。

注：电气设备的修理涉及防爆型式时，修理过的部分应重新进行一次例行检查和试验，该试验不必由制造商进行。

27 非铠装电缆和带金属编织层的电缆引入装置的夹紧试验

27.1 用密封圈夹紧的电缆引入装置

27.1.1 夹紧试验

该夹紧试验应对每一型号的电缆引入装置密封圈的最大和最小尺寸进行试验。

27.1.2 弹性密封圈

对于圆形电缆弹性密封圈，将每种密封圈装在一个清洁、干燥、抛光的低碳钢圆形芯轴上，芯轴直径等于电缆引入装置的制造商对密封圈所规定电缆的最小直径。

27.1.3 非圆形电缆

对于非圆形电缆，密封圈应安装在一个清洁、干燥的电缆样品上，其尺寸等于电缆引入装置制造商规定的电缆尺寸。

27.1.4 金属密封圈

使用金属密封圈时，须将每种密封圈装在一个清洁、干燥的电缆样品上，其直径等于密封圈所允许的并由电缆引入装置制造商规定的最小电缆直径。

27.1.5 电缆位移

把带芯轴或电缆的密封圈安装在引入装置上，对螺栓(压盘式)或螺母(压紧螺母式)施以力矩来压紧密封圈，以防止芯轴或电缆位移，对芯轴或电缆施加拉力(以 N 为单位)等于：

——电缆引入装置设计为圆形电缆时，20 倍芯轴或电缆直径（以 mm 为单位)；或

——电缆引入装置设计为非圆形电缆时，6 倍电缆周长（以 mm 为单位)。

试验条件和合格判据见 27.4。

注：以上力矩大小由试验确定，也可由电缆引入装置制造商提供。

27.2 填料夹紧引入装置

27.2.1 夹紧试验

该装置夹紧试验用两个清洁、干燥电缆样品进行，一个样品等于最小允许尺寸，另一个样品等于最大允许尺寸。

27.2.2 填充化合物

按照电缆引入装置制造商规定准备的填料，填入有效空间，待填料按照填料制造商说明书的规定固化之后进行试验。

27.2.3 电缆松动

施加以下拉力(以 N 为单位)时，填料应能防止电缆位移：

——电缆引入装置设计为圆形电缆时，20 倍芯轴或电缆直径（以 mm 为单位)；

——电缆引入装置设计为非圆形电缆时，6 倍电缆周长（以 mm 为单位)。

27.2.4 检验

试验条件和合格判据见 27.4。

27.3 带夹紧装置的电缆引入装置

27.3.1 电缆型式

夹紧试验应在每种电缆引入装置夹紧组件允许使用的不同规格的电缆上进行。

27.3.2 样品

每种引入装置安装在一个装置容许直径的且电缆引入装置制造商规定直径的清洁、干燥的电缆样品上。对于非圆形的电缆，密封圈应安装在和规定使用的密封圈相同尺寸的干燥的电缆样品护套上。

27.3.3 试验装置

按电缆引入装置制造商的规定，夹紧组件与任何规定的密封圈和夹紧组件容许的最大尺寸的电缆一起装入电缆引入装置。把安装在密封套上的任何规定的密封圈拧紧，并紧固夹紧组件。试验程序应按 27.1 进行，然后按电缆引入装置制造商的规定用夹紧组件允许的最小尺寸的电缆重复试验。

27.4 拉力试验

27.4.1 试验装置

把准备好的样品安装在拉力试验机上并施加上述规定的相同恒定拉力历时 6 h。试验在环境温度为 20 ℃±5 ℃条件下进行。

27.4.2 检验

如果芯轴或电缆样品位移量不超过 6 mm，则认为该密封圈、填料或夹紧组件合格。

27.5 机械强度

27.5.1 总则

拉力试验之后，把样品从拉力机上移开做下列试验。

27.5.2 机械强度

对于用密封圈或夹紧组件夹紧的电缆引入装置，机械强度试验必须视具体情况对螺栓或螺母施以防止松动所需的 1.5 倍力矩，然后应拆下电缆引入装置并检查元件。当未发现任何影响防爆型式的损坏时，电缆引入装置机械强度试验应视为符合要求。密封圈的变形应忽略不计。

27.5.3 密封圈试验

当电缆引入装置用塑料制成时，如果由于螺纹暂时变形而使试验达不到规定力矩，但没有明显损坏，则认为该电缆引入装置合格。

27.5.4 填料检查

用填料压紧的电缆引入装置，拆除填料盖时尽可能不损坏填充化合物。经检查后以填料无影响防爆性能的明显损坏为合格。

28 铠装电缆引入装置的夹紧试验

28.1 通过腔内装置压紧铠装层的夹紧试验

28.1.1 总则

试验应使用每种密封套规定的最小尺寸的铠装电缆样品进行。

铠装电缆样品安装在引入装置的夹紧装置内。然后对螺栓(压盘式)或螺母(压紧螺母式)施加力矩以压紧夹紧装置并且防止铠装电缆松动,对电缆施加的力(N)等于20倍电缆(包括铠装)直径(单位:mm)。

注:试验力矩值可参照上述条款的试验值,也可由经验确定或由电缆引入装置制造商提供。

28.1.2 拉力试验

把准备好的样品安装在拉力试验机上,施以上述规定拉力120 s±10 s。试验是在环境温度为20 ℃±5 ℃时进行。

如果铠装层的位移实际等于零,则夹紧装置的夹紧性能合格。

28.1.3 机械强度

在螺栓或螺母上施以按28.1.1规定的1.5倍力矩,然后把电缆引入装置拆下来,如果未发现影响防爆型式的任何损坏,则认为试验合格。

28.2 不通过腔内装置夹紧铠装层的夹紧试验

如果无铠装层,电缆引入装置应按27.1规定试验。

29 标志

29.1 总则

电气设备应在设备外部主体部分的明显处设置标志,标志必须考虑在可能存在化学腐蚀情况下,仍然清晰和耐久。

注:为了安全,下列标志内容仅适用符合本部分的电气设备上是很重要的。

29.2 标志

29.2.1 所有电气设备的标志

标志应包含下列各项:

a) 制造商名称或注册商标;

b) 制造商的型号标识;

c) 符号Ex,表明电气设备与第1章所列专用标准的一个或多个防爆型式对应;

d) 所用防爆型式符号:

——正压保护型“pD”;

——外壳保护型“tD”;

——本质安全型“iaD”或“ibD”;

——浇封保护型“mD”;

e） 设备可使用的区域；

注：除按照 GB 12476.5—2015 的规定标记外壳区域外，在设备所使用区域前加前缀，A 型加前缀“A”和 B 型加前缀“B”。

f） 外壳防护等级（IP 代码）；

g） 最高表面温度 T，可标温度值；

h） 在符合 5.2 规定时，最高表面温度 T_L 应在防爆合格证上标出，如温度值，粉尘层厚度（单位 mm）或标符号“X”；

i） 在符合 5.3 规定时，标志上应包括“T_a”或“T_{amb}”和特殊环境温度范围或符号“X”；

j） 产品序列号或批号，但下列情况除外：

——连接用的附件（电缆和导管引入装置、挡板、连接板、插头和插座和绝缘套管）；

——表面积有限的电气设备；

k） 颁发防爆合格证的检验机构名称或标志，防爆合格证编号采用下列形式：两位数字的年份，随后是该年度防爆合格证顺序号；

l） 如果检验机构认为有必要说明安全使用的特殊条件，则在防爆合格证编号后面加上符号“X”。检验机构可认可用警告标志来代替所要求的符号“X”。

注：制造商应确保将安全使用特殊要求及有关文件交给用户。

m） 按第 1 章所列有关防爆型式专用标准规定的附加标志；

n） 电气设备制造标准要求的一般标志，该标志检验机构不再检查。

29.3 多种防爆型式

如果一个电气设备的不同部位使用不同的防爆型式，则每个相应部位都应具有相应防爆型式的标志。

如果一个电气设备上使用着一种以上防爆型式，则首先应标明主体防爆型式的标志，接着是其他防爆型式的标志。

29.4 标志顺序

29.2c）～29.2f）标志内容应按上述顺序排列。

29.5 减少的标志

对于各种小型电气设备及 Ex 元件，由于表面积有限，允许减少部分标志内容，但在设备或 Ex 元件上至少应标出下列内容：

a） 制造商名称或注册商标；

b） Ex 符号和防爆型式；

c） 颁发防爆合格证的检验机构名称或标志；

d） 适用时，防爆合格证编号；

e） 适用时，符号“X”或符号“U”。

30 防爆标志示例

注：如果粉尘防爆型式专用标准有要求，则这些示例不包括通常由电气设备制造标准要求的标志[见 29.2n)]和任何附加的标志。

30.1 用于 20 区的"mD"型粉尘防爆设备

产品名称
型号:RST
V　　　A　　　Hz
防爆标志:Ex mD 20 T120 ℃
防爆合格证编号:NA01/99999
出厂编号:№.123456
ABC 有限公司

NA=检验机构的名称或符号。

30.2 用于 20 区的"iaD"型粉尘防爆设备

产品名称
型号:RST
V　　　A　　　Hz
防爆标志:Ex iaD 20 T120 ℃
防爆合格证编号:NA01/99999
出厂编号:№.123456
ABC 有限公司

NA=检验机构的名称或符号。

30.3 用于 21 区的"pD"型粉尘防爆设备

产品名称
型号:RST
V　　　A　　　Hz
防爆标志:Ex pD 21 IP65 T 120 ℃
防爆合格证编号:NA01/99999
出厂编号:№.123456
ABC 有限公司

NA=检验机构的名称或符号。

30.4 用于 21 区的"tD"A 型粉尘防爆设备设备标志(见 GB 12476.5—2015);温度试验在 500 mm 厚粉尘层下进行

产品名称
型号:RST
V　　　A　　　Hz
kW　　　r/min
防爆标志:Ex tD A21 IP65 T 225 ℃
T_{500} 320 ℃
防爆合格证编号:NA02/1111111
出厂编号:№.123456
ABC 有限公司

NA=检验机构的名称或符号。

30.5 用于22区的"tD"B型粉尘防爆设备设备标志(见GB 12476.5—2015)

产品名称
型号:KLM
V　　　　A　　　　Hz
kW　　　　r/min
防爆标志:Ex tD B22 IP65 T 170 ℃
防爆合格证编号:NA02/99999
出厂编号:№.123456
ABC有限公司

NA=检验机构的名称或符号。

30.6 用于22区的"tD"A型粉尘防爆设备设备标志(见GB 12476.5—2015)

产品名称
型号RST
V　　　　A　　　　Hz
kW　　　　r/min
防爆标志:Ex tD A22 IP54 T 120℃
防爆合格证编号:NA01/99999
出厂编号:№.987654
ABC有限公司

NA=检验机构的名称或符号。

附 录 A
（资料性附录）
取得防爆合格证的检验程序

A.1 制造商按本部分及第1章所列专用防爆型式标准试制的电气设备，均须送国家授权的质量监督检验机构按相应标准规定进行防爆检验，取得防爆合格证。对已取得“防爆合格证”的产品，其他制造商生产时仍须重新履行检验程序。

A.2 检验工作包括技术文件审查和样机检验两项内容。

A.3 技术文件审查须送下列资料：

a) 产品标准（或技术条件）；

b) 与防爆性能有关的产品图样（须签字完整，并装订成册）；

c) 产品使用维护说明书。

以上资料各一式二份，审查合格后由检验机构盖章，一份存检验机构；一份存送检单位。

d) 检验机构认为确保电气设备安全性所必需的其他资料。

A.4 样机检验须送下列样机及资料：

a) 提供符合合格图样的完整样机，其数量应满足试验的需要。检验机构认为必要时，有权留存样机；

b) 提供检验需要的零部件和必要的拆卸工具；

c) 有关检验报告；

d) 有关的工厂产品质量保证文件资料。

A.5 样机检验合格后，由检验机构发给“防爆合格证”，有效期为5年。

注：适用时，防爆合格证上应注明符号“U”和符号“X”所代表的确切内容。

A.6 取得“防爆合格证”后的产品，当进行局部更改且涉及相应标准的有关规定时，须将更改的技术文件和有关说明一式二份送原检验机构重新审查，必要时进行送样检验，若更改内容不涉及相应标准的有关规定，应将更改的技术文件和说明送原检验机构备案。

A.7 采用新结构、新材料、新技术制造的电气设备，经检验合格后，发给“工业试用许可证”。取得“工业试用许可证”的产品，须经工业试用（按规定的时间、地点和台数进行）。由原检验机构根据所提供的工业试运行报告、本部分和专用标准的有关规定，发给“防爆合格证”后，方可投入生产。

A.8 检验机构有权对已发给“防爆合格证”的产品进行复查，当发现与原检验的产品质量不符且影响防爆性能时，应向制造单位提出意见，必要时撤销“防爆合格证”。

ICS 29.260.20
K 35

中华人民共和国国家标准

GB 12476.5—2013/IEC 61241-1:2004

可燃性粉尘环境用电气设备 第5部分:外壳保护型“tD”

**Electrical apparatus for use in the presence of combustible dust—
Part 5: Protection by enclosures “tD”**

(IEC 61241-1:2004, Electrical apparatus for use in the presence of combustible dust—Part 1: Protection by enclosures “tD”, IDT)

2013-12-17 发布 2014-11-14 实施

中华人民共和国国家质量监督检验检疫总局
中国国家标准化管理委员会 发布

前 言

本部分的全部内容为强制性内容。

GB 12476《可燃性粉尘环境用电气设备》分为若干部分：

——第1部分：通用要求；

——第2部分：选型和安装；

——第3部分：可燃性粉尘存在或可能存在的危险场所分类；

——第4部分：本质安全型"iD"；

——第5部分：外壳保护型"tD"；

——第6部分：浇封保护型"mD"；

——第7部分：正压保护型"pD"；

——第8部分：试验方法　确定粉尘最低点燃温度的方法；

——第9部分：试验方法　粉尘层电阻率的测定方法；

——第10部分：试验方法　粉尘与空气混合物最小点燃能量的测定方法；

……

本部分是GB 12476的第5部分。

本部分按照GB/T 1.1—2009给出的规则起草。

本部分使用翻译法等同采用IEC 61241-1:2004《可燃性粉尘环境用电气设备　第1部分：外壳保护型"tD"》。

与本部分中规范性引用的国际文件有一致性对应关系的我国文件如下：

——GB 12476.1—2013　可燃性粉尘环境用电气设备　第1部分：通用要求(IEC 61241-0:2004，MOD)。

本部分由中国电器工业协会提出。

本部分由全国防爆电气设备标准化技术委员会(SAC/TC 9)归口。

本部分主要起草单位：南阳防爆电气研究所。

本部分主要参加单位：国家防爆电气产品质量监督检验中心、深圳特安电子有限公司、华荣集团有限公司、河南黄河防爆起重机有限公司、常州裕华电子设备有限公司、创正防爆电器有限公司。

本部分主要起草人：王军、李书朝、陈瑞、胡林中、王平、黄建锋、李江、周金良。

引　　言

在生产、加工、运输和存贮中产生的许多粉尘是可燃性的。如果粉尘与空气以适当比例混合后，点燃时粉尘能够迅速地燃烧产生巨大的爆炸压力。在可能出现这类可燃性物料的场所中，通常需要使用防爆电气设备，因此必须采取适当的预防措施，以确保所有电气设备得到足够的保护，以减少点燃外部爆炸性环境的可能性。电气设备中的潜在点燃源包括电弧、火花、热表面和摩擦火花。

在空气中出现危险数量的粉尘、纤维和飞絮的场所为危险场所，并且按照危险等级被分成三个危险区域。

一般，用下列两种方法之一来确保电气设备的电气安全：一种方法（只要切实可行）应将电气设备安装在危险场所外，另一种方法按照电气设备使用场所推荐的方法进行设计、安装和维护。

电气设备可能会通过下列几种主要途径点燃可燃性粉尘：

——电气设备表面温度高于有关粉尘的最低点燃温度。粉尘点燃的温度与粉尘性能、粉尘存在状态、粉尘层的厚度和热源的几何形状有关；

——电气部件（如开关、触头、整流器、电刷及类似部件）的电弧或火花；

——聚积的静电荷放电；

——辐射能量（如电磁辐射）；

——与电气设备有关的机械火花、摩擦火花或摩擦发热。

为了避免点燃危险应做到以下几点：

——可能堆积粉尘或可能与粉尘云接触的电气设备表面的温度须保持在本部分所规定的温度极限以下；

——任何产生电火花的部件或其温度高于上述的温度极限的部件应

- 安放在一个能足以防止粉尘进入的外壳内；或
- 限制电路的能量以避免产生能够点燃可燃性粉尘的电弧、火花或温度；

——避免任何其他点燃源。

如果电气设备在其额定条件下进行操作，并且按照相应的实施规程或要求安装和维护，能防止过电流和内部短路故障及其他电气故障，那么本部分规定的保护方法就能达到要求的安全水平。尤其重要的是将内部或外部故障的严重程度和持续时间限制在能够维持电气设备不损坏的数值。

危险场所中的电气设备使用几种防爆技术。本部分描述了该防爆型式的安全技术特点，规定了采取的要求。为确保电气设备在危险场所的使用安全，遵守符合标准的选型和安装程序最为重要。

在本部分中，对外壳保护“tD”规定了两种不同的型式：A 型和 B 型，这两种型式具有相同的保护水平。

A 型和 B 型两种型式通用，采用哪种要求均不会混淆这两种型式对设备的要求和选型/安装的要求。他们使用了不同的方法，主要差别是：

A 型	B 型
主要根据性能要求编写	主要根据规范性要求编写
最高表面温度是在相关粉尘层厚度为 5 mm 的情况下测定，而且安装规程要求在粉尘表面温度和点燃温度之间的安全裕度为 75 K	最高表面温度是在相关粉尘层厚度为 12.5 mm 的情况下测定，而且安装规程要求在粉尘表面温度和点燃温度之间的安全裕度为 25 K
测定粉尘进入的方法根据 GB 4208-IP 代码	测定粉尘进入的方法是按照热循环试验

可燃性粉尘环境用电气设备 第5部分:外壳保护型“tD”

1 范围

GB 12476 的本部分适用于在可燃性粉尘环境中用外壳和限制表面温度保护的电气设备。在该环境中,可燃性粉尘存在的数量能够导致火灾或爆炸危险。本部分规定了电气设备的设计、结构和试验要求。

本部分是对 GB 12476.1 通用要求的补充。

注:GB 12476.2 给出了电气设备的选型和安装指南。本部分范围内的电气设备也可以遵守其他标准(如 GB 3836.1)的补充要求。

防止点燃主要是限制外壳和能够与粉尘接触的其他表面的最高表面温度,采用“尘密”或“防尘”外壳来限制粉尘进入。

在可能同时出现或分别出现可燃性气体和可燃性粉尘的环境中使用的电气设备,要求增加一些附加保护措施。

当电气设备必须符合其他环境条件要求,如防水和防腐而需要采用其他保护方法时,则该保护方法不宜对外壳的完整性产生不利的影响。

本部分不适用于那些不需要大气中的氧即可燃烧的火炸药粉尘或自燃物质。

本部分不适用于甲烷和/或可燃性粉尘引起危险的煤矿井下以及煤矿地面装置用电气设备。

本部分未考虑由粉尘挥发出来的可燃性或毒性气体引起的危险。

2 规范性引用文件

下列文件对于本文件的应用是必不可少的。凡是注日期的引用文件,仅注日期的版本适用于本文件。凡是不注日期的引用文件,其最新版本(包括所有的修改单)适用于本文件。

GB 4208—2008 外壳防护等级(IP 代码)(IEC 60529:2001,IDT)

IEC 61241-0:2013 可燃性粉尘环境用电气设备 第0部分:通用要求(Electrical apparatus for use in the presence of combustible dust Part 0:General requirements)

3 术语和定义

IEC 61241-0 中界定的以及下列术语和定义适用于本文件。

3.1

外壳保护型 “tD” dust ignition protection type “tD”

所有的电气设备由外壳保护以避免粉尘层或粉尘云被点燃的防爆型式。

4 结构

作为对 IEC 61241-0 第 4 章要求的补充,使用下列规定。

20 区用设备:

如果设备外壳符合本部分的要求，且所有防止粉尘进入的密封件不承受活动部件（例如转轴、操纵杆）的作用，则该外壳被认为是安全可靠的且故障分析仅适用于电路。

5 A 型和 B 型

本部分规定了两种不同的型式 A 型和 B 型。这两种型式具有同等安全水平。

6 对 20 区、21 区和 22 区用 A 型外壳保护的电气设备的附加要求

防护等级为 IP6X 的尘密外壳应允许用于：

——20 区；

——21 区；

——带导电粉尘的 22 区。

防护等级为 IP5X 的防尘外壳应允许用于：

——无导电粉尘的 22 区。

目前，在 IEC 61241-0 和本部分中对 A 型没有给出附加要求。

7 对 20 区或 21 区用 B 型外壳保护的电气设备的补充要求

7.1 接合面

7.1.1 平面接合面

平面接合面（见图 1）从外壳内部到外部应有一最小接合宽度，表面之间应有最大允许间隙（如表 1 所示）。

表 1 平面接合面

平面接合面的最小接合宽度 W/mm	5	22
接合面表面之间最大允许间隙 G/mm	0.05	0.22
注：对于 5 mm～22 mm 之间的接合面宽度，在接合面宽度大于 5 mm 时，每增加 1 mm，间隙可增大 0.01 mm。		

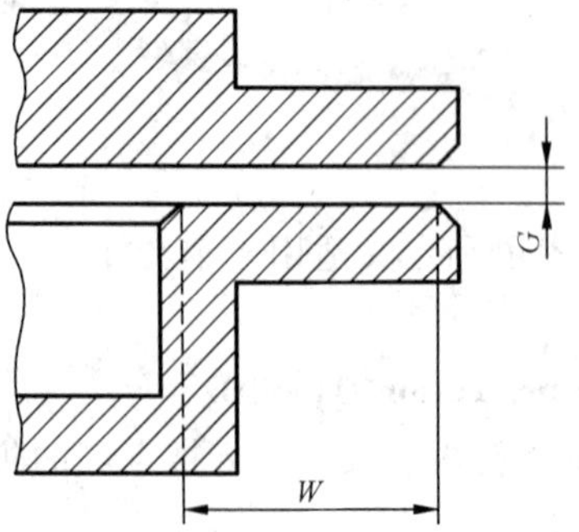

图 1 平面接合面

7.1.2 止口接合面

止口接合面(见图 2),如果轴向通路长度 L 和径向通路长度 W 均不小于 1.2 mm,则它的直径间隙按表 1 所示的平面接合面间隙。止口接合面径向部分 W 不超过如表 1 所示平面接合面的最大允许间隙 G。

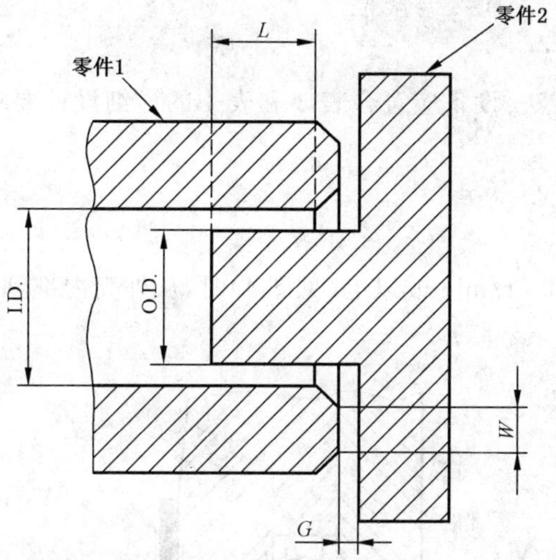

图 2 止口接合面

7.1.3 衬垫接合面

表 2 给出了衬垫接合面(见图 3)的要求。

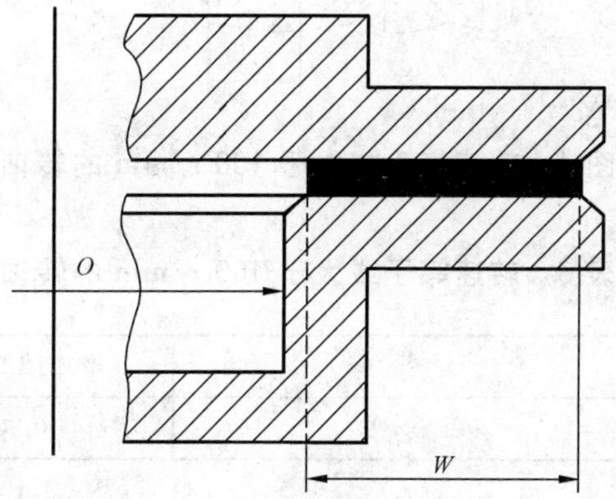

图 3 衬垫接合面

表 2 衬垫接合面

最大开口尺寸 O/mm	305	915	>915
衬垫接合面要求的最小有效宽度 W/mm	3	4.8	9.5

最大开口尺寸在 305 mm～915 mm 之间,最大开口尺寸大于 305 mm 时每增加 1 mm,衬垫接合面的有效宽度应增大 0.003 mm。

7.2 操纵杆、芯轴或转轴

7.2.1 总则

对于在 20 区和 21 区使用的设备，不应仅依靠转动接触密封来隔绝粉尘，应符合表 3 和表 4 的详细设计要求，且进行 8.2.1 试验时不应安装转动接触密封件。

7.2.2 转动接触密封

如果采用转动接触密封方法，设备应符合表 3 和表 4 的详细设计要求，且进行 8.2.1 粉尘试验时不应安装转动接触密封件。

7.2.3 转轴

传送功率的转轴转速为 100 r/min 或以上(见图 4)时，从外壳内部到外部的通路长度应符合表 3 的要求。

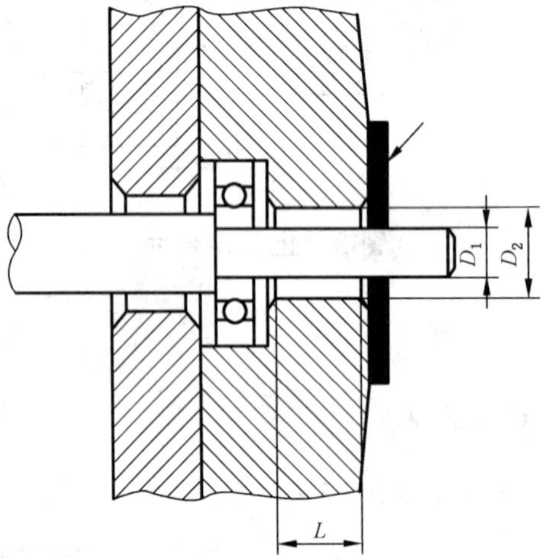

图 4 转速等于或大于 100 r/min 的转轴

表 3 转速等于或大于 100 r/min 的转轴

转轴的最小通路长度 L/mm	12.5	38.5
最大允许直径间隙 D_2-D_1/mm	0.26	0.57

转轴的通路长度在 12.5 mm～38.5 mm 之间，大于 12.5mm 的通路长度每增加 1 mm，最大直径间隙可增加 0.012 mm。

注：通路的最小长度可包括轴承室的内外凸缘。

7.2.4 操纵杆

低于 100 r/min 旋转运动或轴向运动的操纵杆、芯轴或转轴应采用 3 扣全螺纹啮合的螺纹接合面，或用表 4 列出的从安装他们的外壳内部到外部的最小通路长度。

表 4　转速小于 100 r/min 的转轴

操纵杆、轴或转轴的最小通路长度 L/mm	12.5	25.5
最大允许直径间隙 $D_2-D_1(W)$/mm	0.13	0.21

操纵杆、芯轴或转轴的通路长度在 12.5 mm～25.5 mm 之间，大于 12.5 mm 的通路长度每增加 1 mm，最大直径间隙可增加 0.006 mm。

7.3　螺杆间隙

穿透外壳壁的螺栓，在螺栓上无螺纹部分(N)和外壳上的间隙孔之间的最大直径间隙(DS－DH)不应超过 0.26 mm，通路长度(L)不应小于 12.5 mm (见图 5)。

图 5　螺杆间隙

8　检查和试验

8.1　总则

除 IEC 61241-0 的检查和试验要求外，采用下列规定。

8.2　型式试验

8.2.1　外壳防尘试验

8.2.1.1　概述

根据可能遇到的环境条件(例如粉尘场所类别和粉尘导电性)已采纳了两种有效防尘措施："尘密型"和"防尘型"。

注：要求的有效防尘等级，见 GB 12476.2—2010。

在进行设备的验收评定时下列试验应考虑可燃性粉尘存在的影响。

当采用可燃性粉尘进行试验时,安全措施应由检验机构或其他相关机构规定。

8.2.1.2 **A 型尘密设备**

包括旋转电动机在内的各种外壳应符合 GB 4208 规定的 IP6X 的要求。

8.2.1.3 **A 型防尘设备**

包括旋转电动机在内的各种外壳应符合 GB 4208 规定的 IP5X 的试验和合格要求。

8.2.1.4 **B 型尘密设备**

8.2.1.4.1 **热循环试验**

a) 电气设备应放置到尺寸足够大的试验箱内,以使粉尘-空气混合物在试验期间能围绕着样品自由循环。

通过辅助设备使适量的粉尘和空气混合物在试验箱内连续循环流动并在整个试验期间连续不断地进入试验箱内。所采用粉尘颗粒的大小应通过 ASTM100 号筛(筛孔宽约 0.15 mm)。其中大约 22%的粉尘可以通过 ASTM200 号筛(筛孔宽约 0.075 mm)。

b) 在上述规定的试验中,设备应在额定负荷下运行达到最高温度,然后断电冷却到接近室温为止。冷热循环至少 6 个周期,持续时间至少 30 h。

注 1:负载下的最高温度可通过不同于额定负荷下的其他方法来达到。对于像没有任何明显热效应的接线盒这样的外壳(例如开关),可以模拟大气压力变化以产生所需的“呼吸作用”。

注 2:将试验箱加热到 40 ℃,保持该温度约 1 h,随后使试验箱冷却到 20 ℃,保持该温度 1 h,这是一种适当的模拟大气压变化的方法。

当规定的加热冷却循环次数完成后,应关掉产生粉尘-空气混合物的设备,并且要小心清理掉堆积在外壳表面上的粉尘,且要注意避免其他粉尘进入外壳。

禁止用气吹或真空净化的办法清除粉尘。

然后打开外壳并且仔细地检查粉尘进入的程度(如果有的话)。

8.2.1.4.2 **合格判据**

没有可见粉尘进入外壳。接合面上的粉尘不应视为不合格。

8.2.1.5 **B 型防尘设备**

8.2.1.5.1 **热循环试验**

试验程序应按 8.2.1.4.1 的规定,但冷热循环至少两个周期,持续时间至少 10 h。

8.2.1.5.2 **合格判据**

没有可见粉尘进入外壳。接合面上的粉尘不应视为不合格。

8.2.2 **耐热试验**

8.2.2.1 **A 型设备**

本试验应按照 IEC 61241-0:2013 的 23.4.4.1 进行。

8.2.2.2 **B 型设备**

本试验方法应按照 IEC 61241-0:2013 的 23.4.4.1～23.4.4.3 的规定进行,但设备应采用它所能存留的最大量粉尘覆盖作为附加要求。另一种办法是把 12.5 mm 厚的粉尘层糊剂覆盖在电气设备顶部模拟粉尘形成的状态。

注：糊剂宜由 45%的粉尘(例如小麦粉)和 55%的水组成。温度值宜在糊剂干燥后进行测量。

9 标志

使用 IEC 61241-0:2013 中第 29 章的规定，下列条款除外：

29.2 项 4：

所用保护型式的符号应为“tD”(外壳保护型)。

29.2 项 5：

在设备能被使用区域符号的前面加前缀，A 型加前缀“A”和 B 型加前缀“B”。

29.2 项 6：

B 型不需要 IP 等级。

参 考 文 献

[1] GB 2900.35 电工术语 爆炸性环境用设备

[2] GB 3836.1—2010 爆炸性环境 第1部分:设备 通用要求

[3] GB 3836.3—2010 爆炸性环境 第3部分:由增安型“e”保护的设备

[4] GB 3836.4—2010 爆炸性环境 第4部分:由本质安全型“i”保护的设备

[5] GB 12476.2—2010 可燃性粉尘环境用电气设备 第2部分:选型和安装

[6] GB 12476.3—2007 可燃性粉尘环境用电气设备 第3部分:存在或可能存在可燃性粉尘的危险场所分类

[7] GB 12476.8—2010 可燃性粉尘环境用电气设备 第8部分:试验方法 确定粉尘最低点燃温度的方法

[8] IEC 60093:1980 Methods of test volume resistivity and surface resistivity of solid electrical insulating materials

[9] IEC 60192:2001 Low-pressure vapour lamps—Performance specifications

[10] IEC 60216-1:2001 Electrical insulating—properties of thermal endurance—Part 1: Ageing procedures and evaluation of test results

[11] IEC 60216-2:1990 Guide for t determination of thermal endurance properties of electrical insulating materials—Part 2: Choice of test criteria

[12] IEC 60243-1:1998 Electrical strength of insulating materials—Test methods—Part 1: Tests at power frequencies

[13] IEC 60662:1980 High-pressure sodium vapour lamps

[14] IEC 60943-3:1999 Low-voltage switcher and control gear—Part 3: Switches, disconnectors, switch-disconnectors and fuse-combination units

[15] ISO 178:2001 Plastics—Determination of flexural properties

[16] ISO 527 (all parts) Plastics—Determination of tensile properties

[17] ISO 4225:1994 Air quality—General aspects—Vocabulary

ICS 43.040.50
T 23

中华人民共和国国家标准

GB/T 12549—2013
代替 GB/T 12549—1990

汽车操纵稳定性术语及其定义

Terms and definitions for vehicle controllability and stability

2013-11-27 发布　　2014-07-01 实施

中华人民共和国国家质量监督检验检疫总局
中国国家标准化管理委员会　发布

前　言

本标准按照 GB/T 1.1—2009 和 GB/T 20000.2—2009 给出的规则起草。

本标准代替 GB/T 12549—1990《汽车操纵稳定性术语及其定义》。

本标准参考 ISO 8855:1991《道路车辆　车辆动力性和道路保持能力　词汇》、SAE J670e《车辆动力学术语》等文件制定。

本标准是对 GB/T 12549—1990《汽车操纵稳定性术语及其定义》的修订，与 GB/T 12549—1990 相比主要变化如下：

——增加了汽车空气动力学术语(见第 10 章)；

——增加了轮距变化率、纵向滑移率、车轮直线自由滚动角速度、纵向滑移角速度等定义；

——删除了滑移率、保舵力、保舵力矩等定义；

——修改了阿克曼角、转向力、主销偏置距、扰动响应、闭环控制、总方差等定义。

本标准对我国多年使用的汽车空气动力学术语进行了归集与筛选，第 10 章部分术语和符号与 GB/T 16638.1—2008《空气动力学　概念、量和符号　第 1 部分：空气动力学常用术语》中的 3.1 空气动力学基础协调一致。

本标准由中华人民共和国工业和信息化部提出。

本标准由全国汽车标准化技术委员会(SAC/TC 114)归口。

本标准起草单位：中国第一汽车集团公司技术中心。

本标准主要起草人：黄朝胜、王德宝、马稚敏、刘明辉、朱宏巍、应国增、吴振昕、凌启胜。

本标准所代替标准的历次版本发布情况为：

——GB/T 12549—1990。

汽车操纵稳定性术语及其定义

1 范围

本标准规定了汽车操纵稳定性的术语及其定义。

本标准适用于各类汽车。

2 规范性引用文件

下列文件对于本文件的应用是必不可少的。凡是注日期的引用文件，仅注日期的版本适用于本文件。凡是不注日期的引用文件，其最新版本(包括所有的修改单)适用于本文件。

GB/T 3730.3—1992 汽车和挂车的术语及其定义 车辆尺寸

GB/T 6326—2005 轮胎术语及其定义

GB/T 16638.1—2008 空气动力学 概念、量和符号 第1部分:空气动力学常用术语

3 转向系

3.1 转向系角度 angles in steering system

3.1.1

转向角 steer angle

$\boldsymbol{\delta_s}$

车辆纵向对称平面(见6.1.6)和转向车轮中心平面(见4.1.1)与路面交线间的夹角(见图1)。

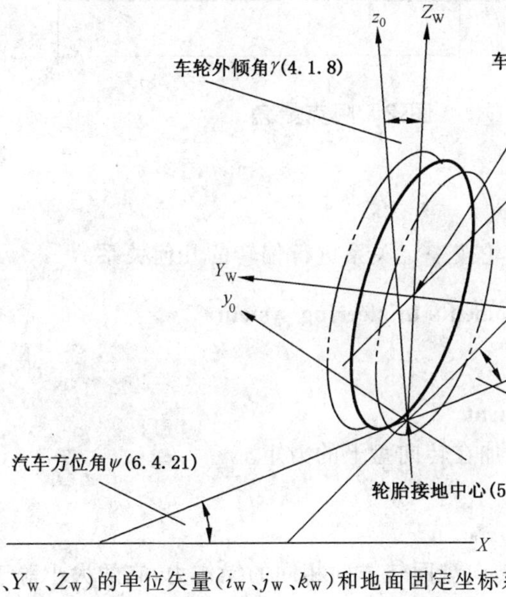

车轮固结坐标系(X_W、Y_W、Z_W)的单位矢量(i_W、j_W、k_W)和地面固定坐标系(X、Y、Z)单位矢量(i^*、j^*、k^*)的关系：

$$\begin{bmatrix} i_w \\ j_w \\ k_w \end{bmatrix} = \begin{bmatrix} \cos(\psi+\delta_s) & \sin(\psi+\delta_s) & 0 \\ -\cos\gamma\sin(\psi+\delta_s) & \cos\gamma\cos(\psi+\delta_s) & \sin\gamma \\ \sin\gamma\sin(\psi+\delta_s) & -\sin\gamma\cos(\psi+\delta_s) & \cos\gamma \end{bmatrix} \begin{bmatrix} i* \\ j* \\ k* \end{bmatrix}$$

图1 车轮固结坐标系

3.1.2

转向盘转角 steering wheel angle

δ_{sw}

以汽车直行时转向盘的位置为基准测定的转向盘角位移。

3.1.3

转向系角传动比 angle ratio of steering system

转向盘转角的增量与同侧转向轮转角的相应增量之比。

3.1.4

名义转向角 nominal steer angle

由转向盘转角与转向系角传动比计算而得的转向轮转角。

3.1.5

转向盘自由行程 free play of steering wheel

转向轮在直线行驶位置时，转向盘的空转角度。

3.1.6

阿克曼角 Ackerman steer angle

δ_A

当汽车以极低车速行驶时，轴距(见4.1.12)与后轴中点回转半径之比的反正切(见图2)：$\delta_A = \arctan(L/R)$。

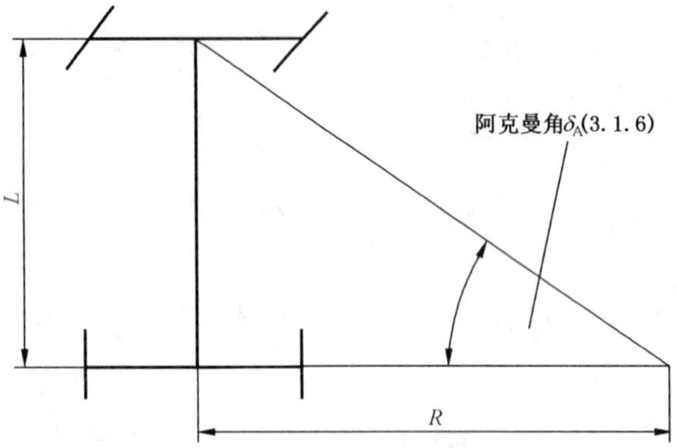

图2 阿克曼角

3.1.7

转向几何关系 steering geometry

对于任一转向盘转角，左、右转向轮按一定关系进行偏转的几何关系。

3.2 转向系力和力矩 forces and moments in steering system

3.2.1

转向盘力矩 steering wheel moment

使汽车转向或保持汽车转向时施加在转向盘上的力矩。

3.2.2

转向力 steering force

汽车转向时，施加在转向盘上与转向盘回转方向相同的操作力，它的大小等于转向盘力矩除以转向盘半径。

3.2.3

转向系摩擦力 friction force of steering system

转向轮开始产生角位移时所必需的最小转向力。它不包括车轮与路面间的摩擦力。

3.2.4

正效率　forward efficiency

摇臂轴或齿条输出功率与转向轴输入功率之比。

3.2.5

转向系刚度　steering system stiffness

转向节固定,转向盘输入的力矩增量与其产生的角位移增量之比。

3.2.6

转向系惯性矩　moment of inertia of steering system

把转向系的运动部件和转向轮换算为绕转向轴(或主销)旋转的旋转体的等价惯性矩。

4　悬架系

4.1　悬架几何学　suspension geometry

4.1.1

车轮中心平面　wheel plane

对于单式车轮,车轮中心平面为与车轮轮辋的两侧内边缘等距的平面。

对于双式车轮,车轮中心平面为与外车轮轮辋内缘和内车轮轮辋外缘等距的平面。

[GB/T 3730.3—1992,定义 2.2](见图 4)

4.1.2

车轮中心　wheel center

车轮中心平面与车轮回转中心线的交点。

[GB/T 3730.3—1992,定义 2.3](见图 1)

4.1.3

车轮定位　wheel alignment

车轮和车体(或路面)间的角度关系,即转向主销内倾(见 4.1.9)、转向主销后倾角(见 4.1.6)、车轮外倾角(见 4.1.8)和前束(见 4.1.4)的总称。

4.1.4

前束　toe-in

同一轴两端车轮轮辋内侧轮廓线的水平直径的端点为等腰梯形的顶点,等腰梯形前后底边长度之差为前束。当梯形前底边小于后底边时,前束为正,反之则为负。车轮的水平直径与 Y 平面之间的夹角为前束角。

[GB/T 3730.3—1992,定义 3.28]

4.1.5

前束角　toe angle

按 4.1.4 的规定。

4.1.6

主销后倾角　caster angle

τ

转向主销中心线在车辆纵向对称平面(见 6.1.6)投影与铅垂线间的夹角。转向主销的上端向后倾斜,该角为正;转向主销的上端向前倾斜,该角为负(见图 3)。

注: 改写 GB/T 3730.3—1992,定义 3.29。

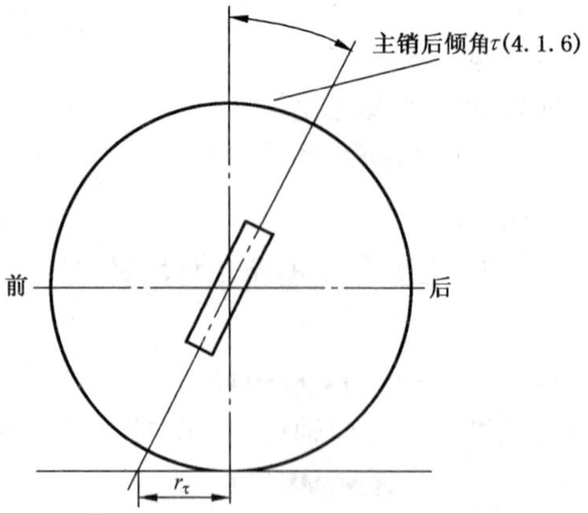

图 3 主销后倾角

4.1.7

主销后倾拖距 caster offset

r_τ

主销延长线与路面的交点与轮胎接地中心(见 5.1.1)的连线在 X'轴(见 5.1.2)上的投影的长度。如果主销延长线与路面的交点在轮胎接地中心之前,则主销后倾拖距为正;反之则为负(见图 3)。

注:改写 GB/T 3730.3-1992,定义 3.29。

4.1.8

车轮外倾角 camber angle

γ

在过车轮轴线且垂直于 X 平面的平面内,车轮轴线与水平线之间所夹锐角。

[GB/T 3730.3—1992,定义 3.25](见图 1、图 4)

4.1.9

主销内倾 kingpin inclination

在同时垂直于 Y 和 X 平面的平面内,由真实的或假想的转向主销的轴线在该平面上的投影与 X 平面的垂线所构成的锐角。

[GB/T 3730.3—1992,定义 3.26]

4.1.10

主销偏置距 kingpin offset

主销延长线与路面的交点与轮胎接地中心(见 5.1.1)的连线在 Y'轴(见 5.1.2)上的投影的长度。如果轮胎接地中心相对于车身在主销延长线与路面的交点的外侧,则主销偏置距为正;反之则为负。

注:改写 GB/T 3730.3—1992,定义 3.27。

4.1.11

横向滑移量 lateral slip

在侧滑试验台上测得的直行轮胎单位行走距离的横向滑移值。用 m/km、mm/m 表示。

4.1.12

轴距 wheelbase

L

分别过车辆同一侧相邻两车轮的 A 或(B)点并垂直于 Y 和 X 平面的两平面之间的距离。

[GB/T 3730.3—1992,定义 3.4.1]

分别过半挂车牵引销轴线和半挂车车轮中心且又垂直于 Y 和 X 平面的两平面之间的距离。

［GB/T 3730.3—1992，定义 3.4.2］

4.1.13

轮距　track

同一轴上两端车轮 A 和 B 两点之间的距离。

［GB/T 3730.3—1992，定义 3.5］

4.1.14

轮距变化率　track rate

左、右车轮相对簧载质量（见 6.2.2）同步上下运动时，轮距相对车轮跳动高度的变化率。

4.2　悬架系力学特性　suspension system mechanics

4.2.1

悬架垂直刚度　suspension vertical stiffness

在一定载荷状态下，簧载质心相对车轮中心在垂直方向产生的单位位移所对应的车轮垂直负荷的变化量。

4.2.2

悬架纵向刚度　suspension longitudinal stiffness

车轮中心相对于簧载质心在纵向［x 轴（见 6.1.3）方向］的单位位移所对应的车轮中心纵向力的变化量。

4.2.3

悬架横向刚度　suspension transverse stiffness

车轮中心相对于簧载质心在横向［y 轴（见 6.1.3）方向］的单位位移所对应的车轮中心横向力的变化量。

4.2.4

悬架有效刚度　ride rate

在一定载荷状态下，簧载质心相对地面在垂直方向产生的单位位移所对应的车轮垂直负荷的变化量。

4.2.5

悬架侧倾　suspension roll

汽车左右轮心的连线相对 x_0-y_0 平面（见 6.1.2）的侧倾运动。

4.2.6

悬架侧倾角　suspension roll angle

由悬架侧倾产生的角位移。

4.2.7

悬架侧倾刚度　suspension roll stiffness

单位侧倾角位移所对应的悬架系作用在簧载质量（见 6.2.2）的恢复力矩的变化量（恢复力矩中不包含衰减力矩）。

4.2.8

汽车悬架侧倾刚度　total suspension roll stiffness

汽车所有悬架侧倾刚度之和。

4.2.9

侧倾中心　roll center

簧载质量（见 6.2.2）不产生侧倾的横向力的作用点，该点位于通过同一轴两车轮中心的横向铅垂面内。

4.2.10

侧倾轴　roll axis

连接前、后侧倾中心的直线。

4.2.11

悬架柔度　suspension compliance

悬架刚度的倒数。

4.2.12

阻尼特性　damping force characteristic

减振器的衰减力与其活塞速度的关系。

4.2.13

翻倾力矩　overturning couple

由横向加速度(见 6.4.16)和侧倾角加速度的作用而引起的作用于汽车上的力相对于路面上的汽车纵向轴的力矩。

4.2.14

翻倾力矩分配　overturning couple distribution

翻倾力矩在前、后悬架间分配的百分比。

5　轮胎和车轮

5.1　轮胎坐标系和变量　tire axis system and variables

5.1.1

轮胎接地中心　center of tire contact

车轮中心平面与地面的交线和车轮回转中心线在地面上投影的交点(见图 1、图 4)。

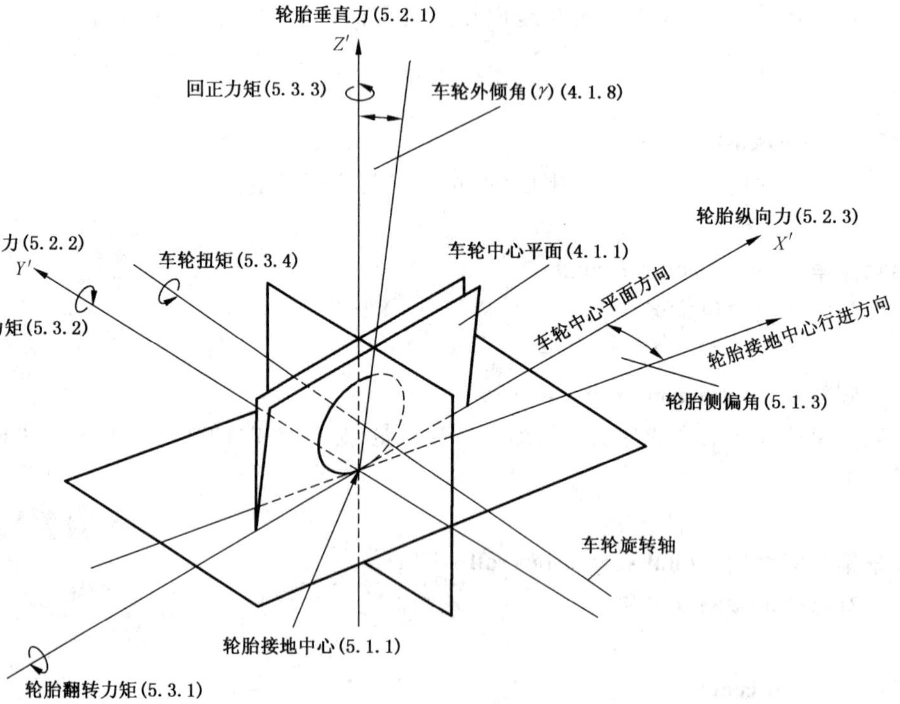

图 4　轮胎坐标系

5.1.2

轮胎坐标系(X',Y',Z')　tire axis system(X',Y',Z')

以轮胎接地中心为原点的右手直角坐标系。X'轴为车轮中心平面和道路平面的交线，车轮中心平面行进方向为正；Z'轴为铅垂线，向上为正；Y'轴在道路平面内，方向按右手法则确定(见图4)。

5.1.3

轮胎侧偏角　slip angle of tire

轮胎接地中心的行进方向与轮胎坐标系 X'轴间的夹角(见图4、图5)。

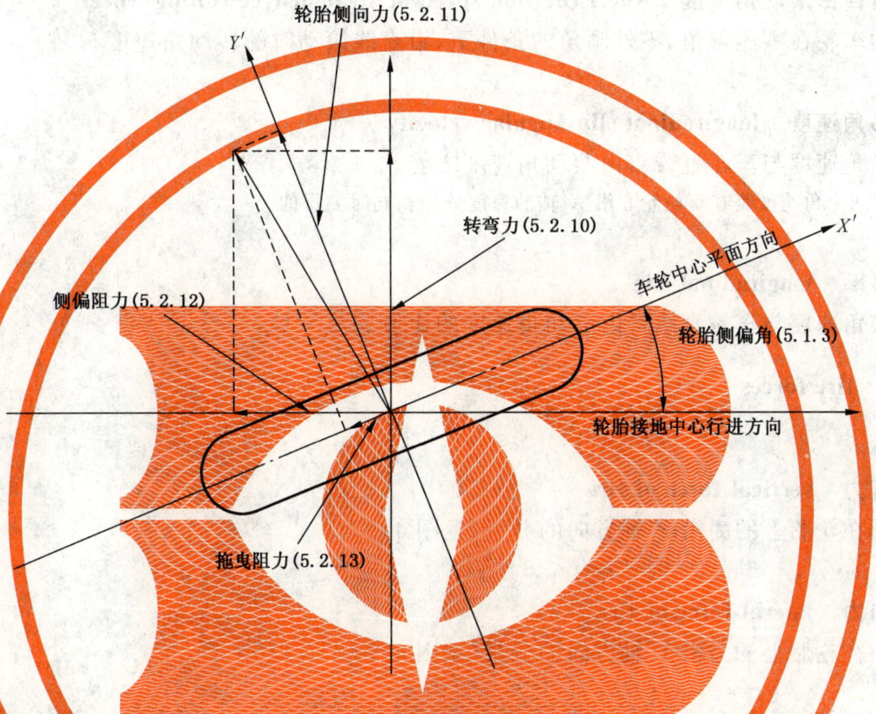

图5　轮胎力

5.1.4

自由半径　free radius

无负荷旋转轮胎的轮轴中心至胎面中心的距离。

[GB/T 6326—2005,定义9.12.9]

5.1.5

静负荷半径　static loaded radius

静态轮胎在垂直负荷作用下，从轮轴中心至支撑平面的垂直距离。

[GB/T 6326—2005,定义9.1.2]

5.1.6

动负荷半径　dynamic loaded radius

轮胎在负荷下行驶且倾角为零时，从轮轴中心至支撑平面的垂直距离。

[GB/T 6326—2005,定义9.12.10]

5.1.7

滚动周长　rolling circumference

在规定条件下，轮胎滚动一整圈轮胎中心移动的距离。

[GB/T 6326—2005,定义9.2.1]

5.1.8

滚动半径 rolling radius

轮胎滚动周长除以 2π 所得的数值。

[GB/T 6326—2005,定义 9.2.2]

5.1.9

自由滚动车轮 free rolling wheel

有垂直载荷,但没有驱动力矩(见 5.3.5)或制动力矩(见 5.3.6)作用的滚动车轮。

5.1.10

车轮直线自由滚动角速度 wheel rotation speed of straight free-rolling wheel

自由滚动车轮在零侧偏角、零外倾角的条件下,沿直线滚动时的转动角速度。

5.1.11

纵向滑移角速度 longitudinal slip angular velocity

车轮滚动角速度与车轮直线自由滚动角速度之差。

注:上面的两个角速度是在车轮轮心沿 X' 轴的速度分量相同时测得的。

5.1.12

纵向滑移率 longitudinal slip

纵向滑移角速度与车轮直线自由滚动角速度的比值。

5.2 轮胎力 tire forces

5.2.1

轮胎垂直力 vertical force of tire

路面作用在轮胎上的力沿 Z' 轴方向的分量(见图 4)。

5.2.2

轮胎横向力 lateral force of tire

路面作用在轮胎上的力沿 Y' 轴方向的分量(见图 4)。

5.2.3

轮胎纵向力 longitudinal force of tire

路面作用在轮胎上的力沿 X' 轴方向的分量(见图 4)。

5.2.4

径向刚度 radial stiffness

车轮中心相对轮胎接地平面在垂直方向产生单位位移所对应的轮胎垂直负荷的变化量。

5.2.5

横向刚度 lateral stiffness

车轮中心相对轮胎接地中心在 Y' 轴方向的单位位移,所对应的横向力的增量。

5.2.6

驱动力 driving force

由驱动力矩(见 5.3.5)作用而引起的正的纵向力(X' 方向)。

5.2.7

制动力 braking force

由制动力矩(见 5.3.6)作用而产生的负的纵向力(X' 方向)。

5.2.8

滚动阻力 rolling resistance

轮胎行驶单位距离的自身能量损失。等效于牵引阻力。

[GB/T 6326—2005,定义 9.12.1]

5.2.9

外倾推力　camber thrust

侧偏角为零时，为保持车轮外倾而作用在车轮上的横向力。

5.2.10

转弯力　cornering force

车轮外倾角为零时，为保持侧偏角，由路面作用在车轮上的力垂直于轮胎接地中心行进方向的水平分量(见图5)。

5.2.11

轮胎侧向力　side force of tire

车轮外倾角为零时，为保持侧偏角，由路面作用在车轮上的横向力(见图5)。

5.2.12

侧偏阻力　cornering drag

车轮外倾角为零时，为保持侧偏角，由路面作用在车轮上的力沿轮胎接地中心行进方向反向的水平分量(见图5)。

5.2.13

拖曳阻力　resistance force of drag

车轮外倾角为零时，为保持侧偏角，由路面作用在车轮上的纵向力(见图5)。

5.2.14

牵引力　tractive force

由路面作用在轮胎接地中心的力矢量沿前进方向的分量，它等于横向力乘以侧偏角的正弦加上纵向力乘以侧偏角的余弦。

5.2.15

牵引阻力　drag force

等于负的牵引力。

5.3　轮胎力矩　tire moments

5.3.1

轮胎翻转力矩　overturning moment of tire

路面作用在轮胎上的力矩矢量使轮胎绕 X' 轴旋转的分量(见图4)。

5.3.2

滚动阻力矩　rolling resistance moment

路面作用在轮胎上的力矩矢量使轮胎绕 Y' 轴旋转的分量(见图4)。

5.3.3

回正力矩　aligning torque

路面作用在轮胎上的力矩矢量使轮胎绕 Z' 轴旋转的分量(见图4)。

5.3.4

车轮扭矩　wheel torque

由汽车作用在轮胎上相对于车轮旋转轴的外力矩(见图4)。

5.3.5

驱动力矩　driving torque

等于正的车轮扭矩。

5.3.6

制动力矩　braking torque

等于负的车轮扭矩。

5.3.7

轮胎拖矩　pneumatic trail

轮胎侧向力的合力作用点到车轮接地中心在 X' 轴方向上的距离。

5.4　力和力矩系数　coefficients of force and moment

5.4.1

横向力系数　lateral force coefficient

横向力与垂直负荷的比值。

5.4.2

驱动力系数　driving force coefficient

驱动力与垂直负荷的比值。

5.4.3

制动力系数　braking force coefficient

制动力与垂直负荷的比值。

5.4.4

滚动阻力系数　rolling resistance coefficient

滚动阻力与垂直负荷的比值。

5.4.5

回正力矩系数　aligning torque coefficient

回正力矩与垂直负荷的比值。

5.4.6

侧偏刚度　cornering stiffness

轮胎侧偏角的单位增量所对应的横向力的增量(通常指在轮胎侧偏角为零时的测定值)。

5.4.7

外倾刚度　camber stiffness

外倾角的单位增量所对应的横向力的增量(通常指在外倾角为零时的测定值)。

5.4.8

制动(驱动)刚度　braking(driving)stiffness

纵向滑移率的单位增量所对应的纵向力的增量(通常指在纵向滑移率为零时的测定值)。

5.4.9

回正刚度(回正力矩刚度)　aligning stiffness(aligning torque stiffness)

轮胎侧偏角的单位增量所对应的回正力矩的增量(通常指在轮胎侧偏角为零时的测定值)。

5.4.10

侧偏刚度系数　cornering stiffness coefficient

自由滚动车轮的侧偏刚度与垂直负荷的比值。

5.4.11

外倾刚度系数　camber stiffness coefficient

自由滚动车轮的外倾刚度与垂直负荷的比值。

5.4.12

制动(驱动)刚度系数　braking(driving)stiffness coefficient

车轮的制动(驱动)刚度与垂直负荷的比值。

5.4.13

回正刚度系数(回正力矩刚度系数)　aligning stiffness coefficient (aligning torque stiffness coefficient)

自由滚动车轮的回正刚度(回正力矩刚度)与垂直负荷的比值。

5.5 轮胎附着系数　tire adhesion coefficient

5.5.1

工作点　trim

汽车稳态工况时,用来分析动态汽车稳定性和操纵性的参考点。

5.5.2

横向附着系数　lateral adhesion coefficient

在给定工作点下,自由滚动车轮横向力系数所能达到的最大值。

5.5.3

驱动附着系数　driving adhesion coefficient

在给定工作点下,驱动力系数所能达到的最大值。

5.5.4

制动附着系数　braking adhesion coefficient

在给定工作点下,车轮没有抱死时制动力系数所能达到的最大值。

5.5.5

制动滑移附着系数　sliping braking adhesion coefficient

在给定工作点下,车轮抱死时的制动力系数。

6 坐标系和运动

6.1 坐标系　axis system

6.1.1

地面固定坐标系(X,Y,Z)　earth-fixed axis system(X,Y,Z)

固定在地面上的右手直角坐标系。原点为地面上的某一点,X 轴和 Y 轴位于水平平面内,Z 轴指向上方。汽车运动的轨迹用该坐标系描述(见图 6)。

6.1.2

运动坐标系(x_0,y_0,z_0)　moving axis system(x_0,y_0,z_0)

固定在汽车上的右手直角坐标系。原点在汽车质心,x_0 轴为汽车的纵向对称平面(见 6.1.6)与通过汽车质心的水平面的交线,沿汽车的主运动方向指向前方,y_0 轴垂直于纵向对称平面,水平指向左方;z_0 轴垂直于 x_0 和 y_0 平面,指向上方(见图 6)。

簧载质心为汽车坐标系原点：

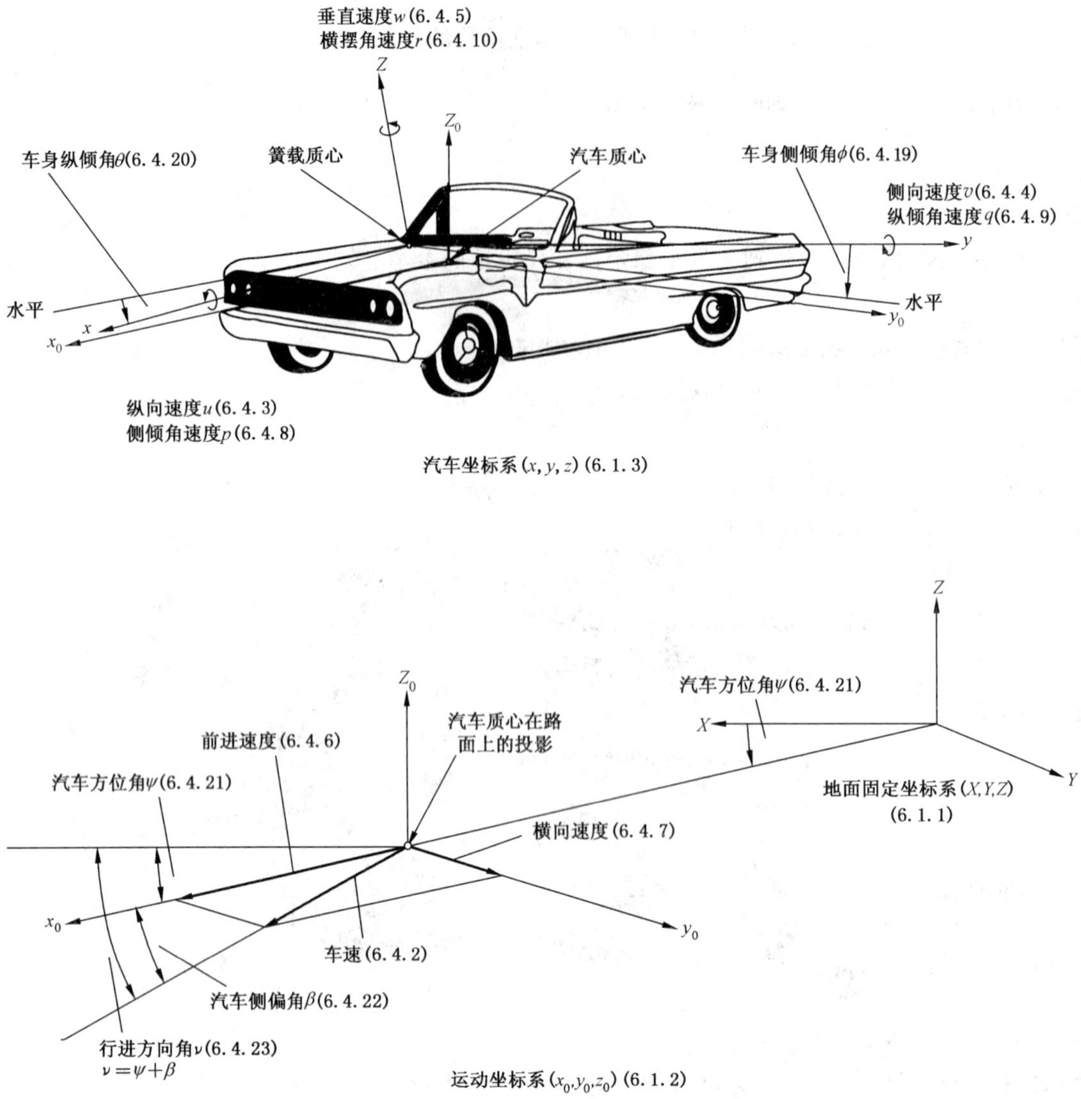

图 6　坐标系

6.1.3

汽车坐标系(x,y,z)　vehicle axis system(x,y,z)

以簧载质心为原点的右手直角坐标系。该坐标系随同簧载质量(见 6.2.2)一起运动。在静止状态下，x 轴在水平平面内，指向前方，y 轴在水平平面内，指向左方，z 轴指向上方(见图 6、图 7)。

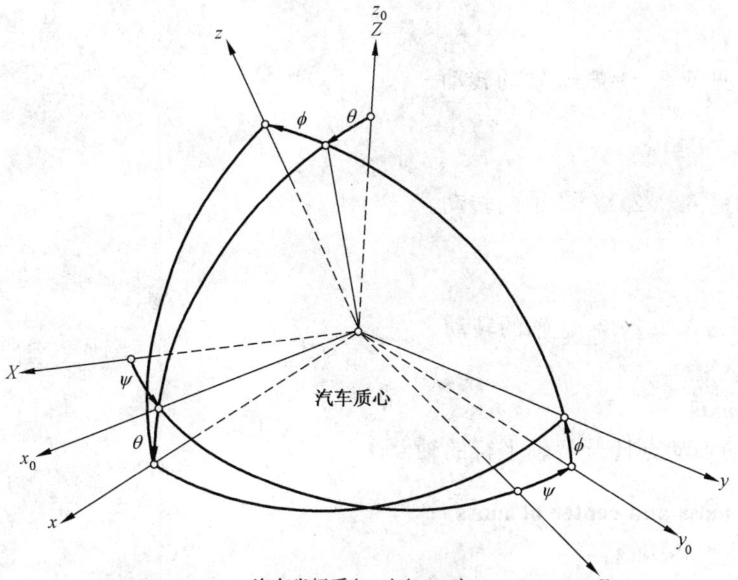

汽车坐标系(x,y,z)(6.1.3)

地面固定坐标系(X,Y,Z)与汽车坐标系(x,y,z)的各轴方向一致状态为基准,用下面的顺序定角度:汽车方位角(ψ),绕 z 轴的旋转;车身纵倾角(θ),绕 y 轴的旋转;车身侧倾角(ϕ),绕 x 轴的旋转。

地面固定坐标系(X,Y,Z)、运动坐标系(x_0,y_0,z_0)与汽车坐标系(x,y,z)系各自的单位矢量为:(i^*,j^*,k^*)、(i_0,j_0,k_0)、(i,j,k)。

坐标变换矩阵:

$$\begin{bmatrix} i_0 \\ j_0 \\ k_0 \end{bmatrix} = \begin{bmatrix} \cos\psi & \sin\psi & 0 \\ -\sin\psi & \cos\psi & 0 \\ 0 & 0 & 1 \end{bmatrix} \begin{bmatrix} i* \\ j* \\ k* \end{bmatrix}$$

$$\begin{bmatrix} i \\ j \\ k \end{bmatrix} = \begin{bmatrix} \cos\theta\cos\psi & \cos\theta\sin\psi & -\sin\theta \\ \sin\phi\sin\theta\cos\psi-\cos\phi\sin\psi & \sin\phi\sin\theta\sin\psi+\cos\phi\cos\psi & \sin\phi\cos\theta \\ \cos\phi\sin\theta\cos\psi+\sin\phi\sin\psi & \cos\phi\sin\theta\sin\psi-\sin\phi\cos\psi & \cos\phi\cos\theta \end{bmatrix} \begin{bmatrix} i* \\ j* \\ k* \end{bmatrix}$$

汽车坐标系的旋转角度为:

$$p=\dot{\phi}-\dot{\psi}\sin\dot{\theta}\approx\phi-\theta\dot{\psi}$$

$$q=\dot{\theta}\cos\psi+\dot{\psi}\sin\phi\cos\theta\approx\dot{\theta}+\dot{\psi}\phi$$

图 7 坐标系转换

6.1.4

簧上惯性主轴坐标系(ξ,η,ζ) sprung inertia principal axis system(ξ,η,ζ)

以簧载质心为原点,以簧载质量(见 6.2.2)惯性主轴为坐标轴的右手直角坐标系。该坐标系随同簧载质量一起运动。

6.1.5

车轮固结坐标系(X_W,Y_W,Z_W) wheel-fixed axis system(X_W,Y_W,Z_W)

以各车轮的车轮中心为原点的右手直角坐标系。X_W 轴和 Z_W 轴在车轮中心平面内,X_W 轴水平向前,Y_W 轴为车轮旋转轴(因此,转向角为 x_0 和 X_W 间的夹角,车轮外倾角为 z_0 和 Z_W 间的夹角)(见图 1)。

6.1.6

车辆纵向对称平面 longitudinal plane of symmetry of vehicle

线段 AB 的垂直平分平面。A 和 B 两点为通过同一轴上两端车轮轴线的 X 平面的垂面同车轮中心平面的交线 Δ 与 X 平面的交点。

[GB/T 3730.3—1992,定义 2.4]

6.1.7

侧倾　roll

汽车簧载质量(见 6.2.2)绕 x_0 轴的转动。

6.1.8

纵倾　pitch

汽车簧载质量(见 6.2.2)绕 y_0 轴的转动。

6.1.9

横摆　yaw

汽车簧载质量(见 6.2.2)绕 z_0 轴的转动。

6.1.10

纵倾轴　pitch axis

通过纵倾振动的不动点且与 Y 轴平行的轴。

6.2　质量和质心　mass and center of mass

6.2.1

汽车质量　mass of vehicle

汽车在任意载荷状态下的质量。

6.2.2

簧载质量　sprung mass

悬架弹性元件以上负荷的质量,即由悬架承载的那部分负荷的质量。

6.2.3

非簧载质量　unsprung mass

固定在前、后轴上的零部件质量,即不由悬架承载的那部分负荷的质量。

注:通常表示为汽车质量与簧载质量之差。

6.2.4

质量分配比　mass distribution ratio

前、后轴载质量分配的百分比。

6.2.5

质心高度　height of center of mass

从轮胎接地面到汽车质心的垂直距离。

6.2.6

侧倾力臂　rolling moment arm

在静止状态下,簧载质心到侧倾轴的铅垂距离。

6.3　汽车惯性力矩　moment of inertia of vehicle

6.3.1

簧载质量侧倾惯性矩　rolling moment of inertia of sprung mass

簧载质量绕 x 轴、ξ 轴或侧倾轴旋转的惯性矩。

6.3.2

簧载质量纵倾惯性矩　pitching moment of inertia of sprung mass

簧载质量绕 y 轴、η 轴或纵倾轴旋转的惯性矩。

6.3.3

簧载质量横摆惯性矩　yawing moment of inertia of sprung mass

簧载质量绕 z 轴旋转的惯性矩。

6.3.4

簧载质量对 x 轴和 z 轴的惯性积　product of inertia of sprung mass about x-and z-axis

簧载质量绕 x 轴和 z 轴的惯性积。

6.3.5

汽车横摆惯性矩　yawing moment of inertia of vehicle

整车质量绕通过汽车质心的铅垂轴的惯性矩。

6.4　运动变量　kinematic variables

6.4.1

质心速度矢量　velocity vector at center of mass

汽车质心(或簧载质心)的三维速度矢量。

6.4.2

车速　vehicle speed

汽车质心(或簧载质心)速度矢量的水平分量(见图 6)。

6.4.3

纵向速度　longitudinal velocity

u

汽车质心(或簧载质心)速度矢量沿 x 轴的分量(见图 6)。

6.4.4

侧向速度　side velocity

v

汽车质心(或簧载质心)速度矢量沿 y 轴的分量(见图 6)。

6.4.5

垂直速度　vertical velocity

w

汽车质心(或簧载质心)速度矢量沿 z 轴的分量(见图 6)。

6.4.6

前进速度　forward velocity

汽车质心(或簧载质心)速度矢量沿 x_0 轴的分量(见图 6)。

6.4.7

横向速度　lateral velocity

汽车质心(或簧载质心)速度矢量沿 y_0 轴的分量(见图 6)。

6.4.8

侧倾角速度　roll velocity

p

簧载质量绕 x 轴旋转的角速度(见图 6)。

6.4.9

纵倾角速度　pitch velocity

q

簧载质量绕 y 轴旋转的角速度(见图 6)。

6.4.10

横摆角速度　yaw velocity

r

簧载质量绕 z 轴旋转的角速度(见图 6)。

6.4.11

质心加速度矢量　acceleration vector of center of mass

汽车质心(或簧载质心)的三维加速度矢量。

6.4.12

纵向加速度　longitudinal acceleration

汽车质心(或簧载质心)加速度矢量沿 x 轴方向的分量。

6.4.13

侧向加速度　side acceleration

汽车质心(或簧载质心)加速度矢量沿 y 轴方向的分量。

6.4.14

垂直加速度　vertical acceleration

汽车质心(或簧载质心)加速度矢量沿 z 轴方向的分量。

6.4.15

前进加速度　forward acceleration

汽车质心(或簧载质心)加速度矢量沿 x_0 轴方向的分量。负的前进加速度为减速度(deceleration)。

6.4.16

横向加速度　lateral acceleration

汽车质心(或簧载质心)加速度矢量沿 y_0 轴方向的分量。

6.4.17

指示横向加速度　indicated lateral acceleration

装在簧载质量 y 轴上加速度计的指示值。其值比侧向加速度大 $|g\sin\phi|$,ϕ 为车身侧倾角(见 6.4.19)。

6.4.18

向心加速度　centripetal acceleration

汽车上某一点的加速度矢量在该点运动轨迹的主法线方向上的分量。

6.4.19

车身侧倾角　vehicle roll angle

$\boldsymbol{\phi}$

汽车 y 轴与 X-Y 平面间所夹的角(见图 6、图 7)。

6.4.20

车身纵倾角　vehicle pitch angle

$\boldsymbol{\theta}$

汽车 x 轴与 X-Y 平面间所夹的角(见图 6、图 7)。

6.4.21

汽车方位角　heading angle

ψ

汽车 x_0 轴在路面上的投影和 X 轴间的夹角(见图 1、图 6、图 7)。

6.4.22

汽车侧偏角　sideslip angle of vehicle

$\boldsymbol{\beta}$

汽车 x_0 轴在路面上的投影与车速(质心处)在路面上的投影间的夹角(见图 6)。

6.4.23

行进方向角　course angle

ν

车速(质心处)在路面上的投影与 X 轴间的夹角(见图 6)。它等于方位角与侧偏角的代数和,即 $\nu=\psi+\beta$。

6.5　力　forces

6.5.1

纵向力　longitudinal force

作用在汽车上的力矢量沿 x 轴方向的分量。

6.5.2

侧向力　side force

作用在汽车上的力矢量沿 y 轴方向的分量。

6.5.3

垂直力　vertical force

作用在汽车上的力矢量沿 z 轴方向的分量。

6.6　力矩　moments

6.6.1

侧倾力矩　rolling moment

作用在汽车上的力矩矢量使汽车绕 x 轴旋转的分量。

6.6.2

纵倾力矩　pitching moment

作用在汽车上的力矩矢量使汽车绕 y 轴旋转的分量。

6.6.3

横摆力矩　yawing moment

作用在汽车上的力矩矢量使汽车绕 z 轴旋转的分量。

7　运动特性

7.1　控制方式　control modes

7.1.1

位置控制　position control

对转向系中的某些控制点(转向轮、转向垂臂、转向盘)施加位移输入(或限制)时的汽车控制,与所需的力无关。

7.1.2

固定控制　fixed control

对转向系中的某些控制点(转向轮、转向垂臂、转向盘)的位置保持固定时的汽车控制。它是位置控制的一个特殊情况。

7.1.3

力控制　force control

对转向系中的某些控制点(转向轮、转向垂臂、转向盘)施加力输入(或限制)时的汽车控制,与所需的位移无关。

7.1.4

自由控制　free control

对转向系中不加任何限制的汽车控制。它是力控制的一个特殊情况。

7.1.5

人为控制　manual control

由驾驶员操纵汽车按照一定目标行驶的控制方式。

7.1.6

开环控制　open loop control

按规定输入条件操纵汽车而不根据汽车的输出做为反馈对汽车进行任何操纵修正的控制方式及响应。

7.1.7

闭环控制　close loop control

将汽车响应、环境条件(路况、横向风等参数)反馈到输入控制中,操纵汽车按一定目标行驶的控制方式及响应。

7.2　响应　response

7.2.1

转向响应　steering response

施加在操纵(转向)部件上的输入所引起的汽车运动。包括驾驶员加在制动器、加速踏板上的输入所引起的转向响应。

7.2.2

扰动响应　disturbance response

由外界扰动(力或位移)作用在汽车上所引起的汽车运动。

示例:由风力、路面不平所引起的汽车运动。

7.2.3

稳态　steady state

当汽车所受外力、外力矩以及汽车本身的惯性力、惯性力矩所形成的合力和合力矩在运动坐标系或汽车坐标系中不随时间发生变化时的运动状态。

7.2.3.1

稳态响应　steady state response

汽车处于稳态状况下的运动响应。

7.2.4

瞬态　transient state

除7.2.3所述“稳态”外的运动状态。

7.2.4.1

瞬态响应　transient state response

汽车处于瞬态状况下的运动响应。

7.2.5

横摆响应　yaw response

汽车对操纵输入(或外部扰动输入)的横摆运动响应。

7.2.6

侧倾响应　roll response

汽车对操纵输入(或外部扰动输入)的侧倾运动响应。

7.2.7

转向敏感性(转向增益)　steering sensitivity(steering gain)

操纵输入增加规定量时,稳态响应增益的增加量,主要指横向加速度、横摆角速度等。

7.2.8

路面不平敏感性　pavement irregularity sensitivity

汽车对路面不平扰动输入的响应程度。

7.2.9

侧风敏感性　crosswind sensitivity

汽车对横向风扰动输入的响应程度。

7.2.10

频率响应　frequency response

汽车对正弦波输入的稳态响应,用以求输出对输入的增益及相位特性等。

注:可用转向盘转角、转向力作为输入。

7.2.11

频率特性　frequency characteristic

以转向盘正弦波指令输入频率为变量的响应特性。

注:可由不规则输入响应及瞬态响应求得。

7.3　转向特性　steering characteristics

7.3.1

中性转向　neutral steer

在车速一定而改变横向加速度时,若名义转向角(见3.1.4)的斜率等于阿克曼角(见3.1.6)的斜率,该汽车的转向特性为中性转向。该特性大体相当于静态裕度(见7.3.6)为零值。简称NS(见图8)。

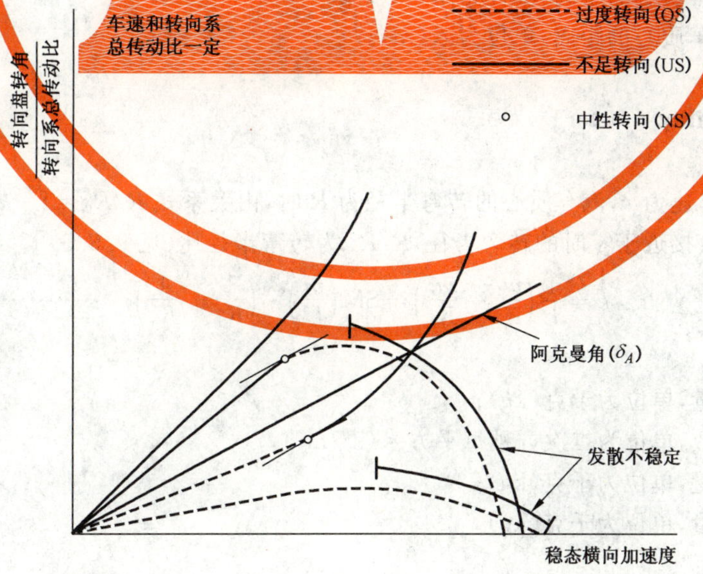

图8　转向特性

7.3.2

不足转向　understeer

在车速一定而改变横向加速度时，若名义转向角的斜率大于阿克曼角的斜率，该汽车的转向特性为不足转向。该特性相当于静态裕度(见 7.3.6)为正值。简称 US(见图 8)。

7.3.3

过度转向　oversteer

在车速一定而改变横向加速度时，若名义转向角的斜率小于阿克曼角的斜率，该汽车的转向特性为过度转向。该特性相当于静态裕度(见 7.3.6)为负值。简称 OS(见图 8)。

7.3.4

横向力中性点　neutral point of lateral force

横向力垂直作用在车辆纵向对称平面上，使汽车不产生横摆角速度的力的作用点。

7.3.5

横向力中性线　neutral line of lateral force

中性转向点的集合。

7.3.6

静态裕度　static margin

中性转向线至汽车质心的水平距离与轴矩的比值。汽车质心在中性转向线的前方，该值为正，简称 SM。

$$SM=\frac{K_rL_r-K_fL_f}{(K_f+K_r)L} \quad \cdots\cdots(1)$$

式中：

K_f ——两前轮的侧偏刚度之和，单位为牛每度[N/(°)]；

K_r ——两后轮的侧偏刚度之和，单位为牛每度[N/(°)]；

L ——轴距，单位为米(m)；

L_f ——前轴至汽车质心的距离，单位为米(m)；

L_r ——后轴至汽车质心的距离，单位为米(m)。

7.3.7

稳定性因数　stability　factor

k

假定回转试验的车速为 v，汽车质心的转弯半径为 R 时，由关系式 $R/R_0=1+kv^2$ 求 k[式中：R_0 为车速极低即侧向加速度接近于零时的转弯半径，R/R_0 为转弯半径比(见 9.3.5)]。线性分析有：

$$k=\frac{1}{L}\left(\frac{m_f}{K_f}+\frac{m_r}{K_r}\right)=SM\left(\frac{m}{L}\right)\cdot\left(\frac{1}{K_f}+\frac{1}{K_r}\right) \quad \cdots\cdots(2)$$

式中：

M ——汽车总质量，单位为千克(kg)；

K ——稳定性因数，单位为二次方秒每平方米(s^2/m^2)；

m_f——前轴载质量，单位为千克(kg)；

m_r——后轴载质量，单位为千克(kg)。

7.3.8

侧倾转向　roll steer

由悬架侧倾产生的前、后轮转向角的变化量。

7.3.8.1

侧倾不足转向　roll understeer

增大汽车不足转向(或减小汽车过度转向)的侧倾转向。

7.3.8.2

侧倾过度转向　roll oversteer

增大汽车过度转向(或减小汽车不足转向)的侧倾转向。

7.3.8.3

侧倾转向系数　roll steer coefficient

悬架侧倾角单位变化量所对应的侧倾转向角的变化量。

7.3.9

柔性转向　compliance steer

由悬架系、转向系的柔性变形产生的前、后轮转向角的变化。

7.3.9.1

柔性不足转向　compliance understeer

增大汽车不足转向(或减小汽车过度转向)的柔性转向。

7.3.9.2

柔性过度转向　compliance oversteer

增大汽车过度转向(或减小汽车不足转向)的柔性转向。

7.3.9.3

柔性转向系数　compliance steer coefficient

由路面作用在轮胎上的力或力矩的单位变化量所对应的柔性转向的变化量。

7.4　一般评价　general evaluation

7.4.1

直线行驶稳定性　straight motion stability

汽车直线行驶状态受到外部干扰后,保持或恢复至原来行驶状态的特性。

7.4.2

回正性　returnablilty

汽车转弯行驶时,松开转向盘后汽车恢复直线行驶状态的性能。

7.4.3

发散不稳定性　divergent instability

给汽车一个小而短暂的扰动或控制输入时,汽车的响应振幅总是增长的,而不是在工作点附近等幅或减幅摆动的汽车响应特性。

7.4.4

振荡不稳定性　oscillatory instability

给汽车一个小而短暂的扰动或控制输入时,汽车的响应振幅总是增长的,且在工作点附近来回摆动的汽车响应特性。

7.4.5

渐近稳定性　asymptotic stability

对指定的工作点而言,扰动或控制输入有任何小而短暂的改变时,汽车将逼近工作点所规定的运动状态。

7.4.6

中性稳定性　neutral stability

对指定的工作点而言,扰动或控制输入有短暂改变时,汽车将保持在接近于但不能达到工作点所规定的运动状态。

7.4.7

驾驶员目视距离　driver viewing distance

在行驶中，驾驶员的眼睛到注视点的水平距离。

7.4.8

转向盘中心区操纵稳定性　quantification of on-centre handling

汽车以高速、小侧向加速度进行近似直线和通过大直径弯道行驶时，对转向感觉和精度的描述。

8　极限特性和异常运动

8.1　极限特性　characteristics of limit maneuver

8.1.1

最大向心加速度　maximum centripetal acceleration

汽车在人为控制或固定控制条件下进行曲线运动时达到的向心加速度的最大值。

8.1.2

最大横向加速度　maximum lateral acceleration

汽车在人为控制或固定控制条件下进行曲线运动时达到的横向加速度的最大值。

8.1.3

最大指示横向加速度　maximum indicated lateral acceleration

汽车在人为控制或固定控制条件下进行曲线运动时，横向加速度计指示的最大值。

8.1.4

特征车速　characteristic speed

不足转向汽车产生最大横摆角速度增益(等于一辆轴距相同的中性转向汽车横摆角速度增益的一半)时的前进车速。

8.1.5

临界车速　critical speed

过度转向汽车产生无限大横摆角速度增益时的前进车速。

8.1.6

倾斜极限角　overturning limit angle

在整车整备质量状态下，用侧倾试验台向左(或向右)倾斜汽车，直到减载侧的全部车轮离开侧倾台面或车轮开始滑移时，侧倾台面与水平面间所夹的锐角。

注：对于悬架系弹性元件采用空气弹簧的汽车，应在高度控制阀不起作用的状态下进行。

8.2　异常运动　abnormal motion

8.2.1

侧滑　break away

轮胎接地胎面上合力大于附着力时车辆的侧向滑移。后轮侧滑称为‘甩尾’(横摆角速度、后轮侧偏角急增)，前轮侧滑称为‘飘出’(转弯半径增加、横摆角速度减小)。

8.2.2

卷入　tuck in

在回转运动中，急收加速踏板或急剧分离离合器时汽车向内转入的现象。

8.2.3

车轮抬起　wheel lift

在离心力作用下，汽车转向内侧的前轮或后轮离开路面的现象。

8.2.4

举起 jack up

由横向加速度引起的车身向上的现象。

8.2.5

折叠 jack-knifing

挂车绕牵引车连接点回转而与牵引车成“V”字的现象。

8.2.6

挂车甩摆 trailer swing

挂车绕牵引车连接点横向摆动的现象。

8.2.7

滑水效应 hydroplaning

由湿路面流体力学作用导致的轮胎与路面间摩擦力急剧减小的现象。

注：改写 GB/T 6326—2005，定义 9.7.19。

8.2.8

驻波 standing wave

轮胎高速行驶中，当胎体变形达到一定频率时，在离地的轮胎圆周上出现近似不变的波浪形变形。

[GB/T 6326—2005，定义 9.6.1]

8.2.9

跳动 hop

车轮在路面与簧载质量间上、下振动的现象。

8.2.10

踏跳 tramp

左右车轮反相位跳动的现象。

8.2.11

摆振 shimmy

转向盘与转向轮产生稳定的转向振动现象。

8.2.12

转向盘反冲 kick-back

由路面不平产生的冲击力传到转向盘上的现象。

9 试验与评价

9.1 常规试验 normal tests

9.1.1

稳态回转试验 steady static circular test

改变侧向加速度并以一定车速在固定半径的圆弧上行驶，从而对汽车的不足转向及过度转向特性、侧倾特性、最大侧向加速度、转向盘力矩等进行评价的试验。

注：改变侧向加速度可采用定半径法、定转向盘转角连续加速法及定车速法实现。

9.1.2

最小转弯直径试验 minimum turning diameter test

保持转向盘转角在最大位置并以极低车速行驶，测定汽车运动形成的轨迹圆直径。

9.1.3

功率突然变化影响试验 test of effect of sudden power change

汽车在转弯行驶中，控制加速踏板以评价汽车突然加速或突然减速时的稳定性试验。

9.1.4

弯道制动试验　test of braking on curve

评价汽车在转弯行驶中进行制动时的稳定性试验。

9.1.5

转向回正性能试验　returnability test

评价汽车在转弯行驶中突然松开转向盘时，汽车横摆角速度等变量恢复直线行驶状态的试验。

9.1.6

加速踏板松开控制试验　test of control at breakaway

采用固定控制使汽车沿圆周行驶，当侧向加速度达到予先指定值时快速松开加速踏板，评价加速踏板松开后驾驶员控制汽车难易程度的试验。

9.1.7

横风稳定性试验　test of crosswind stability

由送风装置产生的横向风(或自然风)作用于行驶的汽车上时，用横向位移、横摆角速度、转向盘转角的修正频度及转向角等评价汽车行驶方向稳定性的试验。

9.1.8

转向力脉冲稳定性试验　test of stability steer-off motion on a straight-ahead driving

汽车以一定车速直线行驶，突然转动转向盘并立即撒手以评价汽车运动收敛性试验。

注：运动收敛性即恢复初始运动状态的能力。

9.1.9

制动稳定性试验　test of braking stability

评价汽车在行驶中进行制动时是否发生跑偏、侧滑以及失去转向能力的试验。

注：用横向位移、横摆角等进行评价。

9.1.10

反冲试验　kick-back test

评价汽车在坏路或凹凸不平路面上行驶时的转向盘力矩、转向盘反冲大小的试验。

9.1.11

轮胎爆破响应试验　response test of tire burst

评价汽车在行驶中轮胎爆破后，驾驶员控制汽车难易程度的试验。

9.1.12

避障试验　obstacle avoidance test

汽车在直线行驶中绕过前方障碍物后回到原来行驶路线的试验。

注：用最高车速、横摆角速度响应等进行评价。

9.1.13

移线试验　lane change test

评价汽车在变换车道行驶时响应性和稳定性的试验。

9.1.14

蛇行试验　pylon course slalom test

操纵汽车在一定间隔的标桩间穿行以评价汽车的机动性、响应性和稳定性的试验。

注：用最高通过车速、转向力、侧向加速度、横摆角速度响应、转向盘转角等进行评价。

9.1.15

转向轻便性试验　steering efforts test

评价汽车低速沿双纽线行驶时转向力大小的试验。

9.1.16

"J"型转弯试验 J-turn test

评价汽车由直线行驶急剧进入"J"型曲线行驶时的抗翻倒性、轮辋错动等的试验。

9.1.17

频率响应试验 frequency response test

以各种频率进行周期性的操纵输入,用横摆角速度、侧倾角等对各种频率输入的响应特性进行评价的试验。

9.1.18

瞬态响应试验 transient response test

操纵输入(或加、减速输入)随时间而变化,用横摆角速度、侧倾角等评价汽车过渡过程响应特性的试验。

9.1.19

阶跃响应试验 step response test

以阶跃形式进行操纵输入,用横摆角速度、侧倾角等评价汽车响应特性的试验。

9.1.20

脉冲响应试验 pulse response test

以脉冲形式进行操纵输入,用横摆角速度、侧倾角等评价汽车响应特性的试验。

9.2 其他试验 other tests

9.2.1

悬架举升试验 jack-up test of suspension

评价悬架举升特性的试验。

9.2.2

耐翻倾试验 test of overturning immunity

评价汽车耐翻倾程度的试验。

注:可用"J"型转弯试验、蛇行试验、转弯制动试验代替。

9.2.3

轮辋错动试验 rim slip test

评价轮辋错动难易程度的试验。

注:可用"J"型转弯试验代替。

9.2.4

转向力试验 steering force test

评价汽车在静止状态、极低速、中速、高速和大转弯时转向力的试验。

9.2.5

路面不平敏感性试验 test of pavement irregularity sensitivity

评价汽车对路面不平响应敏感性的试验。

9.2.6

汽车风洞试验 vehicle wind tunnel test

利用风洞进行的汽车空气动力性能试验。

9.3 评价 evaluation

9.3.1

转向盘相对转动量 relative steering wheel displacement

汽车以极低车速回转,当质心的转弯半径为10 m时的转向盘转角增量。

9.3.2

向心加速度影响系数　coefficient of centripetal acceleration effect

汽车在定转弯半径回转时，转向盘转角增量对向心加速度增量的比值。

9.3.3

转向力的向心加速度影响系数　coefficient of centripetal acceleration on steering force

汽车在定转弯半径回转时，转向力增量对向心加速度增量的比值。

9.3.4

侧倾度　roll rate

在一定向心加速度时，侧倾角相对向心加速度的变化率。

9.3.5

转弯半径比　ratio of cornering radius

汽车稳态回转试验中，在某车速下的转弯半径与车速极低即侧向加速度接近零时的转弯半径的比值。

9.3.6

侧偏角差　difference of sideslip angles

汽车稳态回转试验中，前、后桥综合侧偏角的差值。

9.3.7

响应时间　response time

在阶跃响应试验中，从转向盘转角达到终值的50%时刻起，到所测变量过渡到新稳态值的90%时刻止的一段时间间隔(见图9)。

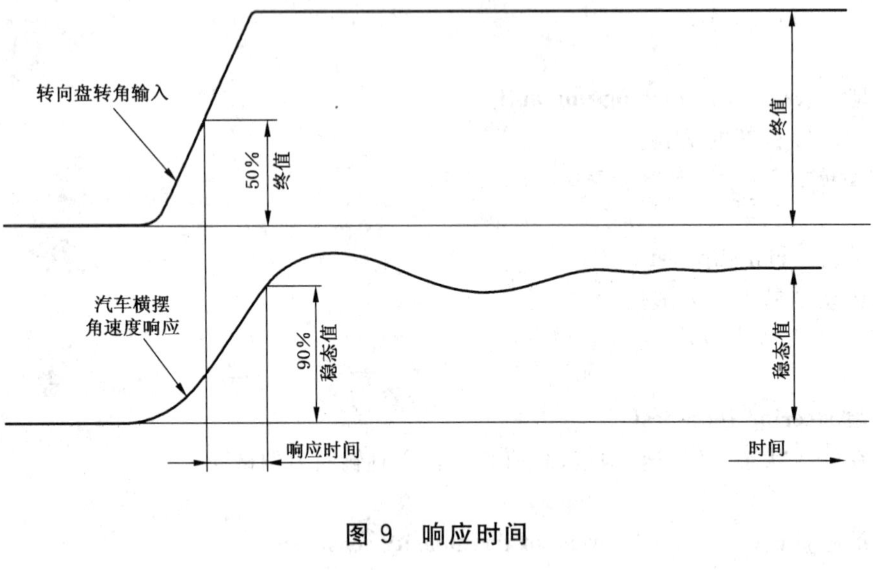

图9　响应时间

9.3.8

超调量　overshoot

阶跃响应试验中，横摆角速度响应的最大值与稳态值之差和稳态值的比值(见图10)。按式(3)计算：

$$\sigma=\frac{r_{max}-r_0}{r_0}\times 100\% \quad \cdots\cdots(3)$$

式中：

r_{max}——横摆角速度响应最大值，单位为度/秒[(°)/s]；

r_0 ——横摆角速度响应稳态值，单位为度/秒[(°)/s]；

σ ——横摆角速度超调量，%。

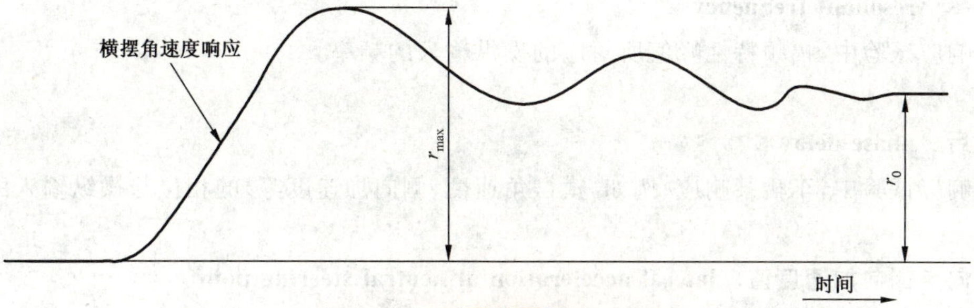

图 10　超调量

9.3.9

回正时间　restoring time

从松开转向盘的时刻起，到所测变量回复到初始零线的时刻为止的一段时间间隔。

9.3.10

总方差　total　square deviation

横摆角速度总方差分为转向盘角输入和转向盘力输入两种情况，分别按式(4)、式(5)计算。

转向盘角输入：

$$E_r = \sum_{k=0}^{n} \left(\frac{\delta_{swk}}{\delta_{sw0}} - \frac{r_k}{r_0} \right)^2 \times \Delta t \qquad \cdots\cdots (4)$$

式中：

E_r ——横摆角速度总方差，单位为秒(s)；

δ_{swk} ——转向盘转角输入的瞬时值，单位为度(°)；

r_k ——横摆角速度响应的瞬时值，单位为度/每秒(°)/s；

δ_{sw0} ——转向盘转角输入终值，单位为度(°)；

r_0 ——横摆角速度响应的稳态值，单位为度/每秒(°)/s；

n ——采样点数；

Δt ——采样时间间隔，单位为秒(s)。

转向盘力输入：

$$E_r = \left[\sum_{k=0}^{n} \left(\frac{r_k}{r_0} \right)^2 + 0.5 \right] \times \Delta t \qquad \cdots\cdots (5)$$

式中：

E_r——横摆角速度总方差，单位为秒(s)；

r_k ——横摆角速度响应的瞬时值，单位为度每秒[(°)/s]；

r_0 ——横摆角速度响应的稳态值，单位为度每秒[(°)/s]；

n ——采样点数；

Δt——采样时间间隔。

侧向加速度总方差为汽车侧向加速度响应与转向盘转角输入的相对平方差之总和，按式(6)计算。

$$E_{ay} = \sum_{k=0}^{n} \left(\frac{\delta_{swk}}{\delta_{sw0}} - \frac{a_{yk}}{a_{y0}} \right)^2 \times \Delta t \qquad \cdots\cdots (6)$$

式中：

E_{ay}——侧向加速度总方差，单位为秒(s)；

a_{yk} ——侧向加速度响应的瞬时值，单位为米每二次方秒(m/s^2)；

a_{y0}——侧向加速度响应的稳态值，单位为米每二次方秒(m/s^2)。

9.3.11

谐振频率　resonant frequency

在频率响应试验中，幅频特性峰值所对应的操纵输入的频率。

9.3.12

相位滞后　phase-delay

在频率响应试验中，车辆某响应(例如，横摆角速度、侧向加速度等)的相位与操纵输入的相位之差。

9.3.13

中性转向点侧向加速度值　lateral acceleration at neutral steering point

前、后桥侧偏角差与侧向加速度关系曲线上，斜率为零处的侧向加速度值。

9.3.14

谐振峰水平　resonant peak level

谐振峰水平按式(7)表示：

$$D = 20 \times \lg \frac{A_p}{A_0} \qquad \cdots\cdots(7)$$

式中：

D——谐振峰水平，单位为分贝(dB)；

A_p——$f=f_p$ 处的横摆角速度增益，单位为赫兹(Hz)；

A_0——$f=0$ 处的横摆角速度增益，单位为赫兹(Hz)。

9.3.15

不足转向度　degree of understeer

前、后桥侧偏角差值与侧向加速度关系曲线上，侧向加速度值为 2 m/s^2 处的平均斜率(纵坐标值除以横坐标值)。

9.3.16

车身侧倾度　roll rate of body

车身侧倾角与侧向加速度关系曲线上，侧向加速度值为 2 m/s^2 处的平均斜率(纵坐标值除以横坐标值)。

10　空气动力学

10.1　气流流动特性　air flow characteristics

10.1.1

理想流体　ideal fluid

忽略黏性作用的流体。

10.1.2

自由流　free stream

汽车前方未受扰动的来流。

注：改写 16638.1—2008，定义 3.1.14。

10.1.3

定常流　steady flow

流场中的任一点的流动参数(如速度、压力、密度等)不随时间变化的流动。

[GB/T 16638.1—2008，定义 3.1.22]

10.1.4

非定常流　unsteady flow

流场中的任一点的流动参数(如速度、压力、密度等)随时间变化的流动。

[GB/T 16638.1—2008,定义 3.1.23]

10.1.5

层流　laminar flow

黏性流体质点互不掺混、层次分明的流动。

[GB/T 16638.1—2008,定义 3.1.69]

10.1.6

湍流　turbulent flow

旧称紊流。流体质点互相掺混,其局部压力、速度等在时间和空间上有复杂的、无规则的随机脉动的非定常流。

[GB/T 16638.1—2008,定义 3.1.70]

10.1.7

湍流度　turbulence

度量气流速度脉动程度的一种标准,通常用脉动速度均方和与时均速度之比来表示脉动的大小。

[GB/T 16638.1—2008,定义 3.1.71]

10.1.8

转捩　transition

层流到湍流的过渡。

[GB/T 16638.1—2008,定义 3.1.72]

10.1.9

边界层　boundary layer

气流因黏性效应在物面形成的具有法向速度梯度的薄层。

注:改写 GB/T 16638.1—2008,定义 3.1.74。

10.1.10

分离　separation

边界层内的气流不再贴附物体表面而与物面相脱离的流动现象。

10.1.11

空气动力黏度　air viscosity

与流动方向平行界面上的摩擦应力,同界面法向速度梯度之间的比例系数。旧称黏性系数。

注:改写 GB/T 16638.1—2008,定义 3.1.6。

10.1.12

静压　static pressure

运动气体的当地压力。

[GB/T 16638.1—2008,定义 3.1.62]

10.1.13

动压　dynamic pressure

旧称速压。运动气体当地密度 ρ 和速度 v 平方乘积之半。

[GB/T 16638.1—2008,定义 3.1.63]

10.1.14

总压　total pressure

又称驻点压力。气流速度等熵滞止到零时的压力。

[GB/T 16638.1—2008,定义 3.1.64]

10.1.15

压力系数　pressure coefficient

压强的无量纲系数,即当地静压与来流静压之差同来流动压的比值,按式(8)计算:

$$C_P = \frac{(p - p_\infty)}{q_\infty} \qquad \cdots\cdots(8)$$

式中:

C_p ——压强系数;

p ——当地静压;

p_∞——来流静压;

q_∞——来流动压。

来流动压按式(9)计算:

$$q_\infty = \rho v_\infty^2 / 2 \qquad \cdots\cdots(9)$$

式中:

ρ ——空气密度;

v_∞——来流速度。

10.1.16

流线　streamline

用来描述流场各点流动方向的曲线,即某一瞬间流场中每点都与速度矢量相切的曲线。

[GB/T 16638.1—2008,定义 3.1.55]

10.2　气动力变量　aerodynamic variables

10.2.1

体轴坐标系(x_T,y_T,z_T)vehicle stability axes system(x_T,y_T,z_T)

固定于车体的右手直角坐标系,其坐标原点位于汽车纵向对称平面与四轮接地平面的交线上前、后轴的中点处;x_T 轴沿纵向对称平面与四轮接地平面的交线,指向前方;y_T 轴垂直于纵向对称面,指向左方;z_T 轴垂直于 x_T 和 y_T 平面,指向上方(见图 11)。

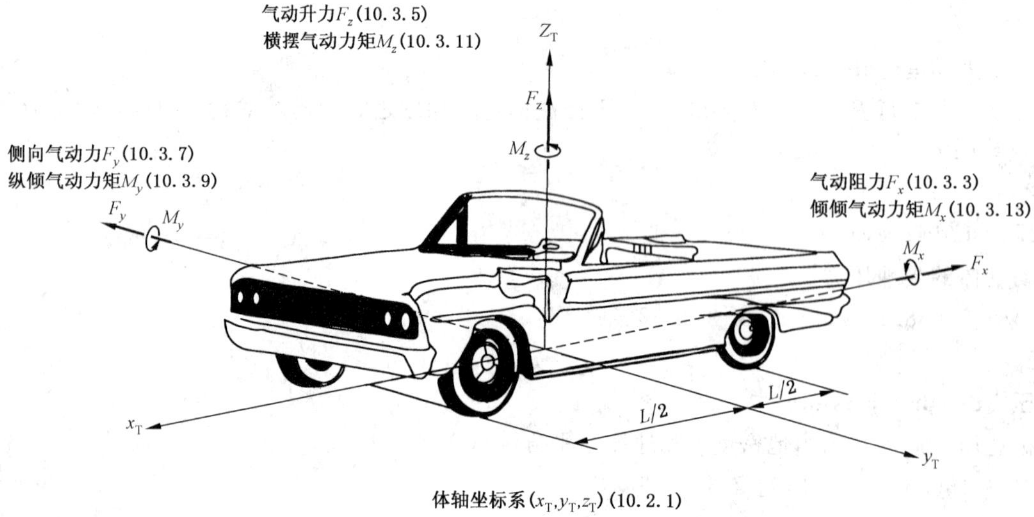

图 11　体轴坐标系

10.2.2

周围风速　ambient wind velocity

$\boldsymbol{v}_a$

气流速度矢量相对地面的水平分量(见图 12)。

10.2.3

周围风向角　ambient wind angle

$\boldsymbol{v}_a$

周围风速在地面上的投影与 X 轴之间的夹角(见图 12)。

10.2.4

合成气流速度矢量　resultant air velocity vector

v_r

周围风速矢量与质心速度矢量的矢量差(见图 12)。

10.2.5

气动侧偏角　aerodynamic sideslip angle

$\boldsymbol{\beta}_a$

合成气流速度矢量在地面上的投影与 x_T 轴之间的夹角（见图 12)。

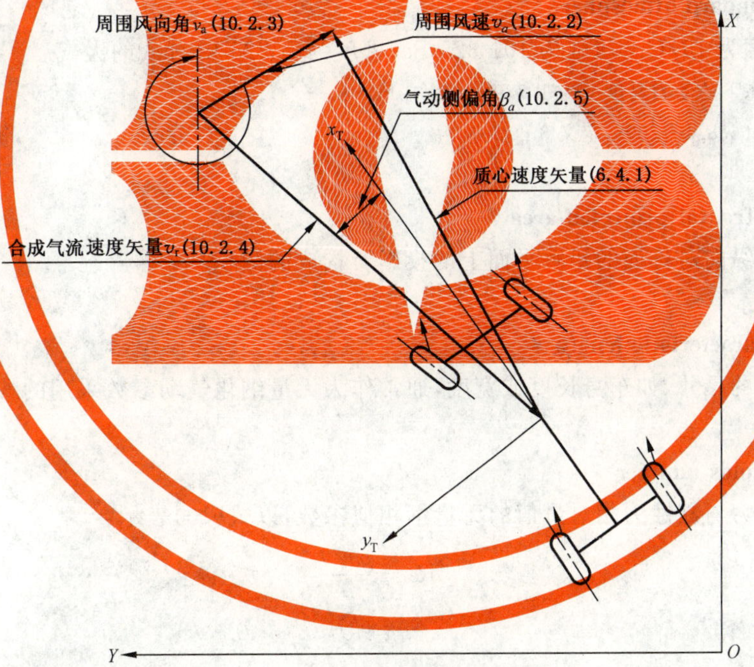

图 12　风矢量

10.2.6

气动迎角　aerodynamic angle of attack

$\boldsymbol{\alpha}_a$

合成气流速度矢量在汽车纵向对称平面上的投影与 x_T 轴之间的夹角（见图 13)。

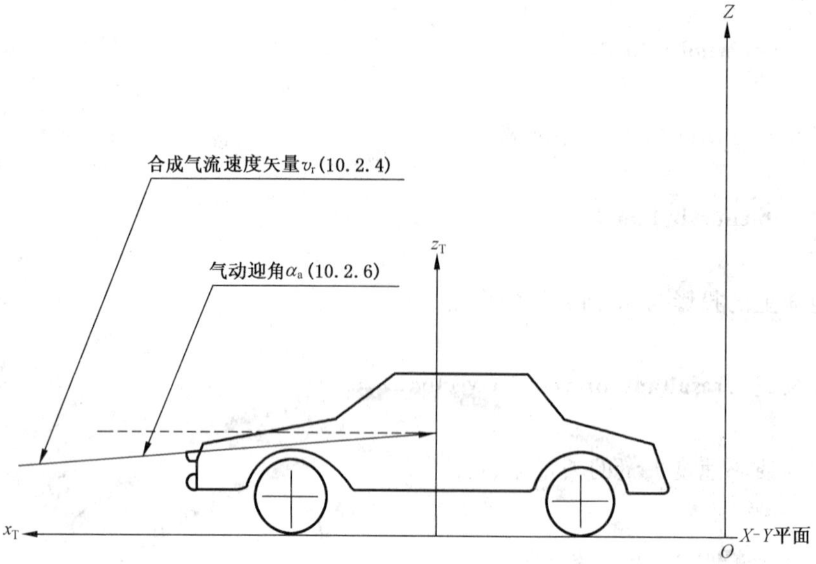

图 13 气动迎角

10.2.7

标准大气 standard atmosphere

海平面上，温度为 15 ℃、压强为 101 325 Pa、密度为 1.225 kg/m^3 的大气。

注：标准大气状态下的动力黏度 μ 为 1.789 4×10^{-5} Pa·s。

注：改写 GB/T 16638.1—2008，定义 3.1.2。

10.2.8

正投影面积 frontal projected area

汽车在垂直于纵向对称面的铅垂平面上的投影所构成的面积。

10.2.9

特征长度 characteristic length

表征物体特征的尺寸，如车身长度或宽度，通常作为无量纲化气动参数采用的参考长度。

10.2.10

雷诺数 Reynolds number

表征流体惯性力与黏性力相对量值的无量纲相似参数，以式(10)表示：

$$Re=\frac{\rho v_{\infty} l}{\mu} \qquad (10)$$

式中：

Re ——雷诺数；

ρ ——空气密度；

v_{∞} ——来流速度；

μ ——动力黏度；

l ——特征长度，对于汽车的雷诺数计算该值通常取汽车的宽度。

注：改写 GB/T 16638.1—2008，定义 3.1.33。

10.2.11 **边界层厚度 boundary layer thickness**

从物面一点向外沿法线方向，层内气流速度达到前方来流速度的 99%时的高度。

注：改写 GB/T 16638.1-2008，定义 3.1.78。

10.2.12 **位移厚度 displacement thickness**

边界层内的气流受粘性的阻滞流速减慢，其所占的通道与无黏流动的通道相比增多的距离。按式(11)计算：

$$\delta^* = \int_0^\infty \left(1 - \frac{v}{v_\infty}\right) \mathrm{d}y \quad \cdots\cdots(11)$$

式中：

δ^* ——位移厚度；

v_∞ ——来流速度。

注：改写 GB/T 16638.1—2008，定义 3.1.79。

10.3 气动力和力矩 aerodynamic forces and moments

10.3.1

六分量气动力 six components of aerodynamic force

当空气与物体发生相对运动时，空气对物体的作用力按直角坐标系分解成的六个分量，即三个力和三个力矩。

10.3.2

压力中心 pressure center

由汽车周围气流产生的空气动力合力的作用点。

注：改写 GB/T 16638.1—2008，定义 3.4.46。

10.3.3

气动阻力 aerodynamic drag

作用于汽车上的气动力在 x_T 轴方向的分量(F_x)(见图 11)。

10.3.4

阻力系数 drag coefficient

气动阻力的无量纲系数，以式(12)表示：

$$C_x = \frac{F_x}{q_\infty A} \quad \cdots\cdots(12)$$

式中：

C_x ——阻力系数；

q_∞ ——来流动压；

A ——正投影面积。

10.3.5

气动升力 aerodynamic lift

作用于汽车上的气动力在 z_T 轴方向的分量(F_z)(见图 11)。

10.3.6

升力系数 lift coefficient

气动升力的无量纲系数，以式(13)表示：

$$C_z = \frac{F_z}{q_\infty A} \quad \cdots\cdots(13)$$

式中：

C_z ——升力系数；

q_∞ ——来流动压；

A ——正投影面积。

10.3.7

侧向气动力　aerodynamic side force

作用于汽车上的气动力在 y_T 轴方向的分量(F_y)(见图 11)。

10.3.8

侧向气动力系数　side force coefficient

侧向气动力的无量纲系数,以式(14)表示:

$$C_y = \frac{F_y}{q_\infty A} \qquad \cdots\cdots(14)$$

式中:

C_y ——侧向气动力系数;

q_∞ ——来流动压;

A ——正投影面积。

10.3.9

纵倾气动力矩　aerodynamic pitching moment

作用于汽车上的气动力绕 y_T 轴的力矩(M_y)(见图 11)。

10.3.10

纵倾气动力矩系数　pitching moment coefficient

纵倾气动力矩的无量纲系数,以式(15)表示:

$$C_{my} = \frac{M_y}{q_\infty Al} \qquad \cdots\cdots(15)$$

式中:

C_{my} ——纵倾气动力矩系数;

q_∞ ——来流动压;

A ——正投影面积;

l ——特征长度,对于汽车的气动力计算该值通常取汽车的轴距。

10.3.11

横摆气动力矩　aerodynamic yawing moment

作用于汽车上的气动力绕 z_T 轴的力矩(M_z)(见图 11)。

10.3.12

横摆气动力矩系数　yawing moment coefficient

横摆气动力矩的无量纲系数,以式(16)表示:

$$C_{mz} = \frac{M_z}{q_\infty Al} \qquad \cdots\cdots(16)$$

式中:

C_{mz} ——横摆气动力矩系数;

q_∞ ——来流动压;

A ——正投影面积;

l ——特征长度。

10.3.13

侧倾气动力矩　aerodynamic rolling moment

作用于汽车上的气动力绕 x_T 轴的力矩(M_x)(见图 11)。

10.3.14

侧倾气动力矩系数　rolling moment coefficient

侧倾气动力矩的无量纲系数,以式(17)表示:

$$C_{mx}=\frac{M_x}{q_\infty Al} \qquad (17)$$

式中：

C_{mx}——侧倾气动力矩系数；

q_∞——来流动压；

A——正投影面积；

l——特征长度。

10.3.15

前部升力　front lift

作用于汽车上的气动升力在汽车前轴的分量(F_{ZF})。

10.3.16

后部升力　rear lift

作用于汽车上的气动升力在汽车后轴的分量(F_{ZR})。

10.3.17

前部侧向力　front side force

作用于汽车上的侧向气动力在汽车前轴的分量(F_{YF})。

10.3.18

后部侧向力　rear side force

作用于汽车上的侧向气动力在汽车后轴的分量(F_{YR})。

10.4　空气动力学附加装置　aerodynamic attachments

10.4.1

附加装置　attachments

安装在汽车上用以改善其空气动力特性的装置。

10.4.2

前阻风板　air dam

安装在车身前保险杠下主要用于降低汽车前轴升力，改善高速行驶稳定性的裙状装置；也称为“前阻流板”(见图14)。

图 14　前阻风板

10.4.3

后扰流板　rear spoiler

安装在车身后部的整流装置，用于调整后车体气流，从而降低气动阻力和气动升力，防止灰尘和泥垢对后风窗的污染(见图15)。

图 15　后扰流板

10.4.4

翼型板　wing section

安装在车身上的装置，剖面为翼型，多用于赛车。其作用在于产生局部负升力，以改善汽车的操纵稳定性。

10.4.5

尾脊板　rear kickup

安装在轿车或客车车顶后部的装置。用于稳定汽车尾部的涡流，使从车顶流过的气流沿后风窗流下，从而降低气动阻力(见图 16)。

图 16　尾脊板

10.4.6

导流罩　wind deflector

安装在货车驾驶室顶盖上的整流装置；也称为"导流板""导风板"。其作用在于调整撞击在拖车前围上的气流，使之平顺流向货箱，从而减小气动阻力(见图 17)。

图 17　导流罩

10.4.7

导流片　guide vane

该装置安装在稍微离开车头两侧的拐角处，其作用在于改善气流绕拐角处的流动状态，使之顺流，从而减小气动阻力(见图 18)。

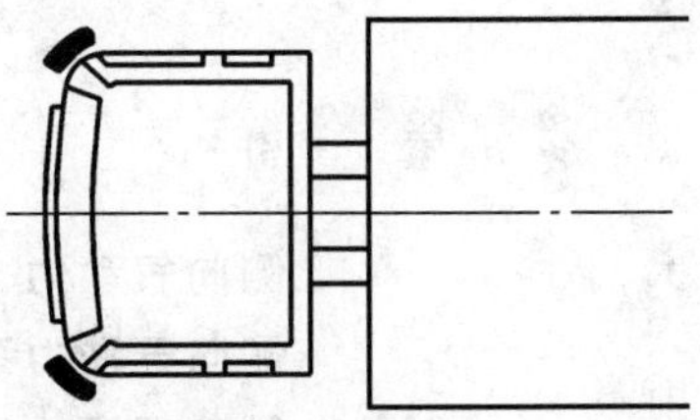

图 18　导流片

10.4.8

间隔封罩　gap seal

该装置安装在驾驶室与货厢之间的间隔处，其作用在于改善气流绕间隔的流动，防止侧风引起的横向穿流，从而达到减阻的效果(见图 19)。

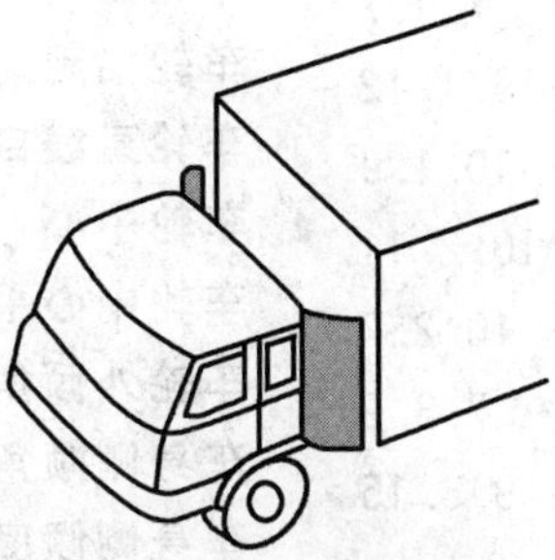

图 19　间隙封罩

10.4.9

侧裙　side skirt

安装在货物安放区下方两侧用于防止车辆底部气流的横向流动，起减阻作用的裙状装置(见图20)。

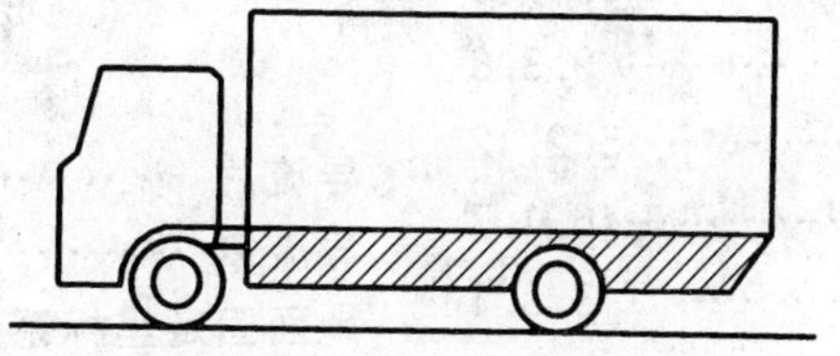

图 20　侧裙

10.4.10

稳涡装置　vortex stabilizer

安装在货厢(货车或拖车)前围上部的整流装置。用于稳定气流在驾驶室与货厢之间产生的非定常涡，以减小气动阻力(见图 21)。

图 21　稳涡装置

索引

汉语拼音索引

英文对应词索引

A

B

C

D

E

F

M

N

O

S

U

V

W

Y

ICS 01.040.19;19.100
J 04

中华人民共和国国家标准

GB/T 12604.3—2013/ISO 12706:2009
代替 GB/T 12604.3—2005

无损检测 术语 渗透检测

Non-destructive testing—Terminology—Terms used in penetrant testing

(ISO 12706:2009,IDT)

2013-12-17 发布 2014-10-01 实施

中华人民共和国国家质量监督检验检疫总局
中国国家标准化管理委员会
发布

前　言

本标准按照 GB/T 1.1—2009 给出的规则起草。

本标准代替 GB/T 12604.3—2005《无损检测　术语　渗透检测》。

本标准与 GB/T 12604.3—2005 相比主要变化如下：

——修改了部分术语和定义(见第 2 章;2005 年版的第 2 章)。

本标准采用翻译法等同采用 ISO 12706:2009《无损检测　渗透检测　词汇》(英文版)。

本标准由全国无损检测标准化技术委员会(SAC/TC 56)提出并归口。

本标准起草单位:中国特种设备检测研究院、上海材料研究所、上海诚友实业集团有限公司。

本标准主要起草人:刘德宇、金宇飞、赵成。

本标准所代替标准的历次版本发布情况为：

——GB/T 12604.3—1990、GB/T 12604.3—2005。

无损检测　术语　渗透检测

1　范围

本标准界定了渗透检测的技术术语。

2　术语和定义

2.1

背景　background

去除多余渗透剂后，荧光渗透剂或着色渗透剂残留在工件表面上的程度。

2.2

渗出　bleedout

渗透剂从不连续内出来。

2.3

着色渗透剂　colour contrast penetrant

在液体中含有染料(一般为红色)的渗透剂。

2.4

显像剂　developer

具有充分吸出不连续内渗透剂的性能，以便更易观察渗透剂的产品。

2.5

显像时间　development time

从显像剂的施加到开始观察的时间。

2.6

干粉显像剂　dry developer

一种细小的干粉状的显像剂，主要用于荧光渗透。

2.7

两用渗透剂　dual purpose penetrant

给出的显示既能在可见光下又能在 UV-A 辐射下进行观察的渗透剂。

2.8

渗透剂的乳化　emulsification of penetrant

乳化剂的功能，使后乳化型渗透剂变成可水洗。

2.9

乳化时间　emulsification time

使后乳化型渗透剂变成可水洗所需的时间。

2.10

乳化剂　emulsifier

使后乳化型渗透剂变成可水洗的产品。

2.11

多余渗透剂的去除　excess penetrant removal

去除被检表面的多余渗透剂，但不去除不连续内渗透剂的过程。

2.12

荧光亮度 fluorescent brightness

渗透剂受 UV-A 辐射激发,在可见光谱范围内所发出的可见光强度。

2.13

荧光渗透剂 fluorescent penetrant

在 UV-A 辐射下激发出荧光的渗透剂。

2.14

亲水性乳化剂 hydrophilic emulsifier

渗透检测中使用的可用水稀释的去除剂(水基型乳化剂)。

2.15

亲油性乳化剂 lipophilic emulsifier

渗透检测中使用的油基型乳化剂。

2.16

可剥离显像剂 peelable developer

挥发后会留下一层带有显示的可剥离薄膜层的液体显像剂,可用于制成可存档复制件。

2.17

渗透剂 penetrant

专用的染色液体,当把它施加到工件上,它能够进入工件表面不连续内,并且在去除了表面多余渗透剂后,仍宜保留在表面不连续内。

2.18

渗透系统 penetrant system

检测系统 test system

产品族 product family

相容的一组渗透检测产品,包括渗透剂、去除剂和显像剂(若有时)。

2.19

渗透检测材料 penetrant testing materials

渗透检测产品 penetrant testing products

渗透材料 penetrant materials

由渗透剂、去除剂和显像剂组成的产品。

2.20

渗透检测 penetrant testing

一种典型的无损检测,包括渗透、多余渗透剂的去除、显像等过程,为了在表面开口不连续处形成可见的显示。

2.21

容渗透剂率 penetrant tolerance

在需要更换前,一定量亲油性乳化剂可溶解的渗透剂数量。

2.22

渗透时间 penetration time

渗透剂直接与被检表面接触的时间,包括渗透剂施加时间和滴落时间。

2.23

后清洗 post-cleaning

渗透检测后,去除残留在被检工件上渗透材料的工序。

2.24

后乳化型渗透剂 post-emulsifiable penetrant

需用单独的乳化剂使其变成可水洗的渗透剂。

2.25
预清洗 precleaning
渗透检测前，去除被检表面上污染物的工序。

2.26
再分散性 re-dispersibility
用目视评定液体显像剂中的粉末在沉淀前的分散状况和停留时间。

2.27
灵敏度等级 sensitivity level
渗透检测材料或渗透检测系统的检测能力的相对度量。

2.28
溶剂型显像剂 solvent-based developer
非水湿式显像剂 non-aqueous wet developer
在挥发性溶剂中散布有细微颗粒的显像剂。

2.29
溶剂去除型渗透剂 solvent-removable penentrant
需用适宜的溶剂去除被检表面多余渗透剂的渗透剂。

2.30
溶剂去除剂 solvent remover
用于去除多余渗透剂的有机液体。

2.31
试块 test panel
带有已知人工不连续的试件，用于：
——确定和/或比较渗透检测过程的灵敏度；或
——定期校验渗透装置。

2.32
可洗性 washability
可水洗性
用目视评定多余渗透剂去除效果。

2.33
含水量 water content
能用适当方法测量出来的水洗型渗透剂或亲水性乳化剂中的水分含量。

2.34
水溶性显像剂 water-soluble developer
溶解在水中的专用粉末，干燥时形成有吸附能力的膜层。

2.35
水悬浮显像剂 water-suspendable developer
分散在水中的专用粉末，干燥时形成有吸附能力的膜层。

2.36
容水率 water tolerance
在给定的温度下，水洗型渗透剂或亲油性乳化剂的有效性能在减弱之前的容许吸水量。
注：容水率用质量分数百分比或体积分数百分比来表示。

2.37
水洗型渗透剂 water-washable penetrant
用水可直接去除的渗透剂。

中 文 索 引

英 文 索 引

ICS 25.040.30
J 28

中华人民共和国国家标准

GB/T 12642—2013/ISO 9283:1998
代替 GB/T 12642—2001

工业机器人　性能规范及其试验方法

Industrial robots—Performance criteria and related test methods

(ISO 9283:1998,IDT)

2013-11-12 发布　　2014-03-15 实施

中华人民共和国国家质量监督检验检疫总局
中国国家标准化管理委员会　发布

前　言

本标准按照 GB/T 1.1—2009 给出的规则起草。

本标准代替 GB/T 12642—2001《工业机器人　性能规范及其试验方法》,与 GB/T 12642—2001 相比主要技术变化如下：

——删除了原“ISO 前言”(2001 年版“ISO 前言”)；

——增加了单位“转/分”(见第 4 章,2001 年版第 4 章)；

——调整了缩略语和符号的顺序(见第 5 章,2001 年版第 5 章)；

——增加 6.12 工业机器人性能检测方法(见 6.12,2001 年版第 6 章)；

——修改了 7.2.2 中的公式(见 7.2.2,2001 年版 7.2.2)；

——修改了 7.3.3 中的公式(见 7.3.3,2001 年版 7.3.3)；

——将附录 C 中表 C.4“位置稳定时间和超调”改为“位置稳定时间和超调量”(见表 C.4,2001 年版表 C.4)；

——为了方便应用,增加了资料性附录 NA“基于 GB/T 12642 的工业机器人性能检测方法”(见附录 NA)；

——增加了参考文献(见参考文献)。

本标准采用翻译法等同采用 ISO 9283:1998《工业机器人　性能规范及其试验方法》。为了配合本标准的使用,我们将 ISO/TR 13309 的主要内容作为本标准附录 NA。

与本标准中规范性引用的国际文件有一致性对应关系的我国文件如下：

——GB/T 12643—1997　工业机器人　词汇(eqv ISO 8373:1994)

——GB/T 12644—2001　工业机器人　特性表示(eqv ISO 9946:1999)

——GB/T 16977—1997　工业机器人　坐标系和运动命名原则(eqv ISO 9787:1990)

本标准由中国机械工业联合会提出。

本标准由全国自动化系统与集成标准化技术委员会(SAC/TC 159)归口。

本标准起草单位:北京机械工业自动化研究所、广州数控设备有限公司、北京理工大学。

本标准主要起草人:杨书评、靳莉、王海丹、王思斯、陆际联。

本标准所代替标准的历次版本发布情况为：

——GB/T 12642—2001。

引　言

GB/T 12642 是涉及工业机器人的系列国家标准之一，其他还有诸如安全、通用特性、坐标系、术语和机械接口等方面的标准。这些标准是相互关联的，且和其他标准有关。

制定 GB/T 12642 的目的是便于机器人及其系统的制造商和用户间的沟通。GB/T 12642 定义了重要的性能指标，说明这些指标应怎样给定，并推荐了试验方法。本标准的附录 C 举例说明如何编写试验结果报告。本标准给出试验方法中的那些特性是对机器人性能起显著影响的性能指标。

本标准的用户根据具体要求选择需要测量的性能指标。

根据机器人的类型和要求，可全部或部分地采用本标准所述的试验。

GB/T 12642 标准的核心是单个特性试验。附录 A 中有位姿特性和轨迹特性对比测试的具体参数。

本标准的附录 B 对于典型应用提供了选择试验项目的指南。

本标准的附录 C 提供了试验报告的格式，包括所需的最少信息和试验结果的汇总。

工业机器人　性能规范及其试验方法

1　范围

本标准规定了操作型机器人下列性能指标及其测试方法：

——位姿准确度和位姿重复性；

——多方向位姿准确度变动；

——距离准确度和距离重复性；

——位置稳定时间；

——位置超调量；

——位姿特性漂移；

——互换性；

——轨迹准确度和轨迹重复性；

——重复定向轨迹准确度；

——拐角偏差；

——轨迹速度特性；

——最小定位时间；

——静态柔顺性；

——摆动偏差。

对于某一具体机器人的试验，本标准并不规定应选择上述的哪些性能指标。本标准所述的试验项目主要用于分析和检验某个机器人的指标，但也可用于样机试验、定型试验或验收试验。

为了对比不同机器人的性能指标，按照本标准的规定，下列参数必须相同：试验立方体的尺寸、试验用负载、试验速度、试验轨迹、试验循环和环境条件。

附录 A 给出了用于位姿特性和轨迹特性进行对比测试时的具体参数。

本标准适用于 ISO 8373:1994 中定义的所有工业机器人，本标准术语“机器人”指的是工业机器人。

2　规范性引用文件

下列文件对于本文件的应用是必不可少的。凡是注日期的引用文件，仅注日期的版本适用于本文件。凡是不注日期的引用文件，其最新版本(包括所有的修改单)适用于本文件。

ISO 8373:1994　工业机器人　词汇 (Manipulating industrial robots—Vocabulary)

ISO 9946:1999　工业机器人　特性表示(Industrial robots—Presentation of characteristics)

ISO 9787:1990　工业机器人　坐标系和运动命名原则(Industrial robots—Coordinate systems and motion nomenclatures)

3　术语和定义

ISO 8373:1994 界定的以及下列术语和定义适用于本文件。

3.1

集群　cluster

用于计算准确度和重复性特性的一组测量点(图 8 表示图解法示例)。

3.2

重心 barycentre

对于由坐标(x_j—y_j—z_j)确定的 n 个点的集群,该集群的重心是坐标为$\overline{x}$、$\overline{y}$、$\overline{z}$的点。$\overline{x}$、$\overline{y}$、$\overline{z}$的计算公式在7.2.1中给出。

3.3

测量停顿时间 measuring dwell

记录数据前在测量点处的延迟时间(如发出"到位"控制信号与测量装置"开始测量"之间的时间。

[ISO 8373:1994,定义6.5]

3.4

测量时间 measuring time

记录量值所用的时间。

4 单位

除非另有规定,所有单位如下:

——长度以毫米计……(mm)
——角度以弧度或度计……(rad)或(°)
——时间以秒计……(s)
——质量以千克计……(kg)
——力以牛顿计……(N)
——速度以米每秒……(m/s)
或度每秒……(°/s)
或弧度每秒……(rad/s)
或转每分计……(r/min)

5 缩略语和符号

下列缩略语和符号适用于本文件。

5.1 基本缩略语

A	准确度	Accuracy
d	漂移	Drift
E	互换性	Exchangeability
F	波动	Fluctuation
P	位姿	Pose
R	重复性	Repeatability
T	路径(轨迹)	Path(Trajectory)
V	速度	Velocity
v	变动	Variation
W	摆动	Weaving

5.2 量值

AD	距离准确度

AP	位姿准确度
AT	轨迹准确度
AV	轨迹速度准确度
a,*b*,*c*	对 X、Y、Z 轴的姿态(角分量)
CR	拐角圆角误差
CO	拐角超调
D	两点之间的距离
dAP	位姿准确度漂移
dRP	位姿重复性漂移
FV	轨迹速度波动
l	实到位姿和各个实到位姿集群重心间的距离
m	沿轨迹测量点数
n	测量循环次数
OV	位置超调量
RD	距离重复性
RP	位姿重复性
RT	轨迹重复性
RV	轨迹速度重复性
S	标准偏差
t	位置稳定时间
v	轨迹速度
vAP	多方向位姿准确度变动
x,*y*,*z*	沿 X、Y、Z 轴的直线坐标
WF	摆频误差
WS	摆幅误差

5.3 下标

a,*b*,*c*	表示对 X、Y、Z 轴的姿态特性
c	指令
e	拐角点(边界)
g	机器人性能进入规定的轨迹特性内的点
h	表示 *h* 次方向
i	表示第 *i* 点
j	表示第 *j* 次循环
k	表示第 *k* 次方向
p	位置
x,*y*,*z*	表示沿 X、Y、Z 轴的定位特性
1,2,…	表示位姿编号 1,2,…

5.4 其他符号

C_1 到 C_8	试验立方体的顶点
E_1 到 E_8	用于测量轨迹特性的矩形平面顶点
G	各实到位姿集群的重心

O_c　　　　测量系统坐标原点

注 1：其他符号在有关章节中解释。

6　性能测试条件与性能检测方法

6.1　机器人安装

根据制造商的建议安装机器人。

6.2　测试前提条件

机器人应装配完毕，并可全面操作。所有必要的校平操作、调整步骤及功能试验均应圆满完成。

除位姿特性的漂移试验应由冷态开始外，不管制造商是否有规定，其余的试验在试验前机器人应进行适当的预热。

若机器人具有由用户使用的、会影响被测特性的设备，或如果只能用特殊函数来记录特性(如离线编程给出的位姿校准设施)的设备，则试验中的状态必须在试验报告中说明，并且(与某种特性有关时)每次试验中均应保持不变。

6.3　操作和环境条件

由制造商制定并由本标准相应的试验方法确定的性能特性，只有在制造商规定的环境和正常操作条件下才是有效的。

6.3.1　操作条件

试验中所使用的正常操作条件，应由制造商说明。

正常操作条件包括(但不限于)：对电源、液压源和气压源的要求，电源波动和干扰，最大安全操作极限(见 ISO 9946:1999)等。

6.3.2　环境条件

6.3.2.1　一般条件

试验所用的环境条件应由制造商说明，参照 6.3.2.2 的要求。

环境条件包括：温度、相对湿度、电磁场和静电场、射频干扰、大气污染和海拔高度极限。

6.3.2.2　测试温度

测试的环境温度(θ)应为 20 ℃。采用其他的环境温度应在试验报告中指明并加以解释。试验温度应保持在 $\theta \pm 2$ ℃范围内。

为使机器人和测量仪器在试验前处于热稳定状态下，需将它们置于试验环境中足够长的时间(最好一昼夜)。还需防止通风和外部热辐射(如阳光、加热器)。

6.4　位移测量原则

被测位置和姿态数据(x_j、y_j、z_j、a_j、b_j、c_j)应以机座坐标系(ISO 9787:1990)来表示，或以测量设备所确定的坐标系来表示。

若机器人指令位姿和轨迹由另一坐标系(如在离线编程中使用)确定，而不是测量系统来确定，则必须把数据转换到一个公共坐标系中。用测量方法建立坐标系间的相互关系。在此情况下，7.2.1 给出的测量位姿不能用作转换数据的参照位置。参照点和测量点需在试验立方体内，且彼此距离应尽可能大(如,若 P_1 到 P_5 为测量点,则 C_3、C_4、C_5、C_6 可用作参照点)。

对于性能规范的有向分量,机座坐标系和所选坐标系的关系应在试验结果中说明。

测量点应离制造商指明的机械接口一段距离,该点在机械接口坐标系(见 ISO 9787:1990)的位置应予记录(见图 7)。

计算姿态偏差时所用的转动顺序,必须使姿态在数值上是连续的。绕动轴(导航角或欧拉角)旋转,或绕静止轴旋转是没有关系的。

除非另有规定,应在实到位姿稳定后进行测量。

6.5 仪器

对于轨迹特性、超调量和位姿稳定性的测量,数据采集设备的动态特性(如采样速率)应足够高,以确保获得被测特性的充分描述。

试验中所用的测量仪器应进行校准,还应估计测量的不确定度并在试验报告中说明。应考虑下列参数:

——仪器误差;

——与方法有关的系统误差;

——计算误差。

测量的不确定度不能超过被测特性数值的 25%。

本标准列出了部分适用的测量系统/传感器的实例,具体参见附录 NA。

6.6 机械接口的负载

所有试验项目都应在 100%额定负载条件下进行,即制造商规定的质量、重心位置和惯性力矩。额定负载条件应在试验报告中注明。

为表征机器人与负载有关的性能,可采用如表 1 中指出的将额定负载降至 10%或由制造商制定的其他数值进行附加试验。

如部分测量仪器附加于机器人上,应把其质量和位置当作试验负载的一部分。

图 1 是试验用末端执行器的实例,其 CG(重心)和 TCP(工具中心点)有偏移。试验时,TCP 是测量点(MP)。测量点的位置应在试验报告中说明。

表 1 试验负载

试验特性	使用负载	
	100%额定负载 (×表示必须采用)	额定负载减至 10% (○表示选用)
位姿准确度和位姿重复性	×	○
多方向位姿准确度变动	×	○
距离准确度和距离重复性	×	—
位置稳定时间	×	○
位置超调量	×	○
位姿特性漂移	×	—
互换性	×	○
轨迹准确度和轨迹重复性	×	○

表 1（续）

试验特性	使用负载	
	100%额定负载 （×表示必须采用）	额定负载减至 10% （○表示选用）
重复定向轨迹准确度	×	○
拐角偏差	×	○
轨迹速度特性	×	○
最小定位时间	×	○
静态柔顺性	—	见第 10 章
摆动偏差	×	○

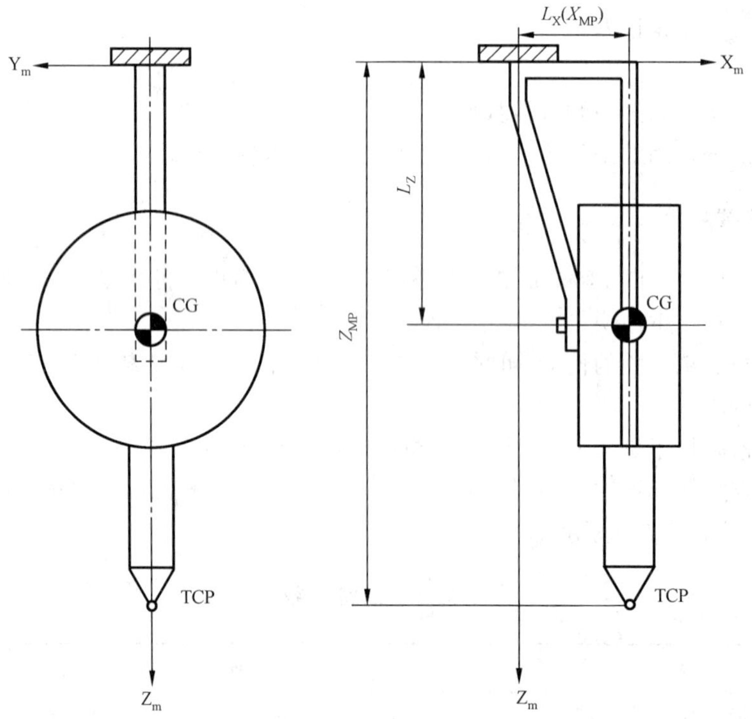

图 1 试验用末端执行器实例

6.7 试验速度

所有位姿特性试验都应在指定位姿间可达到的最大速度下进行，即在每种情况下速度补偿均置于 100%，并可在此速度的 50%和/或 10%下进行附加试验。

对于每一种轨迹特性，应在制造商规定的额定轨迹速度的 100%、50%和 10%下进行试验（见表 3）。在试验报告中应注明额定轨迹速度。每次试验所规定的速度取决于轨迹的形状和尺寸。机器人至少应能在试验轨迹 50%的长度内达到此速度。此时，相关的性能指标才是有效的。

如果可选择，应在试验报告中说明速度是以点位方式还是以连续轨迹方式来规定的。

表 2 和表 3 给出试验速度的汇总。

表 2 位姿特性试验速度

试验特性	速度	
	100%额定速度（×表示必测）	50%或10%额定速度（○表示选测）
位姿准确度和位姿重复性	×	○
多方向位姿准确度变动	×	○
距离准确度和距离重复性	×	○
位置稳定时间	×	○
位置超调量	×	○
位姿特性漂移	×	—
互换性	×	○
最小定位时间	见第9章和表20	

表 3 轨迹特性的试验速度

试验特性	速度		
	100%额定轨迹速度（×表示必测）	50%额定轨迹速度（×表示必测）	10%额定轨迹速度（×表示必测）
轨迹准确度和轨迹重复性	×	×	×
重复定向轨迹准确度	×	×	×
拐角偏差	×	×	×
轨迹速度特性	×	×	×
摆动偏差	×	×	×

6.8 试验位姿和跟踪轨迹的定义

6.8.1 目的

本条说明如何确定位于工作空间中立方体内一平面上的五个合适位置，还说明了要跟踪的试验轨迹。当机器人某轴运动范围较其他轴小时，可用长方体代替立方体。

6.8.2 立方体在工作空间中的位置

位于工作空间中的单个立方体，其顶点用 $C_1 \sim C_8$ 表示（见图 2），应满足以下要求：

——立方体应位于工作空间中预期应用最多的那一部分；

——立方体应具有最大的体积，且其棱边平行于机座坐标系。

在试验报告中应以图形说明工作空间中所用立方体的位置。

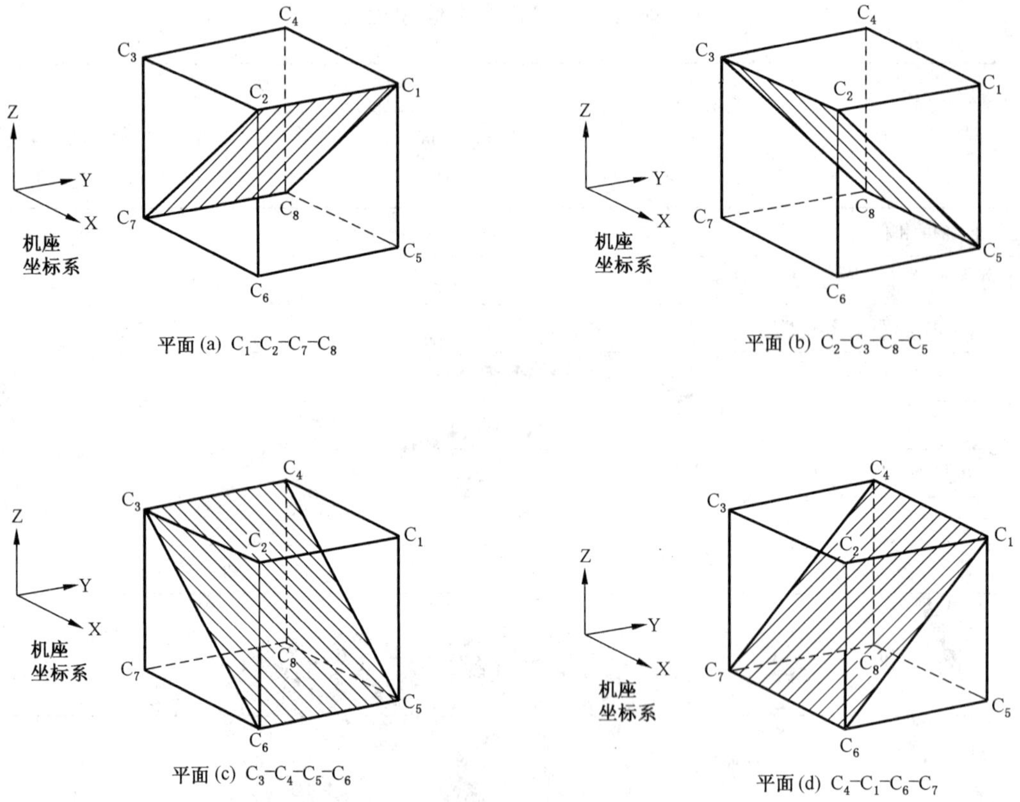

图 2 工作空间中的立方体

6.8.3 立方体内所用平面的位置

位姿试验应选用下列平面之一，对这些平面制造商已声明在说明书中的值是有效的：

a) C_1-C_2-C_7-C_8；

b) C_2-C_3-C_8-C_5；

c) C_3-C_4-C_5-C_6；

d) C_4-C_1-C_6-C_7。

试验报告中应指出选用了哪一个平面。

表 4 给出了位姿特性所使用的位姿。

表 4 位姿特性中选用的位姿

试验特性	位姿				
	P_1	P_2	P_3	P_4	P_5
位姿准确度和位姿重复性	×	×	×	×	×
多方向位姿准确度变动	×	×	—	×	—
距离准确度和距离重复性	—	×	—	×	—
位置稳定时间	×	×	×	×	×
位置超调量	×	×	×	×	×
位姿特性漂移	×	—	—	—	—
互换性	×	×	×	×	×

6.8.4 试验位姿

五个要测量的点位于测量平面的对角线上，并对应于选用平面上的 $P_1 \sim P_5$ 加上轴向（X_{MP}）和径向（Z_{MP}）测量点偏移。点 $P_1 \sim P_5$ 是机器人手腕参考点的位置。

测量平面平行于选用平面，见图 3 和图 7。

制造商可规定试验位姿应以机座坐标系（最佳）和/或关节坐标系来确定。

P_1 是对角线的交点，也是立方体的中心。P_2 到 P_5 离对角线端点的距离等于对角线长度的（10±2）%（见图 4）。若不可能，则在报告中说明在对角线上所选择的点。

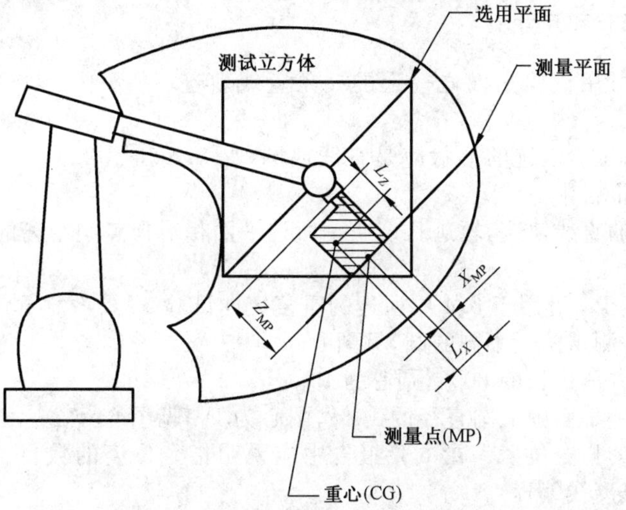

机械接口坐标系 MP=TCP

图 3 选用平面和测量平面

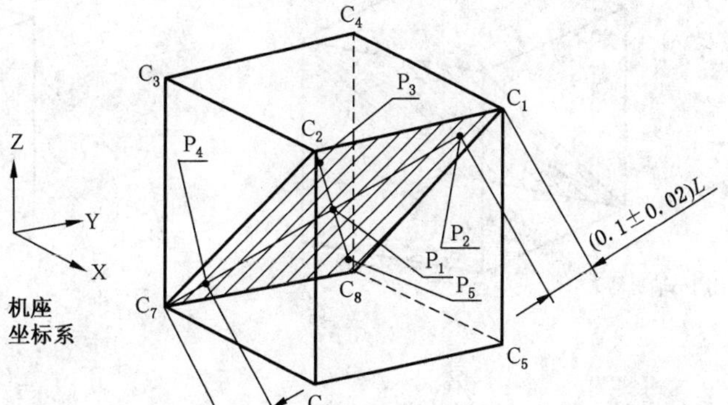

L＝对角线长度

示例平面 (a) C_1-C_2-C_7-C_8 和位姿 P_1-P_2-P_3-P_4-P_5

图 4 使用的位姿

6.8.5 运动要求

当机器人在各位姿间运动时，所有关节均应运动。

试验时，应注意不超出制造操作规范。

6.8.6 跟踪的轨迹

6.8.6.1 试验轨迹的位置

采用 6.8.2 中说明的立方体。

试验轨迹应位于图 5 所示的四个平面之一。对于 6 轴机器人，除制造商特殊规定外，应选用平面 1。对少于 6 轴的机器人，应由制造商指定选用哪个平面。

在轨迹特性测量时，机械接口的中心应位于选用平面上(见图 3)，且其姿态相对于该平面应保持不变。

6.8.6.2 试验轨迹的形状和尺寸

图 6 给出了在四个可用试验平面之一上的一条直线轨迹、一条矩形轨迹和两条圆形轨迹的位置示例。

除测量拐角偏差外，试验轨迹的形状应是直线或圆(见 8.5 和图 22)。若采用其他形状的轨迹，制造商应说明并附于试验报告中。

在立方体对角线上的直线轨迹，轨迹长度应是所选平面相对顶点间距离的 80%，如图 6 中 P_2 到 P_4 的距离是一实例。

另一直线轨迹 P_6 到 P_9，可用于 8.4 中所述的重复定向试验。

对圆形轨迹试验，需测试两个不同的圆，见图 6。

大圆的直径应为立方体边长的 80%，圆心为 P_1。

小圆的直径应是同一平面中大圆直径的 10%，圆心为 P_1，见图 6。

应使用最少的数目的指令位姿。在试验报告中应说明指令位姿的数目、位置和编程方法(示教编程、人工输入数字数据或离线编程)。

对于矩形轨迹，拐角记为 E_1、E_2、E_3 和 E_4，每个拐角离平面各顶点的距离为该平面对角线长度的 (10±2)%。在图 6 的实例中，P_2、P_3、P_4 和 P_5 分别与 E_1、E_2、E_3 和 E_4 重合。

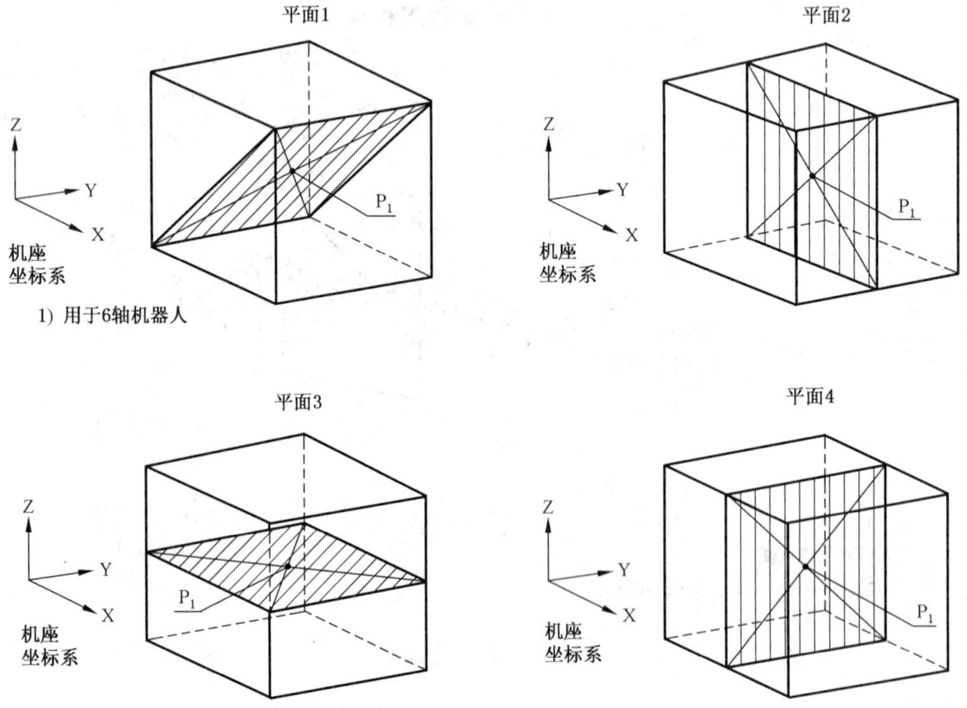

图 5 试验轨迹定位平面的确定

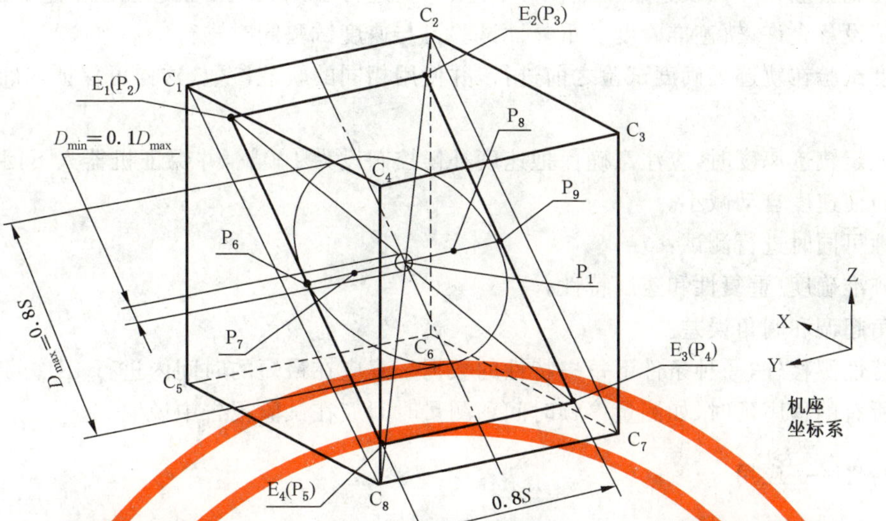

图 6 试验轨迹实例

6.9 循环次数

表 5 给出了测试每种特性时实施的循环次数。

表 5 循环次数

试验特性	循环次数
位姿准确度和位姿重复性	30
多方向位姿准确度变动	30
距离准确度和距离重复性	30
位置稳定时间	3
位置超调量	3
位姿特性漂移	连续循环 8 h
互换性	30
轨迹准确度和轨迹重复性	10
重复定向轨迹准确度	10
拐角偏差	3
轨迹速度特性	10
最小定位时间	3
摆动偏差	3

6.10 试验步骤

试验顺序对试验结果没有影响，但为了确定测量停顿时间，建议先进行位置稳定时间试验后，再进行位姿重复性试验。位置超调量、位姿准确度和重复性试验可同时进行。位姿特性漂移试验应独立进行。

位姿特性试验应在点位或连续轨迹控制下进行，轨迹特性试验应在轨迹控制下进行。

如果测试设备允许，轨迹准确度及重复性试验可与速度试验同时进行。

建议速度试验在轨迹准确度试验之前进行，并使用相同的轨迹参数，这样可保证在确定轨迹时使用正确的参考量。

当编程恒定轨迹速度时，应注意确保把速度补偿控制设为100%，并保证机器人不因在跟踪轨迹上的任何限制而使速度自动减小。

下列特性可同时进行测试：

——轨迹准确度/重复性和速度特性；

——拐角超调和圆角误差。

除位姿特性漂移外，一种条件下每一特性的数据采集应在最短的时间内进行。

试验时所有的程序延时，如测量停顿时间和测量时间应在试验报告中说明。

6.11 试验特性——应用

根据机器人的类型和要求(应用)，可全面或部分采用本标准所述的试验。

对于某些典型应用，附录B提供了基本的机器人试验选择指南。

6.12 工业机器人性能检测方法

本标准推荐了数种可用于本标准描述的工业机器人性能试验的方法。具体方法参见附录D。

7 位姿特性

7.1 一般说明

指令位姿(见图7)：以示教编程、人工数据输入或离线编程所设定的位姿。

示教编程机器人的指令位姿定义为机器人的测量点(见图7)。编程时，通过机器人的运动，使该点尽可能接近立方体的确定点(P_1，P_2，…)。把测量系统显示的坐标值用作为“指令位姿”以便根据逐个实到位姿计算准确度。

实到位姿(见图7)：机器人在自动方式下响应指令位姿而实际达到的位姿。

本章中所定义的位姿准确度和重复性特性，由指令位姿和实到位姿间的偏差和重复接近指令位姿的一系列实到位姿的分布来确定。

这些误差产生的原因有：

——内部控制分辨率；

——坐标变换误差；

——关节的实际结构尺寸与机器人控制系统所用的模型尺寸间的差异；

——机械缺陷，如间隙、滞回、摩擦及外部条件如温度等的影响。

指令位姿数据输入方法取决于机器人控制设备，并对准确度特性有重大影响。使用的数据输入方法应在数据表和试验报告中清楚地说明。

若指令位姿由数字数据输入设定，则不同指令位姿间的关系(即距离和姿态)是已知的(或可确定的)，这对距离特性的规范和测量是需要的。

对于使用数字数据输入的位姿准确度测量，需知道测量系统相对于机座坐标系的位置(见6.8.4)。

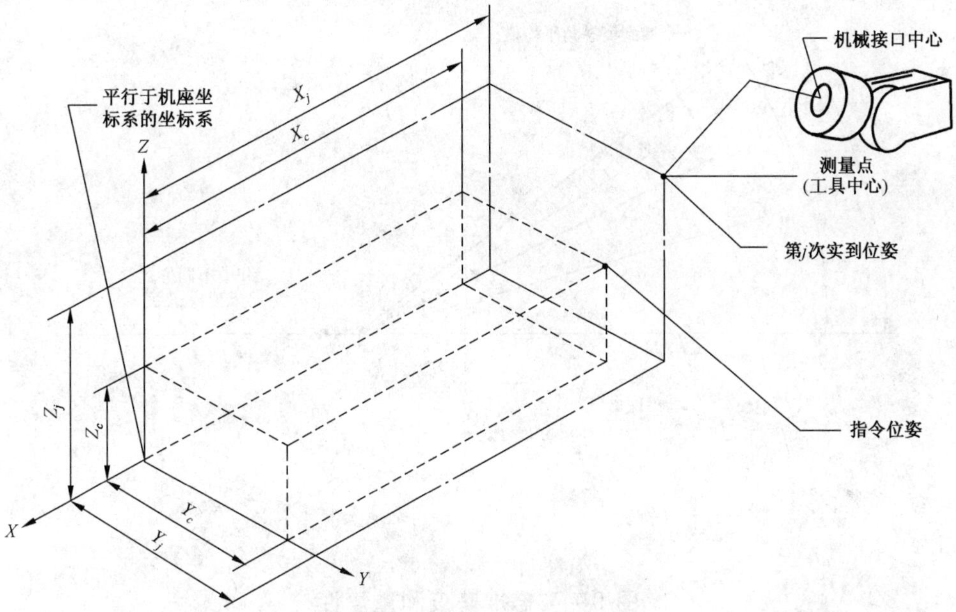

图 7　指令位姿与实到位姿的关系

(图 8 和图 9 也表示该关系)

7.2　位姿准确度和位姿重复性

7.2.1　位姿准确度(*AP*)

位姿准确度表示指令位姿和从同一方向接近该指令位姿时的实到位姿平均值之间的偏差。

位姿准确度分为：

a）位置准确度：指令位姿的位置与实到位置集群重心之差(见图 8)；

b）姿态准确度：指令位姿的姿态与实到姿态平均值之差(见图 9)。

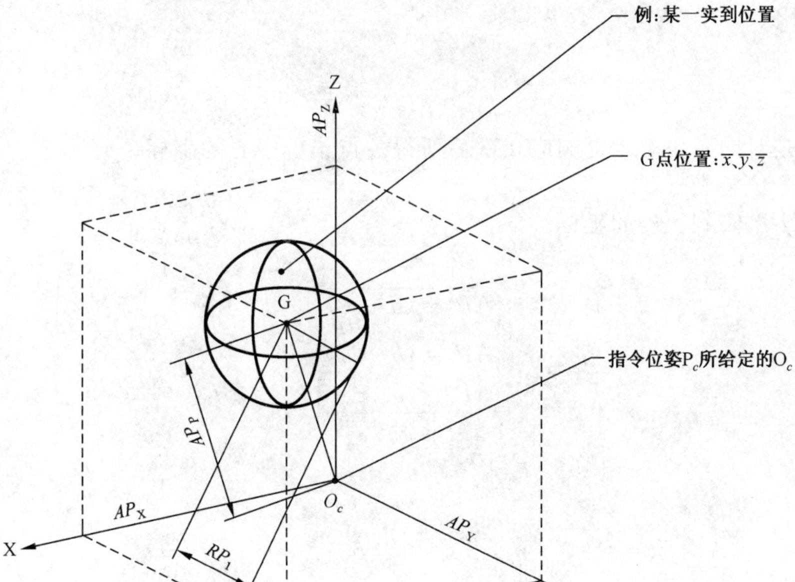

图 8　位置准确度和重复性

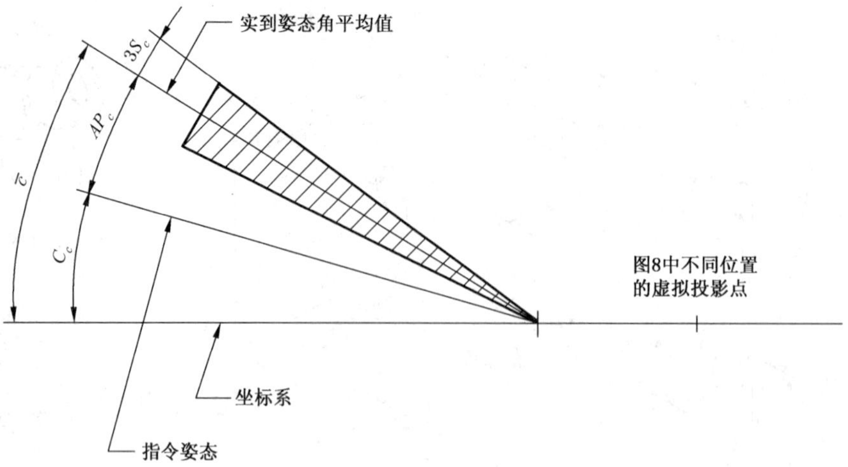

说明：
$\bar{a}$和$\bar{b}$可用同一图。

图 9 姿态准确度和重复性

位姿准确度计算如下：

位置准确度

$$\boxed{AP_P=\sqrt{(\bar{x}-x_c)^2+(\bar{y}-y_c)^2+(\bar{z}-z_c)^2}}$$

$AP_x=(\bar{x}-x_c)$

$AP_y=(\bar{y}-y_c)$

$AP_z=(\bar{z}-z_c)$

和

$$\bar{x}=\frac{1}{n}\sum_{j=1}^{n}x_j$$

$$\bar{y}=\frac{1}{n}\sum_{j=1}^{n}y_j$$

$$\bar{z}=\frac{1}{n}\sum_{j=1}^{n}z_j$$

式中：$\bar{x}$、$\bar{y}$和$\bar{z}$是对同一位姿重复响应 n 次后所得各点集群中心的坐标。

x_c、y_c、z_c是指令位姿坐标。

x_j、y_j、z_j是第 j 次实到位姿的坐标。

姿态准确度

$$\boxed{\begin{aligned}AP_a&=(\bar{a}-a_a)\\AP_b&=(\bar{b}-b_b)\\AP_c&=(\bar{c}-c_c)\end{aligned}}$$

和

$$\bar{a}=\frac{1}{n}\sum_{j=1}^{n}a_j$$

$$\bar{b}=\frac{1}{n}\sum_{j=1}^{n}b_j$$

$$\bar{c}=\frac{1}{n}\sum_{j=1}^{n}c_j$$

这些值是在对同一位姿重复响应 n 次所得的姿态角的平均值。

式中：a_c、b_c、c_c是指令位姿的姿态角。

a_j、b_j、c_j是第 j 次实到位姿的姿态角。

表 6 给出了位姿准确度试验条件的汇总。

表 6 位姿准确度实验条件

负　　载	速　　度	位　　姿	循环次数
100%额定负载	100%额定速度 50%额定速度 10%额定速度	$P_1—P_2—P_3—P_4—P_5$	30
额定负载降至 10% （选用）	100%额定速度 50%额定速度 10%额定速度		

——机器人从 P_1 点开始，依次将机械接口移至 P_5、P_4、P_3、P_2、P_1。采用如图 10 所示的循环之一，以单一方向接近每个位姿。试验时所用的接近方向应与编程时的接近方向类同。

——计算每个位姿的位置准确度（AP_P）和姿态准确度（AP_a、AP_b、AP_c）。

图 10 可循环的图示

7.2.2 位姿重复性（RP）

位姿重复性表示对同一指令位姿从同一方向重复响应 n 次后实到位姿的一致程度。

对某一位姿，重复性可表示为：

——以下式计算且以位置集群中心为球心的球半径 RP_l 之值（见图 8）。

——围绕平均值$\bar{a}$、$\bar{b}$、$\bar{c}$的角度散布$\pm 3S_a$、$\pm 3S_b$、$\pm 3S_c$，其中 S_a、S_b、S_c 为标准偏差（见图 9）。

位置重复性

$$\boxed{RP_l = \bar{l} + 3S_l}$$

式中：

$$\bar{l} = \frac{1}{n}\sum_{j=1}^{n} l_j$$

$$l_j = \sqrt{(x_j - \bar{x})^2 + (y_j - \bar{y})^2 + (z_j - \bar{z})^2}$$

其中：$\bar{x}$、$\bar{y}$、$\bar{z}$和 x_j、y_j、z_j已在 7.2.1 中定义。

$$S_l = \sqrt{\frac{\sum_{j=1}^{n}(l_j - \bar{l})^2}{n-1}}$$

姿态重复性

$$\boxed{\begin{aligned} RP_a &= \pm 3S_a = \pm 3\sqrt{\frac{\sum_{j=1}^{n}(a_j - \bar{a})^2}{n-1}} \\ RP_b &= \pm 3S_b = \pm 3\sqrt{\frac{\sum_{j=1}^{n}(b_j - \bar{b})^2}{n-1}} \\ RP_c &= \pm 3S_c = \pm 3\sqrt{\frac{\sum_{j=1}^{n}(c_j - \bar{c})^2}{n-1}} \end{aligned}}$$

注 2：即使距离不正常分布，此指标也是可计算的。

表 7 给出了位姿重复性试验条件汇总。

表 7　位姿重复性试验条件

负　　载	速　　度	位　　姿	循环次数
100%额定负载	100%额定速度 50%额定速度 10%额定速度	P_1—P_2—P_3—P_4—P_5	30
额定负载降至 10% （选用）	100%额定速度 50%额定速度 10%额定速度		

——试验步骤与 7.2.1 相同。

——计算每个位姿的位置重复性 RP 和角度偏差 RP_a、RP_b、RP_c。对于一些特殊应用，RP 也可用其分量 RP_x、RP_y、RP_z。

7.2.3　多方向位姿准确度变动（vAP_P）

多方向位姿准确度变动表示从三个相互垂直方向对相同指令位姿响应 n 次时，各平均实到位姿间的偏差（见图 11）。

——vAP_P是不同轨迹终点得到的实到位置集群中心间的最大距离。

——vAP_a、vAP_b、vAP_c是不同轨迹终点得到的实到姿态平均值间的最大偏差。

多方向位姿准确度变动的计算公式如下：

$$vAP_P=\max\sqrt{(\overline{x}_h-\overline{x}_k)^2+(\overline{y}_h-\overline{y}_k)^2+(\overline{z}_h-\overline{z}_k)^2}\qquad h,k=1,2,3$$

式中:1,2,3 是接近轨迹的编号。

$$vAP_a=\max|(\overline{a}_h-\overline{a}_k)|\qquad h,k=1,2,3$$

$$vAP_b=\max|(\overline{b}_h-\overline{b}_k)|\qquad h,k=1,2,3$$

$$vAP_c=\max|(\overline{c}_h-\overline{c}_k)|\qquad h,k=1,2,3$$

表 8 给出了多方向位姿准确度变动的试验条件汇总。

表 8 多方向位姿准确度变动试验条件

负 载	速 度	位 姿	循环次数
100%额定负载	100%额定速度 50%额定速度 10%额定速度	P_1—P_2—P_4	30
额定负载降至 10% (非选用)	100%额定速度 50%额定速度 10%额定速度		

——经过编程,使机器人的机械接口沿平行于机座坐标系轴线的三条接近轨迹运动到各指令位姿点。对于 P_1,以坐标的负方向接近,对于 P_2 和 P_4,则从立方体内部接近(见图 11 和图 12)。如果不可能,应使用制造商指定的接近方向并在报告中说明。

——计算每个位姿的 vAP_P、vAP_a、vAP_b、vAP_c。

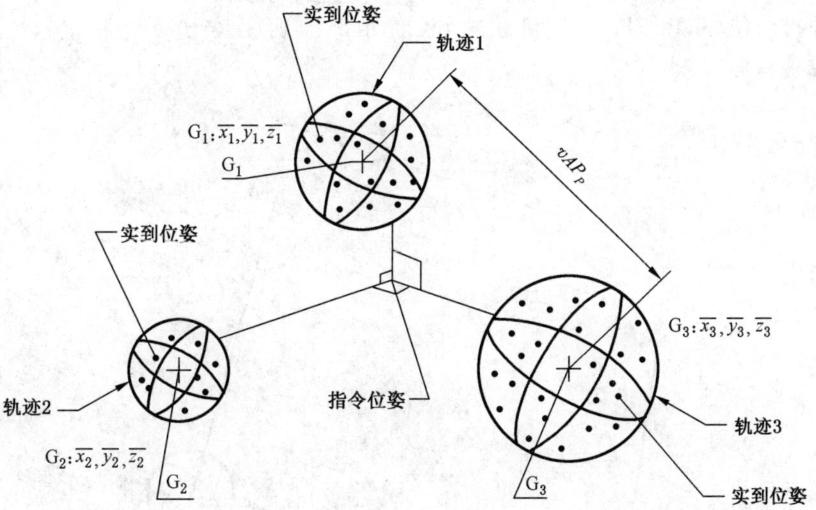

图 11 多方向位姿准确度变动

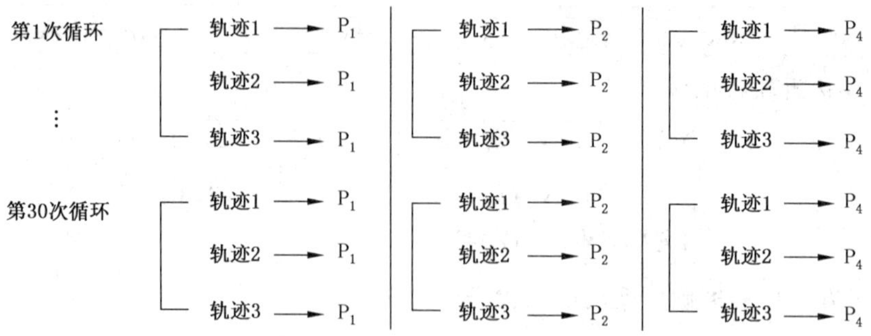

图 12 循环图解

7.3 距离准确度和重复性

本特性仅用于离线编程或人工数据输入的机器人。

7.3.1 一般说明

本章所定义的距离准确度和重复性由两个指令位姿与两组实到位姿均值之间的距离偏差和在这两个位姿间一系列重复移动的距离波动来确定。

对位姿用下列两种方法之一控制,可测量距离准确度和重复性。

a) 使用离线编程控制两位姿;

b) 用示教编程控制一个位姿,并通过人工数据输入对距离编程。

应在报告中说明所使用的方法。

7.3.2 距离准确度(*AD*)

距离准确度表示在指令距离和实到距离平均值之间位置和姿态的偏差。

设 P_{c1}、P_{c2} 是指令位姿,P_{1j}、P_{2j} 是实到位姿,位置距离准确度是 P_{c1}、P_{c2} 和 P_{1j}、P_{2j} 间距离之差(见图 13),且该距离被重复 n 次。

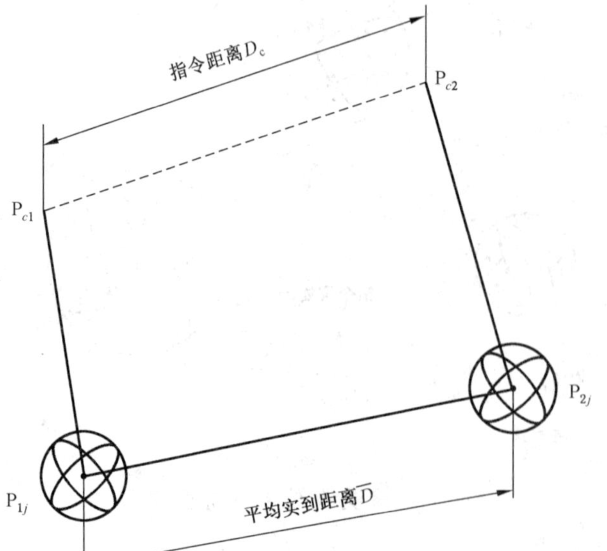

图 13 距离准确度

距离准确度由位置距离准确度和姿态距离准确度两个因素决定。

位置距离准确度 AD_P 计算公式如下：

$$AD_P = \bar{D} - D_c$$

式中：

$$\bar{D} = \frac{1}{n}\sum_{j=1}^{n} D_j$$

$$D_j = |P_{1j} - P_{2j}| = \sqrt{(x_{1j} - x_{2j})^2 + (y_{1j} - y_{2j})^2 + (z_{1j} - z_{2j})^2}$$

$$D_c = |P_{c1} - P_{c2}| = \sqrt{(x_{c1} - x_{c2})^2 + (y_{c1} - y_{c2})^2 + (z_{c1} - z_{c2})^2}$$

其中：

x_{c1}、y_{c1}、z_{c1} 是在机器人控制中可用的 P_{c1} 的坐标；

x_{c2}、y_{c2}、z_{c2} 是在机器人控制中可用的 P_{c2} 的坐标；

x_{1j}、y_{1j}、z_{1j} 是 P_{1j} 的坐标；

x_{2j}、y_{2j}、z_{2j} 是 P_{2j} 的坐标；

n 是重复次数。

位置距离准确度也可用机坐标系各轴分量来表示，计算公式如下：

$$AD_x = \bar{D}_x - D_{cx}$$

$$AD_y = \bar{D}_y - D_{cy}$$

$$AD_z = \bar{D}_z - D_{cz}$$

式中：

$$\bar{D}_x = \frac{1}{n}\sum_{j=1}^{n} D_{xj} = \frac{1}{n}\sum_{j=1}^{n} |x_{1j} - x_{2j}|$$

$$\bar{D}_y = \frac{1}{n}\sum_{j=1}^{n} D_{yj} = \frac{1}{n}\sum_{j=1}^{n} |y_{1j} - y_{2j}|$$

$$\bar{D}_z = \frac{1}{n}\sum_{j=1}^{n} D_{zj} = \frac{1}{n}\sum_{j=1}^{n} |z_{1j} - z_{2j}|$$

$$D_{cx} = |x_{c1} - x_{c2}|$$

$$D_{cy} = |y_{c1} - y_{c2}|$$

$$D_{cz} = |z_{c1} - z_{c2}|$$

姿态距离准确度计算方法相当于单轴距离准确度，计算公式如下：

$$AD_a = \bar{D}_a - D_{ca}$$

$$AD_b = \bar{D}_b - D_{cb}$$

$$AD_c = \bar{D}_c - D_{cc}$$

式中：

$$\bar{D}_a = \frac{1}{n}\sum_{j=1}^{n} D_{aj} = \frac{1}{n}\sum_{j=1}^{n} |a_{1j} - a_{2j}|$$

$$\bar{D}_b = \frac{1}{n}\sum_{j=1}^{n} D_{bj} = \frac{1}{n}\sum_{j=1}^{n} |b_{1j} - b_{2j}|$$

$$\bar{D}_c = \frac{1}{n}\sum_{j=1}^{n} D_{cj} = \frac{1}{n}\sum_{j=1}^{n} |c_{1j} - c_{2j}|$$

$$D_{ca} = |a_{c1} - a_{c2}|$$

$$D_{cb} = |b_{c1} - b_{c2}|$$

$D_{cc} = |c_{c1} - c_{c2}|$

和

a_{c1}、b_{c1}、c_{c1}是在机器人控制中可用的 P_{c1} 的姿态；

a_{c2}、b_{c2}、c_{c2}是在机器人控制中可用的 P_{c2} 的姿态；

a_{1j}、b_{1j}、c_{1j}是 P_{1j} 的姿态；

a_{2j}、b_{2j}、c_{2j}是 P_{2j} 的姿态；

n 是重复次数。

表 9 给出距离准确度试验条件的汇总。

表 9　距离准确度实验条件

负　　载	速　　度	位　　姿	循环次数
100%额定负载	100%额定速度 50%额定速度 10%额定速度	P_2—P_4	30

——经过编程，使机器人的机械接口从 P_4 开始，在 P_2、P_4 位姿间连续运动，应单方向进行测量(见图 14)；

——在报告中至少要有 AD_P 的值。

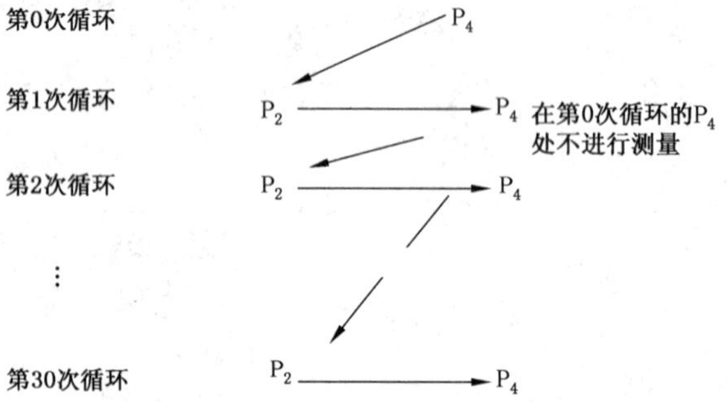

图 14　循环的图示

7.3.3　距离重复性(*RD*)

距离重复性表示在同一方向对相同指令距离重复运动 n 次后实到距离的一致程度。

距离重复性包括位置距离重复性和姿态距离重复性。

对于给定的指令距离，位置距离重复性计算公式如下：

$$RD = \pm 3\sqrt{\frac{\sum_{j=1}^{n}(D_j - \bar{D})^2}{n=1}}$$

$$RD_x = \pm 3\sqrt{\frac{\sum_{j=1}^{n}(D_{xj} - \bar{D}_x)^2}{n-1}}$$

$$RD_y = \pm 3\sqrt{\frac{\sum_{j=1}^{n}(D_{yj} - \bar{D}_y)^2}{n-1}}$$

$$RD_z = \pm 3\sqrt{\frac{\sum_{j=1}^{n}(D_{zj} - \bar{D}_z)^2}{n-1}}$$

姿态距离重复性计算公式如下：

$$RD_a = \pm 3\sqrt{\frac{\sum_{j=1}^{n}(D_{aj} - \bar{D}_a)^2}{n-1}}$$

$$RD_b = \pm 3\sqrt{\frac{\sum_{j=1}^{n}(D_{bj} - \bar{D}_b)^2}{n-1}}$$

$$RD_c = \pm 3\sqrt{\frac{\sum_{j=1}^{n}(D_{cj} - \bar{D}_c)^2}{n-1}}$$

其中：各变量的定义与 7.3.2 相同。

表 10 给出距离重复性试验条件的汇总。

表 10 距离重复性试验条件

负　载	速　度	位　姿	循环次数
100%额定负载	100%额定速度 50%额定速度 10%额定速度	P_2—P_4	30

——步骤与 7.3.2 相同。在报告中至少给出 RD 值。

7.4 位置稳定时间

位置稳定时间是用于衡量机器人停止在实到位姿快慢程度的性能。图 15 的实例是接近实到位姿的三维图示。同时应知道稳定时间与超调量及机器人的其他性能参数有关。

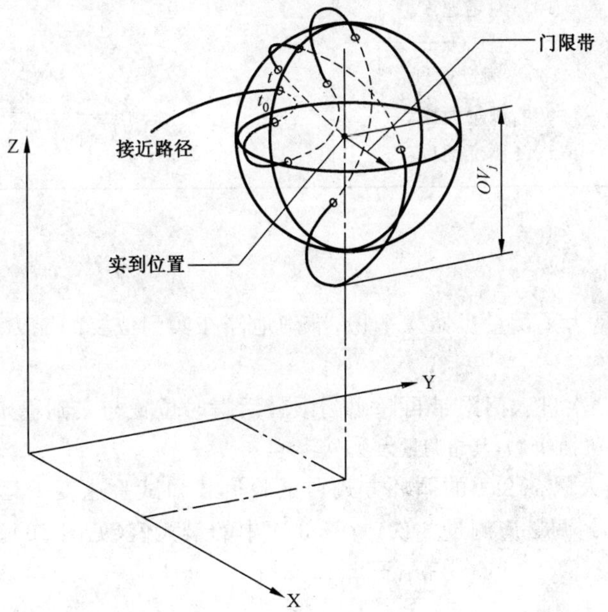

图 15 三维表示的稳定时间和位置超调量

位置稳定时间的测量与在7.5中测量超调量的方式相同。以7.2.1中的循环方式使机器人在试验负载和试验速度下运行。当机器人达到指令位姿 P_n 后，应连续测量测试点的位置，直到稳定。

位置稳定时间是从机器人第一次进入门限带的瞬间到不再超出门限带的瞬间所经历的时间，门限带可定义为7.2.2中的重复性或由制造商制定。

这一测量步骤需重复3次，对于每个位姿计算3次测量平均值(见图16)。

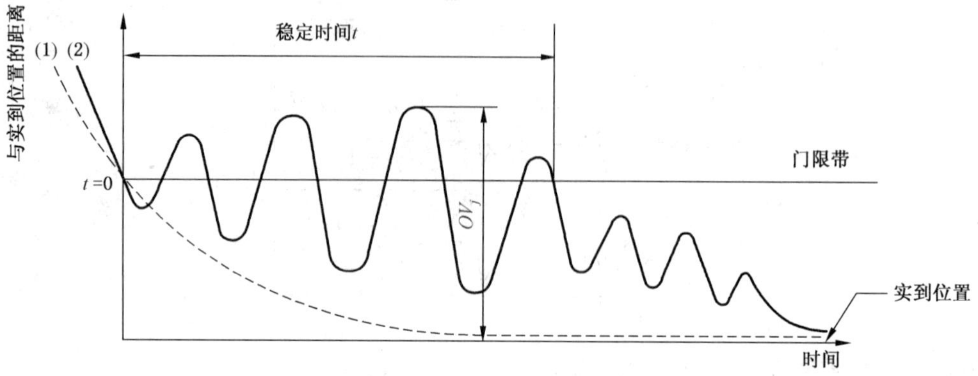

说明：

曲线(1)：过阻尼接近示例，见注3；

曲线(2)：振荡接近示例，有 OV_j 存在。

图16　稳定时间和位置超调量

表11给出位置稳定时间试验条件汇总。

表11　位置稳定时间试验条件

负　载	速　度	位　姿	循环次数
100%额定负载	100%额定速度 50%额定速度 10%额定速度	P_1	3
额定负载降至10% (选用)	100%额定速度 50%额定速度 10%额定速度		

7.5　位置超调量

测量位置超调量的目的是为了衡量机器人平稳、准确地停在实到位姿的能力。应明白，位置超调量与位置稳定时间有关。

位置超调量是机器人第一次进入门限带再超出门限带后瞬时位置与实到稳定位置的最大距离。

注3：对于过阻尼机器人(图16曲线1)，其超调量为0。

测量位置超调量时，机器人以7.2.1的循环方式在试验负载和试验速度下运行。位置超调量等于超出测量点 P_1 的移动距离。超调量应测量3次，计算3次中的最大值(见图16)。

$$\boxed{OV = \max OV_j}$$

$OV_j = \max D_{ij}$　　若 $\max D_{ij} >$ 门限带

$OV_j = 0$　　若 $\max D_{ij} \leqslant$ 门限带

$$\max D_{ij}=\max\sqrt{(x_{ij}-x_j)^2+(y_{ij}-y_j)^2+(z_{ij}-z_j)^2} \qquad i=1,2,\cdots,m$$

式中 i 表示机器人进入门限带后测量的采样点号。

对于某些特殊应用，OV 也可用其分量 OV_x、OV_y、OV_z 来表示。

表 12 给出位置超调量试验条件的汇总。

表 12 位置超调量试验条件

负　载	速　度	位　姿	循环次数
100%额定负载	100%额定速度 50%额定速度 10%额定速度	P_1	3
额定负载降至 10% （选用）	100%额定速度 50%额定速度 10%额定速度		

7.6 位姿特性漂移

位姿准确度漂移(dAP)是在指定的时间(T)内位姿准确度的变化，其计算公式如下：

$$dAP_p=|AP_{t=1}-AP_{t=T}|$$

$$dAP_a=|AP_{at=1}-AP_{at=T}|$$

$$dAP_b=|AP_{bt=1}-AP_{bt=T}|$$

$$dAP_c=|AP_{ct=1}-AP_{ct=T}|$$

式中 AP 在 7.2 中已定义，指令位姿应在冷态下示教。

试验报告中记录最大值。

位姿重复性漂移(dRP)是在指定的时间(T)内位姿重复性的变化，其计算公式如下：

$$dRP_p=|RP_{t=1}-RP_{t=T}|$$

$$dRP_a=|RP_{at=1}-RP_{at=T}|$$

$$dRP_b=|RP_{bt=1}-RP_{bt=T}|$$

$$dRP_c=|RP_{ct=1}-RP_{ct=T}|$$

式中 RP 已在 7.2.2 中定义。

试验报告中记录最大值。

表 13 给出位姿特性漂移试验条件的汇总

表 13 位姿特性漂移试验条件

负　载	速　度	位　姿	循环次数
100%额定负载	100%额定速度 50%额定速度 10%额定速度	P_1	8 h 连续循环

——漂移测量应从冷态(打开主电源时)开始，并在热机状态下持续数小时。

应遵循下述操作顺序：

a) 上电进行试验循环编程；

b) 关闭机器人电源 8 h;

c) 重新启动机器人并开始程序的自动循环。

——测量循环:被编程的机器人其机械接口从 P_2 开始运动到 P_1。当从 P_1 返回 P_2(10 次)时,所有关节都必须运动。

——热机循环:当从 P_1 返回 P_2(10 min)时,所有关节应以最大可能的速度在其全程 70%的范围内运动(见表 13),见图 17 的流程图。对于特殊的应用可选择不同的值。

——测量中若连续五次测量漂移(dAP)的变化率小于第 1 小时内的最大漂移变化率的 10%,则可以提前结束测量,不用等到 8 h。用测量值计算位姿准确度和重复性(见 7.2.1 和 7.2.2)。所得的结果作为时间的函数制作图表。两个测量循环间的时间应是 10 min(热机程序见图 17 和图 18)。

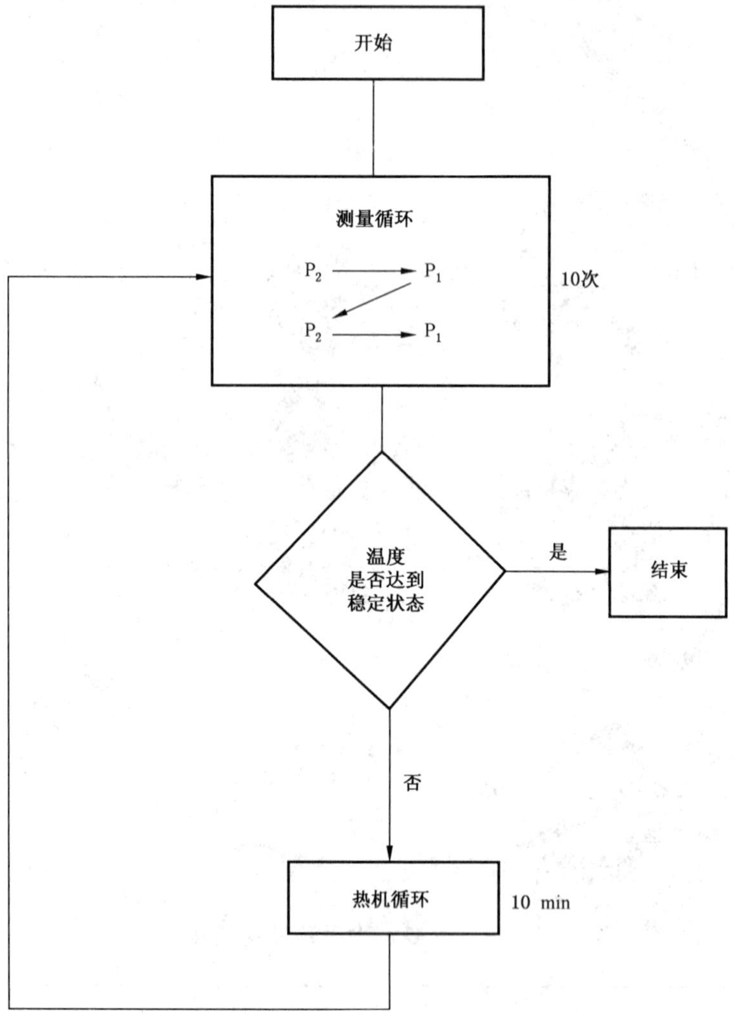

图 17 漂移测量流程图

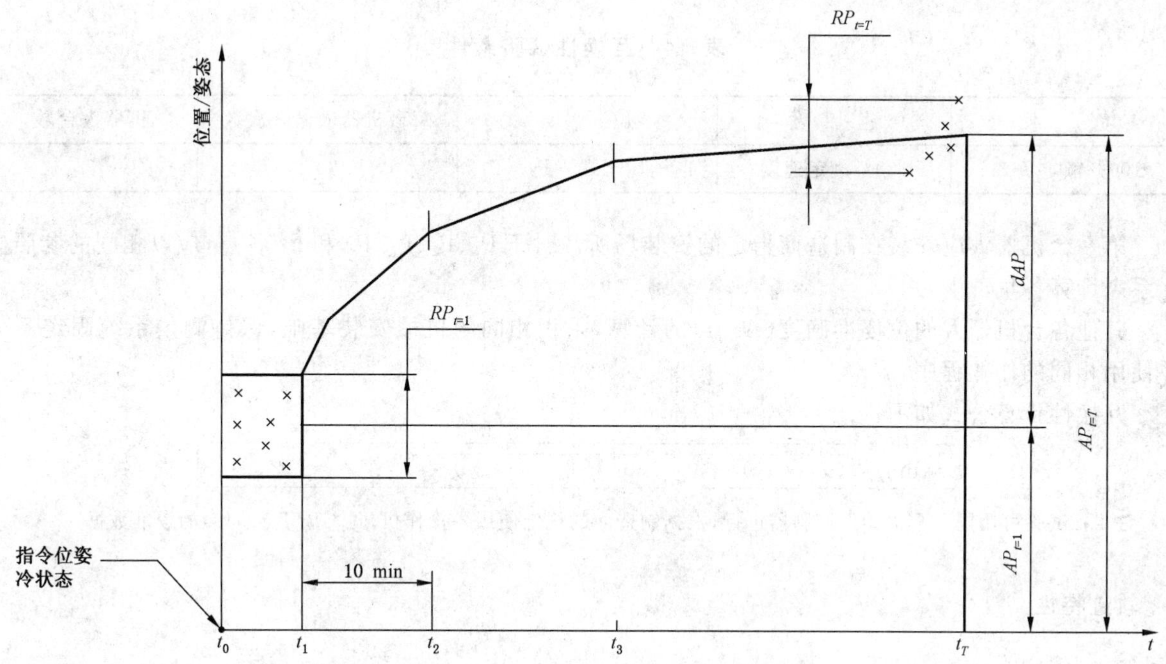

图 18　位姿特性漂移

7.7　互换性(E)

互换性表示在相同环境条件、机械安装和使用相同作业程序的情况下,更换同一型号的机器人时集群中心的偏差。

E 值是试验中偏差最大的两个机器人集群中心间的距离(见图 19)。

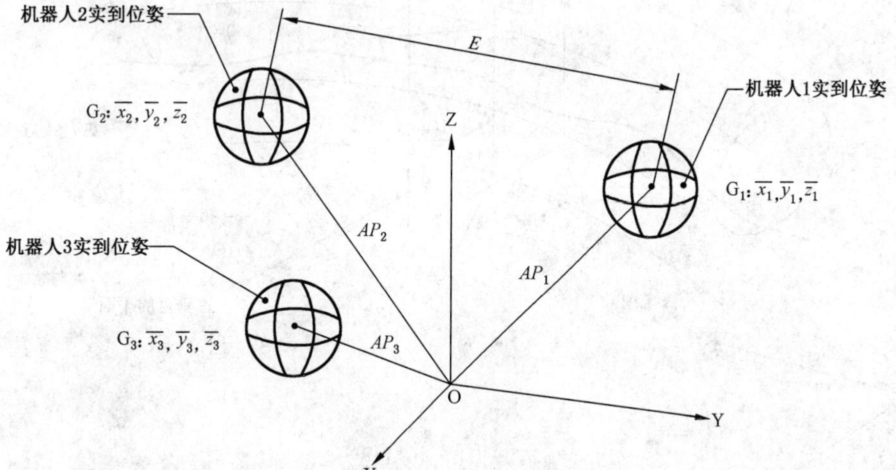

图 19　互换性

互换性是由于机械公差、轴校准误差和机器人安装误差形成的。

互换性试验的试验位姿应是 P_1、P_2、P_3、P_4 和 P_5,且对所有被测机器人均应相同。

五个点的指令位姿应用第一台机器人设定,在测试其他机器人时应保持不变。

试验在 100%额定负载和 100%额定速度下进行,并应在 5 台同型号的机器人上进行试验。

表 14 给出互换性试验条件汇总。

表 14 互换性试验条件

负　载	速　度	位　姿	每台机器人循环次数	机器人台数
100%额定负载	100%额定速度	$P_1—P_2—P_3—P_4—P_5$	30	5

第一台机器人应安装在制造商指定的安装场所。对于 P_1、P_2、P_3、P_4 和 P_5 各点，应以相同的参照坐标系来计算各集群中心。

其他各台机器人的位姿准确度(AP_{pj})的计算，采用相同的机械安装基础，保持测量系统固定不变并使用相同的作业程序。

互换性计算公式如下：

$$E=\max\sqrt{(x_h-x_k)^2+(y_h-y_k)^2+(z_h-z_k)^2} \qquad h,k=1,2,\cdots,5$$

注 4：试验可用同一个机器人控制器进行，根据制造商的规定使用各操作机(见 GB/T 12643)的校准数据。

8 轨迹特性

8.1 概述

轨迹准确度和重复性的定义与轨迹形状无关。图 20 给出了轨迹准确度与重复性的一般性说明。

以下各条所述的轨迹特性适用于所有的编程方法。

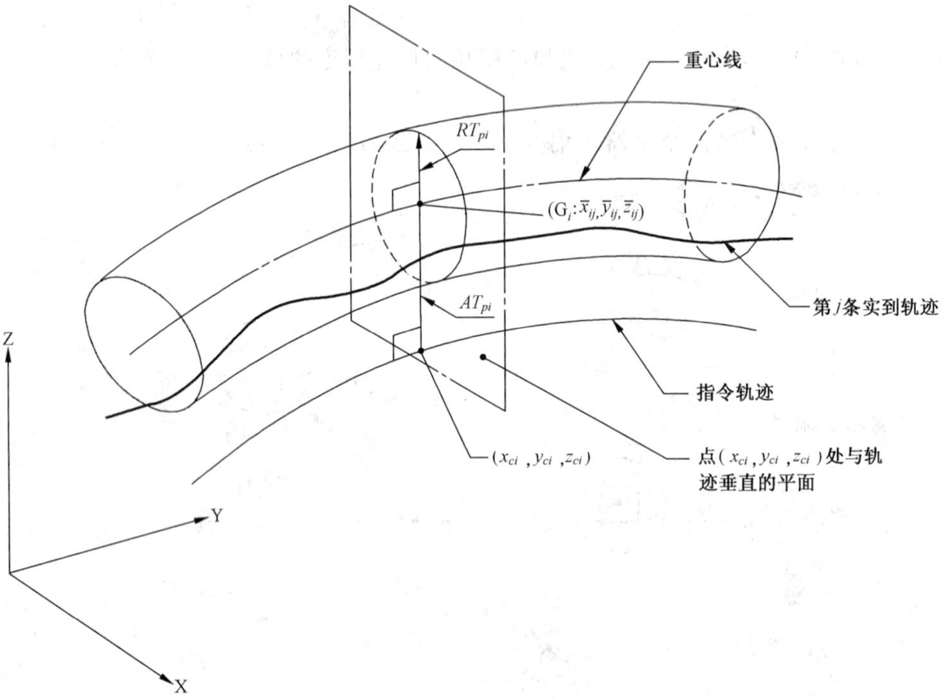

图 20 对某一指令轨迹的轨迹准确度与轨迹重复性

8.2 轨迹准确度(AT)

轨迹准确度表示机器人在同一方向上沿指令轨迹 n 次移动其机械接口的能力。

轨迹准确度由下述两个因素决定：

——指令轨迹的位置与各实到轨迹位置集群的中心线之间的偏差(即位置轨迹准确度 AT_P，见图 20)；

——指令姿态与实到姿态平均值之间的偏差(即姿态轨迹准确度)。

轨迹准确度是在位置和姿态上沿所得轨迹的最大轨迹偏差。

位置轨迹准确度 AT_P 定义为指令轨迹上一些(m 个)计算点的位置与 n 次测量的集群中心 G_i 间的距离的最大值。

位置轨迹准确度由下式计算：

$$AT_P=\max\sqrt{(\overline{x_i}-x_{ci})^2+(\overline{y_i}-y_{ci})^2+(\overline{z_i}-z_{ci})^2}\qquad i=1,\cdots,m$$

式中：

$$\overline{x_i}=\frac{1}{n}\sum_{j=1}^{n}x_{ij}\qquad \overline{y_i}=\frac{1}{n}\sum_{j=1}^{n}y_{ij}\qquad \overline{z_i}=\frac{1}{n}\sum_{j=1}^{n}z_{ij}$$

计算 AT_P 时，应该考虑下述因素：

——根据指令轨迹形状与试验速度，沿指令轨迹选择一些计算点及相应的正交平面。所选正交平面数应在试验报告中说明；

——x_{cj}、y_{cj} 和 z_{cj} 是在指令轨迹上第 i 点的坐标；

——x_{ij}、y_{ij} 和 z_{ij} 是第 j 条实到轨迹与第 i 个正交平面交点的坐标。

姿态轨迹准确度 AT_a、AT_b 和 AT_c 定义为沿轨迹线上指令姿态的最大偏差。

$$AT_a=\max\left|\overline{a_i}-a_{ci}\right|\qquad i=1,\cdots,m$$

$$AT_b=\max\left|\overline{b_i}-b_{ci}\right|\qquad i=1,\cdots,m$$

$$AT_c=\max\left|\overline{c_i}-c_{ci}\right|\qquad i=1,\cdots,m$$

式中：

$$\overline{a_i}=\frac{1}{n}\sum_{j=1}^{n}a_{ij}\qquad \overline{b_i}=\frac{1}{n}\sum_{j=1}^{n}b_{ij}\qquad \overline{c_i}=\frac{1}{n}\sum_{j=1}^{n}c_{ij}$$

a_{ci}、b_{ci}、c_{ci} 是点(x_{ci}、y_{ci}、z_{ci})处的指令姿态。

a_{ij}、b_{ij}、c_{ij} 是点(x_{ij}、y_{ij}、z_{ij})处的指令姿态。

表 15 给出轨迹准确度试验条件的汇总。

表 15　轨迹准确度试验条件

负　载	速　度	轨迹形状	循环次数
100%额定负载	100%额定速度 50%额定速度 10%额定速度	直线轨迹 $E_1—E_2$ 圆形轨迹 大圆和小圆 见 6.8.6.2 和图 6	10
额定负载降至 10% (选用)	100%额定速度 50%额定速度 10%额定速度		

在与指令轨迹垂直的平面上计算轨迹准确度时，实到轨迹可作为距离或时间的函数进行测量。

编程时，循环的起点与终点应位于所选测试轨迹之外。

8.3　轨迹重复性(RT)

轨迹重复性表示机器人对同一指令轨迹重复 n 次时实到轨迹的一致程度。

对某一给定轨迹跟踪 n 次,轨迹重复性可表示为:

——RT_P 等于以下式计算的在正交平面内且圆心在集群中心线上圆的半径 RT_{Pi} 的最大值(见图 20);

——在不同计算点处围绕平均值的最大角度散布。

轨迹重复性由下式计算:

$$RT_P = \max RT_{Pi} = \max[\bar{l}_i + 3S_{li}] \quad i=1,\cdots,m$$

式中:

$$\bar{l}_i = \frac{1}{n}\sum_{j=1}^{n} l_{ij}$$

$$S_{li} = \sqrt{\frac{\sum_{j=1}^{n}(l_{ij} - \bar{l}_i)^2}{n-1}}$$

$$l_{ij} = \sqrt{(x_{ij} - \bar{x}_i)^2 + (y_{ij} - \bar{y}_i)^2 + (z_{ij} - \bar{z}_i)^2}$$

其中 $\bar{x}_i$、$\bar{y}_i$、$\bar{z}_i$、x_{ij}、y_{ij} 和 z_{ij} 的含义同 8.2。

$$RT_a = \max 3\sqrt{\frac{\sum_{j=1}^{n}(a_{ij} - \bar{a}_i)^2}{n-1}} \quad i=1,\cdots,m$$

$$RT_b = \max 3\sqrt{\frac{\sum_{j=1}^{n}(b_{ij} - \bar{b}_i)^2}{n-1}} \quad i=1,\cdots,m$$

$$RT_c = \max 3\sqrt{\frac{\sum_{j=1}^{n}(c_{ij} - \bar{c}_i)^2}{n-1}} \quad i=1,\cdots,m$$

式中 $\bar{a}_i$、$\bar{b}_i$、$\bar{c}_i$、a_{ij}、b_{ij} 和 c_{ij} 的含义同 8.2。

轨迹重复性应该用与轨迹准确度相同的试验步骤来测量。

对于特殊应用,RT 也可用其分量 RT_x、RT_y、RT_z 来表示。

8.4 重复定向轨迹准确度

为了以简单方法表示在一条直线轨迹上沿三个方向交替变换姿态的影响,仅测量位置轨迹准确度(AT_P),采用下述试验,如图 21 所示。

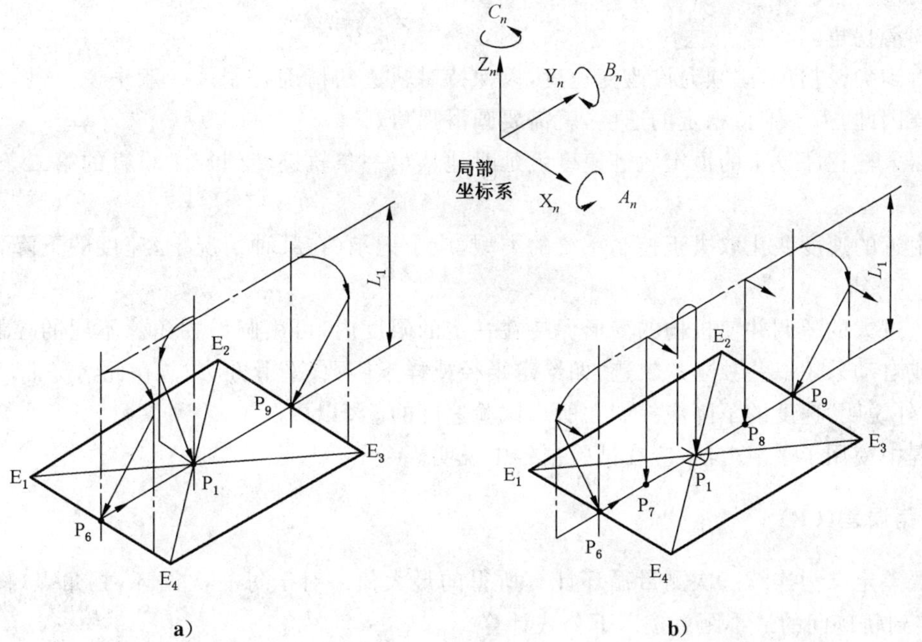

绕 Y_n 轴改变姿态的说明

P_6(起点)处，　B_n 角　+30°

P_6 至 P_1，　B_n 角　−30°

P_1 至 P_9，　B_n 角　+30°

绕 X_n、Z_n 轴改变姿态的说明

P_6(起点)处，　A_n 角　+30°

P_6 至 P_7，　A_n 角　+0°

P_7 至 P_1，　C_n 角　−30°

P_1 至 P_8，　C_n 角　0°

P_8 至 P_9，　A_n 角　−30°

图 21　改变姿态的说明

在图 4 的试验平面 E_1,…,E_4 内，应像图 6 一样等距标记好另一些点 P_6,…,P_9。为了确定姿态，应建立一个坐标系，其 X_n、Y_n 面平行于所选择的 E_1,…,E_4 平面，直线轨迹 P_6,…,P_9 平行于 Y_n 轴。

从起点 P_6 至 P_9 或从 P_9 返回至 P_6 时，工具中心点(TCP)应以恒定速度跟踪轨迹。在图 21 所述的区域中，姿态应连续改变，不要在 P_6,…,P_9 点停顿。速度与负载按 8.2，见表 16。

重复定向轨迹准确度的计算应类于 8.2 中所示所定义的轨迹准确度的计算。

表 16 给出了重复定向轨迹准确度试验条件的汇总。

表 16　重复定向轨迹准确度试验条件

负　　载	速　　度	轨迹形状	循环次数
100%额定负载	100%额定速度 50%额定速度 10%额定速度	直线轨迹 P_6—P_9 见 8.4，图 6 和图 21	10
额定负载降至 10% (可选)	100%额定速度 50%额定速度 10%额定速度		

8.5　拐角偏差

拐角偏差通常可分成以下两类：

——尖锐拐角；

——圆滑拐角。

为了得到尖锐拐角，必须允许改变速度，以保持对轨迹的精确控制。一般来说，这样会导致较大的速度变动。因此，为了维持稳定的速度，就需要圆滑拐角。

当机器人按程序设定的恒定轨迹速度无延时地从第一条轨迹转到与之垂直的第二条轨迹时，便会出现尖锐拐角偏差。

拐角附近的速度变化取决于控制系统的类型，应予记录（在某种情况下，速度的下降可达到所用试验速度的100%）。

为防止过大的超调并使机构的变形保持在一定的限度内，可用圆滑拐角。不同的控制系统可以用编制程序或自动采用一些独立的轨迹，如给定半径或样条函数（平滑方法）。在此情况下，不希望速度下降，若不另外说明，速度的下降应控制在所用试验速度的5%以内。

若编程中使用了平滑方法，应在试验报告中说明。

8.5.1 圆角误差（*CR*）

圆角误差定义为连续三次测量循环计算所得的最大值。对于每一次循环，拐角点（图22中的 x_e、y_e、z_e）与实到轨迹间的最小距离按以下公式计算。

$$\boxed{CR = \max CR_j \quad j=1,2,3}$$

$$CR_j = \min\sqrt{(x_i - x_e)^2 + (y_i - y_e)^2 + (z_i - z_e)^2} \qquad i=1,\cdots,m$$

x_e、y_e、z_e是指令拐角点的坐标；

x_i、y_i、z_i是实到轨迹上的指令拐角附近第 i 个点的坐标。

8.5.2 拐角超调（*CO*）

拐角超调定义为连续三次测量循环计算所得的最大值。对于每一次循环，是计算机器人不减速地以设定的恒定轨迹速度进入第二条轨迹后偏离指令轨迹的最大值。

如第二条指令轨迹是沿Z轴方向定义，且第一条指令轨迹在负Y轴方向，则拐角超调由下式计算。

$$\boxed{CO = \max CO_j \quad j=1,2,3}$$

$$CO_j = \max\sqrt{(x_i - x_{ci})^2 + (y_i - y_{ci})^2} \quad i=1,\cdots,m$$

式中：

x_{ci}、y_{ci}是指令轨迹上对应于 z_{ci} 的点的坐标；

x_i、y_i是实到轨迹上对应于 z_i的点的坐标。

此公式仅当（$y_i - y_{ci}$）为正时才是正确的，若（$y_i - y_{ci}$）为负，则不存在拐角超调。

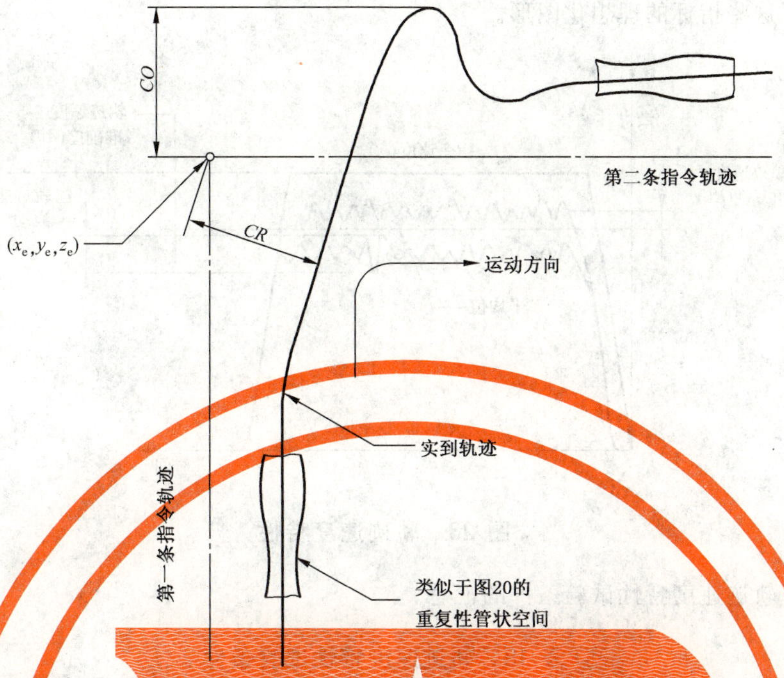

图 22 尖锐拐角处的超调和圆角误差

8.5.3 一般试验条件

表 17 给出了拐角偏差试验条件的汇总。

表 17 拐角偏差试验条件

负 载	速 度	拐 角	循环次数
100%额定负载	100%额定速度 50%额定速度 10%额定速度	$E_1—E_2—E_3—E_4$ (见 6.8.6.2 中图 6)	3

起始位置应在 E_1 与 E_4 的中点。四个拐角均应测量。应采用连续轨迹编程以得到矩形指令轨迹。当实现轨迹时,任何自动的速度下降均应按制造商的规定,且应在试验报告中说明。

若不另外说明,姿态是垂直于矩形轨迹平面的。

拐角超调可以由测量指令轨迹与每条已测的轨迹偏差来计算。为了确定指令轨迹,拐角点位置既可以在示教编程的示教过程中测量,也可以从人工输入数据中得知。

CR 与 *CO* 的指令应在相同的测量步骤中测量,任何程序的变动(如尖锐的拐角、平滑)都应在试验报告中说明。

8.6 轨迹速度特性

8.6.1 一般说明

机器人轨迹速度的性能特性可分为下述三项指标,它们是:

——轨迹速度准确度(*AV*);

——轨迹速度重复性(*RV*);

——轨迹速度波动(*FV*)。

图 23 表示了这些指标的理想化图形。

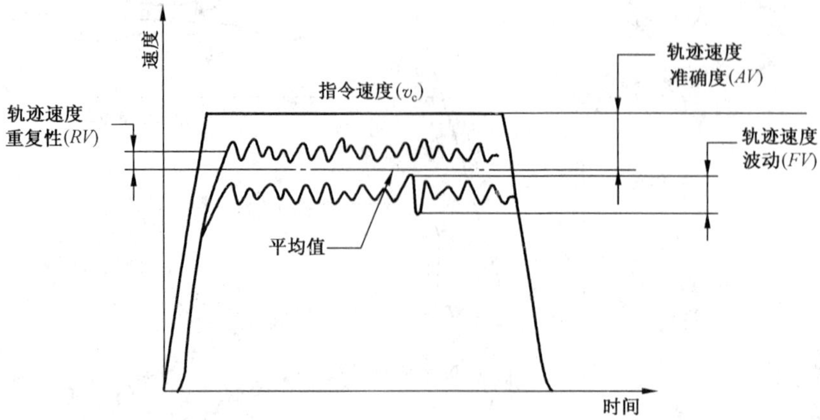

图 23 轨迹速度特性

表 18 给出了轨迹速度特性试验条件的汇总。

表 18 轨迹速度特性试验条件

负　　载	速　　度	循环次数
100%额定负载	100%额定速度 50%额定速度 10%额定速度	10
额定负载降至 10%(选用)	100%额定速度 50%额定速度 10%额定速度	10

当轨迹有比较大的速度波动出现时,作为时间函数所进行的重复测量,必须参照指令轨迹上同一空间点来进行。

测量应在位于试验轨迹长度中部稳定速度段且在 50%长度上进行。

轨迹速度特性应该在与测试轨迹准确度(见 8.2)相同的直线轨迹上进行测量。计算 *AV*、*RV* 和 *FV*,所用的循环次数 $n=10$。

8.6.2 轨迹速度准确度(AV)

轨迹速度准确度是指令速度与沿轨迹进行 n 次重复测量所获得的实到速度平均值之差。可用指令速度的百分比表示。轨迹速度准确度可按下式计算。

$$\boxed{AV=\frac{\overline{v}-v_c}{v_c}\times 100}$$

式中:

$$\overline{v}=\frac{1}{n}\sum_{j=1}^{n}\overline{v}_j$$

$$\overline{v_j}=\frac{1}{m}\sum_{i=1}^{m}v_{ij}$$

v_c——指令速度；

v_{ij}——第 j 次测量第 i 点处的实到速度；

m——沿轨迹测量的次数。

8.6.3 轨迹速度重复性(*RV*)

轨迹速度重复性是对同一指令速度所得实到速度的一致程度。

如不另外说明，轨迹速度重复性应以指令速度的百分比来表示。

$$RV=\pm\left(\frac{3S_v}{v_c}\times 100\right)$$

式中：

$$S_v=\sqrt{\frac{\sum_{j=1}^{n}(\overline{v_j}-\overline{v})^2}{n-1}}$$

v_c、$\overline{v_j}$、$\overline{v}$的定义见 8.6.2。

轨迹速度重复性应采用与轨迹速度准确度一样的试验步骤进行测量。

8.6.4 轨迹速度波动(*FV*)

轨迹速度波动是在再现一种指令速度的过程中速度的最大变化量。

轨迹速度波动定义为每次再现时速度波动的最大值。

$$FV=\max\left[\max_{i=1}^{m}(v_{ij})-\min_{i=1}^{m}(v_{ij})\right]\quad j=1,\cdots,n$$

式中 v_{ij} 与 8.6.2 相同。

轨迹速度波动应采用轨迹速度准确度一样的试验步骤进行测量。

9 最小定位时间

定位时间是机器人在点位控制方式下从静态开始移动一预定距离和/或摆动一预定角度到达稳定状态所经历的时间。7.4 中所定义的机器人稳定于实到位姿所用的时间包含于总的定位时间内。

如不另外说明，机器人以规定的最小定位时间在测试位姿间运动时，应能得到规定的位置准确度与重复性。

定位时间与运动距离没有线性关系。

注 5：机器人的定位时间有助于确定循环时间，但不是其中唯一的因素。因此，从定位时间的测量结果可以大概表示循环时间的长短，但不能用来直接计算循环时间。

试验时，机械接口的负载与速度和 6.6 中位姿特性的试验一样。

若想得到较短的定位时间，试验所用的速度为 100%额定速度，且试验应在循环每一部分的最佳速度下进行。所用的速度应在试验报告中说明。

试验的循环次数是 3 次。

表 19 与表 20 给出了最小定位时间试验条件的汇总。

表 19 最小定位时间的试验位姿与距离

位姿	P	P_{1+1}	P_{1+2}	P_{1+3}	P_{1+4}	P_{1+5}	P_{1+6}	P_{1+7}
与前一位姿的距离/mm ($D_x=D_y=D_z$)	0	−10	+20	−50	+100	−200	+500	−1 000

表 20 最小定位时间试验条件

负　　载	速　　度	拐　　角	循环次数
100%额定负载	100%额定速度 最佳速度	$P_1-P_{1+1}-P_{1+2}-P_{1+3}-$ $P_{1+4}-P_{1+5}-P_{1+6}-P_{1+7}$ (见表 19)	3
额定负载降至 10% (选用)	100%额定速度 最佳速度		3

——为了在定位时间测量中有较短的距离，在沿 6.8.4 中定义的立方体对角线上，由程序或示教设定一系列位姿。相邻位姿间的距离分量 $D_x=D_y=D_z$ 之值符合表 19 中所示的数列(见图 24)。

——位姿的个数与距离取决于所选的立方体大小。

——对于每一个运动过程，计算三次循环的平均值，列表给出结果和位姿间的距离。

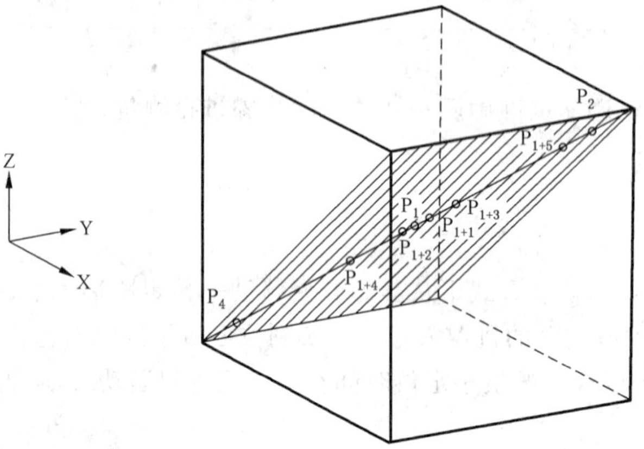

图 24 循环的图示

10 静态柔顺性

静态柔顺性是在单位负载作用下最大的位移。应在机械接口处加载并测量位移。

静态柔顺性应在机座坐标系下以毫米每牛顿为单位来表示。

试验中所用的力应加在平行于机座坐标轴的三个方向上，既有正也有负。

力应以 10%额定负载逐步增加到 100%额定负载，每次一个方向。对于每个力和方向，测量相应的位移。

应在伺服系统通电、制动器脱开的情况下进行测量。

每个方向上重复三次测量，试验应在 6.8.4 中所定义的位于 P_1 的机械接口的中心进行。

11 面向应用的特殊性能规范

11.1 摆动偏差

机器人的摆动偏差特性可分为两个指标，它们是：

——摆幅误差(WS)；

——摆频误差(WF)。

摆动是轨迹上一个或多个运动的组合，主要用于弧焊。

11.1.1 摆动试验轨迹

图 25 的轨迹是锯齿状摆动轨迹，指令摆幅 S_c，和以指令摆频 F_c 完成的摆动距离 WD_c 产生，二者由制造商给定。在图 5 与图 6 中的所选平面内，以 P_1 为对称点，中线平行于 P_2—P_3，至少应有 10 次摆动。

图 25 在所选平面内的摆动试验轨迹

11.1.2 摆幅误差(*WS*)

以百分比表示的摆幅误差应由测得的实到摆幅平均值 S_a 与指令摆幅 S_c 之间的偏差计算而得，见图 26，它可按下式计算：

$$WS=\frac{S_a-S_c}{S_c}\times 100\%$$

11.1.3 摆频误差(WF)

以百分比表示的摆频误差应由测得的实际摆频 F_a 与指令摆频 F_c 之间的偏差来计算,可按下式计算:

$$\boxed{WS=\frac{F_a-F_c}{F_c}\times 100\%}$$

式中:$F_a=10\times\frac{WV_a}{10-WD_a}$ 和 $F_c=10\times\frac{WV_c}{10-WD_c}$

WV_c = 指令摆动速度

WV_a = 实际摆动速度

WD_c = 指令摆动距离

WD_a = 平均的实际摆动距离

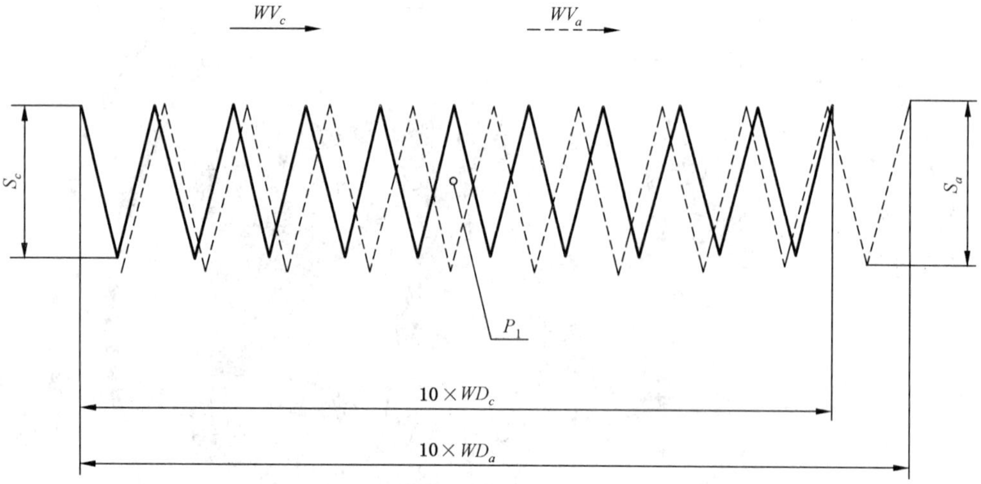

图 26　实际和指令摆动轨迹示意图

12　试验报告

试验报告应由封面及一张或多张试验结果表格组成。封面应提供关于机器人的测量装置及试验条件(物理环境、安装/预热、仪器、编程方法等)的一般信息和所进行的试验。试验结果表格应提供所进行的各项试验数据的汇总及测量设备的不确定性。

所有报告应包含每一种试验所用的机器人程序与软件参数。

附录 C(资料性附录)给出了一个试验报告的实例,它说明了封面与试验表格所必须的一些信息。

附 录 A
(规范性附录)
对比试验的参数

A.1 概述

如本标准范围所述,本附录为一些典型的位姿和轨迹特性对比试验提供了一些规定的参数。

对于表A.1中所列特性的对比试验,如供应商与用户对参数没有提出别的数值,应采用本附录所述的立方体尺寸、平面、负载、速度和轨迹形状等参数。表A.1还提供了一些本附录其他地方没有规定的特定试验参数。

对于本附录中未提出的一些参数,应采用本标准正文部分规定的试验条件和参数,如位姿点、循环次数等。

仅当在外作用力未对末端执行器没有影响时,对比试验才有意义。

表A.1 特性表

测试特性	备 注
位姿准确度与重复性	
多方向位姿准确度变动	
距离准确度与重复性	
位置稳定时间	
位置超调量	
位姿特性漂移	
位置轨迹准确度	直线试验轨迹的长度按6.8.6.2的原则选定的立方体的尺寸而定
重复定向轨迹准确度	直线试验轨迹的长度按6.8.6.2的原则选定的立方体的尺寸而定
拐角偏差(尖锐拐角)	
轨迹速度	
最小定位时间	
静态柔顺性	
摆动	对于11.1.1与图25中的轨迹 $S_c=10$ mm,$f=1,2$ 或 5 Hz

A.2 立方体的尺寸与测试平面的选取

若不另外说明,应采用边长为250,400,630,1 000 mm中最大的立方体。所选立方体的中心点(P_1,见6.8.4与图4)应与具有最大容积的立方体中心一致,且其棱边平行于机座坐标系。立方体在机器人机座坐标系中的位置应在试验报告中说明。

应采用图2中的平面(a)C_1—C_2—C_7—C_8。

对于少于六轴的机器人,应采用图5中的平面2、3或4。

A.3 机械接口的负载

所有试验应按表 A.2 选择尽可能大的负载进行，亦可选用该试验负载的 10%。CG(重心)的轴向偏移，CG 的径向偏移和 MP(测量点)的轴向偏移如图 3 所示。

表 A.2 标准试验负载一览表

试验负载分类	质量 kg	CG 的轴向偏移 L_Z/mm	CG 与 MP 径向偏移 L_X,X_{MP}/mm	MP 的轴向偏移 Z_{MP}/mm
1	1	20	0	40
2	2	40	20	80
3	5	60	30	120
4	10	80	40	160
5	20	100	50	200
6	40	120	60	240
7	60	140	70	280
8	80	160	80	320
9	100	180	90	360
10	120	200	100	400
11	140	220	110	440

A.4 试验速度

位姿特性应采用 A.3 中规定的速度进行测试，如果速度不能达到 1 600 mm/s，则应采用 630 mm/s 的速度。表 A.3 中门限带已在 7.4 与 7.5 中说明。

轨迹特性应采用表 A.4 中规定的速度进行测量。

表 A.3 位姿特性的试验速度

被测特性	速度											
	低速						高速					
	10 mm/s			25 mm/s			630 mm/s			1 600 mm/s		
	门限带/mm			门限带/mm			门限带/mm			门限带/mm		
	0.1	0.5	1.0	0.1	0.5	1.0	0.1	0.5	1.0	0.1	0.5	1.0
位置稳定时间	○	○	○	○	○	○	○	○	○	×	×	×
位置超调量	○	○	○	○	○	○	○	○	○	×	×	×
最小定位时间	○	○	○	○	○	○	○	○	○	×	×	×
位姿准确度和位姿重复性	×			○			○			×		
多方向位姿准确度变动	×			○			○			×		
距离准确度和重复性	×			○			○			×		
注：×表示必选；○表示可选。												

注 6：在 1 600 mm/s 速度下门限带可在三个数值中择其一。

表 A.4 轨迹特性试验速度

被测特性	速度			
	低速		高速	
	10 mm/s	25 mm/s	630 mm/s	1 600 mm/s
位置轨迹准确度	×	×	○	×
重复定向轨迹准确度	×	×	○	×
尖锐拐角偏差	—	×	○	×
轨迹速度特性	×	×	○	×
摆动偏差	×	○	—	—
注：×表示必选；○表示可选。				

低速适用于焊接、切割、抛光/去毛刺等用途，而高速用于喷漆、涂胶等用途。

A.5 可选用的轨迹形状与尺寸

图 A.1 所示是一条可选用的试验轨迹，它包括各种单元轨迹，可用于位置轨迹准确度测试。对于 400 mm×400 mm 和 800 mm×800 mm 的平面，表 A.5 中给出了点 P_1 和 P_{10} 到 P_{36} 的坐标。

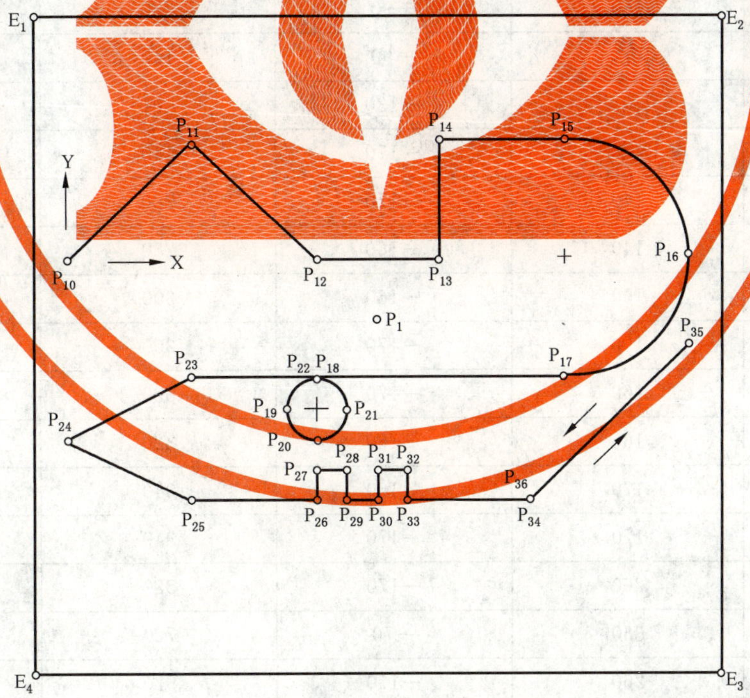

图 A.1 可选用的试验轨迹

表 A.5 可选用的试验轨迹的坐标

点	400 mm×400 mm 的平面		800 mm×800 mm 的平面	
	$X=$	$Y=$	$X=$	$Y=$
1	180	−50	360	−100
10	0	0	0	0
11	70	70	140	140
12	140	0	280	0
13	210	0	420	0
14	210	70	420	140
15	280	70	560	140
16	260	−10	720	−20
17	280	−90	560	−180
18	140	−90	280	−180
19	120	−110	240	−220
20	140	−130	280	−260
21	160	−110	320	−220
22	140	−90	280	−180
23	70	−90	140	−180
24	0	−130	0	−260
25	70	−170	140	−340
26	140	−170	280	−340
27	140	−160	280	−320
28	150	−160	300	−320
29	150	−170	300	−340
30	160	−170	320	−340
31	160	−160	320	−320
32	170	−160	340	−320
33	170	−170	340	−340
34	260	−170	520	−340
35	360	−70	720	−140
36	260	−170	520	−340

附 录 B
（资料性附录）
典型应用性能规范的选择指南

引言

本引言和6.11均指出各项试验可全部或部分采用，取决于机器人的类型以及对它的要求。根据用户本身的特殊要求，对GB/T 12642标准的使用者提供选择试验项目的方法。

本附录的目的是为一些典型的应用场合提供选择机器人基本试验的指南。因此，试验项目数可以是有限的。

表B.1列举了一些典型的机器人的应用。对于不同的用途，所选的基本试验项目以“×”表明。

表B.1的注解：

1） 用于点位控制场合；

2） 用于连续轨迹控制场合；

3） 仅用于离线编程情况下；

4） 仅指位置。

表B.1 典型应用的性能规范选择指南

应用规范	GB/T 12642中的参考章节	应用场合									
		点焊[1]	搬运/上下料[1]	装配		检验		机加工/去毛刺/抛光/切割[2]	喷漆[2]	弧焊[2]	涂粘/密封[2]
				1)	2)	1)	2)				
位姿准确度	7.2.1	×[3]	×[3]	×[3]	×[3]	×[3]	×[3]			×[3]	
位姿重复性	7.2.2	×[4]	×[4]	×[4]	×[4]	×[4]	×[4]			×[4]	
多方向位姿准确度变动	7.2.3		×[3]	×[3]	×[3]	×[3]	×[3]				
距离准确度/重复性	7.3	×[3]	×[3]	×[3]	×[3]	×[3]	×[3]				
位置稳定时间	7.4	×	×	×	×	×	×				
位置超调量	7.5	×	×	×	×	×	×			×	
位姿准确度漂移	7.6	×[3]	×[3]	×[3]	×[3]	×[3]	×[3]			×[3]	
位姿重复性漂移	7.6	×[4]	×[4]	×[4]	×[4]	×[4]	×[4]			×[4]	
互换性	7.7										
轨迹准确度	8.2					×[3]	×[3]	×[3]	×[3]	×[3]	×[3]
轨迹重复性	8.3					×[4]	×[4]	×[4]	×[4]	×[4]	×[4]
重复定向轨迹准确度	8.4										
拐角偏差	8.5					×	×	×			×
轨迹速度准确度	8.6.2								×[3]	×[3]	×[3]

表 B.1（续）

应用规范	GB/T 12642 中的参考章节	应用场合									
		点焊[1)]	搬运/上下料[1)]	装配		检验		机加工/去毛刺/抛光/切割[2)]	喷漆[2)]	弧焊[2)]	涂粘/密封[2)]
				1)	2)	1)	2)				
轨迹速度重复性	8.6.3								×	×	×
轨迹速度波动	8.6.4								×	×	×
最小定位时间	9	×	×	×							
静态柔顺性	10	×	×	×	×			×			
摆动偏差	11.1									×	

附　录　C
（资料性附录）
试验报告实例

机器人　　　　　　　　　　　　　　**控制系统**

制造商：______________　　______________

类型：______________　　______________

型号：______________

系列号：______________

安装方向：______________

软件版本：______________　　______________

编程方法：______________

试验场所：______________

物理环境

环境温度：______________

不正常状态：______________

注：对超出预期范围状态的说明

预热时间：______________　测量时间：______________

测量停顿时间：______________

测量系统

类型：__________型号：__________系列号：__________

说明：______________

试验条件

额定负载条件：

质量(kg)______________　重心位置(坐标 L_X，L_Y，L_Z)______________

惯性矩(kg/m^2)______________　测量点位置(坐标 X_{MP}，Y_{MP}，Z_{MP}______________

按 GB/T 12642 所进行的试验

- ☐ 位姿准确度
- ☐ 位姿重复性
- ☐ 多方向位姿准确度变动
- ☐ 距离准确度和距离重复性
- ☐ 位置稳定时间
- ☐ 位置超调量
- ☐ 位姿特性漂移
- ☐ 互换性
- ☐ 轨迹准确度和轨迹重复性
- ☐ 重复定向轨迹准确性
- ☐ 拐角偏差
- ☐ 轨迹速度准确度、重复性和波动
- ☐ 最小定位时间
- ☐ 静态柔顺性
- ☐ 摆动偏差

试验者：　　　　日期：

审核者：　　　　日期：

试验结果表

注：以下表格仅供参考。

表 C.1 位姿准确度与位姿重复性

负　　载	速　　度	P_1		P_2		P_3	P_4	P_5
100%额定负载，或在对比试验时选表 A.2 中被测机器在人能承受的最大负载	100%和 50%和/或 10%额定速度，或在对比试验时选表 A.3 中的高速和低速	$AP_P=$ $AP_a=$ $AP_b=$ $AP_c=$	$RP_l=$ $RP_a=$ $RP_b=$ $RP_c=$	$AP_P=$ $AP_a=$ $AP_b=$ $AP_c=$	$RP_l=$ $RP_a=$ $RP_b=$ $RP_c=$			
10%额定负载，或在对比试验时选表 A.2 中被测机器在人能承受的最大负载的 10%	100%和 50%和/或 10%额定速度，或在对比试验时选表 A.3 中的高速和低速	$AP_P=$ $AP_a=$ $AP_b=$ $AP_c=$	$RP_l=$ $RP_a=$ $RP_b=$ $RP_c=$	… …	… …			

表 C.2 多方向位姿准确度变动

负　　载	速　　度	P_1	P_2	P_4
100%额定负载，或在对比试验时选表 A.2 中被测机器在人能承受的最大负载	100%和 50%和/或 10%额定速度，或在对比试验时选表 A.3 中的高速和低速	$vAP_P=$ $vAP_a=$ $vAP_b=$ $vAP_c=$	$vAP_P=$ $vAP_a=$ $vAP_b=$ $vAP_c=$	… … … …
10%额定负载，或在对比试验时选表 A.2 中被测机器在人能承受的最大负载的 10%	100%和 50%和/或 10%额定速度，或在对比试验时选表 A.3 中的高速和低速	$vAP_P=$ $vAP_a=$ $vAP_b=$ $vAP_c=$	… … … …	… … … …

表 C.3 距离准确度和距离重复性

负　　载	速　　度	P_2		P_4	
100%额定负载，或在对比试验时选表 A.2 中被测机器在人能承受的最大负载	100%和 50%和/或 10%额定速度，或在对比试验时选表 A.3 中的高速和低速	$AD_P=$ $AD_a=$ $AD_b=$ $AD_c=$	$RD_l=$ $RD_a=$ $RD_b=$ $RD_c=$		
编制方法：					

表 C.4 位置稳定时间和超调量

负　　载	速　　度	P_1	门　限　带
100％额定负载，或在对比试验时选表 A.2 中被测机器在人能承受的最大负载	100％和 50％和/或 10％额定速度，或在对比试验时选表 A.3 中的高速和低速	$t=$ $OV=$	规定的门限：
10％额定负载，或在对比试验时选表 A.2 中被测机器在人能承受的最大负载的 10％	100％和 50％和/或 10％额定速度，或在对比试验时选表 A.3 中的高速和低速	$t=$ $OV=$	规定的门限：

表 C.5 互换性

负　　载	速　　度	互　换　性
100％ 按 6.6 选择	100％ 按 6.7 选择	$E=$

表 C.6 轨迹速度准确度与轨迹重复性

负　　载	速　　度	轨迹形状与长度	准确度	重复性	重复定向准确度
100％额定负载，或在对比试验时选表 A.2 中被测机器在人能承受的最大负载	100％和 50％和/或 10％额定速度，或在对比试验时选表 A.4 中的高速和低速		$AT_P=$ $AT_a=$ $AT_b=$ $AT_c=$	$RT_P=$ $RT_a=$ $RT_b=$ $RT_c=$	$AT_P=$
10％额定负载，或在对比试验时选表 A.2 中被测机器在人能承受的最大负载的 10％	100％和 50％和/或 10％额定速度，或在对比试验时选表 A.4 中的高速和低速		$AT_P=$ $AT_a=$ $AT_b=$ $AT_c=$	$RT_P=$ $RT_a=$ $RT_b=$ $RT_c=$	$AT_P=$

表 C.7 拐角偏差

负　　载	额定速度	速度下降量	超调	圆角误差
100％额定负载，或在对比试验时选表 A.2 中被测机器在人能承受的最大负载	100％和 50％和/或 10％额定速度，或在对比试验时选表 A.4 中的高速和低速		$CO=$	$CR=$
最大额定轨迹速度			m/s	
拐角处最大轨迹速度的下降量			m/s	
拐角处轨迹速度下降的起点与终点之间的距离			mm	

表 C.8 轨迹速度准确度、重复性和波动

负　　载	速　　度	轨迹速度准确度	轨迹速度重复性	轨迹速度波动
100%额定负载,或在对比试验时选表 A.2 中被测机器在人能承受的最大负载	100%和 50%和/或 10%额定速度,或在对比试验时选表 A.4 中的高速和低速	*AV*=　%	*RV*=　%	*FV*=　%
10%额定负载,或在对比试验时选表 A.2 中被测机器在人能承受的最大负载的 10%	100%和 50%和/或 10%额定速度,或在对比试验时选表 A.4 中的高速和低速	*AV*=　%	*RV*=　%	*FV*=　%

表 C.9 最小定位时间

起始位姿	到达位姿	距离/mm	时间/s
所用速度			

表 C.10 静态柔顺性

力的方向	X^+	X^-	Y^+	Y^-	Z^+	Z^-
力的大小	__ N	__ N	__ N	__ N	__ N	__ N
柔顺性	__ mm/N	__ mm/N	__ mm/N	__ mm/N	__ mm/N	__ mm/N

表 C.11 摆动偏差

负　　载	速　　度	摆幅误差	摆频误差
100%额定负载,或在对比试验时选表 A.2 中被测机器在人能承受的最大负载	100%和 50%和/或 10%额定速度,或在对比试验时选表 A.4 中的高速和低速	*WS*=　%	*WF*=　%
100%额定负载,或在对比试验时选表 A.2 中被测机器在人能承受的最大负载	100%和 50%和/或 10%额定速度,或在对比试验时选表 A.4 中的高速和低速	*WS*=　%	*WF*=　%

附 录 NA
（资料性附录）
基于 GB/T 12642 的工业机器人性能检测方法

NA.1 概述

本附录推荐了数种可用于本标准描述的工业机器人性能试验的方法。

NA.2 性能测量方法的主要类别

有数种方法被用于依据 GB/T 12642 评价机器人的性能。分类如下：

a) 试验探头法；
b) 轨迹比较法；
c) 三边测量法；
d) 极坐标测量法；
e) 三角测量法；
f) 惯性测量法；
g) 坐标测量法；
h) 轨迹描绘法。

在 NA.4 中简要讨论了这些方法。在参考文献中有这些系统的详细描述。

NA.3 推荐的机器人性能测量方法

表 NA.1 给出了推荐的机器人性能测量方法的一览表。在 NA.2 中被分成 8 类的这些方法被列举为 16 种单独的方法，说明了每种方法的功能。有些方法可用于测量位姿和路径特性，但有些方法有局限性，即：

a) 在位姿特性试验中仅能测量位置（或姿态）。
b) 仅能沿限定的指令（直线或圆形）路径测量路径特性。
c) 只能测试有限超调的机器人。
d) 对于一些特殊特性的测量，测试设备的准确度或不确定性可能不够。
e) 测量受限于测试设备的自由度数。
f) 相较于本标准规定的试验立方体，测试设备提供的测量空间可能有限。
g) 测试设备的取样频率可能不适合于要测量的机器人运动的最高频率。

当规划性能测量时，试验人员应与测试设备制造商讨论上述局限性。

表 NA.2 是推荐方法的典型特性及功能的概要。建议在机器人试验前，试验人员应了解该机器人的性能并选择恰当的试验方法。

NA.4 机器人性能测量方法

本节是表 NA.1 中列举的方法的说明和示意图。

NA.4.1 试验探头法

可使用有足够数量的位移或接近传感器的探头来测量实到位姿特性，探头由机器人放置，以便缓慢地接触位于规定位置的精密样标来测量位姿特性或在其附近来测量可能的超调。图 NA.1 为典型配置的示意图。图 NA.2 说明了该方法的某些其他应用。根据所需的位姿参数的数目，有数种形式的样标和探头相互配合。

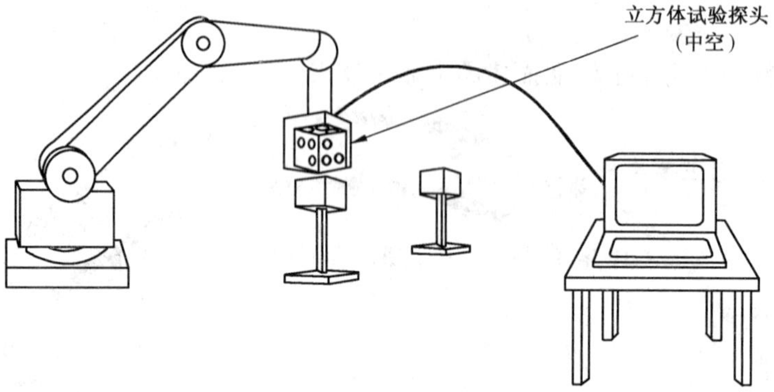

图 NA.1 试验探头法(立方体制品)

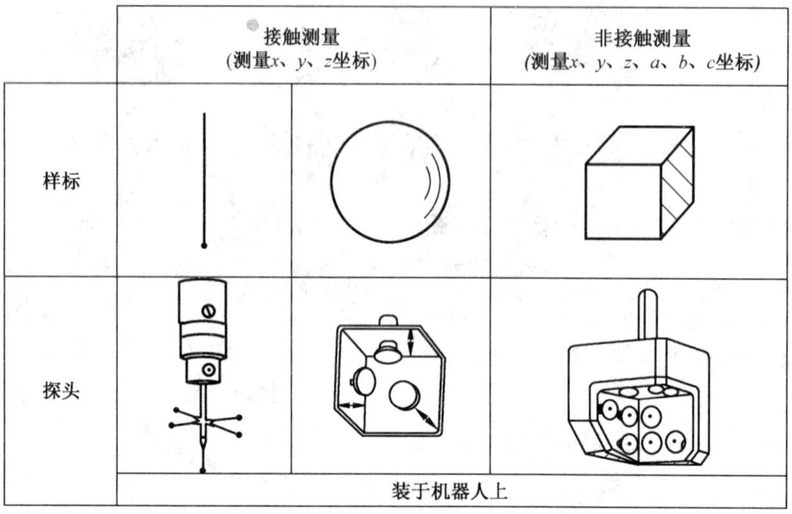

图 NA.2 放置试验探头方法中的制品

NA.4.2 轨迹比较法

NA.4.2.1 机械量具比较法

本方法把实到的轨迹与指令轨迹相比较，该指令轨迹可能由直线段或圆形段组合而成。所述轨迹用精密的机械量具或其他位置参照构件来确定。图 NA.3 说明了该方法的设备布置，接近(觉)传感器安装在角形探头上，而量具的直棱表示指令轨迹。完成该轨迹过程中产生的偏差由适当数量的传感器感知，并用于确定实到轨迹的特性参数(准确度和重复性)。当使用足够的传感器时，还可确定位姿偏差(位置和姿态)。

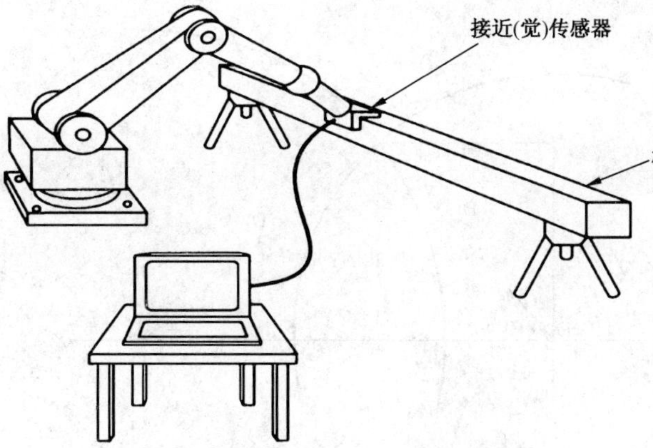

图 NA.3 机械量具比较法

NA.4.2.2 激光束轨迹比较法

可用光电传感器测量沿激光束的轨迹准确度/重复性,该光电传感器能检测入射光束对传感器中心的位置误差。图 NA.4 显示了系统的配置。如果用激光干涉仪代替激光源且光电传感器具有光反射能力,则沿光束的机器人位姿可作为时间函数计算出来。

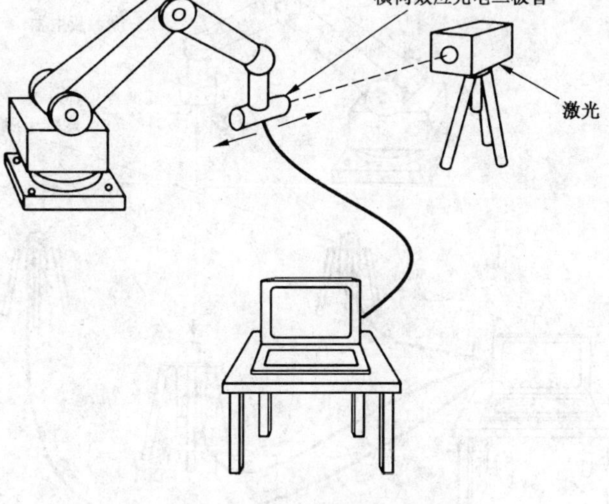

图 NA.4 激光束路径比较法

NA.4.3 三边测量法

三边测量方法是确定三维空间中 P 点直角坐标(x,y,z)的一种方法,该方法应用的是 P 点与 3 个观察点之间的距离以及 3 个固定观察点之间的基线长度。图 NA.5 解释了以二维平面表示的三边测量法的原理。

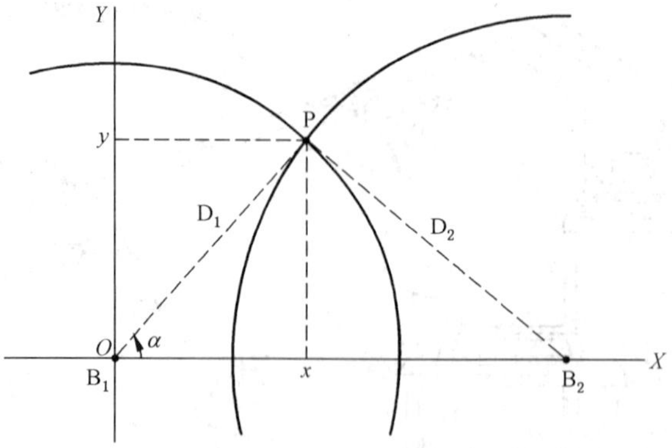

图 NA.5 三边测量的测量原理(表示的是二维平面)

NA.4.3.1 多激光跟踪干涉仪法

本方法使用由3个具有两轴伺服跟踪的激光干涉仪产生的3束激光瞄准装在机器人手腕上公共靶标。图NA.6所示为系统配置。三维空间中的机器人位置特性可根据3个干涉仪得到的距离数据来确定。如果使用6个干涉仪,6束光束瞄准机器人上3个独立靶标,就可以测得姿态。

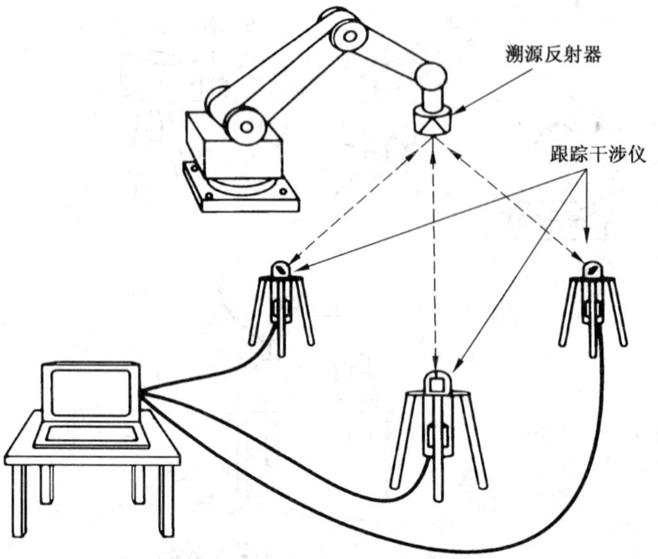

图 NA.6 多激光跟踪干涉仪法

NA.4.3.2 超声三边测量法

机器人在三维空间中的位置可用3个固定的超声话筒得到的距离数据计算出来,超声话筒接收装在机器人上的声源发出的超声脉冲串。图NA.7所示为系统配置。

如果机器人有3个独立的声源,并且每个话筒能检测来自3个声源的脉冲串,就能测出机器人的姿态。

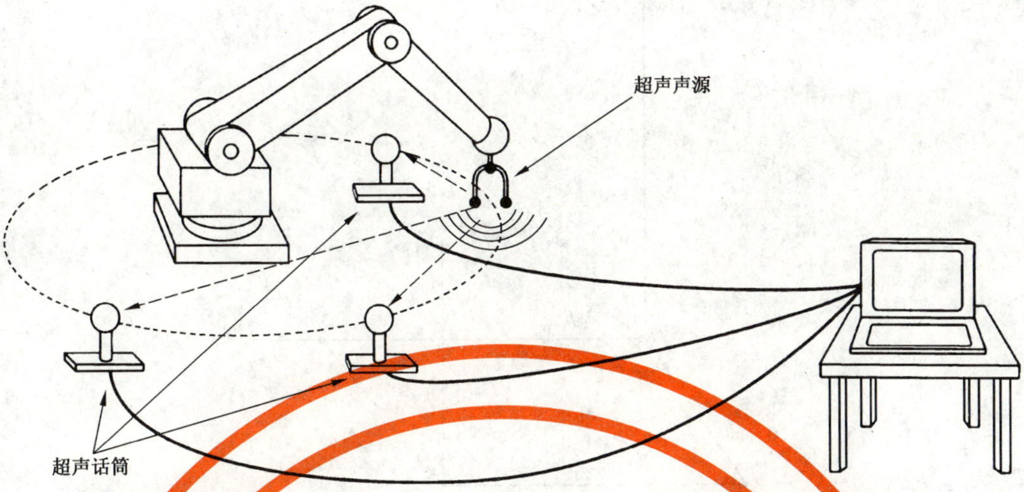

图 NA.7 超声三边测量法

NA.4.3.3 钢索三边测量法

本方法把从 3 个固定供索器拉出的 3 根钢索连接于机器人的末端,如图 NA.8 所示。用装有张紧装置的供索器上的电位计或编码器计算每根钢索的长度,就可以确定机器人末端的位置。

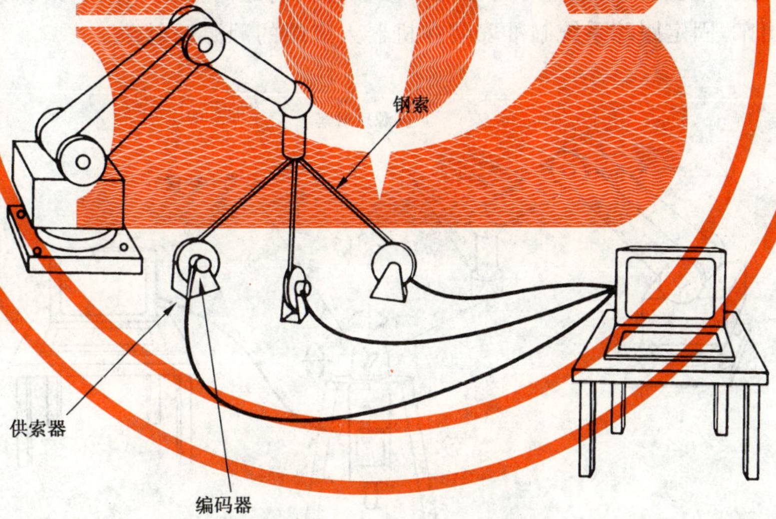

图 NA.8 钢索三角测量法

NA.4.4 极坐标测量法

如图 NA.9 中所示,测量距离 D、方位角(α)和俯仰角(β),就可用极坐标测量法确定空间中一点的直角坐标(x,y,z)。

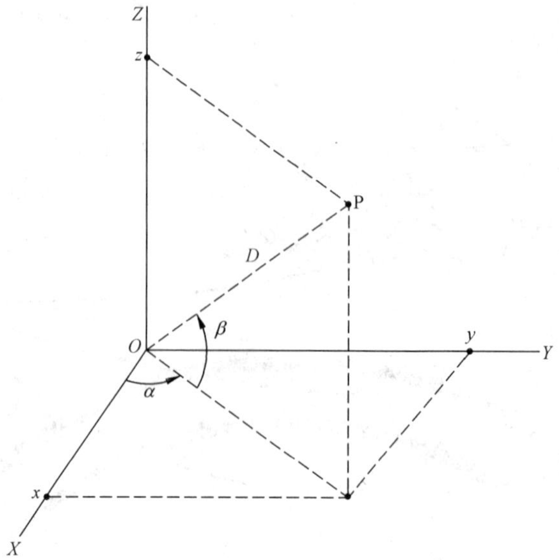

图 NA.9 三维极坐标测量法的原理

NA.4.4.1 单激光跟踪干涉仪法

激光跟踪干涉测量方法可用于测量机器人的位置或姿态。图 NA.10 表示用于位置测量的单激光干涉仪法的典型配置。机器人的位置可用激光干涉仪得到的距离数据和固定跟踪系统得到的方位角/俯仰角数据计算出来,固定跟踪系统瞄准安装在机器人末端的溯源反射镜。

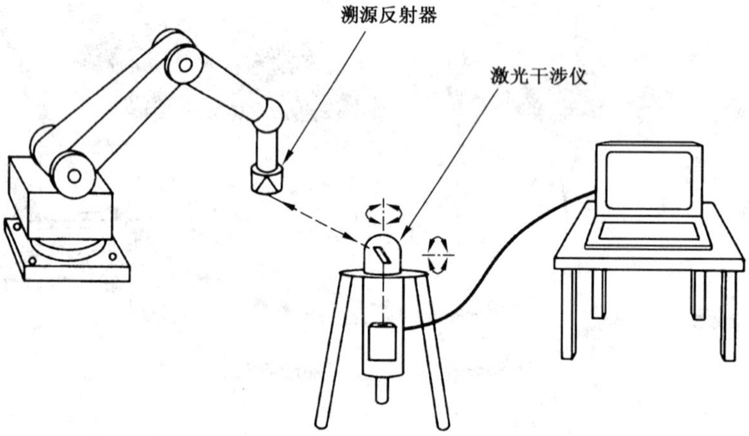

图 NA.10 用于位置测量的单激光跟踪干涉仪法

如果溯源反射镜系统能始终使自己的光轴指向固定跟踪系统,或者,如果固定跟踪系统能分析由溯源反射器反射的衍射图像,则用同样的系统(图 NA.11)也可以测量机器人的方位角(俯仰及偏转)。此方法可用于测试 6 自由度机器人。

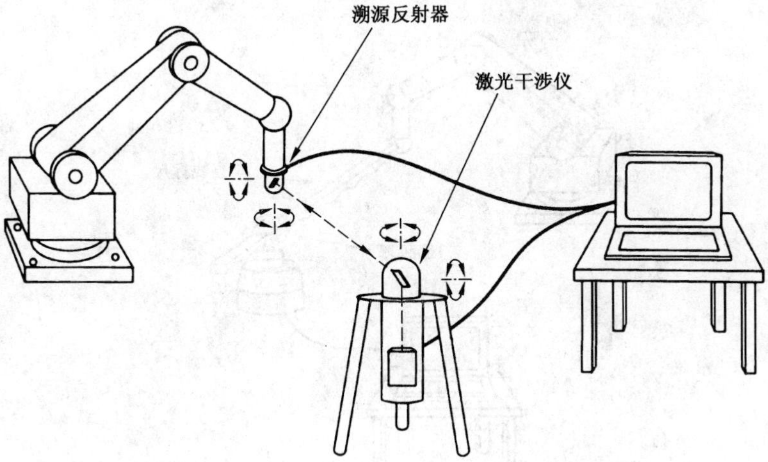

图 NA.11 用于位姿测量的单激光跟踪干涉测量方法

NA.4.4.2 单总站法(静态/跟踪)

用固定的总站(能测量距离、方位角及俯仰角),可逐点地测量机器人的实到位置。

机器人的实到位姿或实到轨迹也可用跟踪的总站测量,总站要始终跟踪装在机器人上的移动的溯源反射器。图 NA.12 表示该系统的典型配置。

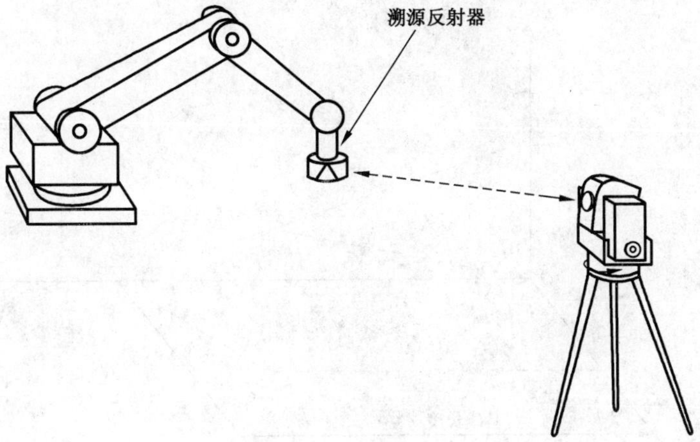

图 NA.12 单总站法(跟踪)

NA.4.4.3 直线标尺法

机器人的位置与时间的关系可用直线标尺得到的距离及方位角/俯仰角数据测量。

图 NA.13 所示的直线标尺法中,直线标尺的上端与机器人相连,测量该上端和与编码器连接点之间的距离。

用一个水平运动的编码器和另一个垂直运动的编码器来获取指向示直线标尺上端的方位角/俯仰角数据。

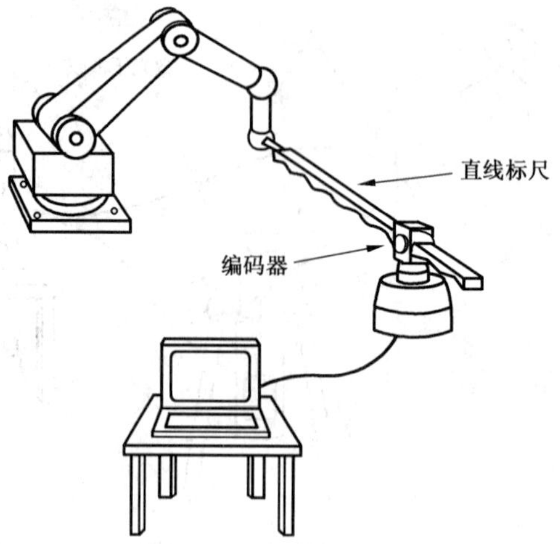

图 NA.13　直线标尺法

NA.4.5　三角测量法

三角测量可用于确定点在空间中的位置。在二维的三角测量中，P 点的直角坐标 (x, y)（见图 NA.14）可用基线长度 B_1B_2 及两个方位角 α_1 及 α_2 来确定。

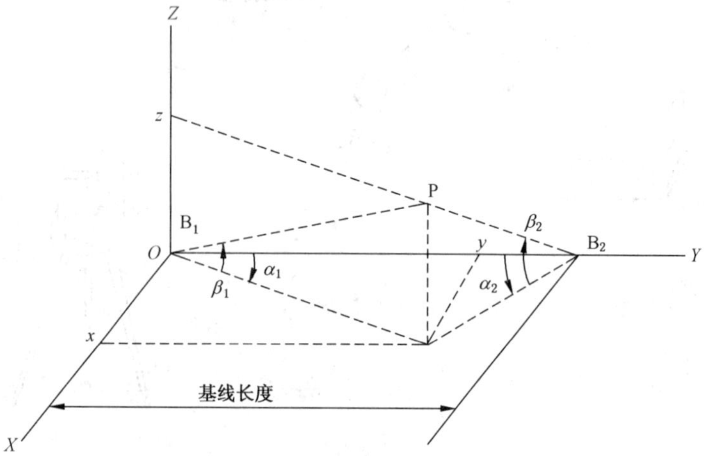

图 NA.14　三角测量的测量原理

NA.4.5.1　光学跟踪三角测量法

这种方法用两个二轴光学跟踪系统得到的两组方位角/俯仰角数据确定机器人位置与时间关系。因此，这种方法可用于静态和动态测量。图 NA.15、图 NA.16 及图 NA.17 显示 3 个常用的光学跟踪三角测量系统的典型配置。

在图 NA.15 所示的激光跟踪系统中，两个跟踪系统发出的两束光始终瞄准安装在机器人末端上的反射器。图 NA.16 所示的激光扫描方法是确定机器人位置的另一种方法，它检测装在机器人上的靶标的入射光，入射光来自三个激光扫描仪，两个扫描仪发出垂直的行结构光，而第 3 个扫描仪发出水平的行结构光。

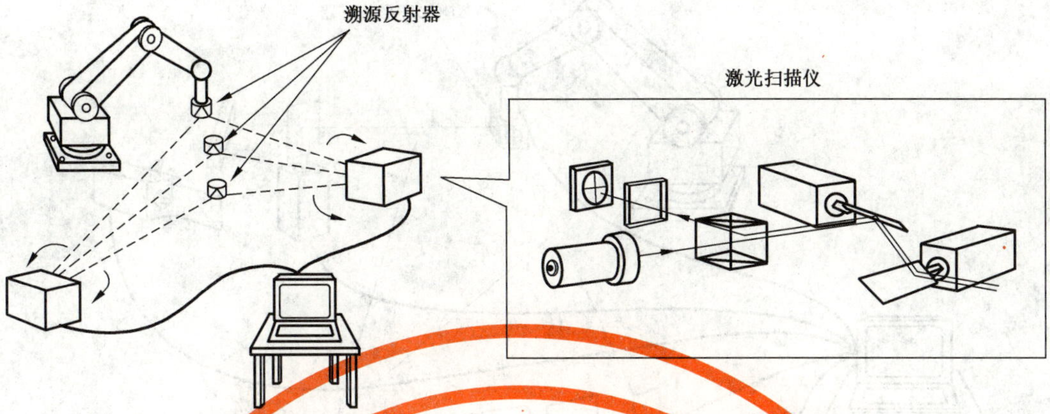

图 NA.15 激光跟踪三角测量系统

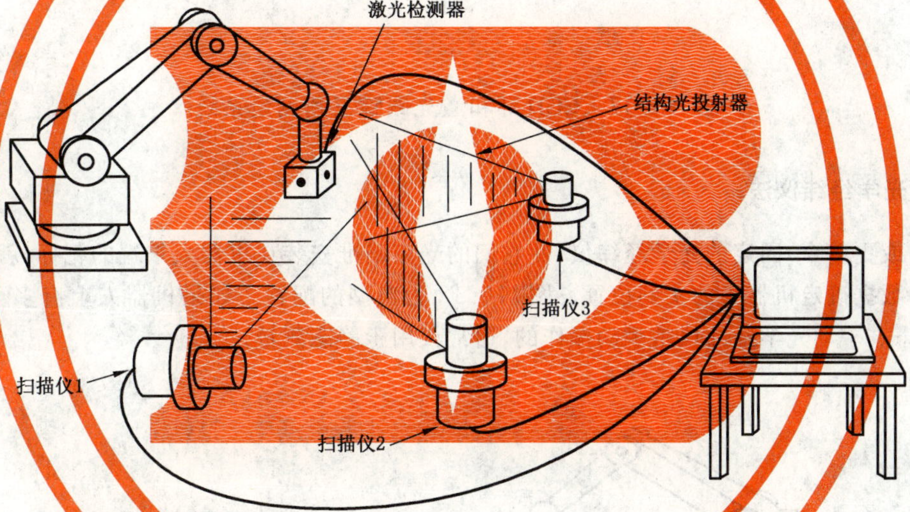

图 NA.16 激光扫描三角测量系统

如果两个激光结构光束(十字形)跟踪在相邻侧面上装有两个 CCD 环形传感器的立方体测头(图 NA.17),就可计算出机器人的姿态。

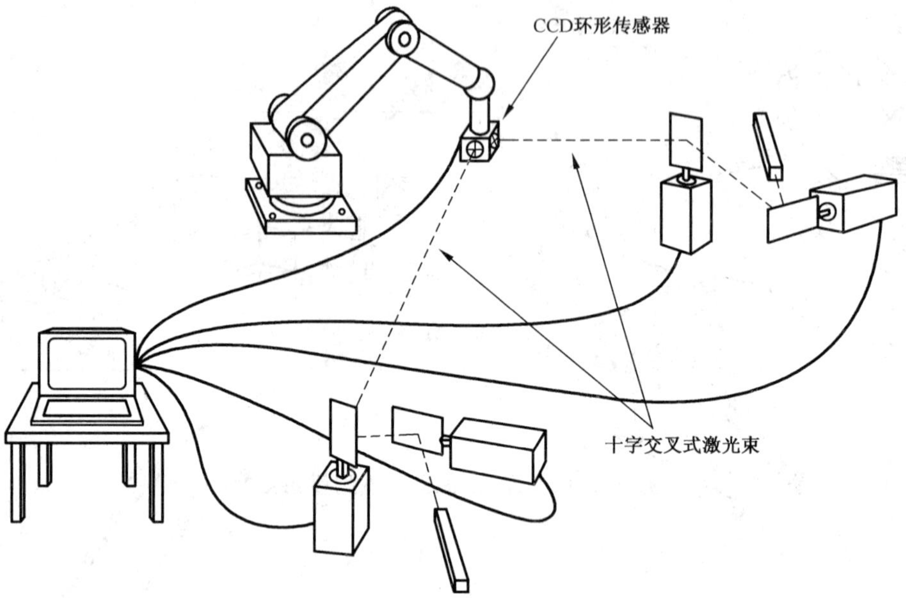

图 NA.17　CCD环和激光跟踪三角测量系统

NA.4.5.2　光学经纬仪法

用两个(或更多个)固定的光学经纬仪,使它们的光束瞄准安装在机器人末端的靶标,就能用两组方位角/俯仰角数据确定机器人的实到位置。图 NA.18 为典型的配置。如果机器人上有多个靶标,就能计算出其姿态。手动光学经纬仪是手动操作的,通常仅用于静态测量。

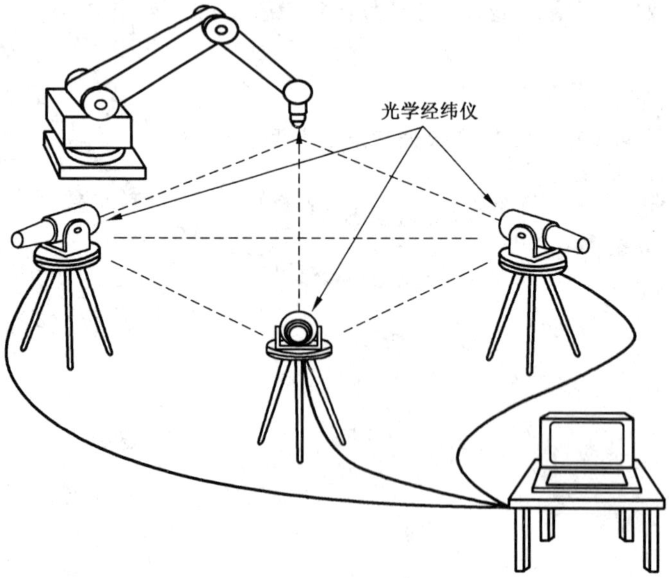

图 NA.18　光学经纬仪法

NA.4.5.3 光学相机法

用两个成像装置(一维或二维)获取的图像确定机器人位置与时间的关系。

如果多个光源或靶标安装在被成像装置监测的机器人上,就可以确定机器人的姿态与时间的关系。

测量时,机器人上的光源顺序开启,这样就可知道图像来自哪个光源。

此方法使用相隔已知距离的两个固定成像装置(相机)。图 NA.19 是该系统的典型配置。相机监测固定在机器人末端上的发光靶标,使用位置传感器(或 CCDs)确定以靶标在相机坐标系中的位置。根据这个信息和相机之间的距离可以确定靶标的位置。

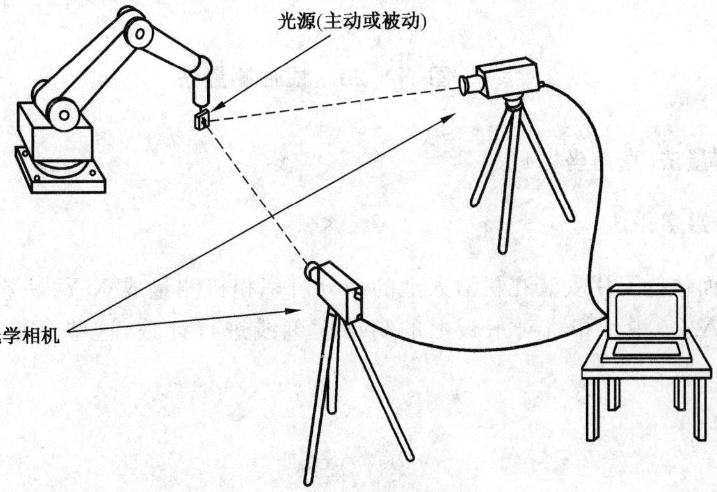

图 NA.19 光学相机法

NA.4.6 惯性测量法

如果已知机器人的初始状态,利用安装在机器人上的 3 个伺服加速度传感器和 3 个陀螺仪,不用任何外部观察装置,就能在空间的三个方向上测量机器人的位姿特性和轨迹特性。图 NA.20 是这种系统的典型配置。

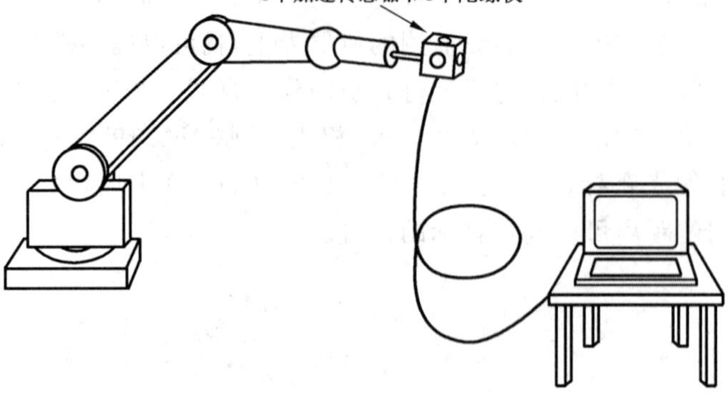

图 NA.20 惯性测量法

NA.4.7 坐标测量法(直角坐标)

NA.4.7.1 二维数字化法

机器人的平面位置可用安装在机器人上的高分辨率相机测量成 X-Y、Y-Z、Z-X 坐标值。典型的系统配置示于图 NA.21 中。相机对平板上的高精度刻线进行计数,这些高精度刻线构成测试平面的线条。

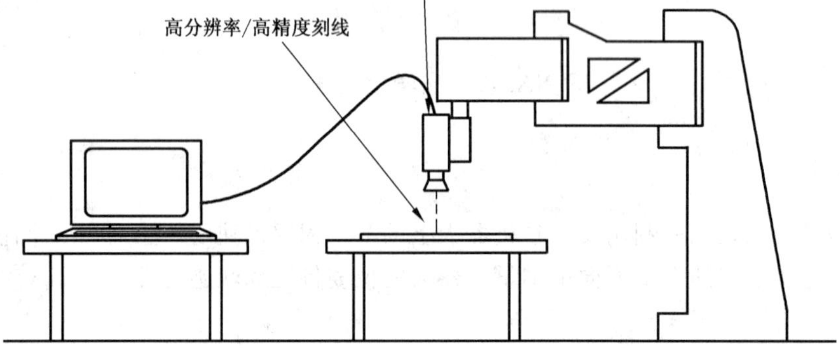

图 NA.21 二维数字化法 1

在有限区域内的机器人平面位置可用干涉测量原理以亚微米分辨率测量。扫描头获取并分析十字网格板上的莫尔条纹,给出二维增量(图 NA.22)。

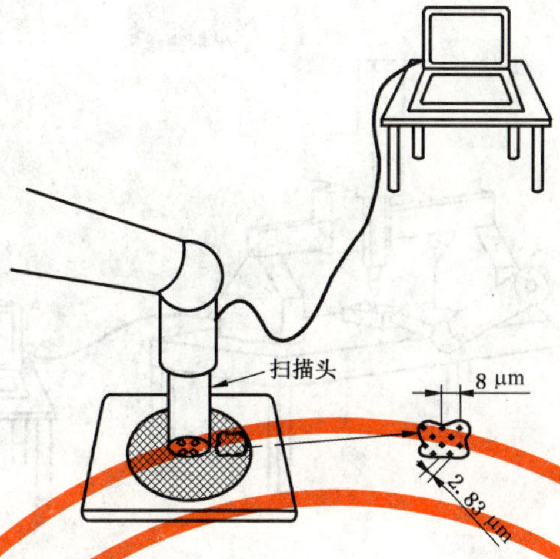

图 NA.22 二维数字化法 2

用装在机器人上的数字化笔和作为测试平面的图形输入装置(图 NA.23),机器人的位置可被测量成 X-Y、Y-Z、Z-X 坐标值。此方法可用于点到点的标定或连续轨迹运动。因此,它可用于静态和动态测量。

图 NA.23 二维数字化法 3

NA.4.7.2 坐标测量机法

用坐标测量机获取机器人靶点坐标可测出机器人的实到位置(图 NA.24)。接触一个立方体靶标可获得 3 个或更多点的坐标值,从而可测出机器人的实到姿态。

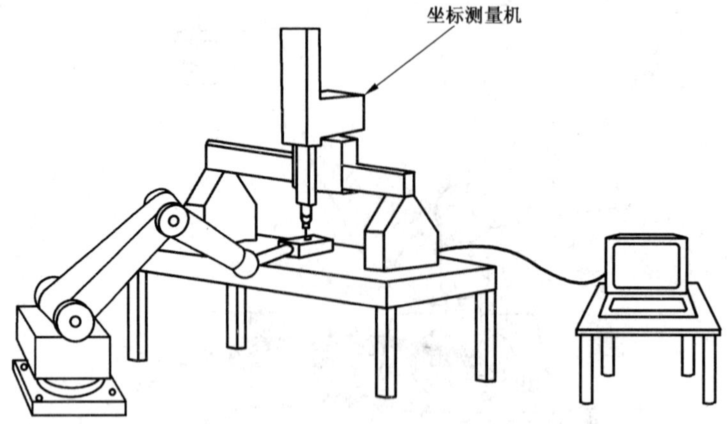

图 NA.24 坐标测量机法

NA.4.8 轨迹描绘法

机器人的二维轨迹可用机械、电或喷墨笔记录在纸上。图 NA.25 表示一个实例，它使用在传真机中用的放电纸。如果产生定时脉冲，就可测量机器人的速度特性。

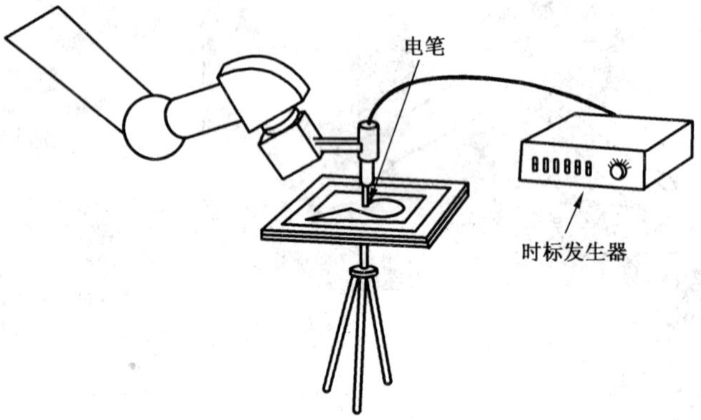

图 NA.25 轨迹描绘法

表 NA.1 机器人性能特征的测量方法

测量方法		位姿准确度	位姿重复性	位姿准确度变动	距离准确度	距离重复性	位姿稳定时间	位姿超调	位姿特性漂移	最小定位时间	静态柔顺性	轨迹准确度	轨迹重复性	拐角偏差	轨迹速度特性
NA.4.1 试验探头法	立方体样标	□	○	○	○	○	○	○	○	○	○	—	—	—	—
	球体样标	△	△	△	△	△	△	△	△	○	○	—	—	—	—
NA.4.2 轨迹比较法	12.4.2.1 机械量具比较法	△	△	△	—	—	—	—	△	—	—	△	△	—	—
	12.4.2.2 激光束轨迹比较法	△	△	△	○	○	△	—	△	△	○	△	△	△	△
NA.4.3 三边测量法（距离－距离）	12.4.3.1 多激光跟踪干涉仪法	◎	○	○	○	○	○	○	○	○	○	◎	○	○	○
	12.4.3.2 超声三边测量法	△	△	△	△	△	△	△	△	△	○	△	△	△	△
	12.4.3.3 钢索三边测量法	△	△	△	△	△	○	○	○	○	○	△	△	△	△
NA.4.4 极坐标测量法（距离－方位角）	12.4.4.1 单激光跟踪干涉仪法	◎	○	○	○	○	○	○	○	○	○	◎	○	○	○
	12.4.4.2 单总站法－跟踪	◎	○	○	○	○	—	—	○	△	○	—	—	—	—
	12.4.4.3 直线标尺法	△	△	△	△	△	△	△	△	△	○	△	△	△	△
NA.4.5 三角测量法（方位角－方位角）	12.4.5.1 光学跟踪三角测量法	◎	○	○	○	○	○	○	○	○	○	◎	○	○	○
	12.4.5.2 光学经纬仪法	◎	○	○	○	○	—	—	○	—	○	—	—	—	—
	12.4.5.3 光学相机法	◎	○	○	○	○	○	○	○	○	○	◎	○	○	○
NA.4.6 惯性测量法		□	○	○	○	○	○	○	○	○	○	□	○	○	○
NA.4.7 坐标测量法	12.4.7.1 二维数字化法	△	△	△	△	△	△	△	△	—	△	△	△	△	△
	12.4.7.2 坐标测量机法	—	—	—	△	△	—	—	—	—	○	—	—	—	—
NA.4.8 轨迹描绘法		—	—	—	△	△	—	△	—	△	—	△	△	○	○

◎:这些系统具有测量系统本身和机器人机座坐标系的标定能力。这也意味着这些系统能测量绝对准确度(位姿,轨迹)和相对准确度(位姿,轨迹)。

□:这些系统仅能测量相对准确度(位姿,轨迹)。

○:此方法可测试一般性能的机器人。

△:测量性能有一些局限性,见第3节。

—:此方法不适于测试规范。

每种方法的性能见表NA.2。

表 NA.2 测量方法的典型测量性能

测量方法	测量特性			测量特性	最大轨迹速度	轨迹测量的取样速率
	分辨率	重复性	准确度			
NA.4.1 试验探头法	0.01 μm～1 μm 视界的 0.05%	0.001 mm～0.01 mm 视界的 0.1%～1%	0.002 mm～0.02 mm	仅用于静态	—	—
NA.4.2.1 机械量具比较法	0.025 mm～0.1 mm	0.05 mm～0.2 mm		动态		
NA.4.2.2 激光束轨迹比较法	3 μm	0.02 mm		动态	10 m/s	0.01 ms/point
NA.4.3.1 多激光跟踪干涉仪法	0.16 μm	2 μm	0.005 mm～0.01 mm	动态	6 m/s	10 ms/point～100 ms/point
NA.4.3.2 超声三边测量法	0.05 mm～1 mm	0.2 mm～1 mm	0.4 mm～3 mm			100 ms/point～1 000 ms/point
NA.4.3.3 钢索三边测量方法	0.01 mm	0.02 mm	0.3 mm		5 m/s	0.5 ms/point
NA.4.4.1 单激光跟踪干涉仪法	0.6 μm～5 μm	0.005 mm～0.02 mm	0.005 mm～0.05 mm	动态	6 m/s	0.01 ms/point～500 ms/point
NA.4.4.2 单总站法一跟踪	0.2 mm 5arc sec[a]	3 mm 10 arc sec.			1 m/s	500 ms/point～3000 ms/point
NA.4.4.3 直线标尺法	0.02 mm	0.1 mm	0.5 mm～1 mm			
NA.4.5.1 光学跟踪三角测量法	2arc sec 0.015%	5arc sec	10arc sec	动态	2 m/s～10 m/s	1 ms/point
NA.4.5.2 光学经纬仪法	0.1 arc sec～ 0.2 arc sec	0.5 arc sec～ 2 arc sec	0.5 arc sec～ 2 arc sec 1 mm	仅用于静态	—	—
NA.4.5.3 光学相机法	视场的 0.000 5%～ 0.025%	视场的 0.001%～ 0.05%	视场的 0.01%～ 0.75%	动态	10 m/s	0.2 ms/point～4 ms/point
NA.4.6 惯性测量法	5 μm	0.01 mm	0.03 mm	动态	5 m/s	3 ms/point
NA.4.7.1 二维数字化法	0.01 mm～0.02 mm	0.02 mm～0.2 mm	0.1 mm～0.5 mm	动态	0.5 m/s～3 m/s	10 ms/point～100 ms/point
NA.4.7.2 坐标测量机(直角坐标)法	0.5 μm	5 μm	0.01 mm	仅用于静态	—	—
NA.4.8 轨迹描绘法	0.2 mm		0.2 mm～0.5 mm	动态		

注 1：表中的数据来源于制造商提供的额定指标。对于性能要求的验证和局限性的说明应咨询制造商。

注 2：如果仔细安装个别测量装置并在测量过程中维持整个测量系统的尺寸稳定性，此表中大多数重复性或准确度的数值是理论性能。

[a] 角度制单位，角秒(arc seconds，arcsec)。

参 考 文 献

[1] ANSI/RIA R15. 05-1-1990. American National Standard for Industrial Robots and Robot Systems-Point-to-Point and Static Performance Characteristics —Evaluation.

[2] ANSI/RIA R15. 05-2. American National Standard for Industrial Robots and Robot Systems-Path-Related and Dynamic Performance Characteristics —Evaluation(Draft Revision12.).

[3] VDI(German industrial standard)2861, Blatt 2, Entwurf, 1987, Kenngrößenfür Industrieroboter, einsatzspezifischer Kenngrößen.

[4] Lau, K., Hocken, R. J. A Survey of Current Robot Metrology Methods. Annals of the CIRP, Vol. 32, No. 2. 1984, pp. 485-488.

[5] Jiang, B. C., Black, J. T., Duraisamy, R., (Auburn University). A Review of Recent Developments in Robot Metrology. J. of Manufacturing Systems, Vol. 7 No. 4, (1988)pp. 339-357.

[6] Lombard, J., Perrot, J. C. Atomatic Measurement of the Positioning Accuracy of Industrial Robots, Annals of the CIRP, Vol. 32/1, 1983pp. 297-299.

[7] Lau, K., Hocken, R. An Overview of Techniques for Robot Performance Measurements, Internak Report, NIST, 1986.

[8] Freeman, S. New Perspectives in 3D Theodolite-based Industrial Measuring Systems. Quality Today, May 1987, pp. 74-77.

[9] MacFarelane, J., Donath, M. Tracking Robot Motion in Three Dimensional Space: a Laser Scanning Approach. NATO ASI series, F11, 1984, pp. 309-318.

[10] Lau, K., Hocken, R., Haight, W. Automatic Laser Tracking Interferometer System for Robot Merology. Precision Engineering, Vol. 8 No. 1, pp. 3-8, January 1986.

[11] Lau, K., Hocken, R., Haynes, L., (NBS). Robot Performance Measurements using Automatic Laser Techniques, Robotics and Computer Integrated Manufacturing, Vol. 2 No. 3, 1985, pp. 227-236.

[12] Gilby, J. H., Parker, G. A. Laser Tracking System to Measure Robot Arm Performance. Sensor Review, pp. 180-184, October 1982.

[13] Prenninger, J. P. Position and Orientation Measurement to Industrial Robots using Laser Tracking Techniques in Six Degrees of Freedom. Doctor Thesis Institute of Flexible Automation, TU Vienna 1992.

[14] Becker, P.-J., Bolle, H., Mitschke, H. Lasertriangulation für die genaue dreidimensionale Vermessung von Robotern. FHG Berichte Vol. 2, 1984, pp. 47-50.

[15] Prenninger, J. P., Vincze, M., Gander, H. Contactless Position and Orientation Measurement of Robot End-Effector. Proc. of IEEE Conference on Robotics and Automation, 1983, pp. 183-189.

[16] Gilby, J., et al. Dynamic Perfotmance Measurement of Robot Arms. Department of Mechanical Engineering, University of Surrey, Guilford, Surrey, England, 1984.

[17] Van Brussel, H. Ecaluation and Testing of Robts. Annals of CIRP Vol. 39/2, 1990, pp. 657-664.

[18] McEntire, R. H. Three Diemensional Accuracy Measurement Method for Robots. The Industrial Robot, Vol. 3, 1976, pp. 105-112.

[19] Vincze, M., Prenninger, J. P., Gender, H. A Six Degree of Freedom Robot Measurement

System Ⅲ:Application of Measurement Data to System Calibration. Int. Symp. on Theory of Machines and Mechanisms,Nagoya,Japan,Sept. 24-26,1992.

[20] Van den Bossche,J. ,Van Brussel,H. RODYM:a New Approach to Robot Metrology. Internal Report,the Catholic University of Leuven,Belgium. 1989.

[21] John Wiley & Sons. International Encyclopedia of Robotics-Volume3: Applications and Automation.

[22] Hinüber,E. V. ,Janocha,H. (Universität des Saarlandes,Germany)Inertial Measurement System for Industrial Robots.

[23] Day,C. P. Robot Accuracy Issues and Methods of Improvement. Robotics Today (SME), Volume 1,Number 1,Spring 1988.

[24] Nakamura,O. ,Goto,M. ,Toyoda,K. ,Tanimura,N. ,Kurosawa,T. (National Research Laboratoty of Metrology et al) Development of a Coordinata Mwasuring System with Tracking Laser Interferometers Annals of CIRP,Vol. 40,No. 1(August,1991)99. 523-526.

[25] Nakamura,O. ,Goto,M. ,Toyoda,K. ,Takai,N. ,Kurosawa,T. (National Research Laboratoty of Metrology et al)A Laser Tracking Robot Performance Clibration System Using Ball-Srated Bearing Mechanisms and a Spherically Shaped Cat′s-Eye Retroreflector Review of Scientific Instruments,Vol. 65,No. 4,Part 1,(April 1994)pp. 1006-1011.

[26] Prenninger,J. P. ,Gander,H. ,Vincze,M. (University of Technology Vienna) Real Time 6-DOF Measurement of Robot End Effectors. Proceedings of International Robots & Vision Automation Conference and 22nd International Symposium on Industrial Robots,pp. 10-13～10-24,October 1991, Detroit,Michigan USA.

[27] Seto,T. Method for Measurement of Large Scale Dimension using Field Surveying Instruments(in Japanese)Journal of the Japan Society for Precision. Engineering,Vol. 58,No. 5(1992).

[28] Aoyagi,S. ,Kamiya,Y. ,Okabe,S. (Kanazawa University,Japan) Development of Automatic Tracking System of 3-D Position of a Robot. Proceedings of the Japan U. S. A Symposium on Flexible Automation,1992.

[29] Oiwa,T. Suzuki,M. ,Kyusojin,A. Spatial Coordinate Measurement using Structured Laser Light and a Spherical Mirror. (in Japanese)Journal of the Japan Society for Precision Engineering, Vol. 59,No. 2.

[30] Brown,L. B. Merry,J. B. Interferometric Accuracy in Three-Dimensional Measurements: A Precision Laser Traking System. Presented at Society of Manufacturing Engineers(SME),Gaithersburg,Maryland,June 1988.

[31] Gottwald,R. SPACE-An Automated Non-contact 3-D-measuring-system for Indstrial Applications,7th International Conference on Robot Vision and Sendory Controls,February 1988, Zürich,Switzerland.

[32] Priel,M. ,(LNE,France) Evaluating the Performance of Industrial Robots,Robotics Res. Winter Ann. Mtg. ASME,December 1989,pp. 63-67.

[33] Mayer,J. R. R. ,Parker,A. (Univwesity of Surrey,England)A Portable Instrument for 3-D Dynamic Robot Measurements Using Triangulation and Laser Tracking. IEEE Transactions on Robotics and Automation,Vol. 10,No. 4,pp. 504-516,August 1994.

ICS 25.040.30
J 07

中华人民共和国国家标准

GB/T 12643—2013/ISO 8373:2012
代替 GB/T 12643—1997

机器人与机器人装备　词汇

Robots and robotic devices—Vocabulary

(ISO 8373:2012,IDT)

2013-11-12 发布　　2014-03-15 实施

中华人民共和国国家质量监督检验检疫总局
中国国家标准化管理委员会　发布

前　言

本标准按照 GB/T 1.1—2009 给出的规则起草。

本标准代替 GB/T 12643—1997《工业机器人　词汇》，与 GB/T 12643—1997 相比主要技术变化如下：

——删除了第 2 章“规范性引用文件”(1997 年版第 2 章)；
——修改了术语“操作机”的注解内容(见 2.1,1997 年版 3.1)；
——删除了术语“固定顺序操作机”(1997 年版 3.2)；
——修改了术语“物理变更”的定义内容(见 2.3,1997 年版 3.3)；
——增加了术语“机器人”(见 2.6)；
——增加了术语“机器人装置”(见 2.8)；
——将术语“(操作机)工业机器人”改为“工业机器人”并更改了注解内容(见 2.9,1997 年版 3.6)；
——删除了术语“示教再现机器人”(1997 年版 3.8)；
——删除了术语“离线编程机器人”(1997 年版 3.9)；
——删除了术语“顺序控制机器人”(1997 年版 3.10)；
——删除了术语“轨迹控制机器人”(1997 年版 3.11)；
——删除了术语“适应机器人”(1997 年版 3.12)；
——增加了术语“服务机器人”(见 2.10)；
——增加了术语“个人服务机器人”(见 2.11)；
——增加了术语“专用服务机器人”(见 2.12)；
——修改了术语“移动机器人”的定义内容(见 2.13,1997 年版 3.13)；
——修改了术语“机器人系统”的定义内容(见 2.14,1997 年版 3.14)；
——增加了术语“工业机器人系统”(见 2.15)；
——增加了术语“受服者”(见 2.19)；
——修改了术语“安装”的部分定义内容(见 2.20,1997 年版 3.18)；
——增加了术语“集成”(见 2.22)；
——增加了术语“工业机器人单元”(见 2.23)；
——增加了术语“工业机器人生产线”(见 2.24)；
——增加了术语“协作操作”(见 2.25)；
——增加了术语“协作机器人”(见 2.26)；
——增加了术语“机器人合作”(见 2.27)；
——增加了术语“智能机器人”(见 2.28)；
——增加了术语“人-机器人交互”(见 2.29)；
——增加了术语“确认”(见 2.30)；
——增加了术语“验证”(见 2.31)；
——删除了术语“关节结构”(1997 年版 4.4)；
——增加了术语“机器人腿”(见 3.4)；
——增加了术语“机械接口”的注(见 3.10,1997 年版 4.10)；
——增加了术语“末端执行器自动更换系统”的注(见 3.13,1997 年版 4.13)；
——增加了“移动机器人的机械结构类型”(见 3.16)；

——增加了术语“轮式机器人”(见 3.16.1);
——增加了术语“腿式机器人”(见 3.16.2);
——增加了术语“双足机器人”(见 3.16.3);
——增加了术语“履带式机器人”(见 3.16.4);
——增加了术语“仿人机器人”(见 3.17);
——增加了术语“移动平台”(见 3.18);
——增加了术语“全向移动机构”(见 3.19);
——增加了术语“自动导引车”(见 3.20);
——修改了术语“运动学正解”的定义内容(见 4.1,1997 年版 5.1);
——增加了术语“运动学逆解”的注(见 4.2,1997 年版 5.2);
——增加了术语“位姿”的注(见 4.5,1997 年版 5.5);
——增加了术语“移动平台坐标系”(见 4.7.6);
——增加了术语“最大空间”的注(见 4.8.1,1997 年版 5.8.1);
——增加了术语“限定空间”的定义内容(见 4.8.2,1997 年版 5.8.2);
——增加了术语“安全防护空间”(见 4.8.5);
——增加了术语“协作工作空间”(见 4.8.6);
——增加了术语“移动平台原点”(见 4.11);
——增加了术语“奇异”(见 4.13);
——增加了术语“轨迹控制”(见 5.3.3);
——增加了术语“主从控制”(见 5.3.4);
——删除了术语“正常操作状态”(1997 年版 6.5);
——增加了术语“自动操作”(见 5.5);
——增加了术语“遥操作”(见 5.10);
——增加了术语“示教再现操作”(见 5.11);
——增加了术语“用户接口”(见 5.12);
——增加了术语“机器人语言”(见 5.13);
——增加了术语“联动”(见 5.14);
——增加了术语“限位装置”(见 5.15);
——增加了术语“程序验证”(见 5.16);
——增加了术语“保护性停止”(见 5.17);
——增加了术语“安全适用”(见 5.18);
——增加了术语“单点控制”(见 5.19);
——增加了术语“慢速控制”(见 5.20);
——增加了术语“正常操作条件”的注(见 6.1,1997 年版 7.1);
——增加了术语“路径速度”的注(见 6.3.2,1997 年版 7.1);
——增加了术语“循环”的注(见 6.22,1997 年版 7.22);
——增加了“感知与导航”(见第 7 章);
——增加了术语“环境地图”(见 7.1);
——增加了术语“定位”(见 7.2);
——增加了术语“地标”(见 7.3);
——增加了术语“障碍”(见 7.4);
——增加了术语“绘制地图”(见 7.5);
——增加了术语“导航”(见 7.6);

——增加了术语“行走面”(见7.7);

——增加了术语“航位(迹)推算法”(见7.8);

——增加了术语“传感器融合”(见7.9);

——增加了术语“任务规划”(见7.10);

——增加了术语“机器人传感器”(见7.11);

——增加了术语“本体感受传感器”(见7.11.1);

——增加了术语“外感受传感器”(见7.11.2);

——增加了“图A.6”(见图A.6);

——增加了“图A.7”(见图A.7);

——增加了“图A.8”(见图A.8);

——增加了“图A.9”(见图A.9)。

本标准使用翻译法等同采用ISO 8373:2012《机器人与机器人装备　词汇》。

本标准的技术内容和组成结构与ISO 8373:2012《机器人与机器人装备　词汇》(英文版)相一致,只在需要的地方,做了个别编辑性修改。

本标准由中国机械工业联合会提出。

本标准由全国自动化系统与集成标准化技术委员会(SAC/TC 159)归口。

本标准起草单位:北京机械工业自动化所、中国科学院自动化研究所。

本标准主要起草人:杨书评、王硕、王思斯。

引　言

本标准描述了在工业和非工业环境下作业的机器人和机器人装备的相关词汇，按机器人学的主题归类，并给出常用术语的定义和解释。

机器人与机器人装备　词汇

1　范围

本标准定义了在工业和非工业环境下作业的机器人与机器人装备的相关术语。

2　通用术语

2.1

操作机　Manipulator

用来抓取和(或)移动物体、由一些相互铰接或相对滑动的构件组成的多自由度机器。

注1：操作机可由**操作员**(2.17)、可编程控制器、或某些逻辑系统(如凸轮装置,线路)来控制。

注2：操作机不包括**末端执行器**(3.11)。

2.2

自主能力　autonomy

基于当前状态和感知信息,无人为干预地执行预期任务的能力。

2.3

物理变更　physical alteration

机械系统的更换。

注：机械系统不包括存储介质、ROMs等。

2.4

可重复编程　reprogrammable

无需**物理变更**(2.3)即可更改已编程的运动或辅助功能。

2.5

多用途　multipurpose

经**物理变更**(2.3)后,有能力适用不同用途的性能。

2.6

机器人　robot

具有两个或两个以上可编程的**轴**(4.3),以及一定程度的**自主能力**(2.2),可在其环境内运动以执行预期的任务的执行机构。

注1：机器人包括**控制系统**(2.7)和控制系统接口。

注2：按照预期的用途,机器人分类可划为**工业机器人**(2.9)或**服务机器人**(2.10)。

2.7

控制系统　control system

一套具有逻辑控制和动力功能的系统,能控制和监测**机器人**(2.6)机械结构并与环境(设备和使用者)进行通信。

2.8

机器人装置　robotic device

具有**工业机器人**(2.9)或服务**机器人**(2.10)的特征,但缺少可编程的**轴**(4.3)的数目或**自主能力**(2.2)程度的执行机构。

示例:助力设备;遥操作设备;两轴工业**操作机**(2.1)。

2.9

工业机器人　industrial robot

自动控制的、**可重复编程**(2.4)、**多用途**(2.5)的**操作机**(2.1),可对三个或三个以上**轴**(4.3)进行编程。它可以是固定式或移动式。在工业自动化中使用。

注1:工业机器人包括:

——操作机,含**致动器**(3.1);

——控制器,含**示教盒**(5.8)和某些通讯接口(硬件和软件)。

注2:这包括某些集成的附加轴。

2.10

服务机器人　service robot

除工业自动化应用外,能为人类或设备完成有用任务的**机器人**(2.6)。

注1:工业自动化应用包括(但不限于)制造、检验、包装和装配。

注2:用于生产线的**关节机器人**(3.15.5)是**工业机器人**(2.9),而类似的关节机器人用于供餐的就是**服务机器人**(2.10)。

2.11

个人服务机器人　personal service robot

用于非营利性任务的、一般由非专业人士使用的**服务机器人**(2.10)。

示例:家政服务机器人、自动轮椅、个人移动助理机器人和小型健身机器人。

2.12

专用服务机器人　professional service robot

用于营利性任务的、一般由培训合格的**操作员**(2.17)操作的**服务机器人**(2.10)。

示例:用于公共空间的清洁机器人、办公室或医院的运送机器人、消防机器人、康复机器人和外科手术机器人。

2.13

移动机器人　mobile robot

基于自身控制、可移动的**机器人**(2.6)。

注:移动机器人可以是装有或未装**操作机**(2.1)的**移动平台**(3.18)。

2.14

机器人系统　robot system

由(多)**机器人**(2.6)、(多)**末端执行器**(3.11)和为使机器人完成其任务所需的任何机械、设备、装置或传感器构成的系统。

2.15

工业机器人系统　industrial robot system

由(多)**工业机器人**(2.9)、(多)**末端执行器**(3.11)和为使机器人完成其任务所需的任何机械、设备、装置、外部辅助轴或传感器构成的系统。

2.16

机器人学　robotics

关于**机器人**(2.6)设计、制造和应用的一门学科。

2.17

操作员　operator

指定从事**机器人**(2.6)或**机器人系统**(2.14)启动、监控和停机等预期操作的人员。

2.18

编程员　programmer

指定进行**任务程序**(5.1.1)编制的人员。

注:在5.2中定义了各种编程方式。

2.19

受服者　recipient

受益人　beneficiary

与**服务机器人**(2.10)交互而获得其服务之便利的人。

注：此定义是为了区分**操作员**(2.17)和受服者。

示例：患者接受医用机器人的护理。

2.20

安装　installation

机器人(2.6)安装就位，并将其与动力电源和其他必要的基础设施部件等进行连接。

2.21

试运行　commissioning

安装(2.20)后，设定、检查**机器人系统**(2.14)并验证机器人功能的过程。

2.22

集成　integration

将机器人和其他设备或另一个机器(含其他机器人)组合成能完成如零部件生产的有益工作的机器系统。

注：此定义目前仅用于**工业机器人**(2.9)。

2.23

工业机器人单元　industrial robot cell

包含相关机器、设备、相关的**安全防护空间**(4.8.5)和保护装置的一个或多个**机器人系统**(2.14)。

2.24

工业机器人生产线　industrial robot line

由在单独的或相连的**安全防护空间**(4.8.5)内执行相同或不同功能的多个机器人单元和相关设备构成。

2.25

协作操作　collaborative operation

在规定的工作空间内，专用设计的**机器人**(2.6)与人直接合作工作的状态。

2.26

协作机器人　collaborative robot

为与人直接交互而设计的**机器人**(2.6)。

2.27

机器人合作　robot cooperation

多个**机器人**(2.6)之间交流信息和动作，共同确保其运动的有效作用，以完成任务。

2.28

智能机器人　intelligent robot

具有依靠感知其环境、和/或与外部资源交互、调整自身行为来执行任务的能力的**机器人**(2.6)。

示例：具有视觉传感器用来拾放物体的**工业机器人**(2.9)；避碰的**移动机器人**(2.13)；不平地面行走的**腿式机器人**(3.16.2)。

2.29

人-机器人交互　human-robot interaction

HRI

人和**机器人**(2.6)通过**用户接口**(5.12)交流信息和动作来执行任务。

示例：通过语音、视觉和触觉方式交流。

注：为避免混淆的可能，建议在描述用户接口时不要使用缩写"HRI"表示人-机器人接口。

2.30

确认 validation

通过提供客观证据对特定的预期用途或应用要求已得到满足的认定。

注：源于 GB/T 19000—2008，定义 3.8.5。

2.31

验证 verification

通过提供客观证据对规定要求已得到满足的认定。

注：源于 GB/T 19000—2008，定义 3.8.4。

3 机械结构

3.1

致动器 actuator

机器人致动器 robot actuator

机器致动器 machine actuator

用于实现**机器人**(2.6)运动的动力机构。

示例：把电能、液压能、气动能转换成使机器人运动的马达。

3.2

机器人手臂 robotic arm

手臂 arm

主关节轴 primary axes

操作机(2.1)上一组互相连接的长形的**杆件**(3.6)和主动关节，用以定位**手腕**(3.3)。

3.3

机器人手腕 robotic wrist

手腕 wrist

副关节轴 secondary axes

操作机(2.1)上在**手臂**(3.2)和**末端执行器**(3.11)之间的一组相互连接的**杆件**(3.6)和主动关节，用以支承末端执行器并确定其位置和姿态。

3.4

机器人腿 robotic leg

腿 leg

通过往复运动和与**行走面**(7.7)的周期性接触来支撑及推进**移动机器人**(2.13)的**杆件**(3.6)机构。

3.5

构形 configuration

在任何时刻均能完全确定**机器人**(2.6)形状的所有关节的一组位移值。

3.6

杆件 link

用于连接相邻关节的刚体。

3.7 关节

3.7.1

棱柱关节 prismatic joint

滑动关节 sliding joint

两**杆件**(3.6)间的组件，能使其中一杆件相对于另一杆件作直线运动。

3.7.2

回转关节　rotary joint

旋转关节　revolute joint

连接两**杆件**(3.6)的组件,能使其中一杆件相对于另一杆件绕固定轴线转动。

3.7.3

圆柱关节　cylindrical joint

两**杆件**(3.6)间的组件,能使其中一杆件相对于另一杆件移动并绕一移动轴线转动。

3.7.4

球关节　spherical joint

两**杆件**(3.6)间的组件,能使其中一杆件相对于另一杆件在三个**自由度**(4.4)上绕一固定点转动。

3.8

机座　base

一平台或构架,**操作机**(2.1)第一个**杆件**(3.6)的原点置于其上。

3.9

机座安装面　base mounting surface

机器人(2.6)与其支承体间的连接表面。

3.10

机械接口　mechanical interface

位于**操作机**(2.1)末端,用于安装**末端执行器**(3.11)的安装面。

注:见 GB/T 14468.1(ISO 9409-1)和 GB/T 14468.2(ISO 9409-2)。

3.11

末端执行器　end effector

为使**机器人**(2.6)完成其任务而专门设计并安装在**机械接口**(3.10)处的装置。

示例:夹持器、扳手、焊枪、喷枪等。

3.12

末端执行器连接装置　end effector coupling device

位于**手腕**(3.3)末端的法兰或轴和把**末端执行器**(3.11)固定在手腕端部的锁紧装置及附件。

3.13

末端执行器自动更换系统　automatic end effector exchange system

位于**机械接口**(3.10)和**末端执行器**(3.11)之间能自动更换末端执行器的联结装置。

注:见 GB/T 17887(ISO 11593)。

3.14

夹持器　gripper

供抓取和握持用的**末端执行器**(3.11)。

3.15　机器人的机械结构类型

3.15.1

直角坐标机器人　rectangular robot

笛卡尔坐标机器人　Cartesian robot

手臂(3.2)具有三个**棱柱关节**(3.7.1)、其**轴**(4.3)按直角坐标配置的**机器人**(2.6)。

示例:龙门机器人(见图 A.1)。

3.15.2

圆柱坐标机器人　cylindrical robot

手臂(3.2)至少有一个**回转关节**(3.7.2)和一个**棱柱关节**(3.7.1),其**轴**(4.3)按圆柱坐标配置的机器人(2.6)。

注:见图 A.2。

3.15.3

极坐标机器人 polar robot

球坐标机器人 spherical robot

手臂(3.2)有两个**回转关节**(3.7.2)和一个**棱柱关节**(3.7.1),其**轴**(4.3)按极坐标配置的**机器人**(2.6)。

注:见图 A.3。

3.15.4

摆动式机器人 pendular robot

机械结构包含一个万向节转动组件的**极坐标机器人**(3.15.3)。

注:见图 A.4。

3.15.5

关节机器人 articulated robot

手臂(3.2)具有三个或更多个**回转关节**(3.7.2)的**机器人**(2.6)。

注:见图 A.5。

3.15.6

SCARA 机器人 SCARA robot

具有两个平行的**回转关节**(3.7.2),以便在所选择的平面内提供**柔顺性**(5.3.9)的**机器人**(2.6)。

注:SCARA 是由 Selectively Compliant Arm for Robotic Assembly 的首字母组成。

3.15.7

脊柱式机器人 spine robot

手臂(3.2)由两个或更多个**球关节**(3.7.4)组成的**机器人**(2.6)。

3.15.8

并联机器人 parallel robot

并联杆式机器人 parallel link robot

手臂(3.2)含有组成闭环结构的**杆件**(3.6)的**机器人**(2.6)。

示例:Stewart 平台。

3.16 移动机器人的机械结构类型

3.16.1

轮式机器人 wheeled robot

利用轮子实现移动的**移动机器人**(2.13)。

注:见图 A.6。

3.16.2

腿式机器人 legged robot

利用一条或更多条**腿**(3.4)实现移动的**移动机器人**(2.13)。

注:见图 A.7。

3.16.3

双足机器人 biped robot

利用两条**腿**(3.4)实现移动的**腿式机器人**(3.16.2)。

注:见图 A.8。

3.16.4

履带式机器人 crawler robot;tracked robot

利用履带实现移动的**移动机器人**(2.13)。

注:见图 A.9。

3.17

仿人机器人　humanoid robot

具有躯干、头和四肢，外观和动作与人类相似的**机器人**(2.6)。

3.18

移动平台　mobile platform

能使**移动机器人**(2.13)实现运动的全部部件的组装件。

注1：移动平台包含一个用于支承**负载**(6.2.1)的底盘。

注2：由于与术语“**机座**(base)”(3.8)可能发生混淆，建议不要使用术语“移动机座(mobile base)”来表述移动平台。

3.19

全向移动机构　omni-directional mobile mechanism

能使**移动机器人**(2.13)实现朝任一方向即时移动的轮式机构。

3.20

自动导引车　automated guided vehicle

AGV

沿标记或外部引导命令指示的，沿预设**路径**(4.5.4)移动的**移动平台**(3.18)，一般应用在工厂。

注：AGV相关国家标准由SAC/TC 332(ISO/TC 110)工业车辆标准化技术委员会制定。

4　几何学和运动学

4.1

运动学正解　forward kinematics

已知一机械杆系关节的各坐标值，求该杆系内两个部件坐标系间的数学关系。

注：对于**操作机**(2.1)来说，运动学正解一般指求取的**工具坐标系**(4.7.5)和**机座坐标系**(4.7.2)间的数学关系。

4.2

运动学逆解　inverse kinematics

已知一机械杆系内两个部件坐标系间的关系，求该杆系关节各坐标值的数学关系。

注：对于**操作机**(2.1)来说，运动学逆解一般指求取的**工具坐标系**(4.7.5)和**机座坐标系**(4.7.2)间关节各坐标值的数学关系。

4.3

轴　axis

用于定义**机器人**(2.6)以直线或回转方式运动的方向线。

注：“轴”也用于表示“机器人的机械关节”。

4.4

自由度　degree of freedom

DOF

用以确定物体在空间中独立运动的变量(最大数为6)。

注：由于与术语“**轴**(axis)”(4.3)可能发生混淆，建议不要使用术语“自由度(degree of freedom)”来表述机器人的运动。

4.5

位姿　pose

空间位置和姿态的合称。

注1：**操作机**(2.1)的位姿通常指**末端执行器**(3.11)或**机械接口**(3.10)的位置和姿态。

注2：**移动机器人**(2.13)的位姿可包括**绝对坐标系**(4.7.1)下的**移动平台**(3.18)及和装于其上的任一**操作机**(2.1)的位姿组合。

4.5.1

指令位姿　command pose

编程位姿　programmed pose

由**任务程序**(5.1.1)给定的**位姿**(4.5)。

4.5.2

实到位姿　attained pose

机器人(2.6)响应**指令位姿**(4.5.1)时实际达到的**位姿**(4.5)。

4.5.3

校准位姿　alignment pose

为对**机器人**(2.6)设定一个几何基准所给定的**位姿**(4.5)。

4.5.4

路径　path

一组有序的**位姿**(4.5)。

4.6

轨迹　trajectory

基于时间的**路径**(4.5.4)。

4.7　坐标系

注：见 GB/T 16977(ISO 9787)。

4.7.1

绝对坐标系　world coordinate system

与**机器人**(2.6)运动无关，参照大地的不变坐标系。

4.7.2

机座坐标系　base coordinate system

参照**机座安装面**(3.9)的坐标系。

4.7.3

机械接口坐标系　mechanical interface coordinate system

参照**机械接口**(3.10)的坐标系。

4.7.4

关节坐标系　joint coordinate system

参照关节**轴**(4.3)的坐标系，每个关节坐标是相对于前一个关节坐标或其他某坐标系来定义的。

4.7.5

工具坐标系　tool coordinate system

TCS

参照安装在**机械接口**(3.10)上的工具或**末端执行器**(3.11)的坐标系。

4.7.6

移动平台坐标系　mobile platform coordinate system

参照**移动平台**(3.18)某一部件的坐标系。

注：对于**移动机器人**(2.13)来说，典型的移动平台坐标系取前进方向为 X 轴正向，朝上的方向为 Z 轴正向，Y 轴正向按右手定则确定。

4.8　空间

4.8.1

最大空间　maximum space

由制造厂所定义的**机器人**(2.6)活动部件所能掠过的空间加上由**末端执行器**(3.11)和工件运动时

所能掠过的空间。

注：对于**移动平台**(3.18)来说，这个空间可以认为是移动时理论上能到达的全部空间。

4.8.2

限定空间 **restricted space**

由**限位装置**(5.15)限制的**最大空间**(4.8.1)中不可超出的部分。

注：对于**移动平台**(3.18)来说，这个空间可以通过墙和地板上的特定标记或定义在内存地图上的软件界限来限定。

4.8.3

操作空间 **operational space; operating space**

当实施由**任务程序**(5.1.1)指令的所有运动时，实际用到的那部分**限定空间**(4.8.2)。

4.8.4

工作空间 **working space**

由**手腕参考点**(4.10)所能掠过的空间，是由**手腕**(3.3)各关节平移或旋转的区域附加于该手腕参考点的。

注：工作空间小于**操作机**(2.1)所有活动部件所能掠过的空间。

4.8.5

安全防护空间 **safeguarded space**

由周边安全防护(装置)确定的空间。

4.8.6

协作工作空间 **collaborative workspace**

在**安全防护空间**(4.8.5)内，**机器人**(2.6)与人在生产活动中可同时在其中执行任务的工作空间。

注：目前，此定义仅用于**工业机器人**(2.9)。

4.9

工具中心点 **tool centre point**

TCP

参照**机械接口坐标系**(4.7.3)为一定用途而设定的点。

4.10

手腕参考点 **wrist reference point**

手腕中心点 **wrist centre point**

手腕原点 **wrist origin**

手腕中两根最内侧**副关节轴**(3.3)[即最靠近**主关节轴**(3.2)的两根]的交点；若无此交点，可在手腕最内侧副关节轴上指定一点。

4.11

移动平台原点 **mobile platform origin**

移动平台参考点 **mobile platform reference point**

移动平台坐标系(4.7.6)的原点。

4.12

坐标变换 **coordinate transformation**

将**位姿**(4.5)坐标从一个**坐标系**(4.7)转换到另一个坐标系的过程。

4.13

奇异 **singularity**

在雅克比矩阵不满秩时出现。

注：从数学角度讲，在奇异**构形**(3.5)中，为保持笛卡儿空间中的速度，关节空间中的关节速度可以无限大。在实际操作中，笛卡尔空间内定义的运动在奇异点附近将产生操作员无法预料的高转速。

5 编程和控制

5.1 程序

5.1.1

任务程序 task program

为定义**机器人**(2.6)或**机器人系统**(2.14)特定的任务所编制的运动和辅助功能的指令集。

注 1:此类程序通常是在机器人安装后生成的,并可在规定的条件下由通过培训的人员修改。

注 2:应用是指一般的工作范围;任务是指应用中特定的部分。

5.1.2

控制程序 control program

定义**机器人**(2.6)或**机器人系统**(2.14)的能力、动作和响应度的固有的控制指令集。

注:此类程序通常是在**安装**(2.20)前生成的,并且以后仅能由制造厂修改。

5.2 编程

5.2.1

任务编程 task programming

编程 programming

编制**任务程序**(5.1.1)的行为。

5.2.2

人工数据输入编程 manual data input programming

通过开关、插塞盘或键盘生成程序并直接输入到机器人**控制系统**(2.7)。

5.2.3

示教编程 teach programming

通过手工引导机器人**末端执行器**(3.11),或手工引导一个机械模拟装置,或用**示教盒**(5.8)来移动**机器人**(2.6)逐步通过期望位置的方式实现编程。

5.2.4

离线编程 off-line programming

在与机器人分离的装置上编制**任务程序**(5.1.1)后再输入到**机器人**(2.6)中的编程方法。

5.2.5

目标编程 goal-directed programming

一种只规定要完成的任务而不规定**机器人**(2.6)的**路径**(4.5.4)的编程方法。

5.3 控制

5.3.1

点位控制 pose-to-pose control

PTP 控制 PTP control

用户只将**指令位姿**(4.5.1)加于**机器人**(2.6),而对**位姿**(4.5)间所遵循的**路径**(4.5.4)不作规定的控制步骤。

5.3.2

连续路径控制 continuous path control

CP 控制 CP control

用户将**指令位姿**(4.5.1)间所遵循的**路径**(4.5.4)加于**机器人**(2.6)的控制步骤。

5.3.3

轨迹控制　trajectory control

包含速度规划的**连续路径控制**(5.3.2)。

5.3.4

主从控制　master-slave control

从设备(从)复现主设备(主)运动的控制方法。

注：主从控制通常用于**遥操作**(5.10)。

5.3.5

传感控制　sensory control

按照**外感受传感器**(7.11.2)输出信号来调整**机器人**(2.6)运动或力的控制方式。

5.3.6

适应控制(一般说自适应控制)　adaptive control

控制系统的参数由过程中检测到的状况进行调整的控制方式。

5.3.7

学习控制　learning control

能自动地利用先前**循环**(6.22)中所获取的经验来改变控制参数和/或算法的控制方式。

5.3.8

运动规划　motion planning

按照所选插补类型，**机器人**(2.6)的控制程序确定用户编程的各**指令位姿**(4.5.1)间机械结构各关节如何运动的过程。

5.3.9

柔顺性　compliance

机器人(2.6)或某辅助工具响应外力作用时的柔性。

注：当此特性与传感反馈作用无关时，称为被动柔顺性；反之，则称为主动柔顺性。

5.3.10

操作方式　operating mode

操作模式　operational mode

机器人**控制系统**(2.7)的状态。

5.3.10.1

自动方式　automatic mode

自动模式

机器人**控制系统**(2.7)按照**任务程序**(5.1.1)运行的一种**操作方式**(5.3.10)。

5.3.10.2

手动方式　manual mode

手动模式

通过按钮、操作杆以及除自动操作外对**机器人**(2.6)进行操作的**操作方式**(5.3.10)。

5.4

伺服控制　servo-control

机器人**控制系统**(2.7)控制**机器人**(2.6)的**致动器**(3.1)以使**实到位姿**(4.5.2)尽可能符合**指令位姿**(4.5.1)的过程。

5.5

自动操作　automatic operation

机器人(2.6)按需要执行其**任务程序**(5.1.1)的状态。

5.6

停止点 stop-point

一个示教或编程的**指令位姿**(4.5.1)。**机器人**(2.6)各**轴**(4.3)到达该位姿时速度指令为零且定位无偏差。

5.7

路径点 fly-by point;via point

一个示教或编程的**指令位姿**(4.5.1)。**机器人**(2.6)各**轴**(4.3)到达该位姿时将有一定的偏差,其大小取决于到达该**位姿**(4.5)时各轴速度的连接曲线和路径给定的规范(速度、位置偏差)。

5.8

示教盒 pendant;teach pendant

与**控制系统**(2.7)相连,用来对**机器人**(2.6)进行编程或使机器人运动的手持式单元。

5.9

操作杆 joystick

能测出其位姿和作用力的变化并将结果形成指令输入机器人**控制系统**(2.7)的一种手动控制装置。

5.10

遥操作 teleoperation

由人从远地实时控制**机器人**(2.6)或**机器人装置**(2.8)的运动。

示例:炸弹拆除、空间站装配、水下观测和外科手术的机器人操作。

5.11

示教再现操作 playback operation

可以重复执行**示教编程**(5.2.3)输入**任务程序**(5.1.1)的一种**机器人**(2.6)操作。

5.12

用户接口 user interface

在**人-机器人交互**(2.29)过程中人和**机器人**(2.6)间交流信息和动作的装置。

注:用户接口是人-机器人交互的一种方式。

示例:麦克风、扬声器、图形用户接口、操作杆和力/触觉装置。

5.13

机器人语言 robot language

用于描述**任务程序**(5.1.1)的编程语言。

5.14

联动 simultaneous motion

在单个控制站的控制下,两台或多台**机器人**(2.6)同时运动。它们可用共有的数学关系实现协调或同步。

注 1:**示教盒**(5.8)可作为单个控制站的例子。

注 2:协调可以按主—从方式实现。

5.15

限位装置 limiting device

通过停止或导致停止**机器人**(2.6)的所有运动来限制**最大空间**(4.8.1)的装置。

5.16

程序验证 program verification

为确认机器人**路径**(4.5.4)和工艺性能而执行一个**任务程序**(5.1.1)。

注:验证可包括任务程序执行中**工具中心点**(4.9)跟踪的全部路径或部分路径。可以执行单个指令或连续指令序列。程序验证被用于新的程序和调整/编辑原有程序。

5.17

保护性停止　protective stop

为安全防护目的而允许运动停止并保持程序逻辑以便重启的一种操作中断类型。

5.18

安全适用　safety-rated

其特征是具有安全功能，该安全功能含有特定的安全相关性能。

示例：安全适用的慢速，安全适用的监测速度，安全适用的输出。

5.19

单点控制　single point of control

操作**机器人**(2.6)的能力，以使机器人运动的启动仅能来自一个控制源而不能被其他控制源所覆盖。

5.20

慢速控制　reduced speed control；slow speed control

运动速度限制在≤250 mm/s 的**机器人**(2.6)运动控制方式。

注 1：慢速用于保证人有足够时间来脱离危险运动或停机。

注 2：此定义目前仅用于**工业机器人**(2.9)。

6　性能

6.1

正常操作条件　normal operating conditions

为符合制造厂所给出的**机器人**(2.6)性能而应具备的环境条件范围和可影响机器人性能的其他参数值(如电源波动、电磁场)。

注：环境条件包括，例如温度和湿度等。

6.2　负载

6.2.1

负载　load

在规定的速度和加速度条件下，沿着运动的各个方向，**机械接口**(3.10)或**移动平台**(3.18)处可承受的力和/或扭矩。

注：负载是质量、惯性力矩的函数，是**机器人**(2.6)承受的静态力和动态力。

6.2.2

额定负载　rated load

正常操作条件(6.1)下作用于**机械接口**(3.10)或**移动平台**(3.18)且不会使机器人性能降低的最大**负载**(6.2.1)。

注：额定负载包括**末端执行器**(3.11)、附件、工件的惯性作用力。

6.2.3

极限负载　limiting load

由制造厂指明的、在限定的操作条件下、可作用于**机械接口**(3.10)或**移动平台**(3.18)且**机器人**(2.6)机构不会被损坏或失效的最大**负载**(6.2.1)。

6.2.4

附加负载　additional load

附加质量　additional mass

机器人(2.6)能承载的附加于**额定负载**(6.2.2)上的**负载**(6.2.1)，它并不作用在**机械接口**(3.10)，而作用在**操作机**(2.1)的其他部分,通常是在**手臂**(3.2)上。

6.2.5

最大力　maximum force

最大推力　maximum thrust

除惯性作用外,可连续作用于**机械接口**(3.10)或**移动平台**(3.18)而不会造成**机器人**(2.6)机构持久损伤的力(推力)。

6.2.6

最大力矩　maximum moment

最大扭矩　maximum torque

除惯性作用外,可连续作用于**机械接口**(3.10)或**移动平台**(3.18)而不会造成**机器人**(2.6)机构持久损伤的力矩(扭矩)。

6.3　速度

6.3.1

单关节速度　individual joint velocity

单轴速度　individual axis velocity

单个关节运动时指定点所产生的速度。

6.3.2

路径速度　path velocity

沿**路径**(4.5.4)每单位时间内位置的变化。

注:见**位姿**(4.5)。

6.4　加速度

6.4.1

单关节加速度　individual join acceleration

单轴加速度　individual axis acceleration

单个关节运动时指定点所产生的加速度。

6.4.2

路径加速度　path acceleration

沿**路径**(4.5.4)每单位时间内速度的变化。

6.5

位姿准确度　pose accuracy

单方向位姿准确度　unidirectional pose accuracy

从同一方向趋近**指令位姿**(4.5.1)时,指令位姿和**实到位姿**(4.5.2)均值间的差值。

6.6

位姿重复性　pose repeatability

单方向位姿重复性　unidirectional pose repeatability

从同一方向重复趋近同一**指令位姿**(4.5.1)时,**实到位姿**(4.5.2)散布的不一致程度。

6.7

多方向位姿准确度变动　multidirectional pose accuracy variation

从三个相互垂直方向多次趋近同一**指令位姿**(4.5.1)时,所达到的**实到位姿**(4.5.2)均值间的最大距离。

6.8

距离准确度　distance accuracy

指令距离和实到距离均值间的差值。

6.9

距离重复性　distance repeatability

在同一方向上重复同一指令距离时，各实到距离间的不一致程度。

6.10

位姿稳定时间　pose stabilization time

从**机器人**(2.6)发出“到位”信号开始至**机械接口**(3.10)或**移动平台**(3.18)的震荡衰减运动或阻尼运动到达规定界限止所经历的时间段。

6.11

位姿超调　pose overshoot

机器人(2.6)给出“到位”信号后，趋近(指令)**路径**(4.5.4)和**实到位姿**(4.5.2)间的最大距离。

6.12

位姿准确度漂移　drift pose accuracy

经过一规定时间**位姿准确度**(6.5)的变化。

6.13

位姿重复性漂移　drift of pose repeatability

经过一规定时间**位姿重复性**(6.6)的变化。

6.14

路径准确度　path accuracy

指令**路径**(4.5.4)和实到路径均值间的差值。

6.15

路径重复性　path repeatability

对于同一指令**路径**(4.5.4)，多次实到路径间的不一致程度。

6.16

路径速度准确度　path velocity accuracy

当运行同一指令路径时，指令**路径速度**(6.3.2)和实到路径速度均值间的差值。

6.17

路径速度重复性　path velocity repeatability

对于给定的指令**路径速度**(6.3.2)，各实到速度的不一致程度。

6.18

路径速度波动　path velocity fluctuation

按给定的指令速度沿给定的指令**路径**(4.5.4)运行时产生的最大和最小速度间的差值。

6.19

最小定位时间　minimum posing time

机械接口(3.10)或**移动平台**(3.18)从静止状态开始，运行一预定距离，到达静止状态所经历的最少时间(包括稳定时间)。

6.20

静态柔顺性　static compliance

作用于**机械接口**(3.10)的每单位**负载**(6.2.1)下机械接口的最大位移量。

6.21

分辨率　resolution

机器人(2.6)每**轴**(4.3)或关节所能达到的最小位移增量。

6.22

循环　cycle

执行一次**任务程序**(5.1.1)。

注：某些任务程序不必是循环的。

6.23

循环时间　cycle time

完成**循环**(6.22)所需的时间。

6.24

标准循环　standard cycle

在规定条件下**机器人**(2.6)完成(作为参考)典型任务时的运动顺序。

7　感知与导航

7.1

环境地图　environment map

环境模型　environment model

利用可分辨的环境特征来描述环境的地图或模型。

示例：栅格地图，几何地图，拓扑地图和语义地图。

7.2

定位　localization

在**环境地图**(7.1)上识别或分辨**移动机器人**(2.13)的**位姿**(4.5)。

7.3

地标　landmark

用于**移动机器人**(2.13)**定位**(7.2)的、在**环境地图**(7.1)上可辨别的人工或自然物体。

7.4

障碍　obstacle

(位于地面、墙或天花板上的)阻碍预期运动的静态或动态物体、装置。

注：地面障碍物包括台阶、坑、不平地面等。

7.5

绘制地图　mapping

地图构建　map building

地图生成　map generation

利用环境中几何的和可探测的特征、**地标**(7.3)和**障碍**(7.4)建立**环境地图**(7.1)来描述环境。

7.6

导航　navigation

依据**定位**(7.2)和**环境地图**(7.1)决定并控制行走方向。

注：导航包括了为实现从位姿点到位姿点的运动和整片区域覆盖的**路径**(4.5.4)规划。

7.7

行走面　travel surface

移动机器人(2.13)行走的地面。

7.8

航位(迹)推算法　dead reckoning

从已知初始**位姿**(4.5)，**移动机器人**(2.13)仅利用内部测量值获取自身**位姿**(4.5)的方法。

7.9

传感器融合　sensor fusion

通过融合多个传感器的信息以获得更完善信息的过程。

7.10

任务规划　task planning

通过生成由子任务和运动组成的任务序列来解决要完成的任务的过程。

注：任务规划包括自主生成和用户生成。

7.11

机器人传感器　robot sensor

用于获取机器人控制所需的内部和外部信息的传感器(转换器)。

7.11.1

本体感受传感器　proprioceptive sensor

内部状态传感器　Internal state sensor

用于测量机器人(2.6)内部状态的**机器人传感器**(7.11)。

示例：码盘、电位计、测速发电机、加速度计和陀螺仪等惯性传感器。

7.11.2

外感受传感器　exteroceptive sensor

外部状态传感器　external state sensor

用于测量机器人(2.6)所处环境状态或机器人与环境交互状态的**机器人传感器**(7.11)。

示例：全球定位系统、视觉传感器、距离传感器、力传感器、触觉传感器、声传感器。

附　录　A
（资料性附录）
机械结构类型示例

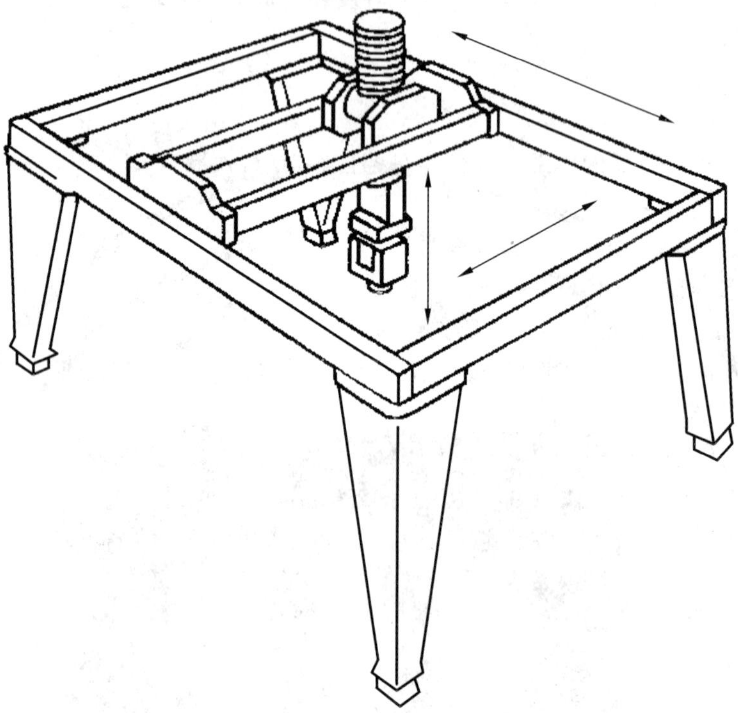

图 A.1　直角坐标或笛卡尔坐标机器人：龙门机器人

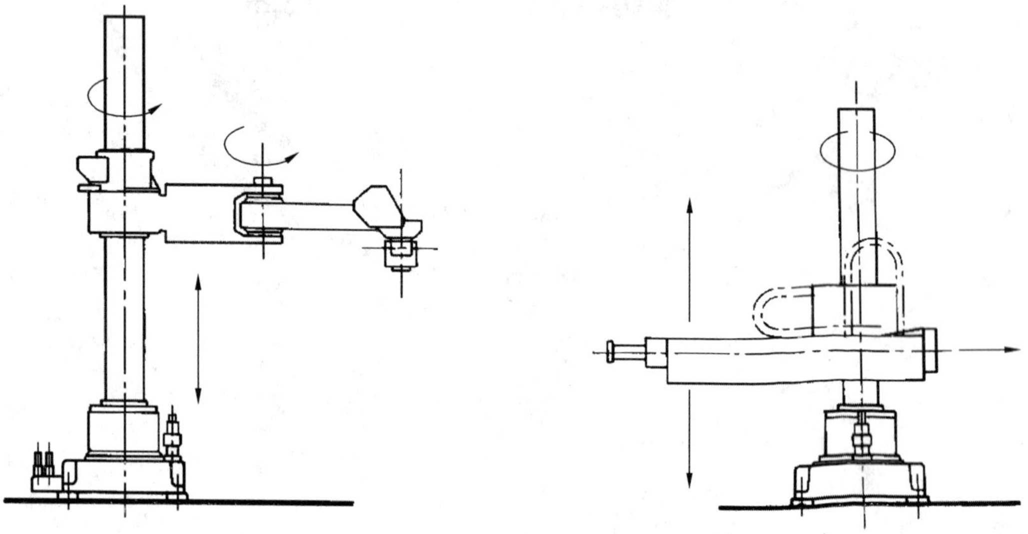

图 A.2　圆柱坐标机器人

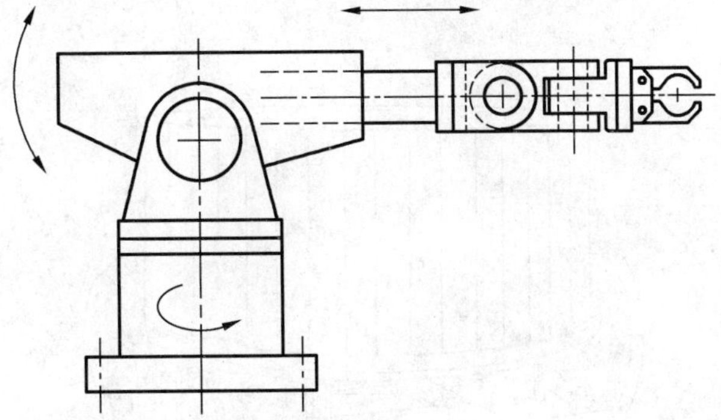

图 A.3 极坐标或球坐标机器人

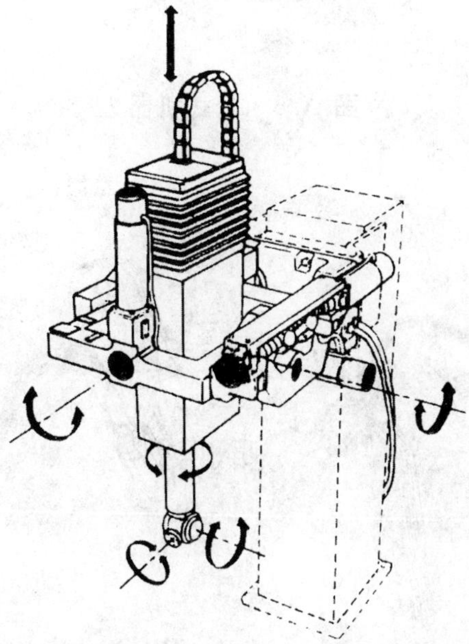

图 A.4 摆动式机器人

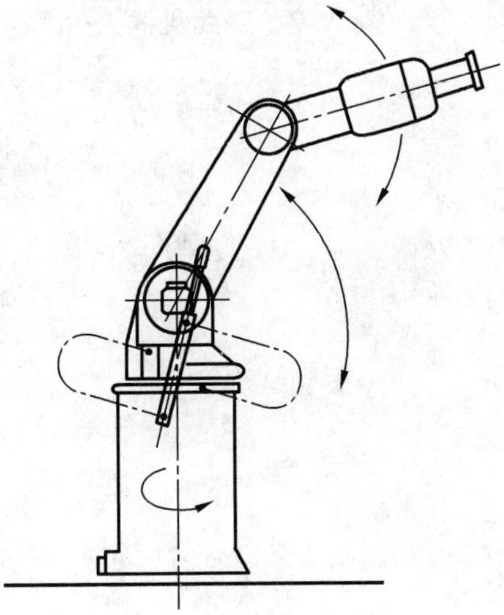

图 A.5 关节机器人

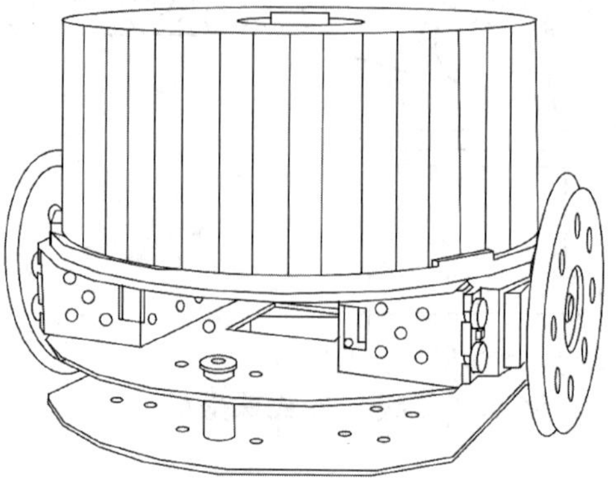

图 A.6 轮式机器人

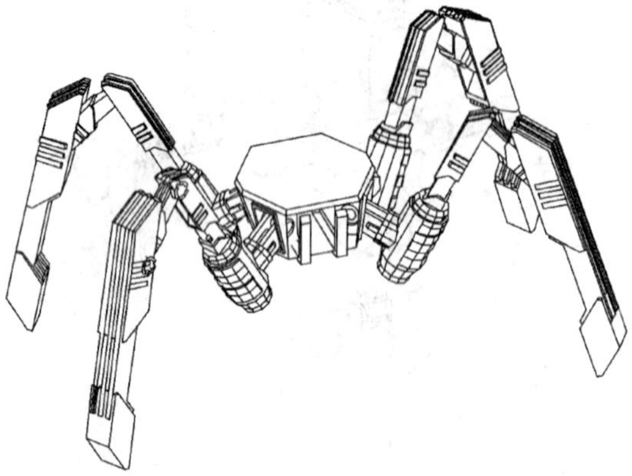

图 A.7 腿式机器人

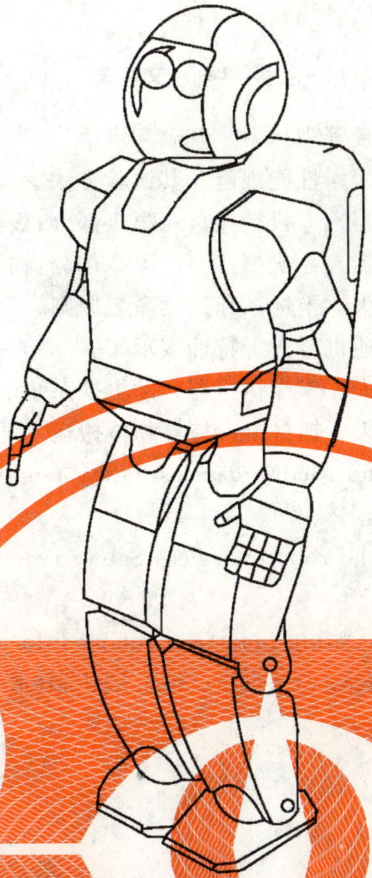

图 A.8 双足机器人

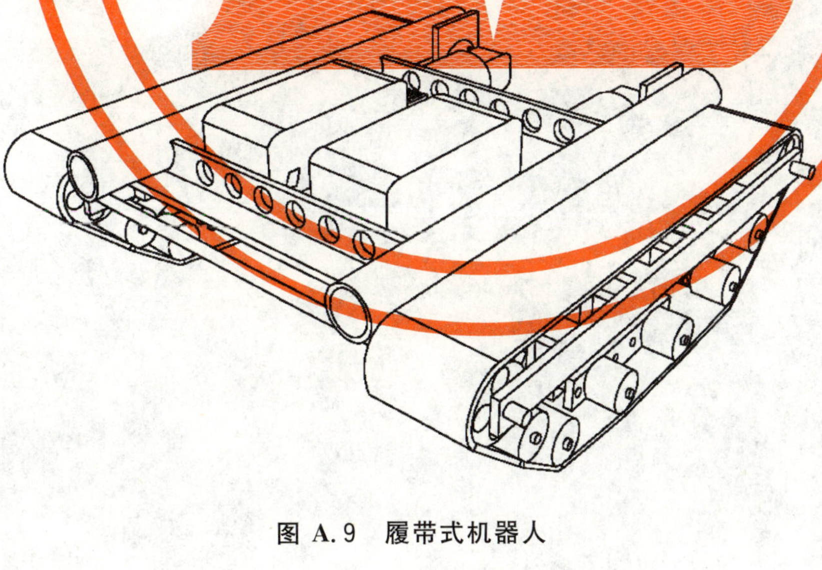

图 A.9 履带式机器人

参 考 文 献

[1] GB/T 19000—2008 质量管理体系 基础和术语

[2] GB/T 12642 工业机器人 性能规范及其试验方法

[3] GB/T 14468.1 工业机器人 机械接口 第1部分:板类

[4] GB/T 14468.2 工业机器人 机械接口 第2部分:轴类

[5] GB/T 16977 工业机器人 坐标系和运动命名原则

[6] GB/T 12644—2001 工业机器人 特性表示

[7] GB/T 17887 工业机器人 末端执行器自动更换系统 词汇和特性表示

[8] GB/T 19400 工业机器人 抓握型夹持器物体搬运 词汇和特性表示

[9] ISO 10218-1 Robots and robotic devices Safety requirements for industrial robots—Part 1:Robots

[10] ISO 10218-2 Robots and robotic devices Safety requirements for industrial robots—Part 2:Robot systems and integration

[11] ISO/TR 13309 Manipulating industrial robots Informative guide on test equipment and metrology methods of operation for robot performance evaluation in accordance with ISO 9283

索　引

中文索引

J

K

L

M

N

Q

R

S

英文索引

A

B

C

J

L

M

N

O

P

R

S

T

U

V

W